自由空间连续变量量子通信原理与技术

郭 迎 王一军 张 航 著

科 学 出 版 社

北 京

内 容 简 介

本书面向量子通信系统在实际复杂环境中部署面临的问题和挑战，聚焦自由空间量子密钥分发和量子隐形的性能实用化技术，围绕自由空间连续变量量子密钥分发和连续变量量子隐形传态系统的性能提升方案展开讨论。首先介绍自由空间链路信道的拓扑结构和物理特征，对大气湍流信道、水下链路、星间链路和星地链路建模，阐述复杂环境对量子信号传输的影响；然后分别以连续变量量子密钥分发系统和连续变量量子隐形传态系统为例，阐明在不同自由空间信道中的性能表现；最后提出基于非高斯操作、自适应光学和人工智能等方法的量子信号处理方案，提高量子通信系统的性能。

本书可作为高等院校通信与信息工程、信息与网络安全、量子通信等相关专业的教材，也可作为相关专业科学研究人员和工程技术人员的参考用书。

图书在版编目（CIP）数据

自由空间连续变量量子通信原理与技术 / 郭迎，王一军，张航著. 北京：科学出版社，2025. 6. -- ISBN 978-7-03-080208-8

Ⅰ. TN929.1

中国国家版本馆 CIP 数据核字第 2024ZV7708 号

责任编辑：宋 芳 吴超莉 / 责任校对：赵丽杰

责任印制：吕春珉 / 封面设计：东方人华平面设计部

科学出版社 出版

北京东黄城根北街 16 号
邮政编码：100717
http://www.sciencep.com

北京中科印刷有限公司印刷

科学出版社发行 各地新华书店经销

*

2025 年 6 月第 一 版 开本：787×1092 1/16
2025 年 6 月第一次印刷 印张：18 1/4 插页：6
字数：450 000

定价：186.00 元

（如有印装质量问题，我社负责调换）

销售部电话 010-62136230 编辑部电话 010-62135397-2032

序　言

本书是一本具有鲜明特点的关于量子通信的专著，面向已经有一定量子通信基础和连续变量量子通信专业训练的读者，尤其是有志在自由空间量子通信方面深入研究和探索的研究生与高年级本科生。全书深入浅出地介绍基于连续变量的自由空间量子通信的基础理论、基本方法、信道分析和研究进展，主要包括自由空间的连续变量量子密钥分发（continuous variable quantum key distribution，CVQKD）和连续变量量子隐形传态（continuous variable quantum teleportation，CVQT）。量子通信有潜力实现在传统通信设置中无法实现的信任级别的安全通信。这是由于量子物理引入了一系列在经典领域没有对应的现象，如量子纠缠和量子态的叠加。利用量子领域信息传输前后的这种效应，可以有效地使通信具有“无条件”的安全性。量子通信领域目前发展较为成熟的两个方向为量子密钥分发与量子隐形传态。对于这两者，量子态主要使用离散变量或连续变量来描述，本书主要关注基于连续变量的量子通信。

从 20 世纪 90 年代末连续变量量子通信的提出到现在已经有 20 多年的时间。这段时间里 CVQKD 在理论和实验上都取得了重要突破，基于光纤信道的 CVQKD 已经逐渐进入工程化阶段，但是自由空间中的 CVQKD 还需要在实地实验上做进一步突破。CVQT 在理论研究和实验进展上也有了一定突破，但相对于 CVQKD 发展较慢，还需要进行大量研究，特别是对于自由空间信道还处在理论分析阶段。现阶段基于光纤信道的量子通信研究逐渐成熟，而利用空间平台实现全球量子通信网方面显示出的巨大潜力，在近地大气环境中进行自由空间量子通信相关验证性实验成为国际上许多国家的研究热点。值此自由空间量子通信被予以高度重视之际，本书对自由空间的 CVQKD 和 CVQT 进行系统的梳理，详细地介绍其理论和实验进展，并提供大量参考文献，为国家科研人员在该领域的研究提供参考，促进国家在连续变量量子通信领域的发展。

本书重点介绍基于 CV 的自由空间量子通信技术的基本原理、信道分析、参数估计、安全性分析、性能增强技术与实验进展。自由空间信道的特点是研究自由空间量子通信技术的关键技术之一，对此本书总结了到目前为止较为常用的自由空间量子信道模型，在一定程度上回避过于艰深和烦琐的数学物理推导，用清晰的数据和简明的语言准确地描述自由空间量子信道的特性与特点。本书清晰而翔实地展现自由空间量子通信技术的基本概念、主要研究内容和一般研究方法，能够帮助研究者对自由空间量子通信迅速地形成认识，是一本非常适合自由空间量子通信领域的研究人员、研究生阅读的参考书。

本书作者长期从事量子通信方面的理论和实验研究，在连续变量量子密钥分发、连续变量量子隐形传态方面取得了一系列重要的成果，设计和实现了多个连续变量量子密钥分发方案，完成了高速连续变量量子密钥分发实验平台的建设，已经建成拥有自主产权的高速远距离连续变量量子密钥分发实验平台/系统共计 6 套。

相信并期待本书能为推动国家自由空间量子密码的长远发展做出贡献。

郭 迎

2024 年 12 月 14 日

前　　言

经典的信息安全技术正在面临分布式计算和未来量子计算机的威胁与挑战，为此，人们开始将分离的经典和量子世界联合在一起，目的是为人们提供更加安全的量子辅助通信。理论上，量子通信可以实现完全无条件安全，但量子处理技术并不是完美的，目前仍面临很多实质性的挑战。尽管如此，通过卫星实现远程量子通信已经成为现实。量子通信有潜力实现传统通信无法实现的信任级别的安全通信。这是因为量子物理引入了一系列在经典领域没有对应的现象，如量子纠缠和量子态的叠加。利用量子域信息传输前后的这种现象，可以有效地使通信具有“无条件”的安全特性。

广义上，量子通信是指通过量子信道将量子信号从发送端转发至接收端。一般形式下，量子通信包括以下步骤：量子态的制备——原始经典信息被编码成量子态；量子信道（如光纤或自由空间信道）传输制备的量子态——量子态从发送端 Alice 传输到接收端 Bob；量子信号检测——使用量子测量解码接收的量子态并输出经典信息。量子通信的一个关键动机是可以比经典通信更安全地传输信息，如量子密钥分发（quantum key distribution，QKD），其无条件安全性已经在理论上得到了证明（经典的加密方案没有被证明是安全的）。量子通信和量子纠缠之间具有密切联系，利用纠缠态的量子通信协议包括 QKD、量子隐形传态和纠缠交换等。经过二十余年的发展，量子密码不但在理论上形成了自身的框架体系，在技术上也获得了飞速发展。

面向量子通信技术的实用化部署，实现量子通信的链路一般有很多种，包括光纤信道、地面自由空间光信道、卫星链路和水下链路等量子信道。这些场景之间可以互补，都有望在新兴的全球量子通信基础设施中发挥作用。光纤技术的关键优势在于，一旦到位，就能获得一条从发送端到接收端的不受干扰的信道；然而，光纤同时存在光衰减和保偏问题，因此限制了其传输距离。用自由空间信道取代光纤信道具有的直接优势为损耗较低，这主要是因为大气的吸收较低，同时还具有偏振态几乎不受扰动的传播的优势；此外，无线光通信信道还在基础设施建立方面为实际部署提供了灵活性。由于地球曲率、潜在的地面视线阻塞以及大气衰减和湍流等环境因素带来的实际问题，自由空间量子通信系统的性能也受到影响。幸运地，通过卫星链路部署量子通信系统仍然具有潜在的应用价值，即使从发送端到接收端没有直接的自由空间信道可供使用，卫星链路量子通信仍然可以进行。因此，基于卫星链路的通信范围也可能比基于地面的自由空间链路的通信范围大得多，因为前者绕过了地面视界限制，且在高海拔地区量子信号损耗更低。

鉴于基于自由空间链路量子通信在实际部署方面的优势，目前该领域已成为国内外研究热点，它将为未来全球范围内的量子网络实用化提供技术保障，特别是在信息与网络安全、金融、国防和军事等领域具有重要的战略意义。作者希望本书，能够对连续变量的量子通信技术进行全面和系统的梳理，对基本概念、方案设计及性能分析进行翔实的阐述，对目前达到的技术进行深入探讨。

本书共分为 6 章。第 1 章阐述自由空间量子通信的研究背景和研究意义，对连续变量量子通信理论和技术的研究现状进行总结。第 2 章介绍自由空间连续变量量子通信相关的数学和物理基础知识。第 3 章介绍连续变量量子密钥分发（CVQKD）和连续变量量子隐形传态（CVQT）的基本内容，包括基本协议、实验系统组成和安全性分析。第 4 章对自由空间量子信道进行详细的介绍。从经典的自由空间信道结构特征出发，构建自由空间量子信道模型，阐述自由空间量子信道物理特性。第 5 章全面介绍自由空间 CVQKD 技术，对系统结构、理论研究和实验进展进行详细阐述。第 6 章全面介绍自由空间 CVQT 技术。

作者在十余年从事量子通信及相关研究工作的过程中，得到了国家自然科学基金、国防基础科研计划（重点项目）、湖南省重点研发计划、湖南省自然科学基金（地区联合基金）、湖南省教育厅科学研究项目、合肥国家实验室、山东美联航天科技有限公司等给予的大力支持，在此深表感谢。特别感谢邵阳学院毛云博士、长沙理工大学钟海博士、北京邮电大学陈秀波教授、中南大学王一军教授和黄端副教授对本书的支持和提出的宝贵意见。作者所在北京邮电大学和中南大学的课题组所有研究生在 CVQKD 和 CVQT 方面的研究成果在本书形成过程中起到了很大的帮助作用。本书还大量参考了相关文献，这些参考文献为本书的成形提供了宝贵的相关材料，在此向诸多同行专家和研究者的辛勤研究致以崇高的敬意。

本书由作者在多年量子通信研究的基础上花费近两年时间撰写而成。由于时间紧迫，虽经过多次修改，存在纰漏也在所难免，恳请广大读者和同行专家不吝赐教，对不当之处给予批评指正。

作　者

2024 年 10 月 13 日于北京

目　　录

第1章 绪　论

随着现代信息技术的蓬勃发展，信息安全越发关系到国家、民族和个人的发展。传统的信息安全技术通常依赖于某些数学函数的计算困难性。然而，历史证明，经典密码学的一次次进步总会随着破解方法的升级而宣告失效。人们目前处于一个被破解和进步的交汇点。

1.1 研究背景与意义

1994年，数学家Shor[1]提出一种基于量子计算机的算法，该算法是在分项式的时间内进行整数分解的算法。在电子计算机内，是需要指数时间对整数进行分解的。这意味着目前基于大数分解的密码体系在量子计算机下将毫无安全可言。因此，Shor算法的提出引起了世界性的广泛关注，研究者需要找到一种能够抵御量子计算机攻击的新密码方案。由此，开启了对量子密码的研究热潮，量子通信技术开始迎来了爆发式的发展。

量子通信的基本思想主要由Bennett等提出，主要包括量子密钥分发（quantum key distribation，QKD）[2]和量子隐形传态（quantum teleportation，QT）[3]。量子密钥分发允许两个遥远的通信双方产生一个公共的、随机的秘密比特串，即密钥。这个密钥可以与“一次一密”一起使用，形成一种无条件安全的加密和解密消息的方法[4]。量子隐形传态是基于量子纠缠态的分发与量子联合测量，实现量子态（量子信息）的空间转移而又不移动量子态的物理载体，这就如同将密函内容从本地隔空传送给遥远的对方，但是不需要移动任何消息载体，故得名隐形传态。结合量子隐形传态和量子中继技术，可以实现任意远距离的量子密钥分发网络。

由于利用空间平台实现全球量子通信网方面显示出的巨大潜力，在近地大气环境中进行自由空间量子通信相关验证性实验已成为国际上许多国家的研究热点。在大气层内自由空间信道中点对点的量子密钥分配实验方面，国内外进展都很快。多个研究组利用飞行器及浮动平台实地模拟了星地量子密钥分发过程。2013年，《自然光子学》（*Nature Photonics*）杂志报道了德国 Sebastian Nauerth 研究组利用飞机模拟卫星运动，进行了20km动目标的自由空间量子密钥分发实验。2013年5月1日，中国科学技术大学微尺度物质科学国家实验室潘建伟院士、彭承志，中国科学院上海技术物理研究所王建宇、光电技术研究所黄永梅组成的协同创新团队，利用旋转平台模拟低轨道卫星的角速度和角加速度，利用热气球模拟随机振动和卫星姿态，利用百公里地面自由空间信道模拟星地之间高衰落链路信道，成功验证了星地之间安全量子信道的可行性。该项研究为发射量子科学实验卫星，实现基于星地量子通信的全球化量子网奠定了技术基础。随后，该团队经过艰苦攻关，克服种种困难，最终成功研制了“墨子号”量子科学实验卫星。“墨子号”卫星于 2016 年 8 月 16 日在酒泉卫星发射中心发射升空，经过 5 个月的在轨测试，于 2017 年 1 月 18 日正式交付开展科学实验。自由空间量子通信的研究已经成为国际上的研究热点。

1.2 连续变量量子通信技术的发展

从实现方式来看，目前实现量子通信的基本方式主要分为两类：基于离散变量（discrete variable，DV）的量子通信和基于连续变量（continuous variable，CV）的量子通信。在光通信领域，基于 DV 的量子通信主要是将信息编码到单光子上，需要用到单光子探测器，探测手段则是单光子探测；基于 CV 的量子通信主要将信息编码到光场的正则分量上，探测则使用相干探测。基于 DV 的量子通信需要制备单光子和使用单光子探测器，量子态制备较为困难，单光子探测效率不高，设备比较昂贵，成本较高，但是传输距离较远。相比于 DV 量子通信，基于 CV 的量子通信在量子态的制备和测量上面占有优势，信息容量更大，与现有的光通信网络有良好的兼容性，但是传输距离相比较差。本书将主要介绍基于连续变量的自由空间量子通信技术，具体来说，讨论自由空间的 CVQKD 技术和 CVQT 技术。

1.2.1 连续变量量子密钥分发研究进展

相较于离散变量量子密钥分发，连续变量量子密钥分发起步较晚，在 BB84 协议提出 15 年后，Ralph[5]于 1999 年首次提出了 CVQKD 的协议。该协议基于离散调制量子态来对密钥信息进行编码，随后的一年中，美国学者 Hillery[6]提出可以将信息编码到压缩态上，在相位和振幅这两个正交分量上进行调制。2001 年，Cerf 等[7]对 Hillery 的压缩态方案进行改进，提出了连续载波调制方案。在此基础上，Grosshans 等[8]于 2002 年提出了著名的 GG02 协议，该协议是基于相干态的高斯调制协议，其最大的优势在于易与经典的光通信网络结合，只需要在接收端采用达到散粒噪声极限的平衡零差探测器。但是 GG02 方案在最初提出时并没有突破安全距离大于 3dB 的衰减极限，为了克服信号衰减，同年提出的反向协商协议[9]和后选择协议[10]都起到了关键作用。

在 GG02 协议提出后，研究人员不断对该方案进行改进。2004 年，Weedbrook 等[11]提出了 no-switching（无开关）协议，该协议使用平衡外差检测器同时探测量子态的两个正交分量，因此不需要随机选择测量基。相较于采用平衡零差探测器的 GG02 协议，

no-switching 方案理论密钥率提高了一倍，然而平衡外差探测器增加了系统复杂度，因此在实际安全性和实施中并没有取得理想的效果。基于 CVQKD 方案的发送端产生的密钥信息都是连续数据，由于连续数据的密钥协商算法效率低，Leverrier 等[12]于 2008 年提出了多维协商算法，提高了系统效率和安全距离。2009 年，Leverrier 等[13]提出了离散高斯调制协议，该协议基于离散调制的相干态编码密钥信息，提高了安全距离。随后，他们在 2011 年对离散调制方案进行改进，提出了利用诱骗态提高系统安全性[14]。但是该方案依然存在较多漏洞，如接收端探测器需要达到单光子探测极限，而且容易被第三方利用量子态鉴别进行攻击[15]。2012 年，Weedbrook 等[16]提出可以将密钥信息加载到热态（thermal state）或者加噪相干态上，并且分析了高斯调制 CVQKD 在微波频段的可行性。

基于不断提出的 CVQKD 协议，相应的理论安全性和实际安全性分析也在不断发展。Gottesman 等[17]于 2001 年首次给出了基于压缩态的 CVQKD 安全性证明。随后，Grosshans 等[18]于 2004 年给出了基于相干态的 CVQKD 协议的安全性证明，该研究主要针对个体攻击进行安全性分析。2006 年，García 和 Navascués 等[19-20]证明了高斯集体攻击为最优攻击。在分析集体攻击下安全性方面，Renner 等[21]于 2009 年完成了严格的安全性证明。在实际安全性分析方面，许多针对器件、协议方面漏洞的分析被提出，如饱和攻击[22]、本振光攻击[23-24]和波长攻击[25-26]等。其中大部分的攻击方式都直接或者间接利用了本振光信号，尽管本振光没有加载密钥信息，但在信号的相干检测中起着重要作用。

在 CVQKD 实验方面，Grosshans 等[27]于 2003 年首次实现了高斯调制相干态在自由空间的传输。随后国际上多个课题组开始对 CVQKD 进行实验验证：在基于离散调制相干态的实验中，具有代表性的有瑞士日内瓦大学的 Gisin 研究小组[28]和美国佐治亚理工学院的 Voss 研究小组[29]；在基于高斯调制相干态协议的实验中，主要包括加拿大多伦多大学的 Lo 研究小组[30]和法国巴黎的 Grangier 研究小组[31-32]。这些 CVQKD 实验使用的重复频率大部分小于 1MHz，传输距离在 5dB 内，且密钥率不高，约为 10kbit/s。相比国外的课题组，国内在 CVQKD 方面起步较晚，理论研究方面相对落后，但近年来在实验和系统研制方面取得了较大突破。其中具有代表性的研究小组主要有山西大学、上海交通大学和国防科技大学。2009 年，山西大学研究小组实现了基于纠缠（entanglement-based，EB）的 CVQKD 实验[33]。同年，上海交通大学研究小组实验实现了 1 路连续变量量子光信号和 8 路经典光信号通过复用技术在 8km 光纤中的传输[34]。随后在 2011 年，该研究小组基于高斯调制相干态 CVQKD 协议研制了安全距离为 27.2km 的演示系统，密钥率达到 0.8kbit/s[35]。2015 年，上海交通大学研究小组采用相位补偿等技术实现了安全距离为 155km 的 CVQKD 实验[36]。2020 年，北京大学郭宏研究小组在超低损耗光纤条件下，通过优化系统配置和协商算法，实现了 202.81km 的 CVQKD 实验[37]。理论方面，国防科技大学研究小组在离散调制相干态 CVQKD 方面进行了深入研究[38]。北京大学研究小组结合实验中的信源噪声问题进行了理论研究[39]。中国科学技术大学研究小组也针对 CVQKD 安全性方面进行了深入研究[40]。

值得注意的是，自由空间或者水下信道的 CVQKD 研究逐渐增多，这是将来 CVQKD

全球组网的基础之一。2012 年，Usenko 等[41]研究了自由空间衰落信道中高斯态光的纠缠特性，以及具有高斯态的 CVQKD 的安全性。结果表明，当纠缠较强或存在信道过噪声时，这些特性对透过率分布的统计特性很敏感。他们引入了一种衰落识别方法，并对相应的子状态进行后选择，证明了该方法可以改善纠缠资源，恢复真实衰落链路上密钥分发的安全性。此外，最优后选择策略与最优的纠缠资源相结合，极大地提高了协议对过噪声的鲁棒性。2017 年，Qu 等[42]研究了一种存在大气湍流的基于波分复用、偏振复用和轨道角动量复用的自由空间高速四态 CVQKD 系统。2018 年，中南大学郭迎团队研究了卫星-潜艇链路上 CVQKD 的信道参数估计问题，重点研究了受大气湍流、表面粗糙度、卫星天顶角、风速、潜艇深度等因素影响的信道透射率和多余噪声。他们的研究结果表明了卫星-潜艇 CVQKD 的可行性，为实现全球水下通信网络提供了一种无条件的安全方法[43]。同年，上海交通大学曾贵华团队研究了大气对 CVQKD 系统的影响，形成了 CVQKD 系统在大气中的传输模型[44]。随后，Usenko 等[45]研究了通过扩展光束来稳定大气透射率波动的可能性，并在连续变量纠缠共享和量子密钥分发方面测试了这种通道的稳定性。他们对一个真实的自由空间大气通道进行了不同波束宽度下的透射率测量。结果表明，通过增加总损耗的代价，波束扩展减小了通道透射率的波动。2019 年，Ruppert 等[46]研究了浮动信道的估计及其对 CVQKD 安全性的影响，提出了一种新的基于对估计的透射率数据进行聚类的估计方法，并利用大气量子信道的实验数据验证了他们的理论假设。他们的方法有望在强波动湍流大气信道上实现安全的量子通信。Wang 等[47]研究了 CVQKD 性能对背景噪声的依赖性并对背景噪声进行了量化和实验验证。结果表明，CVQKD 具有较好的抗背景噪声能力。这一特性证明了使用相干检测实现全天自由空间量子通信的可行性，从而为构建网络提供了一种备选方案。2020 年，为了通过修正传播过程中量子信号质量的畸变来有效抑制过噪声，Chai 等[48]提出了一种基于自适应光学（adaptive optics，AO）方法的 CVQKD 方案。分析表明，纯相位 AO 补偿在控制过噪声方面表现出良好的性能。该方案为进一步实现实际的大规模 CVQKD 提供了一种可行的方法。Zuo 等[49]分析了卫星介导链路 CVQKD 中大气的影响因素。上海交通大学曾桂华团队研究了自由空间信道中 CVQKD 的相位补偿和动态偏振控制算法[50-51]。2021 年，Dequal 等[52]研究了在使用连续变量编码的卫星到地面下行链路配置中建立密钥的可行性，该配置可以使用经过空间环境认证的标准电信组件来实现，并能够在高符号速率下运行。Hosseinidehaj 等[53]给出了自由空间 CVQKD 的有限码长下的组合安全性分析。上海交通大学曾桂华团队又证明了在有雾天气下自由空间 CVQKD 的可行性及要注意的问题[54]。无论在理论安全性分析还是在实际安全性及信道分析与系统控制上，自由空间的 CVQKD 都有了良好的进展，水平链路的自由空间 CVQKD 已经有了实验验证，然而真正的星地 CVQKD 实验还需要进一步研究。

相较于离散变量量子密钥分发，连续变量方案具有其独特优势。

（1）量子信号制备简单，能够通过衰减来得到多个光子的相干态，而离散变量方案中通常需要单光子的偏振态来编码信息，单光子的制备和检测难度都非常大。

（2）易与传统光通信网络相结合，可以通过复用、正交振幅调制等技术将连续变量量子信号与经典光信号融合传输，而在离散变量方案中，单光子信号微弱，极易被经典光信号干扰。

（3）易于检测，利用平衡零差探测器或者平衡外差探测器态检测连续变量量子信号，这在经典光通信技术中十分常见，而不需要单光子极限探测器，此外平衡零差探测器是一个天然的滤波器，只有与本振光同源信号才能够发生干涉。

目前，在国内外研究和实现的 CVQKD 方案中，由于自由空间存在随机扰动，连续变量量子信号一般在光纤中传输，这无疑很大程度上限制了其推广和发展。现代通信中，大气、水下等都是广泛存在且十分重要的通信媒介。因此，发展自由空间的 CVQKD 技术意义重大。

1.2.2 连续变量量子隐形传态研究进展

量子隐形传态可以扩展到具有无限维希尔伯特空间的量子系统，即 CV 系统。这通常是通过光学波色模实现的，波色模的电场可以用类似位置和类动量的正则算符来描述。在 CVQT 协议提出之后，CVQT 用光学模式得到了实验的验证。此外，其他 CV 系统还包括光机械系统和原子系综的集体自旋，这里主要回顾基于光学模式的 CVQT 系统。在基于光学模式的标准 CV 协议中，纠缠源对应于双模压缩真空状态，也称为 EPR（Einstein-Podolsk-Rosen）态。这是一个具有对数负性 $-\log\epsilon$ 的零均值高斯态，其中 $\epsilon\leqslant 1$ 能够从态的协方差矩阵中计算得到。对于相干态，用 $F=(1+\epsilon)^{-1}$ 可以得到相干态符号的隐形传态保真度。完美的 QT 只发生在无界纠缠 $\epsilon\to 0$ 的时候，对应的纠缠态近似于理想的 EPR 态。没有纠缠的时候，F=1/2，这就是经典隐形传输相干态的保真度阈值。

CVQT 目前在理论和实验上都有所进展，但是离实用化还有一段很长的路程要走，主要原因是有损信道对纠缠有较强的退相干作用、纠缠源的纠缠度不可能无限大，以及其他实际器件的不完美。1998 年，Braunstein 等[55]将量子隐形传态扩展到连续变量领域。他们计算了该方案的纠缠保真度，包括有限量子相关和非理想探测效率的作用，提出了一种利用压缩态纠缠和当时已有的实验能力实现单模电磁场波函数的高保真传输协议。同年，Furusawa 等[56]利用压缩态纠缠实验证明了光学相干态的 CVQT。1999 年，Tan[57]考虑了参量放大器信号光束的隐形传态问题，计算了信号光束隐形传态前后与闲波光束的纠缠关系。Van 等[58]给出了一个提出连续变量纠缠无条件隐形传态的协议和准则（即纠缠交换）。同年，Opatrný 等[59]证明连续变量隐形传态方案可以通过对发送方和接收方共享的纠缠态进行有条件的测量来改进，即通过减光子技术可以增加纠缠度和传送态的保真度。Grosshans 等[60]讨论了目前用于评估 CVQT 方案效率的标准，当保真度值大于 2/3 时，他们证明传送态是输入态的最佳可能剩余副本。Braunstein 等[61]通过研究与 CVQT 相关的 EPR 态的纠缠和 Bell 不等式违背问题，并考察了量子–经典边界。2002 年，Chizhov 等[62]研究了由吸收引起的单模 CVQT 的极限，重点研究了通过光纤传播的准单色光场。同年，Fiurášek[63]研究了光场单模量子态隐形传态的 Braunstein-Kimble 装置。他们假设发送端和接收端共享一个双模高斯态，并确定了最大限度地提高隐形传态保真度的最优局部高斯操作。随后，Johnson 等[64]指出虽然纠缠相干态可以用来确定用于隐形传态相干态的器件的纠缠保真度，但纠缠保真度的计算与纠缠相干态的使用无关，一般适用于使用纠缠态的隐形传态。2003 年，Bowen 等[65]报道了相干态光场正则分量的量子隐形传态的实验演示，保真度为 0.64。Zhang 等[66]用压缩态纠缠实验证明了连续变量的量子隐形传态，保真度为 0.61。2005 年，Takei 等[67]实验证明了基于压缩态的 CVQT。由于实验中不可避免的损耗，压缩真空态（vacuum state）必然变成混态，而混态不再是最小不确定态。他们建立了一种用保真度计算这种态的量子隐形传态的可操作方法，并讨论了这种状态的经典极限。输入态的测量保真度为 0.85±0.05，高于经典情况的 0.73±0.04。同年，Takei 等[68]实验证明 CVQT 超越了不可克隆极限。他们隐形传送了一个相干态，保真度达到 0.70±0.02，超过了 2/3 的不可克隆极限。2008 年，Yukawa 等[69]根据已报道的压缩度提升方案，在他们的 CVQT 实验系统中采用改进的方法，使传送相干态的保真度达到了 F=0.83±0.01，这个结果是当时已报道实验中最好的。随后，上海交通大学 He 等[70]提出了一种未知 CV GHZ（Greenberger-Horne-Zeilinger）纠缠态的 Alice 到 Bob 的隐形传态协议，并通过计算多模高斯态的保真度来分析该协议的隐形传态质量。2010 年，Dell 等[71]对纠缠的非高斯源实现的非理想 CVQT 进行了全面的研究，应用特征函数的形式，他们在一个统一的框架内讨论了主要的消相干机制，包括不完全 Bell 测量和光场在有损耗光纤中的传播。2011 年，Lee 等[72]报道了强非经典波包-薛定谔猫态的量子隐形传态实验。为了在保持和恢复输入态的脆弱非经典性的同时进行完整的量子操作，他们开发了一种与时间分辨态制备设备一起工作的宽带、零色散的隐形传态设备。2016 年，Hu 等[73]引入 3 个可调参数来优化非理想情况下 CVQT 的保真度，利用特征函数形式，给出了任意纠缠源的隐形传态保真度与输入相干态振幅无关的条件。2017 年，Liuzzo 等[74]研究了在使用有限纠缠度和能量的双模高斯态的 CVQT 协议的相关案例中最有效的方法是什么。2018 年，Huo 等[75]首次通过实验证明了光学相干态通过光纤通道的确定性量子隐形传态。EPR 纠缠态的两个子模通过一个 3.0km 的作为量子资源的光纤被分配给发送方和接收方，由此实现了光模式在 6.0km 光纤通道上的确定性隐形传态，且恢复的量子态保真度达到 0.62±0.03，突破了经典的 1/2 极限。他们的工作为在通信网络中实现 CVQT 提供了一个可行的方案。2019 年，Hofmann 等[76]研究了湍流大气中物理实现的量子通道的 Kimble-Braunstein CVQT。他们研究了用于提高相干态隐形传态保真度且保持高斯纠缠的不同策略的适用性。2020 年，Qureshi 等[77]从理论上研究了一个 CVQT 协议，其中 Alice 和 Bob 共享由线性分束器建立的一般双模高斯纠缠态。利用分束器输入处两个单模高斯态的非经典性和纯度，通过压缩和相空间求积实现了未知态隐形传态协议。他们证明了在增益因子 g=1 时传送态的保真度最大，当增益因子 g 在任意一侧偏离 1 时，保真度逐渐减小，当分束器的一个输入态被热光子态取代时，隐形传态的保真度会降低。2021 年，Zuo 等[78]提出通过无条件和确定性连续变量隐形传态克服上行链路极限和背景辐射限制。他们分析得到了湍流作用下的保真度，并针对自由空间中传输高斯纠缠的优化问题，提出了几种保真度增强的方法。2022 年，

Xu 等[79]（郭迎团队）提出机器学习辅助的星地 CVQT。结果表明，在考虑天顶角、湍流强度和波长的情况下，机器学习辅助预测结果与实际数据一致。

参 考 文 献

[1] Shor P W. Algorithms for quantum computation: discrete logarithms and factoring[C]// Proceedings of 35th Annual Symposium on Foundations of Computer Science. Washington, DC, United States, 1994: 124-134.

[2] Bennett C H, Brassard G. Quantum cryptography: public key distribution and coin tossing[C]// IEEE International Conference on Computers Systems and Signal Processing. Institute of Electrical and Electronics Engineers, Bangalore, 1984: 175-179.

[3] Bennett C H, Brassard G, Crépeau C, et al. Teleporting an unknown quantum state via dual classical and Einstein-Podolsky-Rosen channels[J]. Physical Review Letters, 1993, 70(13): 1895-1899.

[4] Shannon C E. Communication theory of secrecy systems[J]. Bell System Technical Journal, 1949, 28(4): 656-715.

[5] Ralph T C. Continuous variable quantum cryptography[J]. Physical Review A, 1999, 61(1): 010303.

[6] Hillery M. Quantum cryptography with squeezed states[J]. Physical Review A, 2000, 61(2): 022309.

[7] Cerf N J, Levy M, Van A G. Quantum distribution of Gaussian keys using squeezed states[J]. Physical Review A, 2001, 63(5): 052311.

[8] Grosshans F, Grangier P. Continuous variable quantum cryptography using coherent states[J]. Physical Review Letters, 2002, 88(5): 057902.

[9] Grosshans F, Grangier P. Reverse reconciliation protocols for quantum cryptography with continuous variables[J]. arXiv, quant-ph/0204127, 2002.

[10] Silberhorn C, Ralph T C, Lütkenhaus N, et al. Continuous variable quantum cryptography: beating the 3 dB loss limit[J]. Physical Review Letters, 2002, 89(16): 167901.

[11] Weedbrook C, Lance A M, Bowen W P, et al. Quantum cryptography without switching[J]. Physical Review Letters, 2004, 93(17): 170504.

[12] Leverrier A, Alléaume R, Boutros J, et al. Multidimensional reconciliation for a continuous-variable quantum key distribution[J]. Physical Review A, 2008, 77(4): 042325.

[13] Leverrier A, Grangier P. Unconditional Security proof of long-distance continuous-variable quantum key distribution with discrete modulation[J]. Physical Review Letters, 2009, 102(18): 180504.

[14] Leverrier A, Grangier P. Continuous-variable quantum-key-distribution protocols with a non-Gaussian modulation[J]. Physical Review A, 2011, 83(4): 042312.

[15] Huang P, Fang J, Zeng G. State-discrimination attack on discretely modulated continuous-variable quantum key distribution[J]. Physical Review A, 2014, 89(4): 042330.

[16] Weedbrook C, Pirandola S, Ralph T C. Continuous-variable quantum key distribution using thermal states[J]. Physical Review A, 2012, 86(2): 022318.

[17] Gottesman D, Preskill J. Secure quantum key distribution using squeezed states[J]. Physical Review A, 2001, 63(2): 022309.

[18] Grosshans F, Cerf N J. Continuous-variable quantum cryptography is secure against non-gaussian attacks[J]. Physical Review Letters, 2004, 92(4): 047905.

[19] García P R, Cerf N J. Unconditional optimality of gaussian attacks against continuous-variable quantum key distribution[J]. Physical Review Letters, 2006, 97(19): 190503.

[20] Navascués M, Grosshans F, Acín A. Optimality of Gaussian attacks in continuous-variable quantum cryptography[J]. Physical Review Letters, 2006, 97(19): 190502.

[21] Renner R, Cirac J I. De Finetti representation theorem for infinite-dimensional quantum systems and applications to quantum cryptography[J]. Physical Review Letters, 2009, 102(11): 110504.

[22] Qin H, Kumar R, Alléaume R. Quantum hacking: saturation attack on practical continuous-variable quantum key distribution[J]. Physical Review A, 2016, 94(1): 012325.

[23] Ma X C, Sun S H, Jiang M S, et al. Local oscillator fluctuation opens a loophole for eve in practical continuous-variable quantum-key-distribution systems[J]. Physical Review A, 2013, 88(2): 022339.

[24] Jouguet P, Kunz J S, Diamanti E. Preventing calibration attacks on the local oscillator in continuous-variable quantum key distribution[J]. Physical Review A, 2013, 87(6): 062313.

[25] Gehring T, Händchen V, Duhme J, et al. Implementation of continuous-variable quantum key distribution with composable and one-sided-device-independent security against coherent attacks[J]. Nature Communications, 2015, 6(1): 8795.

[26] Ma X C, Sun S H, Jiang M S, et al. Wavelength attack on practical continuous-variable quantum-key-distribution system with a heterodyne protocol[J]. Physical Review A, 2013, 87(5): 052309.

[27] Grosshans F, Van A G, Wenger J, et al. Quantum key distribution using Gaussian-modulated coherent states[J]. Nature, 2003, 421(6920): 238-241.

[28] Legre M, Zbinden H, Gisin N. Implementation of continuous variable quantum cryptography in optical fibres using a go-&-return configuration[J]. Quantum Information and Computation, 2006, 6(4): 326-335.

[29] Xuan Q D, Zhang Z, Voss P L. A 24km fiber-based discretely signaled continuous variable quantum key distribution system[J]. Optics Express, 2009, 17(26): 24244-24249.

[30] Qi B, Huang L L, Qian L, et al. Experimental study on the Gaussian-modulated coherent-state quantum key distribution over standard telecommunication fibers[J]. Physical Review A, 2007, 76(5): 052323.

[31] Lodewyck J, Bloch M, García P R, et al. Quantum key distribution over 25km with an all-fiber continuous-variable system[J]. Physical Review A, 2007, 76(4): 042305.

[32] Jouguet P, Kunz J S, Leverrier A, et al. Experimental demonstration of long-distance continuous-variable quantum key distribution[J]. Nature Photonics, 2013, 7(5): 378-381.

[33] Su X, Wang W, Wang Y, et al. Continuous variable quantum key distribution based on optical entangled states without signal modulation[J]. EPL (Europhysics Letters), 2009, 87(2): 20005.

[34] Yuan L, Zhao J, Wenchao D, et al. Experimental study on quantum data stream cipher using homodyne detection[C]// 2012 International Conference on Computer Science and Information Processing (CSIP). Xi'an, China, 2012: 50-55.

[35] Dai W, Lu Y, Zhu J, et al. An integrated quantum secure communication system[J]. Science China Information Sciences, 2011, 54(12): 2578-2591.

[36] Huang D, Huang P, Lin D, et al. Long-distance continuous-variable quantum key distribution by controlling excess noise[J]. Scientific Reports, 2016, 6(1): 19201.

[37] Zhang Y, Chen Z, Pirandola S, et al. Long-distance continuous-variable quantum key distribution over 202.81km of fiber[J]. Physical Review Letters, 2020, 125(1): 010502.

[38] Shen Y, Zou H, Tian L, et al. Experimental study on discretely modulated continuous-variable quantum key distribution[J]. Physical Review A, 2010, 82(2): 022317.

[39] Shen Y, Yang J, Guo H. Security bound of continuous-variable quantum key distribution with noisy coherent states and channel[J]. Journal of Physics B-atomic Molecular and Optical Physics, 2009, 42(23): 235506.

[40] Yang J, Xu B, Guo H. Source monitoring for continuous-variable quantum key distribution[J]. Physical Review A, 2012, 86(4): 042314.

[41] Usenko V C, Heim B, Peuntinger C, et al. Entanglement of Gaussian states and the applicability to quantum key distribution over fading channels[J]. New Journal of Physics, 2012, 14(9): 093048.

[42] Qu Z, Djordjevic I B. High-speed free-space optical continuous-variable quantum key distribution enabled by three-dimensional multiplexing[J]. Optics Express, 2017, 25(7): 7919-7928.

[43] Guo Y, Xie C, Huang P, et al. Channel-parameter estimation for satellite-to-submarine continuous-variable quantum key distribution[J]. Physical Review A, 2018, 97(5): 052326.

[44] Wang S, Huang P, Wang T, et al. Atmospheric effects on continuous-variable quantum key distribution[J]. New Journal of Physics, 2018, 20(8): 083037.

[45] Usenko V C, Peuntinger C, Heim B, et al. Stabilization of transmittance fluctuations caused by beam wandering in continuous-variable quantum communication over free-space atmospheric channels[J]. Optics Express, 2018, 26(24): 31106-31115.

[46] Ruppert L, Peuntinger C, Heim B, et al. Fading channel estimation for free-space continuous-variable secure quantum communication[J]. New Journal of Physics, 2019, 21(12): 123036.

[47] Wang S, Huang P, Wang T, et al. Feasibility of all-day quantum communication with coherent detection[J]. Physical Review Applied, 2019, 12(2): 024041.

[48] Chai G, Huang P, Cao Z, et al. Suppressing excess noise for atmospheric continuous-variable quantum key distribution via adaptive optics approach[J]. New Journal of Physics, 2020, 22(10): 103009.

[49] Zuo Z, Wang Y, Huang D, et al. Atmospheric effects on satellite-mediated continuous-variable quantum key distribution[J]. Journal of Physics A: Mathematical and Theoretical, 2020, 53(46): 465302.

[50] Wang S, Huang P, Liu M, et al. Phase compensation for free-space continuous-variable quantum key distribution[J]. Optics Express, 2020, 28(8): 10737-10745.

[51] Wang S, Huang P, Wang T, et al. Dynamic polarization control for free-space continuous-variable quantum key distribution[J]. Optics Letters, 2020, 45(21): 5921-5924.

[52] Dequal D, Trigo V L, Roman R V, et al. Feasibility of satellite-to-ground continuous-variable quantum key distribution[J]. npj Quantum Information, 2021, 7(1): 3.

[53] Hosseinidehaj N, Walk N, Ralph T C. Composable finite-size effects in free-space continuous-variable quantum-key-distribution systems[J]. Physical Review A, 2021, 103(1): 012605.

[54] Wang S, Huang P, Wang T, et al. Feasibility of continuous-variable quantum key distribution through fog[J]. Optics Letters, 2021, 46(23): 5858-5861.

[55] Braunstein S L, Kimble H J. Teleportation of continuous quantum variables[J]. Physical Review Letters, 1998, 80(4): 869-872.

[56] Furusawa A, Sørensen J L, Braunstein S L, et al. Unconditional quantum teleportation[J]. Science, 1998, 282(5389): 706-709.

[57] Tan S M. Confirming entanglement in continuous variable quantum teleportation[J]. Physical Review A, 1999, 60(4): 2752-2758.

[58] Van L P, Braunstein S L. Unconditional teleportation of continuous-variable entanglement[J]. Physical Review A, 1999, 61(1): 010302.

[59] Opatrný T, Kurizki G, Welsch D G. Improvement on teleportation of continuous variables by photon subtraction via conditional measurement[J]. Physical Review A, 2000, 61(3): 032302.

[60] Grosshans F, Grangier P. Quantum cloning and teleportation criteria for continuous quantum variables[J]. Physical Review A, 2001, 64(1): 010301.

[61] Braunstein S L, Fuchs C A, Kimble H J, et al. Quantum versus classical domains for teleportation with continuous variables[J]. Physical Review A, 2001, 64(2): 022321.

[62] Chizhov A V, Knöll L, Welsch D G. Continuous-variable quantum teleportation through lossy channels[J]. Physical Review A, 2002, 65(2): 022310.

[63] Fiurášek J. Improving the fidelity of continuous-variable teleportation via local operations[J]. Physical Review A, 2002, 66(1): 012304.

[64] Johnson T J, Bartlett S D, Sanders B C. Continuous-variable quantum teleportation of entanglement[J]. Physical Review A, 2002, 66(4): 042326.

[65] Bowen W P, Treps N, Buchler B C, et al. Experimental investigation of continuous-variable quantum teleportation[J]. Physical Review A, 2003, 67(3): 032302.

[66] Zhang T C, Goh K W, Chou C W, et al. Quantum teleportation of light beams[J]. Physical Review A, 2003, 67(3): 033802.

[67] Takei n, Aoki T, Koike S, et al. Experimental demonstration of quantum teleportation of a squeezed state[J]. Physical Review A, 2005, 72(4): 042304.

[68] Takei N, Yonezawa H, Aoki T, et al. High-fidelity teleportation beyond the no-cloning limit and entanglement swapping for continuous variables[J]. Physical Review Letters, 2005, 94(22): 220502.

[69] Yukawa M, Benichi H, Furusawa A. High-fidelity continuous-variable quantum teleportation toward multistep quantum operations[J]. Physical Review A, 2008, 77(2): 022314.

[70] He G Q, Zhang J, Zeng G. Teleportation of continuous variable multimode Greeberger–Horne–Zeilinger entangled states[J]. Journal of Physics B: Atomic Molecular and Optical Physics, 2008, 41(21): 215503.

[71] Dell A F, De S S, Illuminati F. Realistic continuous-variable quantum teleportation with non-Gaussian resources[J]. Physical Review A, 2010, 81(1): 012333.

[72] Lee N, Benichi H, Takeno Y, et al. Teleportation of nonclassical wave packets of light[J]. Science, 2011, 332(6027): 330-333.

[73] Hu L, Liao Z, Ma S, et al. Optimal fidelity of teleportation with continuous variables using three tunable parameters in a realistic environment[J]. Physical Review A, 2016, 93(3): 033807.

[74] Liuzzo S P, Mari A, Giovannetti V, et al. Optimal continuous variable quantum teleportation with limited resources[J]. Physical Review Letters, 2017, 119(12): 120503.

[75] Huo M, Qin J, Cheng J, et al. Deterministic quantum teleportation through fiber channels[J]. Science Advances, 2018, 4(10): eaas9401.

[76] Hofmann K, Semenov A A, Vogel W, et al. Quantum teleportation through atmospheric channels[J]. Physica Scripta, 2019, 94(12): 125104.

[77] Qureshi H S, Ullah S, Ghafoor F. Continuous variable quantum teleportation via entangled Gaussian state generated by a linear beam splitter[J]. Journal of Physics B: Atomic Molecular and Optical Physics, 2020, 53(13): 135501.

[78] Zuo Z, Wang Y, Liao Q, et al. Overcoming the uplink limit of satellite-based quantum communication with deterministic quantum teleportation[J]. Physical Review A, 2021, 104(2): 022615.

[79] Xu J, Mao Y, Chen Y, et al. Machine learning assisted prediction for free-space continuous variable quantum teleportation[J]. IEEE Photonics Journal, 2022, 14(4): 1-7.

第 2 章　量子通信基础

本书主要介绍自由空间中的量子通信技术，包括自由空间连续变量量子密钥分发技术和连续变量量子隐形传态技术。虽然介绍过程中会尽量避免复杂的数学推导，只阐述主要的原理、思想和技术手段，但是仍然需要读者对相关的数学、物理和信息论基础知识有一定的了解。本章将简要介绍一些相关的数学、量子力学、量子光学、信息论等方面的基础知识，帮助读者更好地阅读和理解本书后续章节的内容。

2.1　数 学 基 础

本书中量子态与算符主要使用狄拉克（Dirac）符号来表示，特定表象下的有限维希尔伯特空间中的力学量算符用矩阵进行描述。由于自由空间信道为衰落信道，大气湍流对信道中传输的光信号的影响具有随机性，对这种影响的描述需要用到随机过程和随机场的相关知识。因此本书主要应用的数学知识涉及线性代数和概率统计理论。对于线性代数部分基础内容，读者可以参考相关的线性代数教材与参考书，这里主要简单介绍概率统计理论中的相关基础知识。

2.1.1　几种重要的概率分布

在量子密码中，涉及几种常见的概率分布类型，包括均匀分布、泊松分布和高斯分布等。下面分别介绍这几种概率分布的具体形式。

1. 均匀分布

均匀分布指随机变量的各个取值概率完全相等的分布。对于离散型随机变量，其概率分布为

$$P\left(X=x_k\right)=\frac{1}{n} \tag{2-1}$$

其中，$k=1,2,3,\cdots,n$。对于连续型随机变量，其概率分布为

$$F\left(x\right)=\frac{1}{a-b}\left(x-a\right) \tag{2-2}$$

其中，$a \leqslant x \leqslant b$。即对于在区间$[a, b]$内均匀分布的随机变量$X$，其取值落在子区间$[x_1, x_2]$内的概率正比于区间长度$x_2 - x_1$。

2. 泊松分布

设随机变量X取值为k的概率为

$$P(X = k) = \frac{\lambda^k}{k!} e^{-\lambda} \tag{2-3}$$

其中，$k = 0, 1, 2, \cdots$，则称随机变量X服从泊松分布。可以计算出泊松分布的期望$E(X) = \lambda$，方差$D(X) = \lambda$。

泊松分布与二项式分布之间存在密切关联。可以证明，当二项式分布$B(n, p, k)$中的n足够大时，并且np趋于某个有限值λ时，二项式分布就可以近似为泊松分布，即

$$\lim_{n \to \infty} C_n^k p_n^k (1 - p_n)^{n-k} = e^{-\lambda} \frac{\lambda^k}{k!} \tag{2-4}$$

其中，$\lambda = np_n$。

3. 高斯分布

设连续型随机变量X的概率密度函数为

$$f(x) = \frac{1}{\sqrt{2\pi\sigma}} e^{-\frac{(x-\mu)^2}{2\sigma^2}} \tag{2-5}$$

则称X服从高斯分布。可以计算出高斯分布的期望$E(X) = \mu$，方差$D(X) = \sigma^2$。高斯分布也称为正态分布，是自然界中最为常见的一种概率分布，通常将高斯分布记为$X \sim N(\mu, \sigma^2)$。

2.1.2 随机过程和随机场

因为传播电磁辐射的自由空间信道通常被认为是一种湍流介质，所以有必要在本节简要回顾一下与随机场相关的主要思想，它通常是一个向量空间变量$\boldsymbol{R}$和时间t的函数。本节将首先从更简单的随机过程概念开始，然后对随机场进行类比处理。

研究随机过程的基础是引入集合平均值，它被用来表示平均值、相关函数和协方差函数。对于一个平稳的过程，这些统计数据的发展被大大简化了，这意味着所有统计数据只取决于时间差异，而不是具体的时间来源。然而，从实际的角度来看，人们通常只考虑一个弱化的广义上的平稳过程的条件，这只要求均值和协方差在时间上的平动下是不变的。

虽然对随机过程的理论处理通常涉及集合平均值，但对随机过程的各种统计量的测量则使用了长时平均值。尽管如此，如果随机过程是遍历的，那么可以将长时平均统计量等同于集合平均值看待。

除了平均值、相关函数和协方差函数外，还引入了结构函数和功率谱密度的概念。结构函数，广泛应用于湍流研究，特别是当随机过程不是平稳的，但是有平稳的增量时。功率谱密度就是协方差函数的傅里叶变换形式，因此可以以不同的形式包含相同的信息。

1. 随机过程的概率描述

想象对随机过程 $x(t)$进行有限次数的采样 $t_1,t_2,\cdots,t_n$，得到随机变量的集合。与这些随机变量相关的概率测量用 n 阶的联合概率密度函数（probability density function，PDF）来描述：$p_x\left(x_1,t_1;x_2,t_2;\cdots;x_n,t_n\right)$。原则上，可以通过描述所有阶的联合概率密度函数来发展连续随机过程的理论。然而，这通常是一项不可能完成的任务，所以通常关注于一阶分布或二阶分布。

1）一阶和二阶统计

由概率函数定义的量

$$F_x(x,t)=\Pr\left[x(t)\leqslant x\right] \tag{2-6}$$

被称为随机过程 $x(t)$的一阶分布函数，对应的一阶 PDF 为

$$p_x(x,t)=\frac{\partial F_x(x,t)}{\partial x} \tag{2-7}$$

同样地，二阶分布函数和二阶 PDF 为

$$F_x\left(x_1,t_1;x_2,t_2\right)=\Pr\left[x\left(t_1\right)\leqslant x_1;x\left(t_2\right)\leqslant x_2\right] \tag{2-8}$$

$$p_x\left(x_1,t_1;x_2,t_2\right)=\frac{\partial^2 F_x\left(x_1,t_1;x_2,t_2\right)}{\partial x_1\partial x_2} \tag{2-9}$$

2）平稳随机过程

假设一阶 PDF 不依赖时间，即 $p_x(x,t)=p_x(x)$，进一步说，对于所有的 t_1 和 t_2，二阶 PDF 具有如下形式：

$$p_x\left(x_1,t_1;x_2,t_2\right)=p\left(x_1,x_2;t_2-t_1\right) \tag{2-10}$$

也就是说，二阶或联合 PDF 只依赖时差 $\tau=t_2-t_1$，而不依赖特定的时间 t_1 和 t_2。如果所有的边际和联合 PDF 只依赖时间差 $\tau=t_2-t_1$，但不是在特定的时间起点上，人们称其为所谓的平稳随机过程。这种过程也可以描述为它所处的时刻在时间的平移下是不变的。

真正平稳的随机过程在自然界中不存在，因为一个过程必定会在一个有限的时间点停止。尽管如此，在某些应用程序中，在有限的观测时间内该过程不会发生显著的变化，所以可以把它当作一个平稳的过程。当然，如果任何一个与随机过程相关的 PDF 确实随着时间起点的选择而改变，就说该过程是非平稳的。

2. 总体平均

在下面的讨论中，将使用括号符号⟨⟩来表示括号内的总体平均值。人们定义随机过

程 $x(t)$的均值，也称为期望值或总体平均值，如下表达式：

$$\langle x(t)\rangle = m(t) = \int_{-\infty}^{\infty} x p_x(x,t)\mathrm{d}x \tag{2-11}$$

这里需要强调的是，平均值可能一般与时间有关。类似地，方差定义为

$$\sigma_x^2(t) = \langle x^2(t)\rangle - m^2(t) = \int_{-\infty}^{\infty}\left[x(t)-m(t)\right]^2 p_x(x,t)\mathrm{d}x \tag{2-12}$$

它在一般情况下也是时间的函数。然而，如果随机过程是平稳的，那么它的均值和方差都与时间无关。在后一种情况下，把均值简单地写为$\langle x(t)\rangle = m$，方差为σ_x^2。

1）自相关和自协方差函数

设x_1和x_2分别表示在时刻t_1和t_2从实平稳随机过程 $x(t)$中提取的随机变量，定义自相关函数（简称为相关函数）为

$$R_x(t_1,t_2) \equiv R_x(\tau) = \langle x(t_1)x(t_2)\rangle = \iint_{-\infty}^{\infty} x_1 x_2 p_x(x_1,x_2;\tau)\mathrm{d}x_1\mathrm{d}x_2 \tag{2-13}$$

其中，$\tau = t_2 - t_1$。如果 $x(t)$是一个复平稳随机过程，那么可以用$R_x(\tau) = \langle x(t_1)x^*(t_2)\rangle$来定义相关函数，其中星号表示复共轭。

类似地，自协方差函数（或协方差函数）一般由总体平均来定义：

$$\begin{aligned}B_x(t_1,t_2) &= \left\langle\left[x(t_1)-\langle x(t_1)\rangle\right]\left[x(t_2)-\langle x(t_2)\rangle\right]\right\rangle \\ &= \langle x(t_1)x(t_2)\rangle - m(t_1)m(t_2)\end{aligned} \tag{2-14}$$

由此可知，对于一个平稳过程，可以推导出

$$B_x(\tau) = R_x(\tau) - m^2 \tag{2-15}$$

因此，当随机过程的均值为零时，相关函数和协方差函数是相同的。此外，当$t_1 = t_2$（$\tau = 0$）时，协方差函数［式（2-15）］简化为随机变量 x 的方差函数［式（2-12）］。

2）结构函数

虽然在实践中随机过程通常用平稳随机函数逼近且具有足够的精度，但也有一些情况并非如此。例如，大气、风速浮动和温度浮动等参数并不是严格平稳的，因为它们的均值只在相对较短的时间周期内是恒定的。如果随机过程有平稳的增量，此类问题通常会得到解决。换句话说，不是直接与随机过程 $x(t)$本身“打交道”，而是专注于函数$x(t+t_1)-x(t_1)$，即使 $x(t)$可能不是平稳的，但该函数的行为通常很像一个平稳的过程。这种函数具有人们所认为的缓慢变化的均值，可以用结构函数而不是协方差函数来更方便的描述。

在湍流的研究中，通常将一个随机过程 $x(t)$写为一个和：

$$x(t) = m(t) + x_1(t) \tag{2-16}$$

其中，$m(t)$是均值，$x_1(t)$是满足$\langle x_1(t)\rangle = 0$的浮动部分。与随机过程 $x(t)$相关联的结构函数定义为

$$D_x(t_1,t_2) = \left\langle\left[x(t_1)-x(t_2)\right]^2\right\rangle = \left[m(t_1)-m(t_2)\right]^2 + \left\langle\left[x_1(t_1)-x_1(t_2)\right]^2\right\rangle \tag{2-17}$$

这里，看到了结构函数方法的有用之处。如果 $x(t)$的平均值是“缓慢变化的”，那么等式（2-17）中的均值之差接近于零，结构函数简化为

$$D_x(t_1,t_2) \cong \left\langle \left[x_1(t_1) - x_1(t_2) \right]^2 \right\rangle \tag{2-18}$$

为了将上述思想放入一个更精确的数学框架中，设 $x(t)$是一个随机过程，这样 $x(t+\tau)-x(t)$的总体平均就不依赖 t 了。如果$[x(t+\tau)-x(t)]^2$ 的总体平均也与 t 无关，则称 $x(t)$为一个具有平稳增量的随机过程。通常使用结构函数来描述一个具有平稳增量的随机过程，而不是使用协方差函数。

一个平稳的过程可以认为是一个具有平稳增量的过程的一种特殊情况。例如，如果 $x(t)$是一个平稳的过程，那么它的结构函数和协方差函数与它们各自的谱密切相关。特别地，从定义中可以得出：

$$\begin{aligned} D_x(\tau) &= \left\langle \left[x(t+\tau) - x(t) \right]^2 \right\rangle \\ &= \left\langle x^2(t+\tau) \right\rangle + \left\langle x^2(t) \right\rangle - 2\left\langle x(t+\tau)x(t) \right\rangle \\ &= 2\left[B_x(0) - B_x(\tau) \right] \end{aligned} \tag{2-19}$$

3. 时间平均和遍历性

前面已经讨论了所谓的总体平均，如一个给定的随机过程 $x(t)$的均值和协方差。这样的均值取决于对各种与随机过程相关的边际和联合 PDF 的了解。然而，在实践中，通常必须处理一个单一随机过程的样本，如一个有噪声的雷达信号，在某个持续区间$(-T/2, T/2)$的时间 T 内。如果 $x(t)$是一个给定的随机过程的一个特殊现实样本，可以用积分来定义它的有限时间平均值：

$$\overline{x_T(t)} = \frac{1}{T}\int_{-T/2}^{T/2} x(t)\mathrm{d}t \tag{2-20}$$

其中，下标 T 表示只在时间间隔 T 上观察到样本函数。在 $T\to\infty$ 的极限下，得到了长时平均值：

$$\overline{x(t)} = \lim_{T\to\infty}\frac{1}{T}\int_{-T/2}^{T/2} x(t)\mathrm{d}t \tag{2-21}$$

同样地，如果 $x(t)$是一个平稳随机过程的现实样本，则定义长时平均相关函数为

$$\Re_x(\tau) = \overline{x(t)x(t+\tau)} = \lim_{T\to\infty}\frac{1}{T}\int_{-T/2}^{T/2} x(t)x(t+\tau)\mathrm{d}t \tag{2-22}$$

总体平均值可以被时间平均值代替的平稳随机过程称为可遍历的。特别地，对于一个遍历过程，有如下等价性：

$$\overline{x(t)} = \left\langle x(t) \right\rangle \tag{2-23}$$

$$\Re_x(\tau) = R_x(\tau) \tag{2-24}$$

如果一个随机过程是遍历的，它也必须是平稳的；然而，如果一个随机过程是平稳的，

它可能是遍历的，也可能不是遍历的。一般来说，确定一个给定的平稳过程是否也是遍历的是一项困难的任务，没有任何简单的条件来保证。然而，对于一个具有均值为零和连续相关函数的平稳高斯随机过程，有一个简单的意味着遍历性的成立条件为

$$\int_{-\infty}^{\infty}\left|R_x(\tau)\right|\mathrm{d}\tau<\infty \tag{2-25}$$

对于非高斯过程，则不存在这样的条件。

4. *功率谱密度函数*

涉及随机过程的各种工程应用都涉及确定一个特定的相关函数或其傅里叶变换，后者称为一个功率谱密度函数。从本质上说，这两个功能函数都提供了关于被研究的随机过程的相同信息，但从历史上看，它们是从不同的学科体系发展而来的。也就是说，相关函数主要是数学家和统计学家的产物，而谱密度函数主要是作为工程工具发展而来的。

在引入随机函数的功率谱密度之前，首先回顾一下对于确定性函数的傅里叶变换需要满足的基本条件。假设 $f(t)$代表一个依赖时间的确定性（非随机）函数，如一个信号或电压，那么$f(t)$则需要是绝对可积的，即

$$\int_{-\infty}^{\infty}\left|f(t)\right|\mathrm{d}t<\infty \tag{2-26}$$

黎曼-斯蒂尔切斯（Riemann-Stieltjes）积分介绍如下。

假设 $x(t)$是一个复平均值为零的复平稳随机过程。显然，随机过程不满足傅里叶变换存在的基本条件［式（2-26）］。然而，一个平稳的随机过程可以以随机黎曼-斯蒂尔切斯积分（也称为傅里叶-斯蒂尔切斯积分或谱表示）的形式表示为

$$x(t)=\int_{-\infty}^{\infty}\mathrm{e}^{\mathrm{i}\omega t}\mathrm{d}\nu(\omega) \tag{2-27}$$

其中，$\mathrm{d}\nu(\omega)$ 是一个随机的复振幅。因此，利用黎曼-斯蒂尔切斯积分函数式（2-27），可得协方差（或相关）函数为

$$B_x(\tau)=\left\langle x(t_1)x^*(t_2)\right\rangle=\iint_{-\infty}^{\infty}\exp\left[\mathrm{i}(\omega_1 t_1-\omega_2 t_2)\right]\left\langle \mathrm{d}\nu(\omega_1)\mathrm{d}\nu^*(\omega_2)\right\rangle \tag{2-28}$$

其中，ω_1 和 ω_2 为频率的虚变量，星号表示复共轭。为了使协方差函数式（2-28）是时间差$\tau=t_2-t_1$的函数，且具有平稳函数的特征，必须要求随机振幅满足：

$$\left\langle \mathrm{d}\nu(\omega_1)\mathrm{d}\nu^*(\omega_2)\right\rangle=\delta(\omega_2-\omega_1)S_x(\omega_1)\mathrm{d}\omega_2\mathrm{d}\omega_1 \tag{2-29}$$

其中，$\delta(\omega_2-\omega_1)$是狄拉克 δ 函数，$S_x(\omega_1)\geqslant 0$。将式（2-29）代入式（2-28），并利用狄拉克 δ 函数的筛选性质：

$$\int_{-\infty}^{\infty}\delta(\omega-a)g(\omega)\mathrm{d}\omega=g(a) \tag{2-30}$$

得到了傅里叶变换关系（现在用 ω 替换 ω_1）：

$$B_x(\tau)=\int_{-\infty}^{\infty}\mathrm{e}^{\mathrm{i}\omega\tau}S_x(\omega)\mathrm{d}\omega \tag{2-31}$$

称 $S_x(\omega)$为随机过程 $x(t)$的功率谱或功率谱密度。研究还证明了功率谱 $S_x(\omega)$是协方差函

数 $B_x(\tau)$的逆变换，也就是说，这些函数是傅里叶变换对。在这种情况下，可以得出：

$$S_x(\omega)=\frac{1}{2\pi}\int_{-\infty}^{\infty}\mathrm{e}^{-\mathrm{i}\omega\tau}B_x(\tau)\mathrm{d}\tau \tag{2-32}$$

一般的变换关系式（2-31）和式（2-32）被广泛称为维纳-欣钦定理（Wiener Khinchine theorem）。

如果随机过程 $x(t)$是实函数，那么协方差函数是实的偶函数，可以证明功率谱也是实的偶函数。因此，这两个变换对在这种特殊情况下也可以表示为余弦形式：

$$B_x(\tau)=2\int_0^{\infty}S_x(\omega)\cos\omega\tau\mathrm{d}\omega \tag{2-33}$$

$$S_x(\omega)=\frac{1}{\pi}\int_0^{\infty}B_x(\tau)\cos\omega\tau\mathrm{d}\tau \tag{2-34}$$

在一些讨论中，式（2-33）和式（2-34）积分前的常数是可交换的。

一般来说，通常的做法是将功率谱密度定义为自相关函数 $R_x(t)$的傅里叶变换，而不是自协方差函数 $B_x(\tau)$的傅里叶变换。对于零均值随机过程，这些函数是相同的，对于非零均值随机过程，这两个函数之间的关系由等式（2-15）给出。因此，在这种情况下，自相关函数的傅里叶变换仍然与自协方差函数的傅里叶变换基本相同，除了前者总是包含一个源自均值的直流(ω=0)冲激函数。因此，在实践中使用的功率谱密度的定义差别不大。

功率谱 $S_x(\omega)$是复随机过程 $x(t)$的时间相关性的频域表示，或频谱分解，因为假设 $x(t)$是一个遍历的过程。在实际应用过程中，功率谱可以通过时间平均值来估计。

5. 随机场

一个向量空间变量 $\boldsymbol{R}(x, y, z)$及可能的时间 t 的随机函数称为一个随机场。为了得到一个随机场的完整描述，就必须知道它的联合概率所有阶的分布，确定它们是一个非常困难的问题。在没有这样一类概率分布的情况下，通常会描述随机分布的低阶统计矩。下面给出的随机场的处理与上面的随机过程基本类似。

1）空间协方差函数

在光波通过随机介质传播的实际应用中，最关注的是复杂随机场中的空间变化。因此，在后续处理中要抑制随机场的时间依赖性。首先，用如下符号来定义随机场 $u(\boldsymbol{R})$的平均值或期望值：

$$\langle u(\boldsymbol{R})\rangle=m(\boldsymbol{R}) \tag{2-35}$$

其中，括号⟨⟩表示总体平均。相关的空间自协方差函数，或简单的协方差函数，是一个由总体平均定义的双点统计量：

$$B_u(\boldsymbol{R}_1,\boldsymbol{R}_2)=\langle[u(\boldsymbol{R}_1)-m(\boldsymbol{R}_1)][u^*(\boldsymbol{R}_2)-m^*(\boldsymbol{R}_2)]\rangle \tag{2-36}$$

如果随机场 $u(\boldsymbol{R})$的矩在空间平移下是不变的，那么就说它在统计上是齐次的。也就是说，它的平均值$\langle u(\boldsymbol{R})\rangle = m$ 独立于空间位置 $\boldsymbol{R}$，协方差函数仅依赖空间向量矢量差 $\boldsymbol{R}=\boldsymbol{R}_2-$

$\boldsymbol{R}_1$。在这种情况下可令 $B_u(\boldsymbol{R}_1, \boldsymbol{R}_2)=B_u(\boldsymbol{R}_2-\boldsymbol{R}_1)$或者等价形式：

$$B_u(\boldsymbol{R})=\langle u(\boldsymbol{R}_1)u^*(\boldsymbol{R}_1+\boldsymbol{R})\rangle-|m|^2 \tag{2-37}$$

因此，可以看到“统计均匀”的概念是时间上“平稳”的空间对等物。如果随机场 $u(\boldsymbol{R})$ 在旋转下也具有不变性，则它是统计各向同性的。在这种情况下，协方差函数仅依赖标量距离 $R=|\boldsymbol{R}_2-\boldsymbol{R}_1|$，即 $B_u(\boldsymbol{R}_1, \boldsymbol{R}_2)=B_u(R)$，并且在实践中的总体性质可以很容易地用空间平均来估计。

2）一维空间功率谱

类似下面将要介绍的随机过程，定义一个与随机场相关联的一维空间功率谱。也就是说，如果 $u(\boldsymbol{R})$是一个统计上均匀的和各向同性的具有零均值的复随机场，其协方差函数 $B_u(R)$可以用傅里叶积分形式表示：

$$B_u(R)=\int_{-\infty}^{\infty}\mathrm{e}^{\mathrm{i}\kappa R}V_u(\kappa)\mathrm{d}\kappa=2\int_0^{\infty}\cos(\kappa R)V_u(\kappa)\mathrm{d}\kappa \tag{2-38}$$

其中，κ（以 rad/m 为单位）表示空间波数（空间频率），$V_u(\kappa)$为随机场 $u(\boldsymbol{R})$的一维频率谱。因此，通过傅里叶变换关系，可以得出频率谱 $V_u(\kappa)$由下面的傅里叶逆变换定义：

$$V_u(\kappa)=\frac{1}{2\pi}\int_{-\infty}^{\infty}\mathrm{e}^{-\mathrm{i}\kappa R}B_u(R)\mathrm{d}R=\frac{1}{\pi}\int_0^{\infty}\cos(\kappa R)B_u(R)\mathrm{d}R \tag{2-39}$$

空间波数 κ，表征了与特定随机不均匀性相关的尺度 l 的大小，即，$\kappa\sim 1/l$。注意，这类似频率与时间的倒数关系 $\omega\sim 1/t$。

3）三维空间功率谱

在测量中，最重要的是一维空间功率谱；对于理论的发展，通常更需要的是三维空间功率谱。假设 $u(\boldsymbol{R})$是一个统计上齐次的复随机场，其均值为零，它的黎曼–斯蒂尔切斯积分表示为

$$u(\boldsymbol{R})=\iiint_{-\infty}^{\infty}\mathrm{e}^{\mathrm{i}\boldsymbol{K}\cdot\boldsymbol{R}}\mathrm{d}\nu(\boldsymbol{K}) \tag{2-40}$$

其中，$\boldsymbol{K}(\kappa_x,\kappa_y,\kappa_z)$为矢量波数（以 rad/m 为单位），$\mathrm{d}\nu(\boldsymbol{K})$表示 $u(\boldsymbol{R})$的随机振幅。根据式（2-40），式（2-36）的协方差有如下形式：

$$\begin{aligned}B_u(\boldsymbol{R})&=\langle u(\boldsymbol{R}_1)u^*(\boldsymbol{R}_2)\rangle\\&=\iiiint\!\!\iint_{-\infty}^{\infty}\exp\left[\mathrm{i}(\boldsymbol{K}\cdot\boldsymbol{R}_1-\boldsymbol{K}'\cdot\boldsymbol{R}_2)\right]\langle\mathrm{d}\nu(\boldsymbol{K})\mathrm{d}\nu^*(\boldsymbol{K}')\rangle\end{aligned} \tag{2-41}$$

为了满足统计均匀的条件，必须遵循如下条件：

$$\langle\mathrm{d}\nu(\boldsymbol{K})\mathrm{d}\nu^*(\boldsymbol{K}')\rangle=\delta(\boldsymbol{K}-\boldsymbol{K}')\varPhi_u(\boldsymbol{K})\mathrm{d}^3\kappa\mathrm{d}^3\kappa' \tag{2-42}$$

在这种情况下，等式（2-41）可简化为

$$B_u(\boldsymbol{R})=\iiint_{-\infty}^{\infty}\mathrm{e}^{\mathrm{i}\boldsymbol{K}\cdot\boldsymbol{R}}\varPhi_u(\boldsymbol{K})\mathrm{d}^3\kappa \tag{2-43}$$

式（2-42）和式（2-43）中的函数 $\varPhi_u(\boldsymbol{K})$ 是随机场 $u(\boldsymbol{R})$ 的三维空间功率谱。该函数可以通过傅里叶逆变换直接从协方差函数中得到：

$$\Phi_u(\boldsymbol{K})=\left(\frac{1}{2\pi}\right)^3\iiint_{-\infty}^{\infty}\mathrm{e}^{-\mathrm{i}\boldsymbol{K}\cdot\boldsymbol{R}}B_u(\boldsymbol{R})\mathrm{d}^3\boldsymbol{R} \tag{2-44}$$

式（2-43）和式（2-44）是均匀随机场的维纳-欣钦定理的三维模拟。对于随机场在统计上是均匀且各向同性的特殊情况，这些傅里叶变换关系可以简化为

$$\begin{cases}\Phi_u(\kappa)=\dfrac{1}{2\pi^2\kappa}\displaystyle\int_0^{\infty}B_u(R)\sin(\kappa R)R\mathrm{d}R\\ B_u(R)=\dfrac{4\pi}{R}\displaystyle\int_0^{\infty}\Phi_u(\kappa)\sin(\kappa R)\kappa\mathrm{d}\kappa\end{cases} \tag{2-45}$$

其中，$\kappa=|\boldsymbol{K}|$为波数向量的大小。

基于式（2-45），可以证明三维谱与一维谱式（2-39）之间的关系由如下关系式给出[1]：

$$\Phi_u(\kappa)=-\frac{1}{2\pi\kappa}\frac{\mathrm{d}V_u(\kappa)}{\mathrm{d}\kappa} \tag{2-46}$$

这种关系意味着，例如，表现出 $\kappa^{-5/3}$ 行为的一维谱对应于具有 $\kappa^{-11/3}$ 行为的三维谱。然而，式（2-45）中的积分收敛性对三维谱和相应随机场 $u(\boldsymbol{R})$的协方差函数的允许行为进行了一定的限制。特别是，如果谱在 $\kappa=0$ 处存在奇异点，则定义协方差函数的积分收敛性，例如，要求$\Phi_u(\kappa)\sim\kappa^{-\alpha}$，其中 $\alpha<3$，κ 趋近于 0。

当波在由三维空间功率谱$\Phi_u(\kappa_x,\kappa_y,\kappa_z)$表征的均匀各向同性随机介质中传播时，也常常同样对垂直于传播方向的平面上浮动的二维谱感兴趣。如果$F_u(\kappa_x,\kappa_y,0;z)$表示相距 z 的横截面之间的二维谱，根据傅里叶变换的关系，它与三维光谱的关系[1-2]为

$$F_u(\kappa_x,\kappa_y,0;z)=\int_{-\infty}^{\infty}\Phi_u(\kappa_x,\kappa_y,\kappa_z)\cos(z\kappa_z)\mathrm{d}\kappa_z \tag{2-47}$$

因此，通过傅里叶变换的性质，也可以看到：

$$\Phi_u(\kappa_1,\kappa_2,\kappa_3)=\frac{1}{2\pi}\int_{-\infty}^{\infty}F_u(\kappa_x,\kappa_y,0;z)\cos(z\kappa_z)\mathrm{d}z \tag{2-48}$$

因为空间功率谱$\Phi_u(\kappa_1,\kappa_2,\kappa_3)$是一个偶数函数（根据定义），所以式（2-47）和式（2-48）的表述选择余弦变换。

4）结构函数

用协方差函数和功率谱密度对随机场空间涨落的理论处理依赖统计均匀性的假设。特别重要的是，假设场的平均值在所有空间上都是恒定的。然而，在实践中，随机场在很大的距离上可能没有恒定的平均值。例如，湍流中的速度场不是严格均匀的，因为平均速度场在相距很远的随机介质部分中不可能是恒定的。尽管如此，在两个不同点上的速度差几乎总是表现为统计上均匀的场。数学上，考虑一个可以分解为和的随机场 $u(\boldsymbol{R})$：

$$u(\boldsymbol{R})=m(\boldsymbol{R})+u_1(\boldsymbol{R}) \tag{2-49}$$

其中，$m(\boldsymbol{R})=\langle u(\boldsymbol{R})\rangle$（非常数）为均值，$u_1(\boldsymbol{R})$是统计上均匀的浮动，均值为$u_1(\boldsymbol{R})=0$。

允许分解为变化均值和统计上均匀浮动的随机场称为局部均匀场，它是具有平稳增量的随机过程的空间等价。因此，前面介绍的对于具有平稳增量的随机过程的理论框架，也可以应用于局部均匀随机场。

局部均匀场的表征通常不使用协方差函数，而是使用结构函数。一般来说，局部均匀随机场 $u(\boldsymbol{R})$的结构函数可以表示为

$$\begin{aligned} D_u\left(\boldsymbol{R}_1,\boldsymbol{R}_2\right) \equiv D_u\left(\boldsymbol{R}\right) &= \left\langle\left[u\left(\boldsymbol{R}_1\right)-u\left(\boldsymbol{R}_1+\boldsymbol{R}\right)\right]^2\right\rangle \\ &\cong \left\langle\left[u_1\left(\boldsymbol{R}_1\right)-u_1\left(\boldsymbol{R}_1+\boldsymbol{R}\right)\right]^2\right\rangle \end{aligned} \tag{2-50}$$

功率谱与结构函数的关系为

$$D_u\left(\boldsymbol{R}\right)=2\iiint_{-\infty}^{\infty}\boldsymbol{\Phi}_u\left(\boldsymbol{K}\right)\left[1-\cos\left(\boldsymbol{K}\cdot\boldsymbol{R}\right)\right]\mathrm{d}^3\kappa \tag{2-51}$$

当然，在随机场是局部均匀和各向同性的特殊情况下，结构函数将只是 $\boldsymbol{R}$ 的函数，与功率谱的关系为

$$D_u\left(\boldsymbol{R}\right)=8\pi\int_0^{\infty}\kappa^2\boldsymbol{\Phi}_u\left(\kappa\right)\left(1-\frac{\sin\kappa\boldsymbol{R}}{\kappa\boldsymbol{R}}\right)\mathrm{d}\kappa \tag{2-52}$$

从式（2-52）中观察到，式$1-\sin\kappa\boldsymbol{R}/\kappa\boldsymbol{R}$就像一个高通滤波器，其中大于分离距离的部分被滤除。这意味着与结构函数相关的 $\kappa^{-\alpha}$ 型谱在 $\kappa = 0$ 处有一个奇异点，其中 $\alpha<5$。局部均匀各向同性介质的结构函数与功率谱的逆关系有如下形式：

$$\boldsymbol{\Phi}_u\left(\kappa\right)=\frac{1}{4\pi^2\kappa^2}\int_0^{\infty}\frac{\sin\kappa R}{\kappa R}\frac{\mathrm{d}}{\mathrm{d}R}\left[R^2\frac{\mathrm{d}}{\mathrm{d}R}D_u\left(R\right)\right]\mathrm{d}R \tag{2-53}$$

在统计均匀和各向同性场的情况下，根据式（2-45）的第二个关系式，结构函数和协方差函数有如下表达：

$$D_u\left(R\right)=2\left[B_u\left(0\right)-B_u\left(R\right)\right] \tag{2-54}$$

以上介绍的自由空间量子通信中涉及的基本数学知识，主要参考了文献[3]和文献[4]。

2.2 量子光学基础

保证量子密钥分发安全性的两个关键的物理定理为海森伯测不准定理和不可克隆定理，根据它们能推断出可以利用非对易的可观测物理量来实现密钥信息的安全传输。因此，科学家们通过寻找可观测的非对易且易于编码的物理量来设计量子保密系统，CVQKD 也是从这个思路出发进行理论分析和实验研究。本节将简单介绍量子通信中用到的量子光学基本概念和基本理论，并假定读者有了一定的量子力学基础。

2.2.1　Fock 态表象

1. 光子数态

对于频率为 ω 的单模场，分别定义其产生和湮灭算符 $\hat{a}^\dagger$ 和 $\hat{a}$。具有本征值 n 的数量算符 $\hat{N}=\hat{a}^\dagger\hat{a}$ 的本征态 $|n\rangle$ 称为 Fock 态或者光子数态。因此，有关系式

$$\hat{N}|n\rangle=\hat{a}^\dagger\hat{a}|n\rangle=n|n\rangle \tag{2-55}$$

Fock 态的本征态通常理解为在对应的模式中存在 n 个光子数。不含光子的态($|0\rangle$)称为真空态。利用对易关系 $[a,a^\dagger]=1$ 和数量算符($\hat{N}=\hat{a}^\dagger\hat{a}$)的定义，可以推导出关系：

$$\hat{a}|n\rangle=\sqrt{n}|n-1\rangle \tag{2-56}$$

$$\hat{a}^\dagger|n\rangle=\sqrt{n+1}|n+1\rangle \tag{2-57}$$

2. 正则分量算符

使用产生和湮灭算符（$\hat{a}^\dagger,\hat{a}$），可以定义正则分量算符 $\hat{x}$ 和 $\hat{p}$：

$$\hat{x}=\frac{1}{\sqrt{2}}\left(\hat{a}^\dagger+\hat{a}\right) \tag{2-58}$$

$$\hat{p}=\frac{i}{\sqrt{2}}\left(\hat{a}^\dagger-\hat{a}\right) \tag{2-59}$$

它们相当于谐振子的位置和动量算符。算符 $\hat{x}$ 和 $\hat{p}$ 也称为正则振幅和正则相位（或者正则位置和正则动量），它们是厄米的，满足对易关系：

$$\begin{cases}[\hat{x}_i,\hat{x}_j]=0\\ [\hat{x}_i,\hat{p}_j]=i\delta_{ij}\\ [\hat{p}_i,\hat{p}_j]=0\end{cases} \tag{2-60}$$

这里 i、j 表示不同的单模场。该关系确定了单模态中它们之间的海森伯测不准定理：

$$\Delta\hat{x}\Delta\hat{p}\geqslant\frac{1}{2}|\langle[x,p]\rangle|=\frac{1}{2} \tag{2-61}$$

其中，$\Delta A=\left(\left\langle A^2\right\rangle-\langle A\rangle^2\right)^{1/2}$。

需要指出的是，在量子光学中，正则分量定义中的系数将根据所选单位的不同而不同，式（2-58）和式（2-59）中正则振幅和正则相位的定义取的是自然单位（natural unit，NU）。事实上，还常用另一种单位，即散粒噪声单位（shot noise unit，SNU）。在 SNU 下，正则分量的定义如下：

$$\hat{x}=\hat{a}^\dagger+\hat{a} \tag{2-62}$$

$$\hat{p}=i\left(\hat{a}^\dagger-\hat{a}\right) \tag{2-63}$$

此时两者的对易关系变为

$$\begin{cases}[\hat{x}_i,\hat{x}_j]=0\\ [\hat{x}_i,\hat{p}_j]=2i\delta_{ij}\\ [\hat{p}_i,\hat{p}_j]=0\end{cases} \tag{2-64}$$

单模态下 $\hat{x}$ 和 $\hat{p}$ 的海森伯测不准定理变为

$$\Delta\hat{x}\Delta\hat{p}\geqslant\frac{1}{2}|\langle[x,p]\rangle|=1 \tag{2-65}$$

2.2.2 相干态与位移

Fock 态能够对具有很少数目量子的态进行描述，但是实验中 $n>2$ 的 Fock 态将变得极其难产生，广泛使用的是激光产生的相干态。

1. 相干态定义

相干态的定义为湮灭算符的本征态，记为 $|\alpha\rangle$，即

$$a|\alpha\rangle=\alpha|\alpha\rangle \tag{2-66}$$

其中，α 是一个复数（注意 $\hat{a}$ 是非厄米算符）。相干态可以看作位移真空态，即

$$|\alpha\rangle=\mathrm{e}^{\alpha\hat{a}^{\dagger}-\alpha^{*}\hat{a}}|0\rangle=D(\alpha)|0\rangle \tag{2-67}$$

其中，$D(\alpha)=\mathrm{e}^{\alpha\hat{a}^{\dagger}-\alpha^{*}\hat{a}}$ 为位移算符，是一个幺正算符，满足

$$\boldsymbol{D}^{\dagger}(\alpha)=D^{-1}(\alpha)=D(-\alpha) \tag{2-68}$$

2. 相干态在光子数态中的展开

利用位移算符的正规序数形式，可以得到

$$|\alpha\rangle=\mathrm{e}^{-|\alpha|^2/2}\mathrm{e}^{\alpha\hat{a}^{\dagger}}\mathrm{e}^{-\alpha^{*}\hat{a}}|0\rangle=\mathrm{e}^{-|\alpha|^2/2}\sum_{n=0}^{\infty}\frac{\alpha^n\left(\hat{\boldsymbol{a}}^{\dagger}\right)^n}{n!}|0\rangle \tag{2-69}$$

进一步，式（2-69）可以写为

$$|\alpha\rangle=\mathrm{e}^{-|\alpha|^2/2}\sum_{n=0}^{\infty}\frac{\alpha^n}{\sqrt{n!}}|n\rangle \tag{2-70}$$

相干态 $|\alpha\rangle$ 中找到 n 个光子的概率由泊松分布给定，即

$$p(n)=|\langle n|\ \alpha\rangle|^2=\mathrm{e}^{-|\alpha|^2}\frac{|\alpha|^{2n}}{n!} \tag{2-71}$$

其均值和方差为 $\langle n\rangle=\Delta^2 n=|\alpha|^2$。

3. 准经典态

相干态通常称为准经典态，因为正则振幅和正则相位上的不确定度的乘积是不确定性原理所允许的最小值。在 NU 下，有

$$\Delta^2 \hat{x} = \Delta^2 \hat{p} = \frac{1}{2} \tag{2-72}$$

2.2.3 压缩态

1. 真空态

真空态和相干态对于正则分量 $\hat{x}$ 和 $\hat{p}$ 而言，是完全对称的。在真空态或者相干态的基础上，对某个分量进行压缩，另一分量相应放大，就可得到压缩真空态或压缩相干态（简称压缩态）。压缩态在数学上可以通过对相干态作用压缩算符来定义，即

$$|\alpha,\zeta\rangle = \hat{S}(\zeta)\hat{D}(\alpha)|0\rangle = S(\zeta)|\alpha\rangle \tag{2-73}$$

其中压缩算符

$$\hat{S}(\zeta) = \exp\left(-\frac{1}{2}\zeta\hat{a}^{\dagger 2} + \frac{1}{2}\zeta^{*}\hat{a}^{2}\right) \tag{2-74}$$

其中，$\zeta = re^{i\theta}$ 为一个复数，r 为压缩因子，θ 为相位旋转。

压缩算符作用于单模相干态后的态的产生和湮灭算符与作用前的关系为

$$\begin{bmatrix} \hat{a} \\ \hat{a}^{\dagger} \end{bmatrix}_{\text{out}} = \hat{S}^{\dagger}(\zeta)\begin{bmatrix} \hat{a}_1 \\ \hat{a}_1^{\dagger} \end{bmatrix}_{\text{in}} \hat{S}(\xi) = \begin{bmatrix} \cosh r & -e^{i\theta}\sinh r \\ -e^{-i\theta}\sinh r & \cosh r \end{bmatrix}\begin{bmatrix} \hat{a}_1 \\ \hat{a}_1^{\dagger} \end{bmatrix}_{\text{in}} \tag{2-75}$$

压缩算符的作用能够更好地通过单模场的正则分量来理解。假定相位旋转 $\theta = 0$，则压缩算符作用前后态的正则分量之间的关系可以写为

$$\begin{bmatrix} \hat{x} \\ \hat{p} \end{bmatrix}_{\text{out}} = \begin{bmatrix} e^{-r} & 0 \\ 0 & e^{r} \end{bmatrix}\begin{bmatrix} \hat{x} \\ \hat{p} \end{bmatrix}_{\text{in}} \tag{2-76}$$

此时正则振幅和正则相位的不确定分别为 $\Delta\hat{x}^2 = \frac{1}{2}e^{-2r}$ 和 $\Delta\hat{p}^2 = \frac{1}{2}e^{2r}$（单位为 NU）。也就是说，压缩后的相干态实现了某个分量上方差的压缩，而另一个分量的方差则被放大了。

2. 双模压缩态

当用一个强激光泵浦一个非简并光学参量放大器（optical parametric amplifier，OPA），具有 $2\hbar\omega$ 能量的一部分光子将分裂成两个 $\hbar\omega$ 能量的光子并通过两个不同的模式发射出来，这两个模式称为信号和闲波。两个模式中的光子数必定相等（$|n,n\rangle$），或者为光子数态的叠加。双模压缩算符 $S_{\text{TMS}}(\zeta)$ 作用到每个场的产生和湮灭算符上，得到正则分量的输入输出关系为

$$\begin{bmatrix} \hat{x}_1 \\ \hat{p}_1 \\ \hat{x}_2 \\ \hat{p}_2 \end{bmatrix}_{\text{out}} = \begin{bmatrix} \cosh r & 0 & \sinh r & 0 \\ 0 & \cosh r & 0 & -\sinh r \\ \sinh r & 0 & \cosh r & 0 \\ 0 & -\sinh r & 0 & \cosh r \end{bmatrix}\begin{bmatrix} \hat{x}_1 \\ \hat{p}_1 \\ \hat{x}_2 \\ \hat{p}_2 \end{bmatrix}_{\text{in}} \tag{2-77}$$

如果信号和闲波的输入场为真空场，则获得双模压缩真空（two-mode squeezed vacuum，TMSV）态 $S_{\text{TMS}}(\zeta)|0,0\rangle$ 。在 Fock 态表象下，双模压缩真空态可以写为

$$S_{\text{TMS}}(\zeta)|0,0\rangle=\frac{1}{\sqrt{\cosh\zeta}}\sum_{n=0}^{\infty}(\tanh\zeta)^{n}|n,n\rangle \tag{2-78}$$

在无限压缩的极限下，得到了 $\hat{x}$ 正则分量($\hat{x}_1=\hat{x}_2$)的完全正相关和 $\hat{p}$ 正则分量($\hat{p}_1=-\hat{p}_2$)的完全负相关，这就是众所周知的 EPR 纠缠态。在本书中，有时会使用术语“EPR 态”来提到所有的双模压缩态，而不仅仅是那些具有无限压缩的态。

2.2.4 热态

如果对双模压缩态式（2-78）的两个输出模式中的一个求偏迹，就得到一个混态，即光子数服从玻色–爱因斯坦（Bose-Einstein）分布的热态：

$$\rho=\text{Tr}|\psi\rangle\langle\psi|_{\text{EPR}}=\frac{1}{\cosh\zeta}\sum_{n=0}^{\infty}(\tanh\zeta)^{2n}|n\rangle\langle n| \tag{2-79}$$

该态的平均光子数为

$$\langle n\rangle=\langle\hat{N}\rangle=\cosh\zeta-1 \tag{2-80}$$

2.2.5 连续变量系统

连续变量系统是一个典型的无限维量子系统，它由 N 个无限维 Fock 空间 $\mathcal{H}_i$ 的张量积形成的希尔伯特空间

$$\mathcal{H}=\bigotimes_{i=1}^{N}\mathcal{H}_i \tag{2-81}$$

描述的 N 个模的集合组成。可以想象电磁场的 N 个模，其中的模可以通过能量(ω_i)、偏振或空间模式等不同的方式来区分。空间 $\mathcal{H}_i$ 是由本征态为数态算符 $\hat{n}_i=\hat{a}_i^{\dagger}\hat{a}_i$ 的本征态的 Fock 基$\{|n\rangle_k\}$组成的。全空间的真空态表示为$|0\rangle=\otimes_i|0\rangle_i$（$\hat{a}_i|0\rangle_i=0$），它是 N 个谐振子系统的自由相互作用哈密顿量

$$H=\sum_{i=1}^{N}\left[\hat{a}_i^{\dagger}\hat{a}_i+\frac{1}{2}\right] \tag{2-82}$$

的基态。其中，$\hat{a}_i$ 和 $\hat{a}_i^{\dagger}$ 为模 i 的湮灭和产生算符，它们满足玻色对易关系：

$$\left[\hat{a}_i,\hat{a}_j^{\dagger}\right]=\delta_{ij},\quad\left[\hat{a}_i,\hat{a}_j\right]=\left[\hat{a}_i^{\dagger},\hat{a}_j^{\dagger}\right]=0 \tag{2-83}$$

每个模对应的正则分量算符由其产生和湮灭算符定义，在 SNU 下，它们的定义由式（2-62）和式（2-63）给出。所有模式的正则分量可以组成一个算符向量：

$$\hat{\boldsymbol{r}}=(\hat{r}_1,\cdots,\hat{r}_{2N})^{\text{T}}=(\hat{x}_1,\hat{p}_1,\hat{x}_2,\hat{p}_2,\cdots,\hat{x}_N,\hat{x}_N)^{\text{T}} \tag{2-84}$$

各模之间的正则分量满足玻色子标准对易关系：

$$\left[\hat{r}_k,\hat{r}_l\right]=\mathrm{i}\Omega_{kl} \tag{2-85}$$

其中，Ω_{kl} 为 $2N\times2N$ 矩阵 $\boldsymbol{\Omega}$ 的元素。$\boldsymbol{\Omega}$ 具有如下辛形式：

$$\boldsymbol{\Omega}=\oplus_{i=1}^{N}\begin{bmatrix}0&1\\-1&0\end{bmatrix} \tag{2-86}$$

为了定义接下来的相空间表象，还需要引入外尔（Weyl）算符：

$$D_{\xi}=\mathrm{e}^{-\mathrm{i}\xi^{\mathrm{T}}\Omega\hat{r}} \tag{2-87}$$

它相当于是位移算符

$$D(\alpha)=\mathrm{e}^{\alpha\hat{a}_i^{\dagger}-\alpha^{*}\hat{a}_i} \tag{2-88}$$

使用正则分量表象的重定义

$$D(\xi)=\mathrm{e}^{\mathrm{i}\left(d_p\hat{x}-d_x\hat{p}\right)} \tag{2-89}$$

的 N 模推广，其中，$\left(\xi_x,\xi_p\right)=\sqrt{2}\left(Re(\alpha),Im(\alpha)\right)$。

2.2.6　相空间表象与维格纳（Wigner）函数

一个连续变量系统的量子态为在希尔伯特空间 $\mathcal{H}$ 上的正密度算符 ρ 的集合。除了可以关注它的量子态以外，还可以关注定义在相空间的函数。对于一个密度矩阵为 $\boldsymbol{\rho}$ 的量子态，定义特征函数：

$$\chi_{\rho}(\boldsymbol{\xi})=\mathrm{Tr}\left[\boldsymbol{\rho}D_{\xi}\right] \tag{2-90}$$

向量 $\boldsymbol{\xi}$ 属于一个实的 $2N$ 维空间，称为相空间。每个特征函数都与一个量子态唯一关联，并且它们通过傅里叶-外尔（Fourier-Weyl）关系相互关联。量子态 $\boldsymbol{\rho}$ 可以根据其特征函数获得，即

$$\boldsymbol{\rho}=\frac{1}{(2\pi)^N}\int \mathrm{d}^{2N}\boldsymbol{\xi}\chi_{\rho}(-\boldsymbol{\xi})D_{\xi} \tag{2-91}$$

反过来，在量子光学中常用的准概率分布 Wigner 函数通过傅里叶变换与特征函数相关联：

$$W(\boldsymbol{\xi})=\frac{1}{(2\pi)^N}\int \mathrm{d}^{2N}\zeta\,\mathrm{e}^{\mathrm{i}\xi^{\mathrm{T}}\Omega\zeta}\chi_{\rho}(\zeta) \tag{2-92}$$

Wigner 函数可以归一化为 1，但通常是非正定函数，因此对应于量子态在相空间上的准概率分布。Wigner 函数的自变量 $\boldsymbol{\xi}$ 对应的是系统正则分量 $\hat{\boldsymbol{r}}$ 的本征值，以这些本征值为基矢可以构造出一个实的辛空间，这就是相空间。

2.2.7　高斯态

高斯态指其特征函数是相空间中的高斯函数。对于一般的密度算符 $\boldsymbol{\rho}$，定义位移向量：

$$\boldsymbol{d}=\langle\hat{\boldsymbol{r}}\rangle=\mathrm{Tr}\left[\boldsymbol{\rho}\hat{\boldsymbol{r}}\right] \tag{2-93}$$

以及 $2N\times 2N$ 的半正定对称协方差矩阵：

$$\boldsymbol{\gamma}_{ij}=\mathrm{Tr}\left[\boldsymbol{\rho}\{(\hat{r}_i-d_i),(\hat{r}_j-d_j)\}\right] \tag{2-94}$$

其中，符号{}表示反对易式。高斯量子态由高斯特征函数定义：

$$\chi_\rho(\boldsymbol{\xi})=\mathrm{e}^{-\frac{1}{4}\xi^{\mathrm{T}}\Gamma\xi+\mathrm{i}D^{\mathrm{T}}\xi} \tag{2-95}$$

其中，$D=\boldsymbol{\Omega d}$，协方差矩阵 $\boldsymbol{\Gamma}=\boldsymbol{\Omega\gamma\Omega}$。

1. 单模高斯态

1）真空态与相干态

真空态是量子在相位空间中心（$d=(0,0)$）的一种特殊量子态，真空态的协方差矩阵为单位矩阵 $\boldsymbol{\gamma}=\mathbb{I}$。真空态包含 0 个光子，通常用 $|0\rangle$ 来表示，是最基本的高斯态。真空非空，真空中量子态发生涨落时会产生噪声，也就是真空噪声。相干态是一个位移真空态，它的协方差矩阵也是单位矩阵，但它有一个非零位移向量 $\boldsymbol{d}=(d_x,d_y)$。

2）压缩态

单模压缩真空态的均值为 0，其协方差矩阵为

$$\boldsymbol{\gamma}=\begin{bmatrix}\mathrm{e}^{-2r} & 0\\ 0 & \mathrm{e}^{2r}\end{bmatrix} \tag{2-96}$$

其中，r 为压缩系数，当 $r>0$ 时表示 x 分量被压缩，当 $r<0$ 时表示 p 分量被压缩。压缩相干态具有完全相同的协方差矩阵，但位移非零。通过在压缩操作之前相移 θ，可以沿着正则分量 $\hat{x}_\theta$ 方向生成压缩态。

3）热态

热态（thermal state）的均值同样为 0，其协方差矩阵为

$$\boldsymbol{\gamma}=\begin{bmatrix}V & 0\\ 0 & V\end{bmatrix} \tag{2-97}$$

其中，V 为热态的方差，可以通过热态包含的平均光子数 $\bar{n}$ 来表示，即 $V=2\bar{n}-1$。真空态是一种特殊的热态，其平均光子数为 0（$\bar{n}=0$）。

4）一般化

单模高斯态可以通过位移向量 $\boldsymbol{d}=(d_x,d_y)$ 和一个 2×2 协方差矩阵来完全的表征。

$$\boldsymbol{\gamma}=\begin{bmatrix}a & c\\ c & b\end{bmatrix} \tag{2-98}$$

可以证明，通过应用压缩和旋转操作，可以从热态中产生任意的单模高斯态。图 2-1 描述了相空间中的单模高斯态。

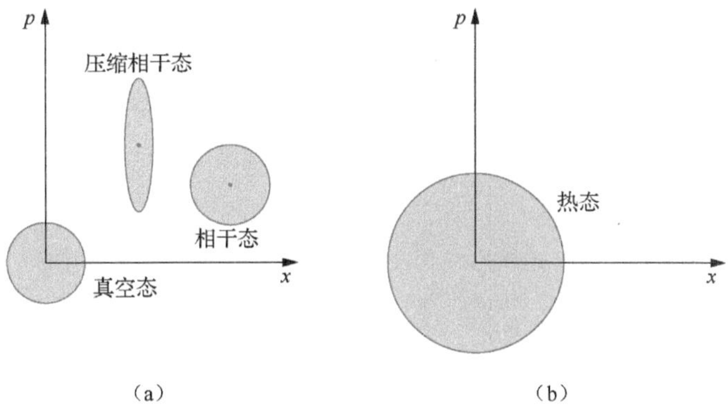

图 2-1 相位空间的单模高斯态表示

2. 双模高斯态

一般的双模高斯态由均值 $\boldsymbol{d}=\boldsymbol{d}_1\otimes\boldsymbol{d}_2$ 和协方差矩阵

$$\boldsymbol{\gamma}_{12}=\begin{bmatrix}\boldsymbol{\gamma}_1 & \boldsymbol{C}\\ \boldsymbol{C} & \boldsymbol{\gamma}_2\end{bmatrix} \tag{2-99}$$

来表征，其中，$\boldsymbol{\gamma}_1$ 和 $\boldsymbol{\gamma}_2$ 是对另一模态求偏迹后的第一个和第二个模的协方差矩阵，$\boldsymbol{C}$ 为表示两模之间相关性的矩阵，可以是经典或者量子的（纠缠）。

1）张量积态

$\boldsymbol{C}=0$ 时的情况对应两单模高斯态的张量积形成的张量积态，此时

$$\boldsymbol{\gamma}_{12}=\boldsymbol{\gamma}_1\oplus\boldsymbol{\gamma}_2 \tag{2-100}$$

2）双模压缩态

双模压缩真空态是应用更为广泛的量子态，也就是著名的 EPR 态，它是 CV 量子信息协议实际部署的核心资源，其相应的高斯操作符为 $S_2(r)=\exp[r(\hat{a}\hat{b}-\hat{a}^{\dagger}\hat{b}^{\dagger})/2]$。它的均值为 0，协方差矩阵为

$$\boldsymbol{\gamma}_{\text{EPR}}=\begin{bmatrix}\cosh 2r\mathbb{I} & \sinh 2r\sigma_z\\ \sinh 2r\sigma_z & \cosh 2r\mathbb{I}\end{bmatrix} \tag{2-101}$$

其中，$\mathbb{I}$ 表示单位矩阵，σ_z 表示泡利（Pauli）Z 矩阵 $\text{diag}(1,-1)$。实验室制备双模压缩态通常通过将两个旋转后的压缩真空态通过分束器来得到。注意，对其中一个模求偏迹将使另一个模处于方差为 $\cosh(2r)=2\bar{n}+1$ 的热态。此外，与单模情况类似，可以通过应用给定的操作序列来将双模热态转换成任意的双模高斯态。

3）标准形式

任何双模协方差矩阵

$$\boldsymbol{\gamma}_{AB}=\begin{bmatrix}\boldsymbol{\gamma}_A & \boldsymbol{C}\\ \boldsymbol{C}^{\mathrm{T}} & \boldsymbol{\gamma}_B\end{bmatrix} \tag{2-102}$$

可以通过局部高斯操作变换到一个标准形式：

$$\boldsymbol{\gamma}_s=\begin{bmatrix} a & 0 & c_+ & 0 \\ 0 & a & 0 & c_- \\ c_+ & 0 & b & 0 \\ 0 & c_- & 0 & b \end{bmatrix} \tag{2-103}$$

其中，a，b，c_+，c_-满足

$$\det\boldsymbol{\gamma}_A=a^2,\ \det\boldsymbol{\gamma}_B=b^2,\ \det\boldsymbol{C}=c_+c_-,\ \det\boldsymbol{\gamma}_{AB}=\det\boldsymbol{\gamma}_s \tag{2-104}$$

3. 偏迹

考虑一个双边量子态$\boldsymbol{\rho}_{AB}$。在相空间中对模B求偏迹等价于对态$\boldsymbol{\rho}_{AB}$的 Wigner 函数中的模B的正则分量(x_B,p_B)进行积分。这相当于令态$\boldsymbol{\rho}_{AB}$的特征函数中的复数$\xi_B=0$。因此有

$$\chi_A(\xi_A)=\mathrm{Tr}_A\left[\boldsymbol{\rho}_A D_{\xi_A}\right]=\mathrm{Tr}_{AB}\left[\boldsymbol{\rho}_{AB} D_{\xi_A}\otimes\mathbb{I}_B\right]=\chi_A(\xi_A,\xi_B=0) \tag{2-105}$$

对高斯态$\boldsymbol{\rho}_{AB}$的模B求偏迹将得到一个具有协方差矩阵$\boldsymbol{\gamma}_A$的高斯态，其中$\boldsymbol{\gamma}_A$为初始双边协方差矩阵$\boldsymbol{\gamma}_{AB}$中对应于模B的对角块矩阵，即

$$\boldsymbol{\gamma}_{AB}=\begin{bmatrix} \boldsymbol{\gamma}_A & \boldsymbol{C} \\ \boldsymbol{C}^{\mathrm{T}} & \boldsymbol{\gamma}_B \end{bmatrix}\xrightarrow{\mathrm{PT}}\boldsymbol{\gamma}_A \tag{2-106}$$

其中，PT 表示偏迹运算。类似地，输出态的均值为初始双边态中对应模A的均值，即

$$\boldsymbol{d}_{AB}=(\boldsymbol{d}_A,\boldsymbol{d}_B)\xrightarrow{\mathrm{PT}}\boldsymbol{d}_A \tag{2-107}$$

4. 测量

下面考虑对一个双边系统的部分测量。给定一个具有协方差矩阵形如式（2-102）的高斯双边量子态$\boldsymbol{\rho}_{AB}$，其均值为$\boldsymbol{d}_{AB}^{\mathrm{in}}=(d_A^{\mathrm{in}},d_B^{\mathrm{in}})$。重点讨论在 CV 系统中最常用的两种测量方式：零差探测和外差探测。零差探测是对待测模式的某一正则分量进行测量，外差探测则是对待测模式的两个正则分量同时进行测量。

1）零差探测

假设对模B的x正则分量进行零差测量，记测量结果为$m=(X_1,0,X_2,0,\cdots,X_N,0)$，其中$X_i$为对模$B_i$进行零差探测的结果。那么测量后模$A$会被投影到一个新的高斯态上，其位移矢量和协方差矩阵分别为

$$\boldsymbol{d}_A^{\mathrm{out}}=\boldsymbol{C}(X\boldsymbol{\gamma}_B X)^{\mathrm{MP}}(m-\boldsymbol{d}_B^{\mathrm{in}})+\boldsymbol{d}_A^{\mathrm{in}},\ \boldsymbol{\gamma}_A^{\mathrm{out}}=\boldsymbol{\gamma}_A-\boldsymbol{C}(X\boldsymbol{\gamma}_B X)^{\mathrm{MP}}\boldsymbol{C}^{\mathrm{T}} \tag{2-108}$$

其中，$\boldsymbol{X}=\mathrm{diag}(1,0,1,0,\cdots,1,0)$，MP 为矩阵的莫尔-彭罗斯（Moore-Penrose）伪逆。如果对p正则分量进行测量，则$m=(0,P_1,0,P_2,\cdots,0,P_N)$，$\boldsymbol{X}$替换成$\boldsymbol{P}=\mathrm{diag}(0,1,0,1,\cdots,0,1)$。通过在零差探测之前施加相位旋转，可以得到对任何其他正则分量的测量。注意协方差矩阵$\boldsymbol{\gamma}_A^{\mathrm{out}}$不依赖测量结果$m$，这是高斯态的一个非常重要的性质。

2）外差探测

外差探测可以分解为两种不同的在平衡分束器之后的零差测量，因此可以利用上面零差探测的结果和添加辅助系统来确定其结果。对模 B 进行外差探测后，模 A 的均值和协方差矩阵为

$$\boldsymbol{d}_A^{\text{out}} = \sqrt{2}\boldsymbol{C}\left(\boldsymbol{\gamma}_B + \mathbb{I}\right)^{-1}\left(m - \boldsymbol{d}_B^{\text{in}}\right) + \boldsymbol{d}_A^{\text{in}}, \quad \boldsymbol{\gamma}_A^{\text{out}} = \boldsymbol{\gamma}_A - \boldsymbol{C}\left(\boldsymbol{\gamma}_B + \mathbb{I}\right)^{-1}\boldsymbol{C}^{\text{T}} \tag{2-109}$$

其中，$m = \left(X_1, P_1, X_2, P_2, \cdots, X_N, P_N\right)$ 为模 B 的外差探测结果。

2.2.8　高斯态分解

根据威廉逊（Williamson）定理，可以得到对于任何 N-模协方差矩阵 $\boldsymbol{\gamma}$ 存在一个辛变换 $\boldsymbol{S}$，能够对矩阵 $\boldsymbol{\gamma}$ 进行辛对角化，即

$$\boldsymbol{S\gamma S}^{\text{T}} = \boldsymbol{v} \tag{2-110}$$

其中，$\boldsymbol{v}$ 为热态的张量积或直积，称为 Williamson 高斯形式，它可以表示为

$$\boldsymbol{v} = \oplus_{k=1}^{N}\begin{bmatrix} v_k & 0 \\ 0 & v_k \end{bmatrix} \tag{2-111}$$

其中，v_k 为 N-模高斯态的辛特征值，也就是矩阵 $\left|\text{i}\boldsymbol{\Omega\gamma}\right|$ 的特征值。这里 $|A|$ 表示 $\sqrt{A^{\dagger}A}$。

1. 单模高斯分解

对于一个单个模式的协方差矩阵 $\boldsymbol{\gamma}_1$ 来说，它的辛特征值 v_1 满足

$$v_1^2 = \det\boldsymbol{\gamma}_1 \tag{2-112}$$

2. 双模高斯分解

为了找到双模协方差矩阵

$$\boldsymbol{\gamma}_{12} = \begin{bmatrix} \boldsymbol{\gamma}_1 & \boldsymbol{C}_{1-2} \\ \boldsymbol{C}_{1-2}^{\text{T}} & \boldsymbol{\gamma}_2 \end{bmatrix} \tag{2-113}$$

的辛特征值 $v_{1,2}$，需要定义两个辛不变量。第一个为前面提到的

$$\det\boldsymbol{\gamma}_{12} = v_1^2 v_2^2 \tag{2-114}$$

第二个为

$$\Delta = v_1^2 + v_2^2 = \det\boldsymbol{\gamma}_1 + \det\boldsymbol{\gamma}_2 + 2\det\boldsymbol{C}_{1-2} \tag{2-115}$$

可以看出这两个辛特征值是下列二阶多项式

$$z^2 - \Delta z + \det\boldsymbol{\gamma}_{12} = 0 \tag{2-116}$$

的解。由此可得

$$v_{1,2}^2 = \frac{1}{2}\left[\Delta \pm \sqrt{\Delta^2 - 4\det\boldsymbol{\gamma}_{12}}\right] \tag{2-117}$$

3. 三模高斯分解

为了找到三模协方差矩阵

$$\boldsymbol{\gamma}_{123}=\begin{bmatrix}\boldsymbol{\gamma}_1 & \boldsymbol{C}_{1-2} & \boldsymbol{C}_{1-2}\\ \boldsymbol{C}_{1-2}^{\mathrm{T}} & \boldsymbol{\gamma}_2 & \boldsymbol{C}_{2-3}\\ \boldsymbol{C}_{1-3}^{\mathrm{T}} & \boldsymbol{C}_{2-3}^{\mathrm{T}} & \boldsymbol{\gamma}_3\end{bmatrix} \tag{2-118}$$

的辛特征值 $v_{1,2,3}$，需要定义三个辛不变量：

$$\begin{cases}\Delta_1^3=v_1^2+v_2^2+v_3^2\\ \Delta_2^3=v_1^2v_2^2+v_2^2v_3^2+v_1^2v_3^2\\ \Delta_3^3=v_1^2v_2^2v_3^2\end{cases} \tag{2-119}$$

它们可以根据协方差矩阵计算，即

$$\begin{cases}\Delta_1^3=\det\boldsymbol{\gamma}_1+\det\boldsymbol{\gamma}_2+\det\boldsymbol{\gamma}_3+2\det\boldsymbol{C}_{1-2}+2\det\boldsymbol{C}_{1-3}+2\det\boldsymbol{C}_{2-3}\\ \Delta_2^3=\det\boldsymbol{\gamma}_{12}+\det\boldsymbol{\gamma}_{23}+\det\boldsymbol{\gamma}_{13}+2\det\boldsymbol{C}_{12-23}+2\det\boldsymbol{C}_{12-13}+2\det\boldsymbol{C}_{23-13}\\ \Delta_3^3=\det\boldsymbol{\gamma}_{123}\end{cases} \tag{2-120}$$

其中，矩阵 $\boldsymbol{C}_{ij-kl}$ 记为

$$\boldsymbol{C}_{ij-kl}=\begin{bmatrix}\alpha_{ik} & \alpha_{il}\\ \alpha_{jk} & \alpha_{jl}\end{bmatrix} \tag{2-121}$$

α_{mn} 为矩阵 $\boldsymbol{\gamma}_{123}$ 中第 m 行、第 n 列的子矩阵元素。因此辛特征值 $v_{1,2,3}$ 为下列三阶多项式

$$z^3-\Delta_1^3z^2+\Delta_2^3z-\Delta_3^3=0 \tag{2-122}$$

的三个解。

以上介绍的自由空间量子通信中涉及的量子光学基础知识，主要参考了文献[1]和文献[2]。

2.3 经典信息论基础

经典信息论由香农（Shannon）在 1948 年创立，对信息科学产生了巨大影响，现代密码学也是在信息论上发展起来的一门学科。本节将介绍经典信息论相关基础概念，以帮助读者理解量子加密安全性分析方法。

2.3.1 信息熵

1948 年，香农首次提出“信息熵”的概念，解决了信息的量化度量问题。信息熵表示系统的混乱程度，信源的信息熵越大，说明信息的不确定性越大。假设离散型随机变

量 X 的取值为 $x_1, x_2, \cdots, x_n$，且取这些值时对应的概率为 $p_1, p_2, \cdots, p_n$，则 X 的信息熵定义为

$$H(X) = \sum_{i=1}^{n} -p_i \log_2 p_i \tag{2-123}$$

若 X 为连续型随机变量，X 取值 x 时的概率密度用密度函数 $p(x)$表示，则此时变量 X 的信息熵表示为

$$H(X) = -\int_{-\infty}^{+\infty} p(x) \log_2 p(x) \mathrm{d}x \tag{2-124}$$

在式（2-123）和式（2-124）中，对数以 2 为底，即熵的单位为 bit。在量子通信中，信息通常编码在光场的连续正则分量上，因此主要关注连续变量的信息熵。两个连续型随机变量 X 和 Y 的联合熵与条件熵定义为

$$\begin{cases} H(X,Y) = -\iint_{\infty} p(x,y) \log_2 p(x,y) \mathrm{d}x\mathrm{d}y \\ H(X|\ Y) = -\iint_{\infty} p(x,y) \log_2 p(x|y) \mathrm{d}x\mathrm{d}y \end{cases} \tag{2-125}$$

其中，$p(x, y)$ 表示 X 和 Y 的联合概率分布，$p(x|y) = p(x, y)/p(y)$ 为条件概率分布。联合熵表示对二维随机变量 (X, Y) 的不确定度，条件熵表示在已知 Y 的基础上对 X 的不确定度。

2.3.2　互信息

在信息熵与条件熵的基础上，可以定义随机变量 X 和 Y 之间的互信息，表示为

$$I(X:Y) = -\iint_{\infty} p(x,y) \log_2 \frac{p(x,y)}{p(x)p(y)} \mathrm{d}x\mathrm{d}y \tag{2-126}$$

它与信息熵和条件熵之间的关系为

$$\begin{aligned} I(X:Y) &= H(X) - H(X|Y) = H(Y) - H(Y|X) \\ &= H(X) + H(Y) - H(X,Y) \end{aligned} \tag{2-127}$$

图 2-2 清楚地反映了 $H(X)$、$H(Y)$、$H(X,Y)$、$H(X|Y)$、$H(Y|X)$和 $I(X:Y)$之间的关系。

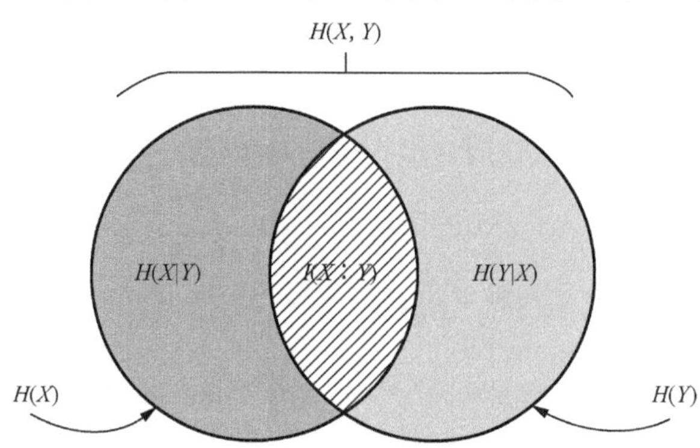

图 2-2　熵的关系示意图

若随机变量 X 为信道输入量，随机变量 N 为信道噪声，随机变量 Y 为信道输出量，假设信道无衰减，则有 $Y=X+N$，且它们之间满足以下关系：

$$H(X,Y)=H(X,X+N)=H(X,N) \tag{2-128}$$

由于 X 与 N 之间互相独立，可得

$$\begin{cases} H(X,N)=H(X)+H(N) \\ H(X,Y)=H(X)+H(Y|X)=H(X)+H(N) \\ I(X:Y)=H(Y)-H(Y|X)=H(Y)-H(N) \end{cases} \tag{2-129}$$

当 X 的概率密度函数服从高斯分布时，由式（2-124）可得

$$\begin{cases} H(X)=\dfrac{1}{2}\log_2 2\pi e\sigma_X^2 \\ H(Y)=\dfrac{1}{2}\log_2 2\pi e\sigma_Y^2 \\ H(N)=\dfrac{1}{2}\log_2 2\pi e\sigma_N^2 \end{cases} \tag{2-130}$$

其中，e 为自然常数，σ_X^2、σ_Y^2、σ_N^2 分别表示随机变量 X、Y、N 的方差。因此，可得互信息 $I(X:Y)$ 为

$$\begin{aligned} I(X:Y)=H(Y)-H(N)&=\frac{1}{2}\log_2 2\pi e\sigma_Y^2-\frac{1}{2}\log_2 2\pi e\sigma_N^2 \\ &=\frac{1}{2}\log_2\frac{\sigma_Y^2}{\sigma_N^2}=\frac{1}{2}\log_2\left(1+\frac{\sigma_X^2}{\sigma_N^2}\right) \end{aligned} \tag{2-131}$$

其中，σ_X^2/σ_N^2 为信噪比。

2.4 量子信息论基础

2.4.1 von Neumann 熵

在具有维度 d 的希尔伯特空间 $\mathcal{H}_d$ 中的量子态的冯·诺依曼（von Neumann）熵定义为

$$S(\boldsymbol{\rho})=-\mathrm{Tr}(\boldsymbol{\rho}\log\boldsymbol{\rho}) \tag{2-132}$$

其中对数的基底通常取 2。如果选取一组正交基对角化量子态 $\boldsymbol{\rho}$ 使得

$$\boldsymbol{\rho}=\sum_i \lambda_i |i\rangle\langle i| \tag{2-133}$$

那么 von Neumann 熵可以表示为量子态 $\boldsymbol{\rho}$ 本征值的香农熵，即 $S(\boldsymbol{\rho})=H(\lambda)$。

1）极值

很容易看出当量子态为纯态 $\boldsymbol{\rho}=|\varphi\rangle\langle\varphi|$ 时，von Neumann 熵取最小值 0。当量子态为最大混合态 $\boldsymbol{\rho}=\mathbb{I}/d$ 时，von Neumann 熵取最大值 $S(\boldsymbol{\rho})=\log d$。

2）块对角化密度矩阵

密度矩阵为块对角化的量子态可以由在其正交子空间的态 ρ_i 与对应的概率 p_i 表征为如下形式：

$$\boldsymbol{\rho}=\sum_i p_i\rho_i \tag{2-134}$$

这也表示 ρ_i 彼此正交并构成了希尔伯特空间中的一组完备基。可以证明，该量子态的 von Neumann 熵可以表示为

$$S(\boldsymbol{\rho})=H(p)+\sum_i p_i S\left(\rho_i\right) \tag{2-135}$$

3）熵的一般取值范围

针对 $S(\boldsymbol{\rho})$ 的取值范围，还有一个更一般性的结论，即

$$\sum_i p_i S(\rho_i)\leqslant S(\boldsymbol{\rho})\leqslant H(p)+\sum_i p_i S(\rho_i) \tag{2-136}$$

2.4.2 量子联合熵

一个密度矩阵为 $\boldsymbol{\rho}_{AB}$ 的双边量子系统 (A, B)的联合熵 $S(A, B)$定义为

$$S(A,B)=-\mathrm{Tr}\left(\boldsymbol{\rho}_{AB}\log\boldsymbol{\rho}_{AB}\right) \tag{2-137}$$

2.4.3 量子条件熵

1）量子条件熵的定义

一个密度矩阵为 $\boldsymbol{\rho}_{AB}$ 的双边量子系统 (A, B)的条件熵 $S(A|B)$不能运用对数函数从它的经典对应中直接扩展迁移过来，因为没有条件概率的量子扩展。但是，可以应用链式法则

$$S(A,B)=S(B)+S(A\,|\,B)=S(A)+S(B\,|\,A) \tag{2-138}$$

定义量子条件熵

$$S(A\,|\,B)=S(A,B)-S(B),\quad S(B\,|\,A)=S(A,B)-S(A) \tag{2-139}$$

量子条件熵将有可能取负值，它的负性与纠缠存在密切相关，它对研究纠缠的提取和分布具有重要作用。

2）经典-量子条件熵

如果双边态能够写成如下的块对角化密度矩阵：

$$\boldsymbol{\rho}_{aB}=\sum_a p(a)\,|\,a\rangle\langle a\,|\otimes\rho_B^a \tag{2-140}$$

那么条件熵 $S(B|a)$表示为

$$S(B\,|\,a)=\sum_a p(a)S\left(\rho_B^a\right) \tag{2-141}$$

在这种情况下条件熵是 von Neumann 熵的平均值，显然它是非负的。经典-量子条件熵

对于在量子信道中提纯和分发经典相关性具有重要的作用。

2.4.4 量子相对熵

类似于香农信息理论，量子信息中定义一个量子版本的相对熵是非常有用的。假定ρ和σ为密度算符，则相对熵定义为

$$D(\rho \| \sigma) = \mathrm{Tr}[\rho \log \rho] - \mathrm{Tr}[\rho \log \sigma] \tag{2-142}$$

相对熵总是非负的，当且仅当$\rho = \sigma$时相对熵等于0。

2.4.5 相互熵与条件相互熵

一个密度矩阵为$\boldsymbol{\rho}_{AB}$的双边量子系统(A, B)的互信息$S(A:B)$可以由只使用 von Neumann 熵的等式定义为

$$S(A:B) = S(A) + S(B) - S(A, B) \tag{2-143}$$

或者应用相对熵定义为

$$S(A:B) = D\left(\boldsymbol{\rho}_{AB} \| \boldsymbol{\rho}_A \otimes \boldsymbol{\rho}_B\right) \tag{2-144}$$

其中，$\boldsymbol{\rho}_A = \mathrm{Tr}_B \boldsymbol{\rho}_{AB}$，$\boldsymbol{\rho}_B = \mathrm{Tr}_A \boldsymbol{\rho}_{AB}$。相互熵也称为互信息，与经典信息论一致，这里的互信息也满足

$$S(A:B) = S(A) - S(A|B) = S(B) - S(B|A) \tag{2-145}$$

给定C的双边量子系统A和B的量子条件相互熵（互信息）定义为

$$S(A:B|C) = S(A|C) - S(A|B,C) \tag{2-146}$$

如果C与A、B完全不相关，则上述条件相互熵则变为互信息$S(A:B)$。

以上介绍的自由空间量子通信中涉及的经典和量子信息论基础知识，主要参考了文献[2]和文献[5]。

参 考 文 献

[1] Scully M, Zubairy M. Quantum Optics[M]. Cambridge: Cambridge University Press, 1997.

[2] García-Patrón Sánchez R, Cerf N. Quantum information with optical continuous variables: from Bell tests to key distribution[D]. Brussels: Free University of Brussels, 2007.

[3] 何书元. 概率论[M]. 北京：北京大学出版社, 2006.

[4] Andrews L C, Phillips R L. Laser Beam Propagation Through Random Media: Second Edition[M]. Bellingham, Washington: SPIE Press, 2005.

[5] Cover T, Thomas J. Elements of Information Theory[M]. Hoboken, New Jersey: Wiley, 2012.

第 3 章　连续变量量子通信基础

如前所述，连续变量量子通信主要包括两个方面：连续变量量子密钥分发和连续变量量子隐形传态。这两种通信方式都能够实现经典信息的无条件安全传输，而连续变量量子密钥分发在原理和技术上发展更快。

连续变量量子密钥分发系统设计主要包含三个方面：协议设计、系统实现和安全性分析。这三个方面组成一个有机整体，缺一不可，而安全性是首要条件。连续变量量子隐形传态利用量子纠缠特性，在不传送需要传输的连续变量量子态的情况下完成连续变量量子态的远程传输，量子信息不会被窃听从而实现安全性的量子信息传输。为了读者能够对后面自由空间量子通信内容有更为直观和良好的理解，本章将对连续变量量子密钥分发和量子隐形传态的协议、系统组成进行基本的介绍，并简要分析连续变量量子密钥分发的理论安全性。

3.1　连续变量量子密钥分发基础

从量子密码系统的提出到现在，量子密码系统从单纯的理论研究逐步走向了实际应用。量子密码系统能够为合法通信双方提供基于量子力学原理的加密方法，其安全性由海森伯测不准定理和不可克隆原理保证。这种保密通信技术具有两个特征：能够检测窃听者对信道的窃听行为，协议的理论安全性可证。量子密码系统中研究最广泛的就是量子密钥分发，其中根据实现方式的不同，量子密钥分发可以分为离散变量量子密钥分发和连续变量量子密钥分发两大类。前者将密钥信息编码在有限维希尔伯特空间的离散变量（如光子偏振）上，在接收端利用单光子检测器进行检测；后者将密钥信息编码在无限维希尔伯特空间的连续变量（如光场的正则振幅 X 和正则相位 P）上，利用相干检测技术在接收端进行测量。量子密钥分发技术最初从离散变量量子密钥分发系统开始研究，之后扩展到连续变量。两种方式都有各自的优势和劣势，对于 CVQKD，虽然它起步较晚，但与 DVQKD 相比，它具有一些无法替代的优势与特色，主要总结为以下几个方面。

（1）量子信号制备过程相对简单。与 DVQKD 中使用单光子量子态不同，CVQKD 系统以相干态为主要密钥信息的载体（压缩态也可以，但制备较难）。制备相干态可以通过将普通相干激光器发出的经典强光（约 10^9 光子/脉冲）进行衰减而得到。此外，由于相干态中本身就存在多个光子，协议的安全性并不需要满足光源为单个光子的条件来保证，因此不存在受到光子数分离攻击的风险。

（2）信号的探测技术成熟。CVQKD 系统使用平衡零差探测技术对信号的振幅或相位进行直接探测，这种探测技术是经典光通信中的常用技术，目前已经发展得非常成熟，探测效率较高。此外，零差探测具有良好的滤波性能，能够抑制与经典信号进行复用时引入的大部分噪声，这使得 CVQKD 系统能方便地与现有经典光通信网络相结合，而不需要铺设专门的量子密钥网络。

（3）信息传输效率高。连续变量的编码方式使得系统中一个脉冲可以包含多比特信息，而 DVQKD 中一个单光子脉冲只能携带 1 比特信息，因此 CVQKD 具有更高的通信容量和通信效率。此外，DVQKD 需要随机选择测量基，而 CVQKD 技术不需要更换测量基，也可以使用一对平衡零差探测器同时测量正则振幅和正则相位，理论上可以获得更高的密钥率。

3.1.1 CVQKD 基本协议

量子通信协议对整个量子通信过程至关重要，它的巧妙设计可以简化系统复杂度的同时保证通信系统的安全性。CVQKD 协议及其变体目前已经提出了很多种，大多数协议在量子态上使用的是压缩态或者相干态，还有少部分协议是基于热态的。因此大多数 CVQKD 方案都是基于压缩态协议或者相干态协议进行的研究和讨论。本节将对 CVQKD 中的主要协议进行简单的介绍。

1. 压缩态协议

第一个广泛研究和认可的压缩态协议是 2001 年 Cerf 等[1]提出来的。该协议将高斯信息随机地编码到压缩态的正则分量上，然后使用零差探测完成测量。因此，每一个发送的态在相空间都相当于是真空态在 X 或者 P 方向被压缩并位移 x 或者 p。X 或者 P 方向被压缩后的态在该方向上的不确定度将小于 1/4（以散粒噪声为单位时小于 1），这里 x 或者 p 代表编码的密钥信息，它们是均值为 0、方差为 V_A（以散粒噪声为单位）的高斯随机数。由于正则分量 X 和 P 不正交，因此该协议与 BB84 协议的流程和安全性分析是类似的。压缩态协议调制示意图如图 3-1 所示。

根据该协议，Alice 随机选择均值为 0、方差为 V_A 的高斯随机数 x_A（或 p_A）并将其加载到压缩态的 X（或 P）正则分量上，总的平均输出混合态类似于方差为 $V=V_A+1/V$ 的热态。具体来说，对于所有 X 方向的压缩态，它们混合成的混合高斯态具有协方差矩阵

$$\boldsymbol{\gamma}_X = \begin{bmatrix} \mathrm{e}^{-2r_s} + V_A & 0 \\ 0 & \mathrm{e}^{2r_s} \end{bmatrix} \tag{3-1}$$

其中，$r_s \geqslant 1$ 为压缩参数。令 $\mathrm{e}^{-2r_s} + V_A = \mathrm{e}^{2r_s} = V$，便得到一个类似方差为 V 的热态。这种热态与由 P 压缩态（压缩参数 r_s）和高斯分布位移 p（方差 V_A）混合实现的热态是不可区分的。

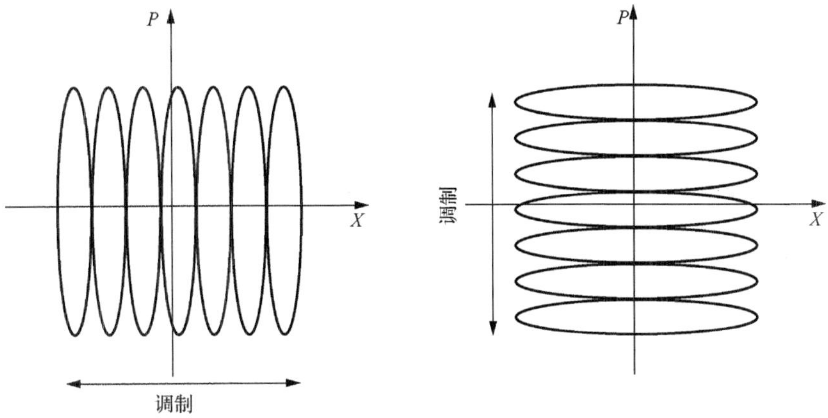

（a）X方向　　（b）P方向

图 3-1　压缩态协议调制示意图

因此，该协议包括参与者 Alice 和 Bob，执行步骤如下：

（1）Alice 从方差为 $V = e^{2r_s}$ 的高斯分布中生成一个随机实数(x)和一个来自等概率二进制分布的随机比特(b_a)，同时，Bob 生成一个类似的随机比特(b_b)。

（2）根据随机比特(b_a)的值，Alice 发送一个位移为 $d_x = (x_A, 0)$的 X 压缩态或一个位移为 $d_p = (0, p_A)$的 P 压缩态，其中压缩参数 r_s 满足 $V_A = 2\sinh 2r_s$。

（3）Bob 根据其随机比特(b_b)随机地测量 X 或者 P。

在 Bob 测量完成所有的脉冲后，双方继续进行数据后处理。首先，Alice 公开每个脉冲对应的 b_a 值。然后，Bob 根据 Alice 公开的 b_a 保留 $b_a = b_b$ 的测量结果（基对比）并将保留的位置告诉 Alice。最后，Alice 和 Bob 应用协商协议对数据进行纠错和离散化。协商协议之后则是保密增强协议，该协议用给定的哈希函数提取最终密钥，参照文献[2]可了解后处理的更多细节。

另一种高斯调制压缩态协议采用的是外差测量来同时获得 X 基和 P 基的结果，由 García 等[3]在 2009 年提出。虽然同时测量了两分量的结果，该协议仍旧会通过基对比舍弃其中一个测量结果。如果在数据协调阶段使用反向协调，该协议可以看作一个加入了可信噪声的高斯调制压缩态（平衡零拍探测）协议。由于这个可信噪声，使得协议在某些情况下可以拥有更高的安全码率、容忍更多的信道噪声。

2. 相干态协议

1）高斯调制相干态协议

CVQKD 的一个非常重要的进展是基于高斯调制相干态（Gaussian modulation coherent states，GMCS）协议的提出[4]，也就是著名的 GG02 协议，因为生成相干态比压缩态要简单得多。其思想是方差为 V 的热态也可以由相干态双正则分量的高斯混合得到。Alice 直接对真空态的正则分量 X 和 P 同时进行服从高斯分布且方差都为 V_A 的随机

位移 x_A 和 p_A，则总的平均输出混合态也相当于方差为 $V=V_A+1$ 的热态，如图 3-2 所示。混合态两正则分量的协方差矩阵可以写为 $\boldsymbol{\gamma}_f=(V_A+1)\mathbb{I}$ ，其中 $\mathbb{I}=\mathrm{diag}(1,1)$ 。

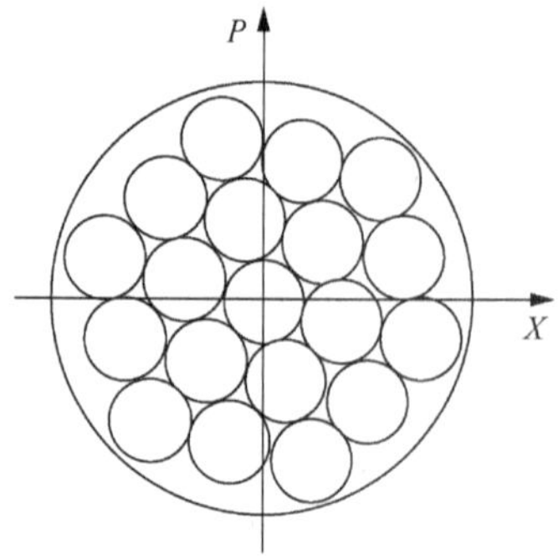

图 3-2 Alice 根据高斯分布（方差 V_A）生成随机平均值为(x_A, p_A)的相干态

注：当 $V=V_A-1$ 时，该混合态相当于热态。

根据 GG02 协议，量子通信过程包括对 Alice 发送给 Bob 的所有脉冲重复以下步骤。

（1）Alice 从方差为 V_A ($V_A=V-1$)的两个独立高斯分布中生成两个随机实数(x_A, p_A)，Bob 生成一个随机比特 b_b（0 对应 X 基，1 对应 P 基）。

（2）Alice 发送一个中心在 $d_A=(x_A, p_A)$的相干态给 Bob。

（3）Bob 根据其随机比特(b_b)随机地测量 X 或者 P 正则分量。

在 Bob 测量完成所有的脉冲之后，双方继续进行数据后处理。首先，Bob 公开每个脉冲对应的随机比特(b_b)。然后，Alice 根据 Bob 公开的信息保留 x_A 或者 p_A。这样 Alice 和 Bob 共享了一串原始密钥。接下来再通过密钥协商和保密增强过程提取出最终密钥。

以上过程 Bob 采取的是零差探测来随机获得 X 或者 P 分量结果中的一个。2004 年，Weedbrook 等[5]在 GG02 协议基础上提出 GMCS 的外差探测协议，即无开关协议。该协议在接收端将量子信号用平衡的分束器（beam splitter，BS）等分成两束，其中一束用零差探测器测量 X 分量，另一束则用另一个零差探测器测量 P 分量。该协议的好处是能够同时使用相干态的两个正则分量进行密钥分发，相比于 GG02 协议，它的效率提升了 1 倍。由于不再需要在接收端进行测量基选择，接收端的随机数发生器也不再需要，使得协议的实现变得更加简单。

需要指出的是，由于光场的两个正则分量 X 和 P 是不对易的，因此外差探测方法会引入额外的噪声。所以虽然从压缩态协议到 GG02 协议再到无开关协议，其每轮通信可保留的数据占比从 0.25 上升至 0.5 再上升至 1，但并非无开关协议就是性能最好的，系统的最终性能还受到许多其他因素影响。例如，一般情况下无开关协议在短距离情况下密钥率比零差探测时要高，但是由于外差探测会引入额外噪声，其安全传输距离要比零差探测时短。

2）离散调制相干态协议

高斯调制协议对相干态正则分量的调制理论上服从高斯分布，但是在实际实验中难以达到完美的高斯调制，实际调制结果总存在一定的非高斯性，从而不可避免地引入一定的调制噪声。另外，高斯调制协议在数据后处理中的纠错并不是一件容易的事情，特别是在远距离的情况下密钥率会快速地降低到 0。因此，基于上述问题，Leverrier 等[6-7]在 2009 年提出离散调制的相干态 CVQKD 协议。该调制方式只在相干态的正则分量上实施有限的均值调制，类似于经典通信中的相移键控调制，如二进制相移键控（binary phase shift keying，BPSK）、正交相移键控（quadrature phase shift keying，QPSK）等。离散调制协议的实现除了信号调制方式与高斯调制协议不同以外，其他方面基本一致，基于离散调制的量子通信过程包括对 Alice 发送给 Bob 的所有脉冲重复以下步骤。

（1）定义集合 $\{N_D\}=\{1,2,\cdots,N_D\}$，Alice 从集合 $\{N_D\}$ 中随机选择一个整数 k，Bob 生成一个随机比特 b_b（0 对应 X 基，1 对应 P 基）。

（2）Alice 发送一个相干态 $|\alpha_k\rangle=|\alpha e^{i(2k+1)\pi/N_D}\rangle$ 给 Bob。

（3）Bob 根据其随机比特(b_b)随机地测量 X 或者 P 正则分量。

在 Bob 测量完成所有的脉冲之后，双方继续进行数据后处理。首先，Bob 公开每个脉冲对应的随机比特(b_b)。然后，Alice 根据 Bob 公开的信息保留 x_A 或者 p_A。这样 Alice 和 Bob 共享了一串原始密钥。接下来再通过密钥协商和保密增强过程提取出最终密钥。

对于 Bob 采用外差探测的情况，则在上述的步骤（1）中 Bob 无须生成随机比特，步骤（3）中 Bob 直接同时测量 X 和 P 正则分量，在数据后处理过程中，Alice 和 Bob 无须进行测量基比对。

3. 压缩态与相干态基于纠缠的等效协议

即使大多数压缩态和相干态高斯调制实验实现使用制备-测量（prepare-and-measure，PM）方案，理论的安全性分析通常使用一个基于纠缠的方案，因为它简化了安全性分析的计算。之前提出的高斯调制协议是由经典量子源定义的连续变量 PM 方案，这里经典量子源[8]可描述为

$$\rho_{aB_0}=\int dap(a)|a\rangle\langle a|\otimes|\psi_a\rangle\langle\psi_a|_{B_0} \tag{3-2}$$

Alice 根据某些随机数（a）制备一个给定的量子态$|\psi_a\rangle\langle\psi_a|_{B_0}$，并将其发送给 Bob。事实上，前面提到的压缩态和相干态高斯调制协议都可以等效为一个基于纠缠的协议，如图 3-3 所示。在这个 EB 协议中，Alice 制备 EPR 纠缠态$|\Psi\rangle_{AB_0}$，将模 B_0 发送给 Bob，自己在合适的基中测量模 A 从而将模 B_0 投影到想要的态$|\psi_a\rangle\langle\psi_a|_{B_0}$。

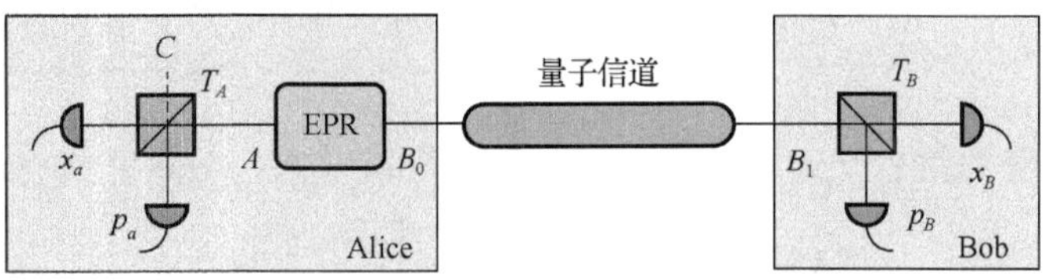

图 3-3 基于纠缠的等效 CVQKD 方案

对于 Alice 的态制备过程，前面介绍的所有高斯调制类 CVQKD 协议都有一个平均

输出的热态 $\boldsymbol{\rho}_{B_0}$。零均值 $\boldsymbol{d}=(0, 0)$，协方差矩阵为

$$\boldsymbol{\gamma}_{AB_0}=\begin{bmatrix}\boldsymbol{\gamma}_A & \boldsymbol{\sigma}_{AB_0}\\ \boldsymbol{\sigma}_{AB_0} & \boldsymbol{\gamma}_{B_0}\end{bmatrix}=\begin{bmatrix}V\mathbb{I} & \sqrt{V^2-1}\sigma_z\\ \sqrt{V^2-1}\sigma_z & V\mathbb{I}\end{bmatrix} \tag{3-3}$$

的双模压缩真空态（或称 EPR 态）是一个纯的热态。因此可以从 EPR 态出发，对模 A 采用高斯测量，构造基于纠缠的等效 CVQKD 协议族的描述。

1）压缩态协议

在图 3-3 中，如果 Alice 对 EPR 态的模 A 进行零差探测（$T_A=1$），相当于压缩态协议的制备-测量方案。根据前面的部分测量方程，在零差探测的情况下，根据 Alice 测量结果(x_a)，模 B_0 的协方差矩阵($\boldsymbol{\gamma}_{B_0}$)和均值($d_{B_0}$)可以写为

$$\boldsymbol{\gamma}_{B_0}^{x_a}=\boldsymbol{\gamma}_{B_0}-\boldsymbol{\sigma}_{AB_0}^{\mathrm{T}}\left(X^{\mathrm{hom}}\boldsymbol{\gamma}_A X^{\mathrm{hom}}\right)^{\mathrm{MP}}\boldsymbol{\sigma}_{AB_0}=\begin{bmatrix}1/V & 0\\ 0 & V\end{bmatrix} \tag{3-4}$$

$$d_{B_0}^{x_a}=\boldsymbol{\sigma}_{AB_0}^{\mathrm{T}}\left(X^{\mathrm{hom}}\boldsymbol{\gamma}_A X^{\mathrm{hom}}\right)^{\mathrm{MP}}d_A=d_{B_0}=\sqrt{1-1/V^2}\left(x_a,0\right) \tag{3-5}$$

其中，d_A 为 Alice 的测量结果，$X^{\mathrm{hom}}=[1,0;0,0]$，MP 代表求伪逆矩阵。这就是在 X 正则分量上位移的 X-压缩真空态，为了产生 P-压缩态，Alice 只需要测量 A 模的 P 正则分量就可以了。注意到，Alice 测量结果(x_a)和模 B_0(d_{B_0})的均值之间是成比例一一对应的，比例系数为 $\alpha_p=\sqrt{1-1/V^2}$。d_{B_0} 的方差为

$$\left\langle\Delta^2 d_{B_0}\right\rangle=\alpha\left\langle x_a^2\right\rangle=V-1/V \tag{3-6}$$

其中，$\langle x_a^2\rangle=V$。还要注意，$\langle\Delta^2 d_{B_0}\rangle$ 等于 Alice 的调制方差 V_A。通过在 Alice 测量后的结果中加入一个经典的乘法运算操作 $a=\alpha_p x_a$，观察到高斯调制压缩态的制备-测量方案与基于纠缠的方案之间存在一一对应关系。

2）相干态协议

在图 3-3 中，如果 Alice 对 EPR 态的 A 模进行外差探测（$T_A=1/2$），则相当于相干态协议的制备-测量方案。在透射率为 T_A 的分束器前，三边态 ACB_0 的协方差矩阵可以写为

$$\boldsymbol{\gamma}_{ACB_0}=\begin{bmatrix}V\mathbb{I} & 0 & \sqrt{V^2-1}\sigma_z\\ 0 & \mathbb{I} & 0\\ \sqrt{V^2-1}\sigma_z & 0 & V\mathbb{I}\end{bmatrix} \tag{3-7}$$

其中，C 是分束器的第二个端口的输入，它最初为真空态。分束器将三边转换为

$$\boldsymbol{\gamma}'_{ACB_0}=\left[\boldsymbol{S}_{AC}^{BS}\otimes\mathbb{I}_{B_0}\right]^{\mathrm{T}}\boldsymbol{\gamma}_{ACB_0}\left[\boldsymbol{S}_{AC}^{BS}\otimes\mathbb{I}_{B_0}\right] \tag{3-8}$$

其中，$\boldsymbol{S}_{AC}^{BS}$ 是分束器的辛变换，具有如下形式：

$$\boldsymbol{S}_{AC}^{BS}=\begin{bmatrix}\sqrt{T_A}\mathbb{I} & \sqrt{1-T_A}\mathbb{I}\\ -\sqrt{1-T_A}\mathbb{I} & \sqrt{T_A}\mathbb{I}\end{bmatrix} \tag{3-9}$$

Alice 测量模 A (x_a)和模 $C(p_a)$，将模 B 投影到一个高斯态上，根据式（3-5），其均值为

$$d_{B_0}^{(x_a,p_a)}=\left[\frac{\sqrt{T_A\left(V^2-1\right)}}{T_AV+\left(1-T_A\right)}x_a,\frac{\sqrt{\left(1-T_A\right)\left(V^2-1\right)}}{\left(1-T_A\right)V+T_A}p_a\right] \tag{3-10}$$

根据式（3-4），其方差为

$$\boldsymbol{\gamma}_{B_0}^{(x_a,p_a)}=\begin{bmatrix}\dfrac{\mu V+1}{V+\mu} & 0\\ 0 & \left(\dfrac{\mu V+1}{V+\mu}\right)^{-1}\end{bmatrix} \tag{3-11}$$

其中，$\mu=(1-T_A)/T_A$。令 $T_A=1/2$，则测量后的模 B_0 投影成为一个相干态，其均值和协方差矩阵分别为

$$\boldsymbol{\gamma}_{B_0}^{(x_a,p_a)}=\begin{bmatrix}1 & 0\\ 0 & 1\end{bmatrix},\ d_{B_0}^{(x_a,p_a)}=\sqrt{2\frac{V-1}{V+1}}\left(x_a,p_a\right) \tag{3-12}$$

此时，利用 $\langle x_a^2\rangle=\langle p_a^2\rangle=(V+1)/2$，$d_{B_0}^{(x_a,p_a)}$ 的方差为

$$\left\langle\Delta^2 d_{B_0}\right\rangle=V-1=V_A \tag{3-13}$$

它刚好等于 GMCS 协议的调制方差。类似于压缩态协议，如果对模 A 的测量结果添加一个经典乘法运算 $a=\alpha_p(x_a,p_a)$，则制备-测量的 GMCS 协议的与基于纠缠的方案之间一一对应，这里 $\alpha_p=\sqrt{2(V-1)/(V+1)}$。

综上所述，可以将之前提出的所有高斯调制类协议统一描述为一个单一的基于纠缠的方案，如图 3-3 所示。根据 Alice 的测量方式，制备的态为压缩态，Alice 应用零差探测（$T_A=1$）；相干态，Alice 应用外差探测（$T_A=1/2$）。同时，Bob 对模 B_1 也可以应用零差（$T_B=1$）或者外差（$T_B=1/2$）测量。因此，根据 $T_A,T_B=\{1,1/2\}$ 的值，有 4 种不同的光学实现，再结合两种不同的经典后处理（直接和反向协调）方法，可以产生 8 种可能的协议。这 8 种协议为 CVQKD 的基本协议，如图 3-4 所示。

基于纠缠的等价协议描述如下：

（1）Alice 制备 N 个 EPR 态 $|\Psi\rangle_{AB_0}$，并保留模式 A，发送模式 B_0 给 Bob。

（2）Alice 对保留的模 A 进行测量：如果是零差探测，则 Alice 需要进行随机的测量基选择。基选择信息和测量结果均需要记录；如果是外差探测，则没有测量基选择，直接记录两个测量结果。

（3）Bob 对接收到的模 B_1 进行测量。如果是零差探测，Bob 需要进行随机的测量基选择，基选择信息和测量结果均需要记录；如果是外差探测，则不做测量基选择，直接记录两个测量结果。

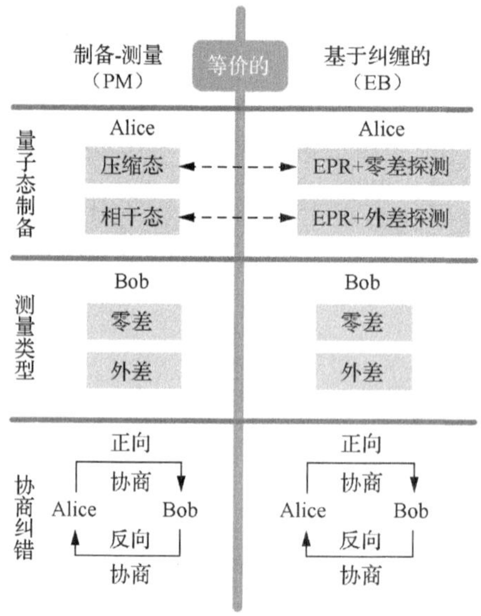

图 3-4　8 种基本连续变量协议及其等价的基于纠缠的协议

（4）如果 Alice 和 Bob 任何一个所进行的测量中有零差探测，则其需要公布测量基选择，Alice 和 Bob 通过基比对舍弃无用的信息。

（5）Alice 随机选取部分保留数据（如 $N/2$ 的数据）用于窃听检测，并将这部分数据公开，Bob 根据测量数据计算相应的"噪声"（通过协方差矩阵得到）。如果"噪声"高于某个阈值，则终止本轮协议、重新开始。

（6）Alice 和 Bob 进行数据后处理，包括正向（或反向）数据协调和保密增强等步骤，最终得到 n_b 比特相同的安全密钥。

上述描述的协议都是单路 CVQKD 协议，还有另一种讨论较多的协议为测量设备无关（measurement device independent，MDI）协议[9-11]。由于自由空间关于 CV-MDI QKD 的研究和讨论不多，这里不再介绍 MDI 协议的基础内容。

3.1.2　CVQKD 实验系统基本组成

CVQKD 与经典光通信具有良好的兼容性，系统的组成与传统的相干光通信系统较为类似。简单来说，单路的点对点 CVQKD 系统包括三个部分：发送端、信道和接收端。

对于发送端，系统主要包含量子信息编码光路模块、随机数产生模块和控制模块。量子信息编码光路模块通常包含光源、调制器及其他一些必要的光学元件，如分束器、偏振分束器（polarization beam splitter，PBS）、衰减器（attenuator，ATT）、隔离器、光延迟线等；随机数产生模块主要用来生成量子随机数；控制模块则主要用于调制信号控制、反馈控制和数据后处理等。信道一般包含两个独立的部分：量子信道和认证的经典信道。量子信道用于传输量子信号、相位参考信号，经典信道则用于数据后处理阶段的参数估计、协商纠错、保密增强等，从而辅助生成最终的共享密钥。接收端包含量子信息解码光路模块、信号检测模块和控制模块。量子信息解码光路与发送端的编码光路一般具有对称结构，包含动态偏振控制器（dynamic polarization controller，DPC）、PBS、BS、光延迟线等，对于零差探测方案则还需要用到相位调制器；信号检测模块则主要指零差探测器，而外差探测实际上就是双零差探测；接收端的控制模块主要功能包括信号的采集和恢复、数据后处理、零差探测方案的测量基随机控制等。

下面以 CVQKD 中常见的高斯调制相干态协议实验系统为例详细描述系统的主要组成。图 3-5 所示为文献[12]基于光纤信道完成的传输本振光（transmitted local oscillator，TLO）的 CVQKD 实验系统。

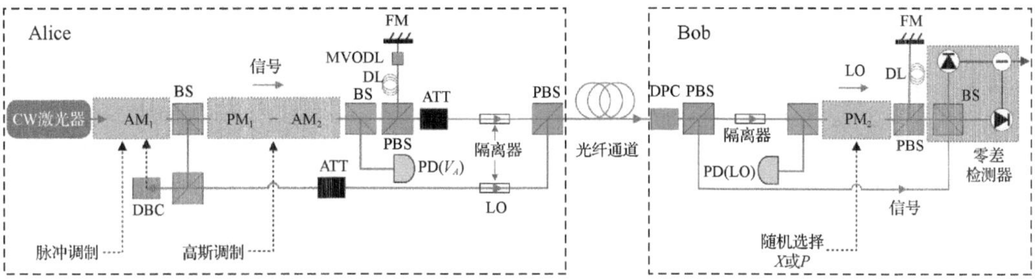

图 3-5 典型的 TLO CVQKD 实验光路[12]

Alice 端的光源是连续激光器，波长为 1550nm，输出的连续激光通过一个强度调制器 AM_1 和对应的斩波控制信号调制成连续输出的矩形光脉冲信号，重复频率为 2MHz。脉冲信号被送到一个保偏的 BS（1∶99）处并分离成为量子信号脉冲和本振光脉冲。在量子信号光路中，首先，通过级联的相位调制器 PM_1 和强度调制器 AM_1，以及对应的控制信号，对相干态的正则分量 X 和 P 进行方差都为 V_A 的高斯调制，控制信号中的高斯调制随机数由量子随机数产生器产生。然后，量子信号脉冲经过一个法拉第镜使其偏振态偏转 90°，再通过一个可调光衰减器 ATT 将信号强度衰减到想要的水平。最后，量子信号脉冲通过 PBS 和本振光脉冲合束后发送到量子信道。在本振光路中，不对它进行任何调制，直接送到 PBS 处。这里通过不等臂的马赫-曾德尔干涉仪（Mach-Zehnder interferometer，MZI）结构、法拉第镜及 PBS 组合，将量子信号脉冲和本振光脉冲进行偏振和时分复用，以减少本振光对量子信号的干扰。另外，Alice 端和 Bob 端两臂的光纤长度差通过手动可调延时线严格控制。量子信号和本振信号将被发送到光纤信道，传输之后到达 Bob 接收端。在 Bob 端，光信号先经过一个 DPC 实时调整信号的偏振态，使得光的偏振方向与其后的 PBS 对齐。随后 PBS 将量子信号和本振光进行偏振解复用。解复用后的信号光直接送入平衡的 BS，而本振光先通过一个 BS 分束一小部分出来作为强度监测，用以进行散粒噪声实时监测和时钟恢复，然后通过一个相位调制器 PM_2 实现对本振光 $\pi/2$ 或 0 相移以进行随机测量基的选择（随机控制信号对应的随机数也由量子随机数产生器产生），再通过 PBS、光延迟线和法拉第镜使其在时域和偏振态上与信号脉冲对准。最后，解复用的本振光和信号光将在平衡零差探测器部位的 BS 进行干涉，并送入零差探测器进行零差检测，检测的电信号结果送入 FPGA 进行数据采集与数据后处理。

图 3-6 所示为文献[13]基于光纤信道完成的本地本振光（local local oscillator，LLO）的 CVQKD 实验系统。光路的设置上与上述 TLO 方案十分相似，信号光和弱相位参考光仍然采用时分偏振复用技术，最大的区别是需要在本地产生本振光并切成脉冲，需要通过精准的时钟同步技术使得本振光与信号光在时域上对齐以完成干涉。由于使用弱的相位参考脉冲作为相位参考，因此相位参考脉冲需要进行外差检测，而信号脉冲可以进行零差或者外差探测。这里文献[13]的实验方案采用的是外差探测方案，其中 90°光混频器用于辅助外差探测。

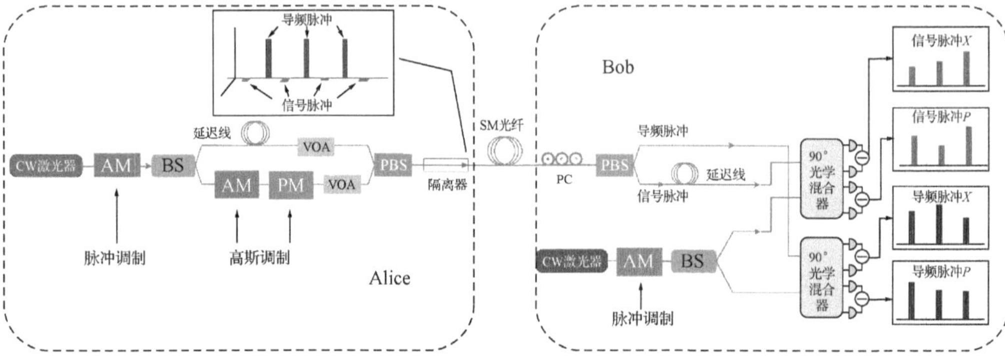

图 3-6　典型的 LLO CVQKD 实验光路

因此，根据上面的分析，可以总结出点对点单路 CVQKD 系统的一个共通性组成，它包含 8 个主要部分：光源、随机数产生器、调制、信道传输、系统运行辅助模块、解调、探测、后处理，如图 3-7 所示。压缩态协议和其他的 CVQKD 协议与此通用结构类似。

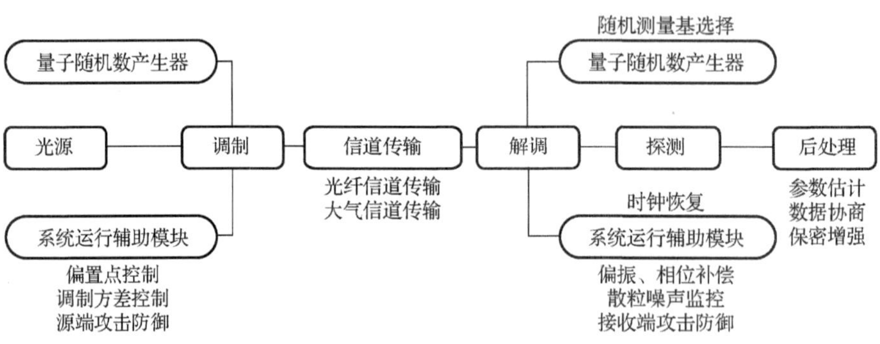

图 3-7　通用的 CVQKD 系统结构示意图

3.1.3　CVQKD 渐近安全性分析

量子密钥分发的核心目的是使相隔一定距离的合法双方通过量子通信建立共享密钥，因此 QKD 的安全性至关重要。通常假设在合法双方 Alice 和 Bob 进行密钥分发的过程中，存在第三方 Eve 对 QKD 系统进行窃听或者攻击来窃取密钥信息而不被合法双方发现。已有的QKD理论安全性分析中对QKD协议限定了以下4条公认的基本假设[14]。

（1）窃听者无法侵入通信双方的设备，且通信双方的设备不会主动泄露与经典随机数据相关的各种信息，即窃听者不能从通信双方的设备中直接或间接地获得经典密钥信息或协议运行所需的随机选择信息。

（2）通信双方所拥有的仪器设备均严格按照协议要求方式工作，即光源、调制、解调、探测等仪器均是按照协议描述符合理想模型的，且使用真随机数产生器来产生随机数。

（3）用于经典通信的信道是经过无条件安全认证的。

（4）窃听者须遵守基本科学原理，包括数学、物理学等。在此前提下，对窃听者的物理操作能力与计算能力不做限制。

但是需要指出的是，这4条假设前提并不是在现有技术下都能完全实现的。事实上除了第4条假设之外，其余3条都面临着严峻的考验。因此，CVQKD系统的无条件安全性实现还需要进一步努力。

基于现有的理论框架，通常假设Eve在信道中的窃听操作分为3类：个体窃听、联合窃听和相干窃听。它们的详细定义[14]如下。

（1）个体窃听：窃听者分别对Alice依次发送的各个量子态单独进行相同的量子操作，并只能单独进行相同的测量。

（2）联合窃听：窃听者分别对Alice依次发送的各个量子态单独进行相同的量子操作，并可以对多个量子态进行联合测量。

（3）相干窃听：窃听者可以对Alice依次发送的多个量子态进行联合量子操作，并可以对多个量子态进行联合测量。

从3类窃听的定义中可以看到，窃听者的能力是越来越强的，个体窃听可以看作联合窃听的特例，而联合窃听又可以看作相干窃听的特例。

CVQKD的理论安全性分析最初是在无限数据长度的理想假设下证明的，其理论无条件安全性证明一般分为两个步骤：首先，证明协议在联合窃听下是安全的，通常使用高斯窃听最优性定理来获得联合窃听下的安全码率；然后，通过几种已知的手段［指数形式的de Finetti（德菲内蒂）定理、后选择方法和熵不确定性原理］将联合窃听下的安全性证明推广至相干窃听下的安全性证明。因此，目前大多数研究都是分析联合窃听下的系统理论安全性。下面讨论各个协议在无限数据长度下的理论安全性仿真建模，即渐近安全性的计算，具体的详细安全性证明可以参考相应的文献。由于自由空间CV-MDI QKD的研究目前并不多，所以本书没有介绍该协议的相关安全性证明。注意，这里假设信道透射率是固定的。

1. 8种基础协议基于理想探测器的渐近安全性

在3.1.1节中讨论了在端对端的CVQKD系统中，根据Alice制备的量子态、Bob的信号探测方式及双方的数据协商方法的不同，可以组合出8种基本的协议。下面将讨论这8种基本协议的渐近密钥率的计算方法。

根据文献[8]，联合窃听攻击下 CVQKD 通用的渐近密钥率可以表示为

$$K_{asy}=\beta I_{AB}-\chi_{A(B)E} \tag{3-14}$$

其中，I_{AB} 为 Alice 与 Bob 的互信息；$\chi_{A(B)E}$ 为 Alice（Bob）与 Eve 之间的霍列沃（Holevo）界，即正向（反向）协商时 Eve 能够窃取的信息上界；β 为协商效率。

在理论安全性分析一般框架中，通常假设窃听者 Eve 使用纠缠克隆窃听（entangling cloner attack，ECA）操作[15]，如图 3-8 所示，因为它结构简单、易于讨论，且较能代表实验系统中的情况。但是这种假设并不能代表普遍意义上的最优性，单路 CVQKD 联合窃听的较普遍形式可以参考文献[16]。因此，基于 Eve 的纠缠克隆攻击模型，8 种协议的等效 EB 方案如图 3-8 所示，其中 T 代表信道的透射率，ξ_0 代表系统归一到输入端的信道过噪声。

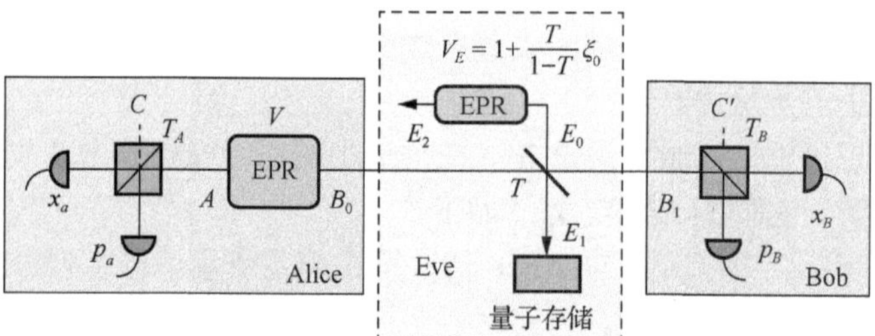

图 3-8　8 种基本高斯态 CVQKD 协议的等效 EB 方案

基于图 3-8，Alice 制备方差为 V 的 EPR 态 ρ_{AB_0}，保留其中的模 A，并将模 B_0 发送至量子信道。态 ρ_{AB_0} 的协方差矩阵表示为

$$\gamma_{AB_0}=\begin{bmatrix} V\mathbb{I} & \sqrt{(V^2-1)}\sigma_z \\ \sqrt{(V^2-1)}\sigma_z & V\mathbb{I} \end{bmatrix} \tag{3-15}$$

Eve 制备方差为 V_E 的 EPR 态 $\rho_{E_0E_2}$ 对 Alice 发送的模进行纠缠克隆窃听操作后，将输出的模 B_1 通过无损信道发送给 Bob，自己保留另一个输出的模 E_1 并存储在量子存储器中。因此，系统的态 ρ_{AB_1} 是一个均值为 0、协方差矩阵为式（3-16）的双模高斯态。

$$\gamma_{AB_1}=\begin{bmatrix} a\mathbb{I} & c\sigma_z \\ c\sigma_z & b\mathbb{I} \end{bmatrix}=\begin{bmatrix} V\mathbb{I} & \sqrt{T(V^2-1)}\sigma_z \\ \sqrt{T(V^2-1)}\sigma_z & T(V+\chi_{\text{line}})\mathbb{I} \end{bmatrix} \tag{3-16}$$

其中，$\chi_{\text{line}}=(1-T)/T+\xi_0$ 为归一到输入端的高斯信道引入的过噪声。

1）Alice 与 Bob 之间的互信息

下面计算 8 种基本协议中 Alice 和 Bob 之间的互信息 I_{AB}。由于互信息 I_{AB} 与协商方式无关，因此只需要计算 4 种不同的 I_{AB}：压缩态零差探测协议 $I_{AB}^{\text{sq,hom}}$、相干态零差探测协议 $I_{AB}^{\text{coh,hom}}$、压缩态零差探测协议 $I_{AB}^{\text{sq,het}}$ 和相干态零差探测协议 $I_{AB}^{\text{coh,het}}$。根据文献[10]的结论，上述 4 种互信息可以表示为

$$\begin{cases} I_{AB}^{\text{sq,hom}} = I\left(x_A : x_{B_1}\right) = \dfrac{1}{2}\log_2\left[\dfrac{V_A}{V_{A|B_1}}\right] = \dfrac{1}{2}\log_2\left[\dfrac{V+\chi_{\text{line}}}{\chi_{\text{line}}+1/V}\right] \\ I_{AB}^{\text{coh,hom}} = I\left(x_A^{\text{M}} : x_{B_1}\right) = \dfrac{1}{2}\log_2\left[\dfrac{V_A+1}{V_{A|B_1}+1}\right] = \dfrac{1}{2}\log_2\left[\dfrac{V+\chi_{\text{line}}}{1+\chi_{\text{line}}}\right] \\ I_{AB}^{\text{sq,het}} = I\left(x_A : x_{B_1}^{\text{M}}\right) = \dfrac{1}{2}\log_2\left[\dfrac{V_{B_1}+1}{V_{B_1|A}+1}\right] = \dfrac{1}{2}\log_2\left[\dfrac{T(V+\chi_{\text{line}})+1}{T(\chi_{\text{line}}+1/V)+1}\right] \\ I_{AB}^{\text{coh,het}} = 2I\left(x_A^{\text{M}} : x_{B_1}^{\text{M}}\right) = \log_2\left[\dfrac{V_{B_1}+1}{V_{B_1|A^{\text{M}}}+1}\right] = \log_2\left[\dfrac{T(V+\chi_{\text{line}})+1}{T(\chi_{\text{line}}+1)+1}\right] \end{cases} \tag{3-17}$$

其中，$V_{X|Y} = \langle x^2\rangle - \langle xy\rangle^2 / \langle y^2\rangle$，$V_A = V = a$，$V_{B_1} = T(V+\chi_{\text{line}}) = b$，上标 M 代表此结果来自外差探测中的一个数据。具体地，有

$$V_{A|B_1} = a - \frac{c^2}{b} = \frac{V\chi_{\text{line}}+1}{V+\chi_{\text{line}}} \tag{3-18}$$

$$V_{B_1|A} = b - \frac{c^2}{a} = \frac{T(V\chi_{\text{line}}+1)}{V} \tag{3-19}$$

$$V_{B_1|A^{\text{M}}} = b - \frac{(c/\sqrt{2})^2}{(a+1)/2} = T(1+\chi_{\text{line}}) \tag{3-20}$$

2）正向协商时 Eve 获得的信息

接下来计算正向协商时 Eve 获得的信息。正向协调时，Eve 需要利用自己窃听到的密钥信息去猜测 Alice 的密钥，所以 Eve 窃听到的信息量应该只与 Alice 的测量方式有关。记 4 种不同协议下正向协商时 Eve 获取的信息分别为压缩态零差探测协议 $I_{AE}^{\text{sq,hom}}$、相干态零差探测协议 $I_{AE}^{\text{coh,hom}}$ 和相干态零差探测协议 $I_{AE}^{\text{coh,het}}$。根据文献[8]的结果，有

$$\begin{cases} \chi_{AE}^{\text{sq,hom}} = \chi_{AE}^{\text{sq,het}} = S(E) - S\left(E\,|\,x_A\right) \\ \chi_{AE}^{\text{coh,hom}} = S(E) - S\left(E\,|\,x_A^{\text{M}}\right) \\ \chi_{AE}^{\text{coh,het}} = S(E) - S\left(E\,|\,x_A^{\text{M}}, p_A^{\text{M}}\right) \end{cases} \tag{3-21}$$

其中，$S(E)$为 Eve 掌握量子态的 von Neumann 熵，$S\left(E\,|\,x_A\right)$、$S\left(E\,|\,x_A^{\text{M}}\right)$和$S\left(E\,|\,x_A^{\text{M}}, p_A^{\text{M}}\right)$为已知 Alice 的测量结果后 Eve 掌握量子态的条件熵。在 Eve 可以纯化整个系统的条件下，式（3-21）可以改写为

$$\begin{cases} \chi_{AE}^{\text{sq,hom}} = \chi_{AE}^{\text{sq,het}} = S(\boldsymbol{\rho}_{AB_1}) - S\left(\boldsymbol{\rho}_{AB_1}\,|\,x_A\right) \\ \chi_{AE}^{\text{coh,hom}} = S(\boldsymbol{\rho}_{AB_1}) - S\left(\boldsymbol{\rho}_{AB_1}\,|\,x_A^{\text{M}}\right) \\ \chi_{AE}^{\text{coh,het}} = S(\boldsymbol{\rho}_{AB_1}) - S\left(\boldsymbol{\rho}_{AB_1}\,|\,x_A^{\text{M}}, p_A^{\text{M}}\right) \end{cases} \tag{3-22}$$

其中，$S(\boldsymbol{\rho}_{AB_1})$为 Alice 和 Bob 两体系统的 von Neumann 熵，$S\left(\boldsymbol{\rho}_{AB_1}\,|\,x_A\right)$、$S\left(\boldsymbol{\rho}_{AB_1}\,|\,x_A^{\text{M}}\right)$和

$S\left(\boldsymbol{\rho}_{AB_1}|\, x_A^{\mathrm{M}}, p_A^{\mathrm{M}}\right)$为已知 Alice 的测量结果后 Alice 和 Bob 两体系统的条件熵，它们都可以由 Alice 和 Bob 之间两体系统的协方差矩阵计算得出。

$S\left(\boldsymbol{\rho}_{AB_1}\right)$是 Alice 和 Bob 两体系统的 von Neumann 熵，与测量方式的选择无关，因此对所有 8 种高斯态协议而言是一样的。根据 Williamson 定理，von Neumann 熵可以由辛特征值求得，利用前文介绍的计算方法，可得出协方差矩阵 $\boldsymbol{\gamma}_{AB_1}$ 的辛特征值为

$$\lambda_{1,2} = \sqrt{\frac{1}{2}\left[\mathbb{A} \pm \sqrt{\mathbb{A}^2 - 4\mathbb{B}^2}\right]} \tag{3-23}$$

其中，

$$\begin{aligned} \mathbb{A} &= a^2 + b^2 - 2c^2 = V^2(1-2T) + 2T + T^2\left(V + \chi_{\text{line}}\right)^2 \\ \mathbb{B} &= ab - c^2 = T\left(V\chi_{\text{line}} + 1\right) \end{aligned} \tag{3-24}$$

因此，有

$$S\left(\boldsymbol{\rho}_{AB_1}\right) = G(\lambda_1) + G(\lambda_2) \tag{3-25}$$

其中，

$$G(x) = \frac{x+1}{2}\log_2\left(\frac{x+1}{2}\right) - \frac{x-1}{2}\log_2\left(\frac{x-1}{2}\right) \tag{3-26}$$

$S\left(\boldsymbol{\rho}_{AB_1}|\, x_A\right)$可以通过求解 Alice 实施零差测量后 Bob 掌握的量子态的协方差矩阵 $\boldsymbol{\gamma}_{AB_1}^{x_A}$ 的辛特征值得到[8]。$\boldsymbol{\gamma}_{AB_1}^{x_A}$ 可以表示为

$$\boldsymbol{\gamma}_{AB_1}^{x_A} = \begin{bmatrix} b - c^2/a & 0 \\ 0 & b \end{bmatrix} = \begin{bmatrix} T(\chi_{\text{line}} + 1/V) & 0 \\ 0 & T(V + \chi_{\text{line}}) \end{bmatrix} \tag{3-27}$$

这样 $\boldsymbol{\gamma}_{AB_1}^{x_A}$ 的辛特征值为

$$\lambda_{3,\mathrm{D}}^{\mathrm{sq}} = \sqrt{b\left(b - c^2/a\right)} = \sqrt{T^2(V + \chi_{\text{line}})/(1/V + \chi_{\text{line}})} \tag{3-28}$$

因此，$S\left(\boldsymbol{\rho}_{AB}|\, x_A\right)$可计算为

$$S\left(\boldsymbol{\rho}_{AB_1}|\, x_A\right) = G\left(\lambda_{3,\mathrm{D}}^{\mathrm{sq}}\right) \tag{3-29}$$

$S\left(\boldsymbol{\rho}_{AB_1}|\, x_A^{\mathrm{M}}\right)$的计算需要通过求解协方差矩阵 $\boldsymbol{\gamma}_{CB_1}^{x_A^{\mathrm{M}}}$ 的辛特征值得到，其中

$$\boldsymbol{\gamma}_{CB_1}^{x_A^{\mathrm{M}}} = \begin{bmatrix} b - c^2/a & 0 & \sqrt{2}c/(a+1) & 0 \\ 0 & b & 0 & -c/\sqrt{2} \\ \sqrt{2}c/(a+1) & 0 & 2a/(a+1) & 0 \\ 0 & -c/\sqrt{2} & 0 & (a+1)/2 \end{bmatrix} \tag{3-30}$$

根据此协方差矩阵，其辛特征值可计算为

$$\lambda_{3,4,\mathrm{D}}^{\mathrm{coh,hom}}=\sqrt{\frac{1}{2}\left[\mathbb{C}\pm\sqrt{\mathbb{C}^2-4\mathbb{D}}\right]} \tag{3-31}$$

其中，

$$\begin{cases}\mathbb{C}=\dfrac{1}{a+1}[a+b\mathbb{B}+\mathbb{A}]\\ \mathbb{D}=\dfrac{B}{a+1}[b+\mathbb{B}]\end{cases} \tag{3-32}$$

因此条件熵$S\left(\boldsymbol{\rho}_{AB_1}|\,x_A^{\mathrm{M}}\right)$可以表示为

$$S\left(\boldsymbol{\rho}_{AB}|\,x_A^{\mathrm{M}}\right)=G(\lambda_{3,\mathrm{D}}^{\mathrm{coh,hom}})+G(\lambda_{4,\mathrm{D}}^{\mathrm{coh,hom}}) \tag{3-33}$$

$S\left(\boldsymbol{\rho}_{AB}\,|\,x_A^{\mathrm{M}},p_A^{\mathrm{M}}\right)$可通过求解协方差矩阵$\boldsymbol{\gamma}_{B_1}^{x_A^{\mathrm{M}},p_A^{\mathrm{M}}}$的辛特征值得到，其中

$$\boldsymbol{\gamma}_{B_1}^{x_A^{\mathrm{M}},p_A^{\mathrm{M}}}=\begin{bmatrix}b-c^2/(a+1) & 0\\ 0 & b-c^2/(a+1)\end{bmatrix} \tag{3-34}$$

该协方差矩阵的辛特征值为

$$\lambda_{3,\mathrm{D}}^{\mathrm{coh,het}}=b-c^2/(a+1)=T(\chi_{\mathrm{line}}+1) \tag{3-35}$$

这样，条件熵$S\left(\boldsymbol{\rho}_{AB_1}\,|\,x_A^{\mathrm{M}},p_A^{\mathrm{M}}\right)$可以计算为

$$S\left(\boldsymbol{\rho}_{AB_1}\,|\,x_A^{\mathrm{M}},p_A^{\mathrm{M}}\right)=G(\lambda_{3,\mathrm{D}}^{\mathrm{coh,het}}) \tag{3-36}$$

3）反向协商时 Eve 获得的信息

对于反向协商，Eve 需要利用自己窃听到的密钥信息去猜测 Bob 的密钥。此时 Eve 信息的计算类似于正向协商，只需要对调 A 与 B 的角色就可以了。记 4 种不同协议下反向协商时 Eve 获取的信息分别为压缩态零差探测协议$I_{BE}^{\mathrm{sq,hom}}$、相干态零差探测协议$I_{BE}^{\mathrm{coh,hom}}$、压缩态零差探测协议$I_{BE}^{\mathrm{sq,het}}$和相干态零差探测协议$I_{BE}^{\mathrm{coh,het}}$。根据文献[8]的结果，有

$$\begin{cases}\chi_{BE}^{\mathrm{sq,hom}}=\chi_{BE}^{\mathrm{coh,hom}}=S(E)-S\left(E\,|\,x_B\right)\\ \chi_{BE}^{\mathrm{sq,het}}=S(E)-S\left(E\,|\,x_B^{\mathrm{M}}\right)\\ \chi_{BE}^{\mathrm{coh,het}}=S(E)-S\left(E\,|\,x_B^{\mathrm{M}},p_B^{\mathrm{M}}\right)\end{cases} \tag{3-37}$$

其中，$S(E)$与正向协调时一致，$S\left(E\,|\,x_B\right)$、$S\left(E\,|\,x_B^{\mathrm{M}}\right)$和$S\left(E\,|\,x_B^{\mathrm{M}},p_B^{\mathrm{M}}\right)$为已知 Bob 的测量结果后 Eve 掌握的量子态的条件熵。同样在纯化条件下，式（3-37）也可以改写为

$$\begin{cases}\chi_{BE}^{\mathrm{sq,hom}}=\chi_{BE}^{\mathrm{coh,hom}}=S(\boldsymbol{\rho}_{AB_1})-S\left(\boldsymbol{\rho}_{AB_1}\,|\,x_B\right)\\ \chi_{BE}^{\mathrm{sq,het}}=S(\boldsymbol{\rho}_{AB_1})-S\left(\boldsymbol{\rho}_{AB_1}\,|\,x_B^{\mathrm{M}}\right)\\ \chi_{BE}^{\mathrm{coh,het}}=S(\boldsymbol{\rho}_{AB_1})-S\left(\boldsymbol{\rho}_{AB_1}\,|\,x_B^{\mathrm{M}},p_B^{\mathrm{M}}\right)\end{cases} \tag{3-38}$$

其中，$S\left(\boldsymbol{\rho}_{AB_1}\,|\,x_B\right)$、$S\left(\boldsymbol{\rho}_{AB_1}\,|\,x_B^{\mathrm{M}}\right)$和$S\left(\boldsymbol{\rho}_{AB_1}\,|\,x_B^{\mathrm{M}},p_B^{\mathrm{M}}\right)$的计算也类似于正向协商时的情况。

对于$S\left(\boldsymbol{\rho}_{AB_1}|x_B\right)$，需要计算协方差矩阵$\boldsymbol{\gamma}_{AB_1}^{x_B}$的辛特征值，它可以通过调换式（3-28）中$a$和$b$的位置得到，即$\boldsymbol{\gamma}_{AB_1}^{x_B}$的辛特征值可以表示为

$$\lambda_{3,\mathrm{R}}^{\mathrm{hom}}=\sqrt{a\left(a-c^2/b\right)}=\sqrt{V(V\chi+1)/(V+\chi)} \tag{3-39}$$

因此，$S\left(\boldsymbol{\rho}_{AB_1}|x_B\right)$可以表示为

$$S\left(\boldsymbol{\rho}_{AB_1}|x_B\right)=G(\lambda_{3,\mathrm{R}}^{\mathrm{hom}}) \tag{3-40}$$

$S\left(\boldsymbol{\rho}_{AB_1}|x_B^{\mathrm{M}}\right)$的计算需要求解协方差矩阵$\boldsymbol{\gamma}_{AC'}^{x_B^{\mathrm{M}}}$的辛特征值。对称地，$\boldsymbol{\gamma}_{AC'}^{x_B^{\mathrm{M}}}$可以通过调换式（3-30）中$a$和$b$的位置得到。因此其辛特征值为

$$\lambda_{3,4,\mathrm{R}}^{\mathrm{sq,het}}=\sqrt{\frac{1}{2}\left[\mathbb{C}'\pm\sqrt{\mathbb{C}'^2-4\mathbb{D}'}\right]} \tag{3-41}$$

其中，

$$\begin{cases}\mathbb{C}'=\dfrac{1}{b+1}[b+a\mathbb{B}+\mathbb{A}]\\ \mathbb{D}'=\dfrac{B}{b+1}[a+\mathbb{B}]\end{cases} \tag{3-42}$$

因此，$S\left(\boldsymbol{\rho}_{AB_1}|x_B^{\mathrm{M}}\right)$可以表示为

$$S\left(\boldsymbol{\rho}_{AB_1}|x_B^{\mathrm{M}}\right)=G(\lambda_{3,\mathrm{R}}^{\mathrm{sq,het}})+G(\lambda_{4,\mathrm{R}}^{\mathrm{sq,het}}) \tag{3-43}$$

同样地，$S\left(\boldsymbol{\rho}_{AB_1}|x_B^{\mathrm{M}},p_B^{\mathrm{M}}\right)$的计算需要得到协方差矩阵$\boldsymbol{\gamma}_{B_1}^{x_B^{\mathrm{M}},p_B^{\mathrm{M}}}$的辛特征值。$\boldsymbol{\gamma}_{B_1}^{x_B^{\mathrm{M}},p_B^{\mathrm{M}}}$可以通过调换$\boldsymbol{\gamma}_{B_1}^{x_A^{\mathrm{M}},p_A^{\mathrm{M}}}$中$a$和$b$的位置得到。这样它的辛特征值可以表示为

$$\lambda_{3,\mathrm{R}}^{\mathrm{coh,het}}=a-c^2/(b+1)=\frac{T(V\chi_{\mathrm{line}}+1)+1}{T(V+\chi_{\mathrm{line}})+1} \tag{3-44}$$

因此，条件熵$S\left(\boldsymbol{\rho}_{AB_1}|x_B^{\mathrm{M}},p_B^{\mathrm{M}}\right)$可以表示为

$$S\left(\boldsymbol{\rho}_{AB_1}|x_B^{\mathrm{M}},p_B^{\mathrm{M}}\right)=G(\lambda_{3,\mathrm{R}}^{\mathrm{coh,het}}) \tag{3-45}$$

综上所述，得到8种基本CVQKD协议的渐近安全性密钥率K_{asy}的计算公式为

$$\begin{cases}K_{asy,\mathrm{D(R)}}^{\mathrm{sq,hom}}=\dfrac{1}{2}[\beta I_{AB}^{\mathrm{sq,hom}}-\chi_{A(B)E}^{\mathrm{sq,hom}}]\\ K_{asy,\mathrm{D(R)}}^{\mathrm{coh,hom}}=\beta I_{AB}^{\mathrm{coh,hom}}-\chi_{A(B)E}^{\mathrm{coh,hom}}\\ K_{asy,\mathrm{D(R)}}^{\mathrm{sq,het}}=\beta I_{AB}^{\mathrm{sq,het}}-\chi_{A(B)E}^{\mathrm{sq,het}}\\ K_{asy,\mathrm{D(R)}}^{\mathrm{coh,het}}=\beta I_{AB}^{\mathrm{coh,het}}-\chi_{A(B)E}^{\mathrm{coh,het}}\end{cases} \tag{3-46}$$

2. 8种基础协议考虑实际探测器的渐近安全性

上面的讨论并没有考虑探测器的不完美，即假设了探测器的探测效率$\eta=1$和电噪声

$\xi_{el}=0$。但是这显然不符合实际情况。因此接下来将探测器的不完美考虑进去，来计算这 8 种基础协议考虑实际探测器的渐近安全性。

探测器的探测效率和电噪声的影响可与处理信道透射率和过噪声的方法类似，即假设 Bob 产生一个方差为 V 的 EPR 态 ρ_{F_0G}，将其中的模 F_0 与接收到的信号模 B_1 通过一个透射率等于探测器效率 η 的分束器进行干涉，生成的信号模 B_2 再进行理想的零差或者外差探测，如图 3-9 所示。

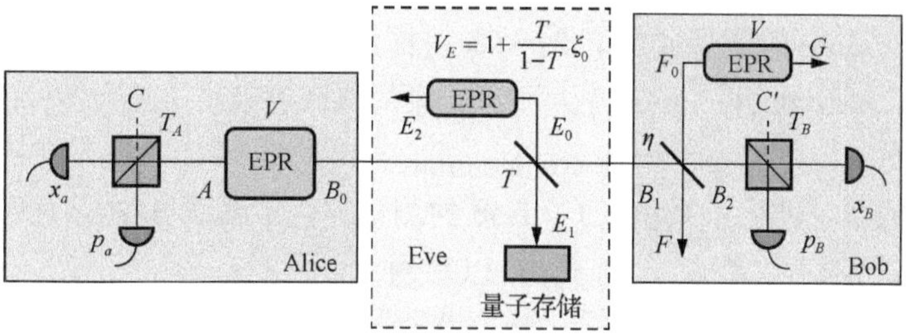

图 3-9 8 种基本高斯态 CVQKD 协议在考虑探测器不完美时的 EB 等效模型

若 Bob 端采用零差探测，$V=\eta\chi_{\text{hom}}/(1-\eta)$，其中 $\chi_{\text{hom}}=(1-\eta+\xi_{\text{el}})/\eta$。若 Bob 端采用外差探测，$V=(\eta\chi_{\text{het}}-1)/(1-\eta)$，其中 $\chi_{\text{het}}=(1+1-\eta+2\xi_{\text{el}})/\eta$。

基于探测器不完美的等效模型，可以得到没有探测之前态 ρ_{AB_2} 的协方差矩阵：

$$\gamma_{AB_2}=\begin{bmatrix} a_1\mathbb{I} & c_1\sigma_z \\ c_1\sigma_z & b_1\mathbb{I} \end{bmatrix}=\begin{bmatrix} V\mathbb{I} & \sqrt{\eta T\left(V^2-1\right)}\sigma_z \\ \sqrt{\eta T\left(V^2-1\right)}\sigma_z & \eta T(V+\chi_{\text{tot}})\mathbb{I} \end{bmatrix} \tag{3-47}$$

其中，$\chi_{\text{tot}}=\chi_{\text{line}}+\chi_{\text{det}}/T$，当 Bob 选择零差探测时，$\chi_{\text{det}}=\chi_{\text{hom}}=(1-\eta+\xi_{\text{el}})/\eta$，当 Bob 选择外差探测时，$\chi_{\text{det}}=\chi_{\text{het}}=(1+1-\eta+2\xi_{\text{el}})/\eta$。有了此协方差矩阵，就可以依照前面的密钥率计算方法得到 8 种基本协议的渐近密钥率，这里不再重复叙述。

鉴于相干态协议是目前研究最多和实验最成功的一类协议，而大多数情况下这类协议在反向协商情况具有比正向协商更好的性能。因此，在这里进一步给出针对联合窃听的高斯调制相干态协议在反向协商和考虑探测器缺陷情况下的渐近密钥率计算方法。

联合窃听下高斯调制相干态协议在反向协商时的渐近密钥率可表示为

$$K_{asy}=\beta I_{AB}-\chi_{BE} \tag{3-48}$$

其中，I_{AB} 为 Alice 和 Bob 之间的互信息，χ_{BE} 为 Eve 和 Bob 之间的互信息的 Holevo 界[17]。

1）Alice 和 Bob 之间的互信息

Alice 和 Bob 之间的互信息可以通过 Bob 的测量方差 $V_B=b_1$ 和条件方差 $V_{B|A}=\eta T(1+\chi_{\text{tot}})$ 得到。对于零差探测，有

$$I_{AB}^{\text{hom}}=\frac{1}{2}\log_2\frac{V_B}{V_{B|A}}=\frac{1}{2}\log_2\frac{V+\chi_{\text{tot}}}{1+\chi_{\text{tot}}} \tag{3-49}$$

对于外差探测，有

$$I_{AB}^{\text{het}} = 2\times\frac{1}{2}\log_2\frac{V_B}{V_{B|A}} = \log_2\frac{V+\chi_{\text{tot}}}{1+\chi_{\text{tot}}} \tag{3-50}$$

2）Eve 和 Bob 之间的互信息

Eve 对于 Bob 的密钥的最大信息量由 Holevo 界给出，即

$$\chi_{BE} = S(\rho_E) - \int \mathrm{d}m_B p(m_B) S(\rho_{\mathrm{E}}^{m_B}) \tag{3-51}$$

其中，m_B 代表 Bob 的测量结果，对于零差探测 $m_B = x_B(\mathrm{d}m_B = \mathrm{d}x_B)$，对于外差探测 $m_B = x_B, p_B(\mathrm{d}m_B = \mathrm{d}x_B\mathrm{d}p_B)$； $p(m_B)$ 为测量结果的概率密度； $\rho_E^{m_B}$ 为条件于 Bob 测量结果的 Eve 的条件态；S 为量子态的 von Neumann 熵。

由于 Eve 的系统纯化了系统 AB_1，Bob 的测量纯化了系统 $AEFG$（见图 3-9），且对于高斯协议 $S(\rho_{AFG}^{m_B})$ 不依赖 m_B，则 χ_{BE} 可以写为

$$\chi_{BE} = S(\rho_{AB_1}) - S(\rho_{AFG}^{m_B}) \tag{3-52}$$

由于对于联合窃听而言，高斯窃听同样是最优的。因此考虑高斯态就足够了，式（3-52）中的 Holevo 界 χ_{BE} 可以进一步简化为

$$\chi_{BE} = \sum_{i=1}^{2} G(\lambda_i) - \sum_{i=3}^{5} G(\lambda_i) \tag{3-53}$$

其中，$\lambda_{1,2}$ 为态 ρ_{AB_1} 的协方差矩阵 $\boldsymbol{\gamma}_{AB_1}$［式（3-16）］的辛特征值，$\lambda_{3,4,5}$ 为 Bob 投影测量之后的态 $\rho_{AFG}^{m_B}$ 的协方差矩阵 $\boldsymbol{\gamma}_{AFG}^{m_B}$ 的辛特征值。辛特征值 $\lambda_{1,2}$ 由式（3-23）给出。

为了计算辛特征值 $\lambda_{3,4,5}$，需要得到协方差矩阵 $\boldsymbol{\gamma}_{AFG}^{m_B}$。该矩阵可以通过如下方式得到：

$$\boldsymbol{\gamma}_{AFG}^{m_B} = \boldsymbol{\gamma}_{AFG} - \boldsymbol{\sigma}_{AFGB_2}^{\mathrm{T}}\boldsymbol{H}\boldsymbol{\sigma}_{AFGB_2} \tag{3-54}$$

其中，$\boldsymbol{H}$ 为代表对模 B_2 进行零差或者外差探测的辛矩阵。对于零差探测，$\boldsymbol{H}_{\text{hom}} = (\boldsymbol{X}^{\text{hom}}\boldsymbol{\gamma}_{B_2}\boldsymbol{X}^{\text{hom}})^{\text{MP}}$，其中 $\boldsymbol{X}^{\text{hom}} = \mathrm{diag}(1,0)$，MP 代表矩阵的 Moore-Penrose 伪逆。对于外差探测，$\boldsymbol{H}_{\text{het}} = (\boldsymbol{\gamma}_{B_2} + \mathbb{I})^{-1}$。矩阵 $\boldsymbol{\gamma}_{B_2}$、$\boldsymbol{\gamma}_{AFG}$ 和 $\boldsymbol{\sigma}_{AFGB_2}$ 可以从协方差矩阵 $\boldsymbol{\gamma}_{AFGB_2}$ 中分解得到，即

$$\boldsymbol{\gamma}_{AFGB_2} = \begin{bmatrix} \boldsymbol{\gamma}_{AFG} & \boldsymbol{\sigma}_{AFGB_2}^{\mathrm{T}} \\ \boldsymbol{\sigma}_{AFGB_2} & \boldsymbol{\gamma}_{B_2} \end{bmatrix} \tag{3-55}$$

上述矩阵可以通过对描述系统 AB_2FG 的协方差矩阵重新排列得到。系统 AB_2FG 的协方差矩阵可以表示为

$$\boldsymbol{\gamma}_{AB_2FG} = (Y^{\text{BS}})^{\mathrm{T}}\left[\boldsymbol{\gamma}_{AB_1} \oplus \boldsymbol{\gamma}_{F_0G}\right]Y^{\text{BS}} \tag{3-56}$$

这里 $\boldsymbol{\gamma}_{F_0G}$ 为建模探测器电噪声的 EPR 态 ρ_{F_0G} 的协方差矩阵，它可以写为

$$\gamma_{F_0G}=\begin{bmatrix} V\cdot\mathbb{I} & \sqrt{\left(V^2-1\right)}\cdot\sigma_z \\ \sqrt{\left(V^2-1\right)}\cdot\sigma_z & V\cdot\mathbb{I} \end{bmatrix} \tag{3-57}$$

其中对于零差探测，$V=\eta\chi_{\text{hom}}/(1-\eta)$，对于外差探测，$V=(\eta\chi_{\text{het}}-1)/(1-\eta)$。矩阵$\boldsymbol{Y}^{\text{BS}}$描述了建模探测器非 1 探测效率并作用在模 B_1 和 F_0 上的分束器的变换矩阵。它有如下形式：

$$\boldsymbol{Y}^{\text{BS}}=\mathbb{I}_A\oplus\boldsymbol{Y}^{\text{BS}}_{B_2F_0}\oplus\mathbb{I}_G \tag{3-58}$$

其中，

$$\boldsymbol{Y}^{\text{BS}}_{B_2F_0}=\begin{bmatrix} \sqrt{\eta}\cdot\mathbb{I} & \sqrt{1-\eta}\cdot\mathbb{I} \\ -\sqrt{1-\eta}\cdot\mathbb{I} & \sqrt{\eta}\cdot\mathbb{I} \end{bmatrix} \tag{3-59}$$

基于上述分析，可以通过计算得到辛特征值$\lambda_{3,4,5}$。通过计算，不管是零差还是外差探测，都有$\lambda_{3,4}\geqslant 1$和$\lambda_5=1$。$\lambda_{3,4}$可以写为

$$\lambda_{3,4}^2=\frac{1}{2}\left[\mathcal{C}\pm\sqrt{\mathcal{C}^2-4\mathcal{D}}\right] \tag{3-60}$$

对于零差探测，有

$$\begin{cases} \mathcal{C}_{\text{hom}}=\dfrac{\mathbb{A}\chi_{\text{hom}}+V\sqrt{\mathbb{B}}+T\left(V+\chi_{\text{line}}\right)}{T\left(V+\chi_{\text{tot}}\right)} \\ \mathcal{D}_{\text{hom}}=\sqrt{\mathbb{B}}\dfrac{V+\sqrt{\mathbb{B}}\chi_{\text{hom}}}{T\left(V+\chi_{\text{tot}}\right)} \end{cases} \tag{3-61}$$

对于外差探测，有

$$\begin{cases} \mathcal{C}_{\text{het}}=\dfrac{1}{\left[T\left(V+\chi_{\text{tot}}\right)\right]^2}\left\{\mathbb{A}\chi_{\text{het}}^2+\mathbb{B}+1+2\chi_{\text{het}}\left[V\sqrt{\mathbb{B}}+T\left(V+\chi_{\text{line}}\right)\right]+2T\left(V^2-1\right)\right\} \\ \mathcal{D}_{\text{het}}=\left(\dfrac{V+\sqrt{\mathbb{B}}\chi_{\text{het}}}{T\left(V+\chi_{\text{tot}}\right)}\right)^2 \end{cases} \tag{3-62}$$

3. 离散调制相干态协议的渐近安全性

1）高斯近似安全性

在离散调制相干态协议的等效 EB 协议中，Alice 制备的方差为$V=1+V_A$的双模纠缠态$|\boldsymbol{\Psi}_{AB_0}^{N_D}\rangle$可以定义为

$$|\boldsymbol{\Psi}_{AB_0}^{N_D}\rangle=\frac{1}{\sqrt{N_D}}\sum_{k=0}^{N_D-1}|\psi_k\rangle|\alpha_k\rangle \tag{3-63}$$

其中态

$$\left|\psi_k\right\rangle=\frac{1}{\sqrt{N_D}}\sum_{m=0}^{N_D-1}\mathrm{e}^{i(2k+1)m\pi/N_D}\left|\varphi_m\right\rangle \tag{3-64}$$

为正交非高斯态，$V_A=2\alpha^2$ 为调制方差。态 $\left|\varphi_m\right\rangle$ 可以被记为

$$\left|\varphi_k\right\rangle=\frac{\mathrm{e}^{-\alpha^2/2}}{\sqrt{\lambda_k}}\sum_{n=0}^{\infty}\frac{\alpha^{N_Dn+k}}{\sqrt{\left(N_Dn+k\right)!}}\left|N_Dn+k\right\rangle \tag{3-65}$$

其中，

$$\lambda_k=\mathrm{e}^{-\alpha^2}\sum_{n=0}^{\infty}\frac{\left(\alpha^2\right)^{N_Dn+k}}{\left(N_Dn+k\right)!} \tag{3-66}$$

$\left|N_Dn+k\right\rangle$ 描述具有 (N_Dn+k) 个光子的 Fock 态。Alice 对其双模纠缠态的一半（模 A）进行投影测量 $\left|\psi_k\right\rangle\left\langle\psi_k\right|$ 以获得变量 x_a 和 p_a，从而在其测量得出结果 k 时制备相干态 $\left|\alpha_k\right\rangle$。然后，Alice 将态的另一半（模 B_0）通过量子通道发送给 Bob。被量子通道衰减后的量子态可以用模 B_1 表示。

最初离散调制相干态协议的渐近安全性分析是基于高斯近似的，主要原因是，在 EB 等效协议中，高斯调制情况下初始双模纠缠态协方差矩阵中的协方差项 $Z_G=\sqrt{V^2-1}$ 与高斯调制情况下的协方差项 $Z_D=2\alpha^2\sum_{k=0}^{N_D-1}\sqrt{\lambda_{k-1}^3/\lambda_k}$ 在调制方差较小时几乎不可区分[7]，如图 3-10 所示。因此，高斯近似情况下，离散调制相干态协议的渐近安全性可以与高斯调制相干态协议的渐近安全性分析基本相同，只需要对 Alice 与 Bob 共享的双边态的协方差矩阵中的协方差项做一些修改，即将式（3-16）和式（3-47）协方差项中的 $\sqrt{V^2-1}$ 替换为 Z_D。

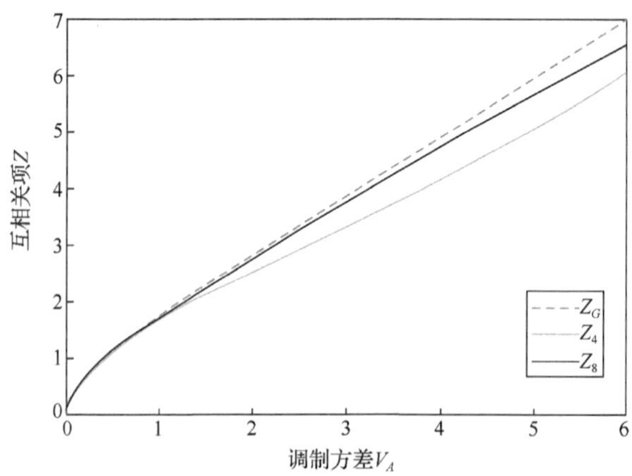

Z_G ——高斯调制；Z_4 ——四态调制；Z_8 ——八态调制。

图 3-10 协方差项之间的比较

2）数值近似安全性

由于缺乏对称性[18]，离散调制 CVQKD 协议的安全性分析变得较为复杂。最近，有研究者提出了一些新的数值方法来分析离散调制协议对集体攻击的安全性[19-20]，其中密钥率计算涉及最小化一个与实验数据一致的针对所有窃听攻击的凸函数。与以前的安全分析相比，这些数值方法在明显更长的距离上实现了更高的密钥率。下面简要介绍如何将计算密钥率转化为相关的凸目标函数来进行数值优化。更详细的描述可以在文献[19]中找到。

在这里，以四态调制的 CVQKD 协议为例进行介绍。在该协议中，Alice 每次随机准备 4 种相干态中的一种 $|\alpha_k\rangle = \left||\alpha| \mathrm{e}^{i(2k\pi/4+\pi/4)}\right\rangle$，其中 $k \in \{0,1,2,3\}$，然后通过一个不可信的量子信道发送给 Bob。Bob 使用零差或外差探测来估计 k。在渐近极限下，针对联合窃听攻击的密钥率由以下根据 Devetak-Winter 公式[21]得出的表达式给出：

$$K_\infty = p_{\text{pass}}\left[\min H(Z|E) - \delta_{\text{EC}}\right] \tag{3-67}$$

其中，$H(Z|E)$ 是条件冯・诺依曼熵，描述了 Eve 对密钥串 Z 的不确定度。Eve 对 Bob 密钥串 Z 的最大窃取量要求知道在一定密度矩阵 $\boldsymbol{\rho}_{\Diamond}$ 下对 Z 的最小不确定度。因此，需要在可行域 $\boldsymbol{S}_\rho$ 中找到最优的 $\boldsymbol{\rho}_{\Diamond}^*$ 来最小化 $H(Z|E)$，p_{pass} 是筛选概率，δ_{EC} 是纠错步骤中每个信号的实际信息泄露量。为了将此问题变成一个凸优化问题，可以将上述表达式重新表述为

$$K_\infty = \min_{\rho_{AB}\in S_\rho} D\left(\mathcal{G}(\boldsymbol{\rho}_{AB}) \| \mathcal{Z}\left[\mathcal{G}(\boldsymbol{\rho}_{AB})\right]\right) - p_{\text{pass}}\,\delta_{\text{EC}} \tag{3-68}$$

其中，$D(\boldsymbol{\rho}\|\boldsymbol{\sigma}) = \mathrm{Tr}\left(\boldsymbol{\rho}\log_2 \boldsymbol{\rho}\right) - \mathrm{Tr}\left(\boldsymbol{\rho}\log_2 \boldsymbol{\sigma}\right)$，见文献[20]。$\mathcal{G}$ 是一个描述了不同正则分量后处理的全正迹不增加映射，$\mathcal{Z}$ 是一个能读出密钥信息的压缩量子信道。

由于在式（3-68）中，$p_{\text{pass}}\delta_{\text{EC}}$ 项容易计算得出，因此只考虑以下相关优化问题：

$$\text{minimize}\, D\left(G(\boldsymbol{\rho}_{AB}) \| \mathcal{Z}\left[\mathcal{G}(\boldsymbol{\rho}_{AB})\right]\right) \tag{3-69}$$

约束于

$$\mathrm{Tr}\left[\boldsymbol{\rho}_{AB}\left(|k\rangle\langle k|_A \otimes \hat{q}\right)\right] = p_k \langle \hat{q}\rangle_k \tag{3-70}$$

$$\mathrm{Tr}\left[\boldsymbol{\rho}_{AB}\left(|k\rangle\langle k|_A \otimes \hat{p}\right)\right] = p_k \langle \hat{p}\rangle_k \tag{3-71}$$

$$\mathrm{Tr}\left[\boldsymbol{\rho}_{AB}\left(|k\rangle\langle k|_A \otimes \hat{n}\right)\right] = p_k \langle \hat{n}\rangle_k \tag{3-72}$$

$$\mathrm{Tr}\left[\boldsymbol{\rho}_{AB}\left(|k\rangle\langle k|_A \otimes \hat{d}\right)\right] = p_k \langle \hat{d}\rangle_k \tag{3-73}$$

$$\mathrm{Tr}\left[\boldsymbol{\rho}_{AB}\right] = 1 \tag{3-74}$$

$$\boldsymbol{\rho}_{AB} \geqslant 0 \tag{3-75}$$

$$\mathrm{Tr}_B\left[\boldsymbol{\rho}_{AB}\right] = \sum_{i,j=0}^{3} \sqrt{p_i p_j}\left\langle \alpha_j | \alpha_i \right\rangle |i\rangle |j\rangle_A \tag{3-76}$$

其中，$k \in \{0,1,2,3\}$，$\langle \hat{q}\rangle_k$、$\langle \hat{p}\rangle_k$、$\langle \hat{n}\rangle_k$ 和 $\langle \hat{d}\rangle_k$ 表示 Bob 测量用 k 标记的量子态时相应算符

的期望值。这些期望值可以通过零差或外差探测得到。前 4 个限制条件来自实验结果。式（3-74）和式（3-75）两个约束条件是自然的要求，因为 $\boldsymbol{\rho}_{AB}$ 是一个密度矩阵。式（3-76）约束中对系统 B 的偏迹基于量子信道不能影响 Alice 的系统 A。在对该优化问题施加光子数截断假设后，可以在有限维 N_c 中处理上述密度矩阵和算符[19,22]。然后，这个问题就可以用数值方法来解决。最后，可以用文献[20]中提出的数值方法来解决这个最小化问题。该数值方法的具体实现可以在文献[23]中找到。该方法包括以下两个步骤。

（1）找到一个接近最优的解，该解给出了密钥率的一个上界。

（2）通过考虑密钥率的对偶问题，将此上界转换为它的下界。

3.1.4 CVQKD 信道参数估计与有限码长安全性

前面讨论的渐近安全性是假设数据长度无限的情况下的分析，是基于实际情况的安全性分析的基础。如果要将 CVQKD 协议的部署推向实际，那么接下来需要考虑实际系统中的实际因素对安全性的影响，这其中首要的讨论就是有限码长带来的影响。无限码长意味着对参数的估计是准确而没有波动的，但是在有限码长的影响下，信道参数的估计将存在一定的不确定度，为保证系统的安全性，通常会以一个保守的估计来评估系统的安全性，这样带来的直接影响就是系统的性能将变差。下面将介绍传统的单路 CVQKD 信道参数估计方法，读者也可以参考文献[24]。

对于单路 CVQKD 协议，假设 Alice 和 Bob 之间每轮通信交换数据的总长度为 N，其中用于信道参数估计的公开的数据长度为 n，它们测量量子态后各自持有的经典数据记为 x 和 y，窃听者的量子态记为 E。那么根据文献[24]，反向协商时 CVQKD 协议针对联合窃听的有限码长条件下的安全码率可以表示为

$$K_{\text{fini}} = \frac{n}{N}\left[\beta I(x:y) - S_{\epsilon_{\text{PE}}}(y:E) - \Delta(n)\right] \tag{3-77}$$

其中，$I(x:y)$ 为 Alice 和 Bob 之间在有限码长情况下的互信息，$S_{\epsilon_{\text{PE}}}(y:E)$ 为能够有 $1-\epsilon_{\text{PE}}$ 的概率确定的、与统计结果相一致的 Eve 和 Bob 之间的最大 Holevo 信息，ϵ_{PE} 为参数估计出错的概率，$\Delta(n)$ 为与保密增强的安全性有关的参数。$\Delta(n)$ 的表达式为

$$\Delta(n) \equiv \left(2\dim\mathcal{H}_X + 3\right)\sqrt{\frac{\log_2(2/\bar{\epsilon})}{n}} + \frac{2}{n}\log_2\left(1/\epsilon_{\text{PA}}\right) \tag{3-78}$$

其中，$\mathcal{H}_X$ 为对应于未经处理密钥中用到的变量 x 的 Hilbert 空间，$\bar{\epsilon}$ 为一个平滑参数，ϵ_{PA} 为保密增强过程失败的概率[24]。平滑参数 $\bar{\epsilon}$ 和 ϵ_{PA} 都是中间变量，可以任意指定，其取值越小越好。但可看出，其数值越小，最终的安全密钥率就越小。$\Delta(n)$ 中的平方根项对应于独立同分布量子态的平滑最小熵向其 von Neumann 熵收敛的速度。事实上只有无限码长时独立同分布量子态的平滑最小熵才等于其 von Neumann 熵。

在有限码长情况下，需要最终确定 QKD 协议的总体安全参数 ϵ。与更常见的渐近情形相反，在有限码长的环境中不可能存在完美的安全性，而是限定到 ϵ 安全性。这个

小的参数ϵ对应的是整个协议的失效概率，这意味着有大于等于$1-\epsilon$的概率可以保证协议按照预期执行。注意，这里不考虑由于实际的不完美而导致可能被窃听者使用的侧信道的存在。失效概率ϵ可以由已描述的各种参数计算得到，在小参数的极限下，有

$$\epsilon = \epsilon_{\rm PE} + \epsilon_{\rm EC} + \bar{\epsilon} + \epsilon_{\rm PA} \tag{3-79}$$

式中，$\epsilon_{\rm EC}$为数据协调后仍有残余误码的概率。

1. 理想系统器件下的参数估计

下面探讨理想探测器有限码长情况下密钥率的具体计算方法。为了得到一个保守的安全性密钥率估计，需要得到有限数据长度情况下信道参数的估计量及其置信区间。仍以图 3-8 中的基于纠缠的等效模型为例来进行分析，态$\boldsymbol{\rho}_{AB_1}$的协方差矩阵可以写为

$$\boldsymbol{\Gamma}_{AB_1} = \begin{bmatrix} (V_A+1)\mathbb{I} & \sqrt{T}Z\sigma_z \\ \sqrt{T}Z\sigma_z & (TV_A+1+T\xi)\mathbb{I} \end{bmatrix} \tag{3-80}$$

V_A为 Alice 的调制方差，T和ξ为需要估计的信道透射率和过噪声，Z与调制方式相关，对于高斯调制，有

$$Z_G = \sqrt{V_A^2 + 2V_A} \tag{3-81}$$

为了计算$S_{\epsilon_{\rm PE}}(y:E)$，只需要估计$\boldsymbol{\Gamma}_{AB_1}^{\epsilon_{\rm PE}}$。假定 Alice 与 Bob 用于参数估计的相关变量的样本为$(x_i, y_i)_{1,2,3,\cdots,m}$，其中$m = N - n$。通常假定信道为高斯线性信道，则 Alice 和 Bob 之间数据的关系为

$$y = tx + z \tag{3-82}$$

其中，$t = \sqrt{T}$，z 服从一个方差未知，但形如$\sigma^2 = 1 + T\xi$的正态分布。高斯调制下，x是一个服从方差为V_A的高斯分布的随机变量。因此需要研究在渐近情况下$S(y:E)$和变量t、σ^2的关系。对于任意的V_A，由于

$$\left.\frac{\partial S(y:E)}{\partial t}\right|_{\sigma^2} < 0, \qquad \left.\frac{\partial S(y:E)}{\partial \sigma^2}\right|_{t} > 0 \tag{3-83}$$

这意味着可以至少以概率$1-\epsilon_{\rm PE}$找到最小化安全码率的协方差矩阵$\boldsymbol{\Gamma}_{AB_1}^{\epsilon_{\rm PE}}$：

$$\boldsymbol{\Gamma}_{AB_1}^{\epsilon_{\rm PE}} = \begin{bmatrix} (V_A+1)\mathbb{I} & t_{\min}Z\sigma_z \\ t_{\min}Z\sigma_z & \left(t_{\min^2}V_A + \sigma_{\max^2}\right)\mathbb{I} \end{bmatrix} \tag{3-84}$$

其中，$t_{\min}$和$\sigma_{\max}^2$分别为根据用于参数估计的数据样本估计出的t最小值和σ^2最大值，估计错误的概率为$\epsilon_{\rm PE}/2$。为了得到$t_{\min}$和$\sigma_{\max}^2$，对它们的估计采用极大似然估计：

$$\hat{t} = \frac{\sum_{i=1}^{m} x_i y_i}{\sum_{i=1}^{m} x_i^2} \tag{3-85}$$

$$\hat{\sigma}^2 = \frac{1}{m}\sum_{i=1}^{m}\left(y_i - \hat{t}x_i\right)^2 \tag{3-86}$$

$\hat{t}$ 和 $\hat{\sigma}^2$ 是相互独立的估计量。根据大数定理，有

$$\hat{t} \sim \mathcal{N}\left(t, \frac{\sigma^2}{\sum_{i=1}^{m} x_i^2}\right), \quad \frac{m\hat{\sigma}^2}{\sigma^2} \sim \chi^2(m-1) \tag{3-87}$$

其中，$\mathcal{N}$ 代表正态分布，χ^2 表示卡方（chi-square）分布，t 和 σ^2 为参数的真实值。根据式（3-87），在 m 很大的极限下，可以计算出置信概率为 $\epsilon_{\mathrm{PE}}/2$ 的 t 的下界 $t_{\min}$ 和 σ^2 的上界 $\sigma_{\max}^2$，即

$$\begin{cases} t_{\min} \approx \hat{t} - z_{\epsilon_{\mathrm{PE}}/2}\sqrt{\dfrac{\hat{\sigma}^2}{mV_A}} \\ \sigma_{\max}^2 \approx \hat{\sigma}^2 + z_{\epsilon_{\mathrm{PE}}/2}\dfrac{\hat{\sigma}^2\sqrt{2}}{\sqrt{m}} \end{cases} \tag{3-88}$$

其中，$z_{\epsilon_{\mathrm{PE}}/2}$ 满足 $[1-\mathrm{erf}(z_{\epsilon_{\mathrm{PE}}/2}/\sqrt{2})]/2 = \epsilon_{\mathrm{PE}}/2$，erf 为误差函数，定义为

$$\mathrm{erf}(x) = \frac{2}{\sqrt{\pi}}\int_0^x \mathrm{e}^{-t^2}\,\mathrm{d}t \tag{3-89}$$

在给定的实验中，人们可以简单地计算出这两个估计量 $\hat{t}$ 和 $\hat{\sigma}^2$ 的值，并代入方程式（3-88）中得到 $t_{\min}$ 和 $\sigma_{\max}^2$，然后进一步计算 $S_{\epsilon_{\mathrm{PE}}}(y:E)$。为了能够从理论的角度对协议进行分析，可以令 $\hat{t}$ 和 $\hat{\sigma}^2$ 的值等于其期望值：

$$\begin{cases} \mathbb{E}[\hat{t}] = \sqrt{T} \\ \mathbb{E}\left[\hat{\sigma}^2\right] = 1 + T\xi \end{cases} \tag{3-90}$$

这样从理论分析上，有

$$\begin{cases} t_{\min} \approx \sqrt{T} - z_{\epsilon_{\mathrm{PE}}/2}\sqrt{\dfrac{1+T\xi}{mV_A}} \\ \sigma_{\max}^2 \approx 1 + T\xi + z_{\epsilon_{\mathrm{PE}}/2}\dfrac{(1+T\xi)\sqrt{2}}{\sqrt{m}} \end{cases} \tag{3-91}$$

最终得到协方差矩阵：

$$\boldsymbol{\Gamma}_{AB_1}^{\epsilon_{\mathrm{PE}}} = \boldsymbol{\Gamma}_{AB_1} + \begin{bmatrix} 0 & \Delta_Z\sigma_z \\ \Delta_Z\sigma_z & \Delta_B b\mathbb{I} \end{bmatrix} \tag{3-92}$$

其中

$$\begin{cases} \Delta_Z = -z_{\epsilon_{\mathrm{PE}}/2}\sqrt{\dfrac{1+T\xi}{mV_A}} \\ \Delta_B = \dfrac{z_{\epsilon_{\mathrm{PE}}/2}}{\sqrt{m}}\left((1+T\xi)\sqrt{2} - 2\sqrt{TV_A}\right) + z_{\epsilon_{\mathrm{PE}}/2}^2\dfrac{1+T\xi}{m} \end{cases} \tag{3-93}$$

有了协方差矩阵 $\boldsymbol{\Gamma}_{AB_1}^{\epsilon_{\text{PE}}}$ ，可以根据前面 3.1.3 节中的方法计算有限码长情况下 CVQKD 协议的安全密钥率。对远距离 CVQKD 而言，过噪声的不确定度 $\Delta_m \xi$ 是主要的影响，它可近似写为

$$\Delta_m \xi \approx \frac{z_{\epsilon_{\text{PE}}/2}\sqrt{2}}{T\sqrt{m}} \tag{3-94}$$

根据式（3-94）可以估计出关于给定距离通常需要的数据块长度，即

$$m \approx \frac{2z_{\epsilon_{\text{PE}}/2}^2}{T^2 \Delta_m \xi^2} \tag{3-95}$$

对于 $\varepsilon_{\text{PE}} = 10^{-10}$ ， $z_{\epsilon_{\text{PE}}/2} \approx 6.5$ ，如果要求 $\Delta_m \xi \approx 0.01$ ，那么参数估计所需的样本大小与信道透过率之间的关系就近似为

$$m \propto \frac{10^6}{T^2} \tag{3-96}$$

如果 Alice 和 Bob 之间的距离为 50km，那么 $T = 10^{-1}$，这意味着块长要达到 10^8 量级。如果距离为 100km，那么块长要达到 10^{10} 量级。

2. 考虑实际系统不完美的参数估计

前面对于有限码长影响下参数估计的分析只考虑了透射率和过噪声的统计波动，而对于系统中的其他问题则没有考虑。但是在实际系统中，除了考虑透射率和过噪声这两个参数之外，还需要注意到 Alice 调制方差的统计波动和散粒噪声标定时的波动影响，则此时探测器的不完美也需要考虑进来[25]。通常假设探测器的探测效率 η 和电噪声 ξ_{el} 是在足够大的数据下标定好的已知量。

下面以 Bob 端进行零差探测为例具体说明。对于 CVQKD，估计 Alice 和 Bob 共享的态的协方差矩阵便已经足够，唯一需要估计的参数是 Alice 和 Bob 两边的方差 $\langle x^2 \rangle$ 和 $\langle y^2 \rangle$，以及它们之间的协方差 $\langle xy \rangle$ 。通常假定 $\langle x \rangle = \langle y \rangle = 0$ 。对于高斯调制，Alice 端的方差 $\langle x^2 \rangle = V_A$，其中 V_A 是 Alice 的调制方差。在已知探测器参数 η 和 ξ_{el} 后，Bob 端的方差可表示为 $\langle y^2 \rangle = \eta T V_A + N_0 + \eta T \xi + \xi_{\text{el}}$, Alice 和 Bob 的协方差为 $\langle xy \rangle = \sqrt{\eta} T V_A$ 。其中，T 和 ξ 是信道透射率和过噪声，N_0 是散粒噪声方差。由于 η 和 ξ_{el} 是事先校准的，此时有 4 个未知参数（V_A、N_0、T、ξ），但只有 3 个方程。当 Bob 端没有信号输入时，可以得到第 4 个方程：

$$\langle y_0^2 \rangle = N_0 + \xi_{\text{el}} \tag{3-97}$$

为了计算这些参数的置信区间，考虑和式（3-82）一样的高斯线性信道模型，则 Alice 和 Bob 的相关变量的关系仍可以写为式（3-82）的形式，但此时 $t = \sqrt{\eta T}$ ，z 服从方差为 $\sigma^2 = N_0 + \eta T \xi + \xi_{\text{el}}$ 的中心正态分布。当没有数据被传送时，Bob 的数据 $(y_0)_{i=1,2,\cdots,N'}$（可以认为 N' 与 N 具有相同的数量级）可以用来标定散粒噪声方差，即

$$y_0 = z_0 \tag{3-98}$$

其中，z_0 服从具有未知方差为 $\sigma_0^2 = N_0 + \xi_{el}$ 的中心正态分布。基于上面的描述，接下来，采用与前面类似的极大似然估计，记各参数的估计量 $\hat{t}$ 、$\hat{\sigma}^2$ 、$\hat{\sigma}_0^2$ 和 $\hat{V}_A$ 为

$$\hat{t} = \frac{\sum_{i=1}^{N} x_i y_i}{\sum_{i=1}^{N} x_i^2} \tag{3-99}$$

$$\hat{\sigma}^2 = \frac{1}{N}\sum_{i=1}^{N}\left(y_i - \hat{t}x_i\right)^2 \tag{3-100}$$

$$\hat{\sigma}_0^2 = \frac{1}{N'}\sum_{i=1}^{N'} y_{0i}^2 \tag{3-101}$$

$$\hat{V}_A = \frac{1}{N}\sum_{i=1}^{N} x_i^2 \tag{3-102}$$

以上 4 个估计量是相互独立的，在足够大的样本情况下它们的分布可以写为

$$\hat{t} \sim \mathcal{N}\left(t, \frac{\sigma^2}{\sum_{i=1}^{N} x_i^2}\right) \tag{3-103}$$

$$\frac{N\hat{\sigma}^2}{\sigma^2}, \frac{N'\hat{\sigma}_0^2}{\sigma_0^2}, \frac{N\hat{V}_A}{V_A} \sim \chi^2(m-1) \tag{3-104}$$

其中，t、σ^2 、σ_0^2 和 V_A 为参数的真实值。在 N' 与 N 足够大的条件下，这些参数的置信区间为

$$t \in [\hat{t} - \Delta T, \hat{t} + \Delta T] \tag{3-105}$$

$$\sigma^2 \in \left[\hat{\sigma}^2 - \Delta\sigma^2, \hat{\sigma}^2 + \Delta\sigma^2\right] \tag{3-106}$$

$$\sigma_0^2 \in \left[\hat{\sigma}_0^2 - \Delta\sigma_0^2, \hat{\sigma}_0^2 + \Delta\sigma_0^2\right] \tag{3-107}$$

$$V_A \in \left[\hat{V}_A - \Delta V_A, \hat{V}_A + \Delta V_A\right] \tag{3-108}$$

其中，

$$\Delta T = z_{\epsilon_{PE}/2}\sqrt{\frac{\hat{\sigma}^2}{NV_A}},\quad \Delta\sigma^2 = z_{\epsilon_{PE}/2}\frac{\hat{\sigma}^2\sqrt{2}}{\sqrt{N}} \tag{3-109}$$

$$\Delta\sigma_0^2 = Z_{\epsilon_{PE}/2}\frac{\Delta\hat{\sigma}_0^2\sqrt{2}}{\sqrt{N'}},\quad \Delta V_A = z_{\epsilon_{PE}/2}\frac{\hat{V}_A\sqrt{2}}{\sqrt{N}} \tag{3-110}$$

有了这些估计量及其置信区间，则信道透射率可以估计为

$$\hat{T}=\frac{\hat{t}^2}{\eta} \tag{3-111}$$

信道过噪声可以估计为

$$\hat{\xi}=\frac{\sigma^2-\sigma_0^2}{\hat{t}^2} \tag{3-112}$$

至于散粒噪声，其精度取决于用来计算估计量 $\hat{\sigma}_0^2$ 的样本数量与电噪声的精度。

一旦确定了参数及其各自的置信区间，就可以在散粒噪声单位下来表示计算 $S_{\epsilon_{PE}}(y:E)$ 所需的所有量，即 Eve 和 Bob 的经典数据之间 Holevo 信息的最大值（失败概率为 ϵ_{PE}）。最后，利用式（3-77）和式（3-78）就可以计算联合窃听下有限码长的安全密钥率。

3.1.5 CVQKD 的通用组合安全性

本节将简单介绍基于固定透射率的 CVQKD 协议在通用组合框架（universal composable framework，UCF）下的通用组合安全性。UCF 可以解决如何评估 CVQKD 协议最终生成密钥的“瑕疵度”问题，即给出最终生成密钥不符合协议预期的概率，并且也能解决把有瑕疵的密钥应用于其他后级协议时的“瑕疵度”评估问题[14]。目前，CVQKD 的 8 种基本协议中仅有两种完成了在 UCF 下的安全性证明，即压缩态零差探测协议[26]和相干态外差探测协议[27]。这里主要介绍相干态外差探测协议针对联合窃听及相干窃听的通用组合安全性。

在渐近情况下，联合窃听与相干窃听[28]是一样强大的。对于高斯协议，高斯集体攻击是渐近最优的[29-31]。在有限码长情况下，总的数据交换长度为 N 的相干态外差探测 CVQKD 协议如果满足 $\epsilon=2\epsilon_{sm}+\bar{\epsilon}+\epsilon_{PE}+\epsilon_{cor}$，以及密钥长度[27]：

$$\ell^{col}\leqslant n\left[\beta I(x:y)-S_{\epsilon_{PE}}(y:E)\right]-\sqrt{n}\Delta_{AEP}-2\log_2\left(\frac{1}{2\bar{\epsilon}}\right) \tag{3-113}$$

则该协议是在反向协商情境下针对高斯联合窃听 ϵ-安全的，其中，$n=N-m$，m 为 Alice 和 Bob 用于参数估计所公开的数据量大小，d 为离散化参数（符号编码具有 d 比特精度），ϵ_{sm} 为平滑参数，ϵ_{cor} 为纠错的最大失败概率，Δ_{AEP} 可以表示为

$$\begin{aligned}\Delta_{AEP}=&(d+1)^2+4(d+1)\sqrt{\log_2\left(2/\epsilon_{sm}^2\right)}\\&+2\log_2\left(2/\epsilon^2\epsilon_{sm}\right)+4\epsilon_{sm}d/\epsilon\sqrt{n}\end{aligned} \tag{3-114}$$

因此，协议在高斯联合窃听下的安全密钥率可以表示为

$$K_{comp}^{col}=\frac{n}{N}\left[\beta I(x:y)-S_{\epsilon_{PE}}(y:E)\right]-\frac{\sqrt{n}}{N}\Delta_{AEP}-\frac{2}{N}\log_2\left(\frac{1}{2\bar{\epsilon}}\right) \tag{3-115}$$

其中，$I(x:y)$ 与 $S_{\epsilon_{PE}}(y:E)$ 的计算与式（3-77）中的相同。

基于最近的安全证明[32-33]，为了分析高斯调制相干态外差探测 CVQKD 协议对一般攻击的有限码长组合安全性，协议的安全性可以先通过式（3-113）对安全参数为ϵ的高斯联合窃听进行安全性分析，然后利用高斯 de Finetti 约化[32]，可以得到对具有多项式大安全参数$\tilde{\epsilon}$的一般攻击的安全性。但是需要注意的是，从相干窃听减少到高斯联合窃听会造成$O(n^4)$倍这样的安全性损失[32]。更准确地说，根据文献[32]的说法，针对高斯联合窃听的ϵ-安全性意味着针对相干窃听的$\tilde{\epsilon}$-安全性，其中$\tilde{\epsilon}/\epsilon = K^4/50$，$K \sim n'$。对于$n'$，根据文献[32]，由于还需要一个能量测试将量子态投影到一个有限维的希尔伯特空间，合法双方除了要牺牲m个数据进行参数估计外，还要再牺牲m'个数据完成能量测试，则最终用于生成密钥的数据数目$n' = n - m'$。因此，结合高斯联合窃听下组合安全性的密钥率计算和文献[32]中的结果，高斯调制相干态外差探测 CVQKD 协议针对相干窃听$\tilde{\epsilon}$-安全的组合安全性的密钥率可以计算为

$$
\begin{aligned}
K_{\text{comp}}^{\text{gen}} = & \frac{n'}{N}\left[\beta I(x:y) - S_{\epsilon_{\text{PE}}}(y:E)\right] - \frac{\sqrt{n'}}{N}\Delta_{\text{AEP}} \\
& - \frac{2}{N}\log_2\left(\frac{1}{2\tilde{\epsilon}}\right) - \frac{2}{N}\log_2\binom{K+4}{4}
\end{aligned} \tag{3-116}
$$

3.2 连续变量量子隐形传态基础

有了第 2 章的基本知识框架，现在讨论连续变量框架下的量子隐形传态。首先，有人会问为什么还需要 CV 量子隐形传态，因为离散隐形传态已经存在了，而且目前也取得了很大的突破。这可以通过一些重要的事实来证明发展 CVQT 的优势，这主要与实验优势有关。事实上，离散变量协议的一个关键点是贝尔（Bell）测量的使用，以耦合输入量子比特和量子信道。到目前为止，在所有实际的实验装置中，还没有一种清晰、精确的方式可以实现这样的测量。换句话说，完美的贝尔状态分辨似乎不可能通过简单的方式实现。例如，通过线性无源元件（如分束器和光探测器）[34]。相反，贝尔测量的 CV 版本是通过线性无源光学和零差探测实现的，其结果可以高精度地区分（在渐近意义上完全区分）。

量子隐形传态的通用协议基于一个基本的要素：由双方共享的量子信道。它由 Alice 和 Bob 分别拥有的两个分隔系统A和B的双边态ρ_{AB}组成，通过利用它们的相关性来隐形传送输入态。理想情况下，使用一个 EPR 对作为量子信道将允许一个完美的量子隐形传态，使得输出态完全等于输入状态。但是，在任何实际情况下，Alice 和 Bob 可访问的资源是有限的，输出态ρ_{out}和输入态ρ_{in}之间会有一个相似度，称为保真度，它定义为

$$
F \equiv \overline{\operatorname{Tr}\left(\sqrt{\sqrt{\rho_{\text{in}}}\rho_{\text{out}}\sqrt{\rho_{\text{in}}}}\right)} \tag{3-117}
$$

其中，上划线表示多个过程样本实例（或贝尔测量结果）的平均值。特别地，对于纯输

入态 $\rho_{\mathrm{in}}=|\Psi\rangle_{\mathrm{in}}\langle\Psi|$，式（3-117）就变成

$$F=\overline{\langle\psi|\rho_{\mathrm{out}}|\psi\rangle} \tag{3-118}$$

有人可能会问，隐形传态是否可以通过传统方式实现，即不需要任何共享的量子资源。例如，在一个纯粹的经典策略中，Alice 可以在一个固定的标准正交基上测量输入态，并将结果传送给 Bob，Bob 反过来尝试根据这个经典信息重构输入态[35]。Popescu[36]证明了纯经典信道最多只能使 $F=2/3$，因此 $2/3<F\leqslant 1$ 区域对应的是纯量子隐形传态。

为了更好地理解这一点，必须引入两个量子系统之间的纠缠的概念。基本上，当不能通过本地操作和经典通信从不相关态 $\rho_A\otimes\rho_B$ 重构双边量子态 ρ_{AB} 时[37]，该双边量子态 ρ_{AB} 就是纠缠态。纠缠是一种可以通过引入合适的纠缠度量来量化的物理资源[38]，而量子隐形传态就是利用这一资源的过程。

当一个双边系统具有高度的纠缠时，它的两个子系统 A 和 B 之间的相关性将非常强，以至于它们无法通过任何经典方法再现。换句话说，没有定域经典描述（定域隐变量理论）可以解释它们，因此它们是纯量子的，属于量子力学的非定域性行为（以违背 Bell 不等式为标志）。通过精确地利用这种量子相关性，可以实现任何经典策略都无法复制的纯量子隐形传态。Horodecki 等[39]证明了每一个违背广义 Bell 不等式的双量子比特态（因此代表一个具有非定域量子相关性的信道），允许实现保真度为 $F>2/3$（即纯量子的）的隐形传态。

本质上，CVQT 是基于与离散情况相同的思想。基本资源总是相同的，即 Alice 和 Bob 之间共享（CV）纠缠，这是双方在协议中有一对（CV）EPR 关联的可观察对象使用的必要条件。对于足够高的纠缠，量子信道揭示了非定域量子相关性，使人能够进行真正的 CVQT，即保真度为 $F>F_{\mathrm{class}}$ 的隐形传态过程，其中 F_{class} 是最佳经典策略的保真度。在 CV 的情况下，任意输入态的 $F_{\mathrm{class}}=0$（而不是量子比特那样的 2/3），而对于传送相干状态的特定情况，有 $F_{\mathrm{class}}^{(\mathrm{coh})}=1/2$ [40]。这一阈值已被证明与文献[41]中贝尔不等式的违背有关。

CVQT 协议可以与量子比特的协议进行类比。通常，Alice 通过 Bell 测量将未知输入态与共享量子信道混合，在连续变量中，这是由一个分束器和两个零差探测器实现的。通过这种方式，Alice 通过量子信道将态的一部分信息发送给 Bob。为了完成这个过程，Bob 还需要知道 Alice 的测量结果，而这正是 Alice 通过经典信道传递给 Bob 的态的经典信息的一部分（这个经典信息在离散情况下等于 2bit，而在 CV 情况下由两个实变量给出）。基于这个经典信息，Bob 对其量子信道部分［在离散情况下是泡利算符（Pauli operator），而在 CV 中是位移算符］进行合适的幺正操作，并正确地重建 Alice 中的原始输入状态。隐形传态的最终结果是从 Alice 一侧移除输入态，一段时间（经典消息从 Alice 到 Bob 需要的时间）后它出现在 Bob 一侧。

3.2.1 CVQT 协议

下面，首先介绍理想情况下的完美 CVQT，这是在理想 EPR 对的情况下实现的。这样的分析将在海森伯绘景中进行，因为它会使分析变得简单。然后，将切换到一个更真实的情况，其中量子信道是不完美的（由任意的双模态给出），这个更真实情况的分析将在薛定谔绘景中进行，并使用相空间中的 Wigner 函数表示。最后，讨论更一般的有损信道的 CVQT 协议。

1. 无损信道中基于理想 EPR 态的 CVQT 协议

CVQT 首先于 1994 年由 Vaidman[42]提出，随后 Braunstein 和 Kimble[43]于 1998 年提出（BK 协议）。由理想 EPR 对给出的量子信道的理想情况可以很容易地在海森伯图中表示出来。理想的 CVQT 协议如图 3-11 所示，其基本过程如下[35]。

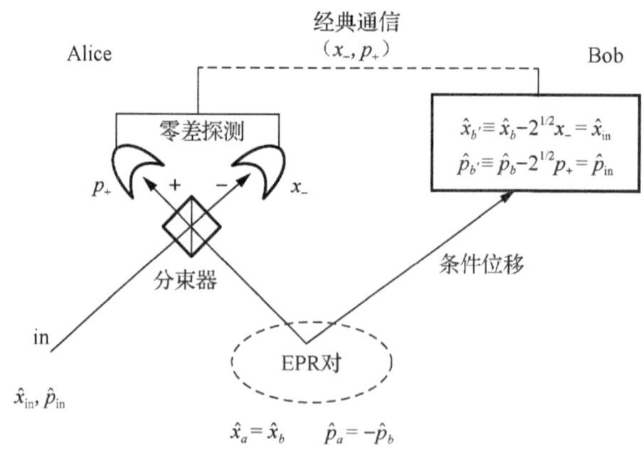

图 3-11 理想的 CVQT 协议

1）初始化

Alice 和 Bob 共享一个由理想 EPR 对给出的量子信道，即两个模式 a 和 b 的正则分量满足

$$\hat{x}_a - \hat{x}_b = \hat{p}_a + \hat{p}_b = 0 \tag{3-119}$$

然后，Alice 端有一个未知的输入模 *in*，其正则分量分别为 $\hat{x}_{\text{in}}$ 和 $\hat{p}_{\text{in}}$。

2）Bell 测量

Alice 结合对她的模及下面的两个步骤实现一个 CV 版本的 Bell 测量。

（1）分束器混合。Alice 通过一个平衡的（无损的）分束器将输入模 in 与她的一个 EPR 模 a（EPR 对的一部分）混合。也就是说，她对这些模的正则分量执行以下双线性变换：

$$\hat{x}_\pm = (\hat{x}_a \pm \hat{x}_{\text{in}})/\sqrt{2}, \quad \hat{p}_\pm = (\hat{p}_a \pm \hat{p}_{\text{in}})/\sqrt{2} \tag{3-120}$$

其中，$\hat{x}_\pm$ 和 $\hat{p}_\pm$ 是分束器输出模式“+”和“−”的正则分量。

（2）零差探测。Alice 对输出模式为“±”进行零差探测。具体地，她探测正则分量 $\hat{x}_-$ 和 $\hat{p}_+$。例如，她将投影算符 $|x\rangle\langle x|$ 应用于“−”模式，$|p\rangle\langle p|$ 应用于“+”模式。用 (x_-, p_+) 表示两个测量的输出结果，她的测量导致式（3-120）的坍缩：

$$\hat{x}_a = \hat{x}_{\text{in}} + \sqrt{2}x_-,\quad \hat{p}_a = -\hat{p}_{\text{in}} + \sqrt{2}p_+ \tag{3-121}$$

由于式（3-119）的 EPR 性质，Bob 的正则分量 $\hat{x}_b$ 和 $\hat{p}_b$ 根据式（3-121）被瞬间投影，即有

$$\hat{x}_b = \hat{x}_{\text{in}} + \sqrt{2}x_-,\quad \hat{p}_b = \hat{p}_{\text{in}} - \sqrt{2}p_+ \tag{3-122}$$

3）经典通信

Alice 通过经典信道将其测量结果 (x_-, p_+) 发送给 Bob。

4）条件位移

Bob 使用这个发送过来的经典信息 (x_-, p_+) 在他自己的模式 b 上执行一个合适的条件位移，从而完成隐形传态过程：

$$\begin{cases}\hat{x}_b \to \hat{x}'_b \equiv \hat{x}_b - \sqrt{2}x_- = \hat{x}_{\text{in}} \\ \hat{p}_b \to \hat{p}'_b \equiv \hat{p}_b + \sqrt{2}p_+ = \hat{p}_{\text{in}}\end{cases} \tag{3-123}$$

事实上，根据式（3-123），模态 b 最终由一对共轭正则分量（$\hat{x}'_b$ 和 $\hat{p}'_b$）描述，这一对共轭正则分量恰好等于输入（$\hat{x}_{\text{in}}$ 和 $\hat{p}_{\text{in}}$）的共轭正则分量。在薛定谔绘景中，这相当于将量子态从 Alice 一侧的输入模式 in 传送到 Bob 一侧的输出模式 b，保真度 $F=1$。

2. 有损信道中的 BK CVQT 协议

事实上，前面的讨论并没有将信道的损耗和 EPR 态有限压缩的实际情况，但是这并不是真实的实际环境下的 CVQT。下面讨论有损信道情况下的 BK CVQT 协议[44]。

图 3-12 给出了有损信道下 BK CVQT[43]的基本方案。Alice 端的未知输入态由特征函数 $C_I(\beta)$ 来描述，该特征函数是 Wigner 函数 $W^{\text{in}}(\gamma)$ 的傅里叶变换，它包含了关于量子态的所有信息。出于技术上的方便，接下来主要从特诊函数而不是 Wigner 函数的角度进行分析。Bob 端隐形传态的输出态的特征函数记为 $C_O(\beta)$。为了实现隐形传态，Alice 和 Bob 需要共享一个纠缠量子态，沿模式 A 和模式 B 发送，如图 3-12 所示。在 BK 协议中，纠缠态是 TMSV 态或 EPR 态，可以用特征函数描述为

$$C_{\text{EPR}}(\beta_A, \beta_B) = \exp\left\{\begin{pmatrix}\beta_A^* & \beta_A & \beta_B^* & \beta_B\end{pmatrix} V \begin{pmatrix}\beta_A \\ \beta_A^* \\ \beta_B \\ \beta_B^*\end{pmatrix}\right\} \tag{3-124}$$

并且据有协方差矩阵

$$V=\begin{bmatrix}\cosh(2\zeta) & 0 & 0 & -\sinh(2\zeta)\\ 0 & \cosh(2\zeta) & -\sinh(2\zeta) & 0\\ 0 & -\sinh(2\zeta) & \cosh(2\zeta) & 0\\ -\sinh(2\zeta) & 0 & 0 & \cosh(2\zeta)\end{bmatrix} \tag{3-125}$$

这里，ζ 为 TMVS 的压缩参数。

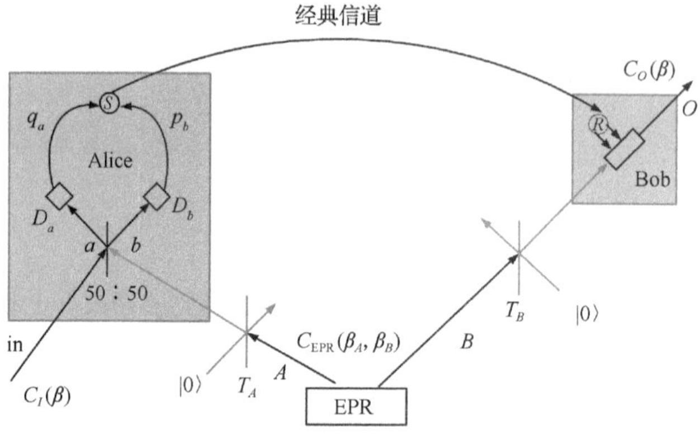

图 3-12　考虑信道损耗的 BK CVQT 协议

这里，将 Braunstein 和 Kimble 最初提出的协议扩展到有损耗的情况。模式 A 和模式 B 中的损耗通过透射系数 $\mathcal{T}_A$ 和 $\mathcal{T}_B$ 来表征。（强度）损耗由 $1-\mathcal{T}_{A(B)}^2$ 确定。

在第一步中，输入态 $C_I(\beta)$ 和 Alice 的纠缠态部分，即模式 A，在一个 50：50 的分束器处相干叠加。所得到的态具有相应的输出模式 a 和 b 与模式 B 之间的相关性，如图 3-12 所示。现在，Alice 对正则分量 $q_a=(q+q_A)/\sqrt{2}$ 和 $p_b=(p-p_A)/\sqrt{2}$ 进行零差测量，并通过一个经典信道将她的结果发送给 Bob。根据 Alice 的结果，Bob 对模式 B 做相干位移 $\alpha_B\mapsto\alpha_B+\sqrt{2}(q_a+\mathrm{i}p_b)$，则输出态表示为

$$C_O(\beta;\zeta,\mathcal{T}_A,\mathcal{T}_B)=C_I(\beta)C_G(\beta^*,\beta;\zeta,\mathcal{T}_A,\mathcal{T}_B) \tag{3-126}$$

这里，$C_G(\beta_A,\beta_B;\zeta,\mathcal{T}_A,\mathcal{T}_B)$ 代表一个高斯态，具有如下形式：

$$C_G(\beta_A,\beta_B;\zeta,\mathcal{T}_A,\mathcal{T}_B)=\exp\left\{-\frac{1}{4}\begin{pmatrix}\beta_A^* & \beta_A & \beta_B^* & \beta_B\end{pmatrix}V(\zeta,\mathcal{T}_A,\mathcal{T}_B)\begin{pmatrix}\beta_A\\ \beta_A^*\\ \beta_B\\ \beta_B^*\end{pmatrix}\right\} \tag{3-127}$$

其中，$V(\zeta,\mathcal{T}_A,\mathcal{T}_B)$ 是一个 4×4 矩阵。可以用三个 2×2 矩阵 $\boldsymbol{A}$、$\boldsymbol{B}$ 和 $\boldsymbol{C}$ 来表示 $V(\zeta,\mathcal{T}_A,\mathcal{T}_B)$：

$$V(\zeta,\mathcal{T}_A,\mathcal{T}_B)=\begin{pmatrix}\boldsymbol{A} & \boldsymbol{C}\\ \boldsymbol{C}^\dagger & \boldsymbol{B}\end{pmatrix} \tag{3-128}$$

其中的三个 2×2 矩阵是

$$\boldsymbol{A}=\left[\mathcal{T}_A^2\cosh(2\zeta)+\left(1-\mathcal{T}_A^2\right)\right]\begin{bmatrix}1 & 0\\ 0 & 1\end{bmatrix} \tag{3-129}$$

$$\boldsymbol{B}=\left[\mathcal{T}_B^2\cosh(2\zeta)+\left(1-\mathcal{T}_B^2\right)\right]\begin{bmatrix}1 & 0\\0 & 1\end{bmatrix} \tag{3-130}$$

$$\boldsymbol{C}=-\mathcal{T}_A\mathcal{T}_B\sinh(2\zeta)\begin{bmatrix}0 & 1\\1 & 0\end{bmatrix} \tag{3-131}$$

注意，式（3-126）右侧的乘积结构对应于输入态的 Wigner 函数与高斯函数的卷积。这个附加的高斯因子类似于损害隐形传态的噪声，由有限压缩强度 r 和表征系统损耗的 $\mathcal{T}_A$ 和 $\mathcal{T}_B$ 决定。

为了表征隐形传态的质量，通常考虑原始态和传送态之间的保真度。保真度量化了两个量子态的相似性，分别取 0 到 1 之间的值，其中 0 对应正交的态，1 对应相同的态。在相干态隐形传态的情况下，只有使用量子纠缠等非经典资源，才能达到大于 1/2 的保真度。因此，超过这个值可以被认为是在量子隐形传态任务中的量子优势的一种表现。隐形传态保真度是传送协议的品质指标。在纯输入状态 $\hat{\rho}_I$ 的情况下，将输出态 $\hat{\rho}_O$ 的保真度定义为 $F=\mathrm{Tr}(\hat{\rho}_I\hat{\rho}_O)$。根据相应的特征函数，这一关系可以写为

$$F\left(\zeta,\mathcal{T}_A,\mathcal{T}_B\right)=\frac{1}{\pi}\int \mathrm{d}^2\beta C_I(\beta)C_O\left(-\beta;\zeta,\mathcal{T}_A,\mathcal{T}_B\right) \tag{3-132}$$

对于所考虑的场景，它取决于压缩强度 r 和两个透射系数 T_A 与 T_B。

作为一种特殊情况，相干态隐形传态的保真度可以直接用在式（3-129）～式（3-131）中给出的协方差矩阵[18]来表示，即

$$F=\frac{2}{\sqrt{\det\boldsymbol{E}}} \tag{3-133}$$

其中

$$\boldsymbol{E}=2\mathbb{I}+\sigma_z\boldsymbol{A}\sigma_z+\boldsymbol{B}+\boldsymbol{C}^{\dagger}\sigma_z+\sigma_z\boldsymbol{C} \tag{3-134}$$

所有在隐形传态过程中关于纠缠态和信道损耗的相关信息都包含在协方差矩阵元素中。最终，相干态隐形传送保真度的解析表达式[44]可以写为

$$F\left(\zeta,\mathcal{T}_A,\mathcal{T}_B\right)=\frac{2}{4+\left(\mathcal{T}_A^2+\mathcal{T}_B^2\right)(\cosh(2\zeta)-1)-2\mathcal{T}_A\mathcal{T}_B\sinh(2\zeta)} \tag{3-135}$$

只要保真度超过经典的相干态隐形传态极限 $F_{\text{class}}=0.5$，该协议在所考虑的场景中就显示出量子优势。注意，保真度是压缩参数 ζ 和两个传输系数 $\mathcal{T}_\mathrm{A}$ 和 $\mathcal{T}_\mathrm{B}$ 的函数。

更为一般的实际 BK CVQTQ 协议的描述可参考文献[45]。

3.2.2 CVQT 实验系统组成

3.2.1 节讨论了典型的 CVQT 协议，即 BK 协议及其实现的基本步骤。但是尚不清楚如何从实验上实际完成 CVQT 的任务。下面基于典型的 CVQT 实验来具体了解 CVQT 的基本系统组成。

图 3-13 为一个典型的基于光模的 CVQT 实验设置[46]。在该实验中，EPR 态由两个

光参量振荡器（optical parametric oscillators，OPO）结合一个平衡分束器产生，薛定谔猫态源由第三个 OPO 产生。它们使用一个 860nm 连续波钛蓝宝石激光器发射圆的零阶高斯 TEM 电磁波束。1W 的该光束被用于泵浦 $KNbO_3$ 晶体二次谐波产生腔进行压缩产生。弱相干光束被注入到每一个 OPO 中，并且通过对经典相位干涉信号的监测来对彼此进行相位控制。为了同时支持相位控制和无噪声测量，并允许时间门控操作，这些光束使用频率为 2kHz 的声光调制器交替开关。当光束打开时实现锁相，而当光束关闭时进行测量。猫态源的一小部分（3%）被分束出来用雪崩光电二极管（avalanche photodiode，APD）进行测量来产生时钟信号，以锁定模数转换器（analog-to-digital converter，ADC）的时钟。产生的猫态和 EPR 的一个模式通过 50∶50 的分束器进行混合。然后，从分束器输出的两个模式分别进行零差探测，作为相位参考的本振光（local oscillator，LO）是和 EPR 源同时产生，为了能够同时进行两个正则分量的零差测量，需要将 LO 用平衡分束器分成两束，其中一束直接与待测光模混合进行零差探测，另一束 LO 需要通过一个相位调制器进行 90°相移后再与待测光模混合。同时测量两个正则分量的过程也可利用 90°光混频器来完成。零差探测得到的经典结果被传递给 Bob，他再使用两个电光调制器（electro-optic modulator，EOM）对它的这部分 EPR 态进行位移操作。为了补偿较慢的经典信道的全局时延，Bob 的 EPR 光束的光路长度被设置为 12m，这使得在传送器输出端经典信息和 Bob 拥有的 EPR 关联之间可以同步重叠。注意，这里输入态的制备和输出状态的验证都是由 Victor 独立完成的。

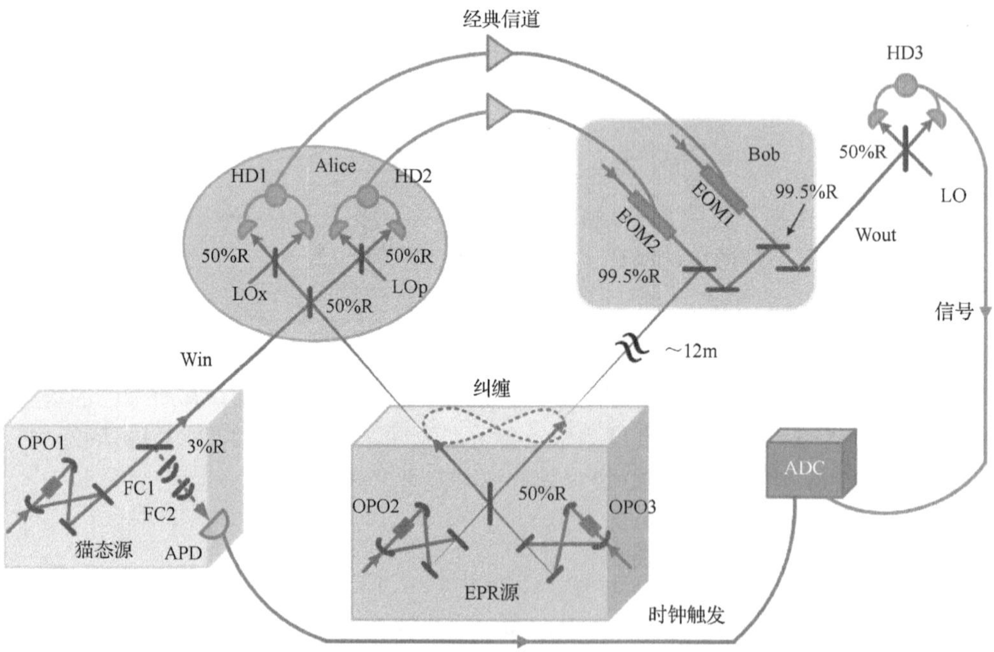

OPO——光参量振荡器；APD——雪崩光电二极管；HD——零差探测器；LO——本振光；EOM——电光调制器；ADC——模数转换器；FC——滤波腔。

图 3-13 典型的 CV 量子隐形传态实验设置示意图[46]

参考文献

[1] Cerf N J, Lévy M, Assche G V. Quantum distribution of Gaussian keys using squeezed states[J]. Physical Review A, 2001, 63(5): 052311.

[2] Van A G. Quantum cryptography and secret-key distillation[M]. Cambridge: Cambridge University Press, 2006.

[3] García P R, Cerf N J. Continuous-variable quantum key distribution protocols over noisy channels[J]. Physical Review Letters, 2009, 102(13): 130501.

[4] Grosshans F, Grangier P. Continuous variable quantum cryptography using coherent states[J]. Physical Review Letters, 2002, 88(5): 057902.

[5] Weedbrook C, Lance A M, Bowen W P, et al. Quantum cryptography without switching[J]. Physical Review Letters, 2004, 93(17): 170504.

[6] Leverrier A, Grangier P. Unconditional security proof of long-distance continuous-variable quantum key distribution with discrete modulation[J]. Physical Review Letters, 2009, 102(18): 180504.

[7] Leverrier A, Grangier P. Continuous-variable quantum-key-distribution protocols with a non-Gaussian modulation[J]. Physical Review A, 2011, 83(4): 042312.

[8] García P R, Cerf N J. Quantum information with optical continuous variables: from Bell tests to key distribution[D]. Brussels: Free University of Brussels, 2007.

[9] Li Z, Zhang Y C, Xu F, et al. Continuous-variable measurement-device-independent quantum key distribution[J]. Physical Review A, 2014, 89(5): 052301.

[10] Ma X C, Sun S H, Jiang M S, et al. Gaussian-modulated coherent-state measurement-device-independent quantum key distribution[J]. Physical Review A, 2014, 89(4): 042335.

[11] Zhang Y C, Li Z, Yu S, et al. Continuous-variable measurement-device-independent quantum key distribution using squeezed states[J]. Physical Review A, 2014, 90(5): 052325.

[12] Huang D, Huang P, Lin D, et al. Long-distance continuous-variable quantum key distribution by controlling excess noise[J]. Scientific Reports, 2016, 6(1): 19201.

[13] Wang T, Huang P, Zhou Y, et al. Pilot-multiplexed continuous-variable quantum key distribution with a real local oscillator[J]. Physical Review A, 2018, 97(1): 012310.

[14] 郭宏, 李政宇, 彭翔. 量子密码[M]. 北京: 国防工业出版社, 2016.

[15] Grosshans F, Cerf N J, Wenger J, et al. Virtual entanglement and reconciliation protocols for quantum cryptography with continuous variables[J]. Quantum Information Computation, 2003, 3: 535-552.

[16] Pirandola S, Braunstein S L, Lloyd S. Characterization of collective gaussian attacks and security of coherent-state quantum cryptography[J]. Physical Review Letters, 2008, 101(20): 200504.

[17] Fossier S, Diamanti E, Debuisschert T, et al. Improvement of continuous-variable quantum key distribution systems by using optical preamplifiers[J]. Journal of Physics B: Atomic Molecular and Optical Physics, 2009, 42(11): 114014.

[18] Coles P J, Metodiev E M, Lütkenhaus N. Numerical approach for unstructured quantum key distribution[J]. Nature Communications, 2016, 7(1): 11712.

[19] Lin J, Upadhyaya T, Lütkenhaus N. Asymptotic security analysis of discrete-modulated continuous-variable quantum key distribution[J]. Physical Review X, 2019, 9(4): 041064.

[20] Winick A, Lütkenhaus N, Coles P J. Reliable numerical key rates for quantum key distribution[J]. Quantum, 2018, 2: 77.

[21] Devetak I, Winter A. Distillation of secret key and entanglement from quantum states[J]. Proceeding of the Royal Society A, 2005, 461(2053): 207-235.

[22] Ghorai S, Grangier P, Diamanti E, et al. Asymptotic security of continuous-variable quantum key distribution with a discrete modulation[J]. Physical Review X, 2019, 9(2): 021059.

[23] Liu W B, Li C L, Xie Y M, et al. Homodyne detection quadrature phase shift keying continuous-variable quantum key distribution with high excess noise tolerance[J]. PRX Quantum, 2021, 2(4): 040334.

[24] Leverrier A, Grosshans F, Grangier P. Finite-size analysis of a continuous-variable quantum key distribution[J]. Physical Review A, 2010, 81(6): 062343.

[25] Jouguet P, Kunz J S, Diamanti E, et al. Analysis of imperfections in practical continuous-variable quantum key distribution[J]. Physical Review A, 2012, 86(3): 032309.

[26] Furrer F, Franz T, Berta M, et al. Continuous variable quantum key distribution: finite-key analysis of composable security against coherent attacks[J]. Physical Review Letters, 2012, 109(10): 100502.

[27] Leverrier A. Composable security proof for continuous-variable quantum key distribution with coherent states[J]. Physical Review Letters, 2015, 114(7): 070501.

[28] Renner R, Cirac J I. De Finetti representation theorem for infinite-dimensional quantum systems and applications to quantum cryptography[J]. Physical Review Letters, 2009, 102(11): 110504.

[29] García P R, Cerf N J. Unconditional optimality of Gaussian attacks against continuous-variable quantum key distribution[J]. Physical Review Letters, 2006, 97(19): 190503.

[30] Navascués M, Grosshans F, Acín A. Optimality of Gaussian attacks in continuous-variable quantum cryptography[J]. Physical Review Letters, 2006, 97(19): 190502.

[31] Wolf M M, Giedke G, Cirac J I. Extremality of Gaussian quantum states[J]. Physical Review Letters, 2006, 96(8): 080502.

[32] Leverrier A. Security of continuous-variable quantum key distribution via a gaussian de Finetti reduction[J]. Physical Review Letters, 2017, 118(20): 200501.

[33] Ghorai S, Diamanti E, Leverrier A. Composable security of two-way continuous-variable quantum key distribution without active symmetrization[J]. Physical Review A, 2019, 99(1): 012311.

[34] Lütkenhaus N, Calsamiglia J, Suominen K A. Bell measurements for teleportation[J]. Physical Review A, 1999, 59(5): 3295-3300.

[35] Pirandola S, Mancini S. Quantum teleportation with continuous variables: A survey[J]. Laser Physics, 2006, 16(10): 1418-1438.

[36] Popescu S. Bell's inequalities versus teleportation: What is nonlocality?[J]. Physical Review Letters, 1994, 72(6): 797-799.

[37] Werner R F. Quantum states with Einstein-Podolsky-Rosen correlations admitting a hidden-variable model[J]. Physical Review A, 1989, 40(8): 4277-4281.

[38] Parker S, Bose S, Plenio M B. Entanglement quantification and purification in continuous-variable systems[J]. Physical Review A, 2000, 61(3): 032305.

[39] Horodecki R, Horodecki M, Horodecki P. Teleportation, Bell's inequalities and inseparability[J]. Physics Letters A, 1996, 222(1): 21-25.

[40] Braunstein S L, Fuchs C A, Kimble H J. Criteria for continuous-variable quantum teleportation[J]. Journal of Modern Optics, 2000, 47(2-3): 267-278.

[41] Braunstein S L, Fuchs C A, Kimble H J, et al. Quantum versus classical domains for teleportation with continuous variables[J]. Physical Review A, 2001, 64(2): 022321.

[42] Vaidman L. Teleportation of quantum states[J]. Physical Review A, 1994, 49(2): 1473-1476.

[43] Braunstein S L, Kimble H J. Teleportation of continuous quantum variables[J]. Physical Review Letters, 1998, 80(4): 869-872.

[44] Hofmann K, Semenov A A, Vogel W, et al. Quantum teleportation through atmospheric channels[J]. Physica. Scripta, 2019, 94(12): 125104.

[45] Dell A F, De S S, Illuminati F. Realistic continuous-variable quantum teleportation with non-Gaussian resources[J]. Physical Review A, 2010, 81(1): 012333.

[46] Lee N, Benichi H, Takeno Y, et al. Teleportation of nonclassical wave packets of light[J]. Science, 2011, 332(6027): 330-333.

第 4 章　自由空间量子信道

自由空间量子信道的特征及其对量子信号的影响是研究自由空间量子通信的关键。不同于光纤信道，自由空间信道由于湍流的影响，其信道透射率是不断浮动的，服从某一概率分布。这种衰落信道对量子信号的传输及整个自由空间量子通信的影响是巨大的。因此，在讨论自由空间量子通信技术之前，首先必须了解自由空间量子信道的特征及其透射率的分布情况，这样才能对自由空间量子通信技术进行进一步的分析。目前，对大气和星地量子信道已经有了较为深入的分析和研究，但是在水下和空对潜的量子信道上还有待研究者提出更加完善的理论。

4.1　自由空间信道基本特征

4.1.1　大气信道

光波在地球大气中传播时，由于太阳对地球加热而产生的微小温度变化，以及风和对流引起的空气湍流运动，会使光波产生畸变。天文学家是最早对大气效应表现出兴趣的科学家，如天文物体在望远镜焦点上的图像抖动和接收到的辐照度（强度）的时间波动，而后者通常被称为闪烁。

光波在随机介质中的传播还没有一个完整的严格的理论，但在某些渐近范围内的一般理论已经被很好地理解了。当使用无限平面波或球面波（点光源）的光波模型时，大气的这些渐近区域可以用定义的 Rytov 方差来表征[1]，即

$$\sigma_R^2 = 1.23 C_n^2 k^{7/6} L^{11/6} \tag{4-1}$$

其中，C_n^2 ($\mathrm{m}^{-2/3}$)为大气的折射率结构常数；k 为光波数，$k = 2\pi / \lambda$，λ 为光波长（m）；L 为发射端和接收端之间光传播路径的长度（m）。Rytov 方差表示弱浮动中无界平面波的归一化辐照度方差或闪烁指数，但当通过增加 C_n^2 或路径长度 L 或同时增加两者来扩展到强浮动区域时，它也被认为是光学湍流强度的度量。根据这一参数，弱辐照度浮动的条件为 $\sigma_R^2 < 1$，$\sigma_R^2 \approx 1$～10 表示中等强度的辐照度浮动，$\sigma_R^2 > 10$ 表示强辐照度浮动[2]。

1. 大气信道基本特征

具体来说，影响光在大气中传播特性的因素有很多。雨、雪、雨夹雪、雾、霾等大气因素都会影响人们观看远处的物体。同样地，这些因素也会影响电磁辐射在大气中的传输，特别是激光。影响光波传播的 3 个主要大气过程是吸收、散射和折射率浮动（即光学湍流）。气体和大气微粒的吸收和散射会引起激光光束的衰减。折射率波动会导致辐照度波动、光束展宽和光波空间相干性的丧失等。当激光光束的输出功率较低时，大气效应被认为是线性的。吸收、散射和光学湍流都是线性效应的例子。然而，当激光器的输出功率足够高时，会产生新的只能用非线性关系表征的大气效应。热晕就是非线性效应的一个重要例子[3]。在本书中，只关心线性效应。

1）大气层结构特征

大气层是一层气体的外壳，它包围着地球，并在地表以上延伸数百公里。大气中超过 98%是氮和氧。大气的主要化合物是水蒸气、二氧化碳、一氧化二氮、一氧化碳和臭氧。根据温度的变化，地球大气层可分为 4 个主要层：对流层、平流层、中间层和热电离层。这些主要层之间的各种边界被称为对流层顶、平流层顶和中间层顶。图 4-1 给出了不同海拔的大气结构。对流层从地球表面延伸到大约海拔 11km。在 4 个主要层中，这一层的大气密度最大，约占地球大气质量的 75%，也是大部分天气发生的层。对流层的最高气温出现在地表附近，但随着高度的增加气温迅速下降，直到−55℃。对流层顶是对流层上方 9km 处的等温层，气温保持在−55℃。对流层顶上面是平流层，从海拔 20km 到 48km。平流层的温度随着高度的增加而增加，因为这一层的臭氧气体吸收紫外线阳光，从而产生热能。保护生命免受有害紫外线辐射的臭氧气体集中在 10km 到 50km 之间。将中间层与平流层分开的是平流层顶，这是另一个等温层。中间层从平流层顶延伸到大约海拔 80km。在中间层内，温度通常以恒定的速度下降到−90℃，这是大气中的最低温度。在海拔 90km 以上，从中间层顶延伸到约海拔 600km 的整个热电离层，空气温度随高度升高而大幅上升。大部分电离层和散逸层都包含在热电离层中。热电离层大约从海拔 70km 到 80km 开始，一直延伸到不确定的高度（约 1000km），之所以这样命名，是因为它被太阳紫外线辐射充分电离，这一大气层中的自由电子浓度影响无线电波的传播。大气层的最外层被称为散逸层，也称为逃逸区。除了温度随海拔的变化，气压和密度随海拔的变化也很重要。海平面上的平均气压约为 1013mbar，具体在 980mbar 到 1040mbar 之间。压力随高度的减小可以用指数规律充分描述。同样，作为大气主要吸收成分的水汽浓度在对流层的平均垂直分布也满足指数规律。

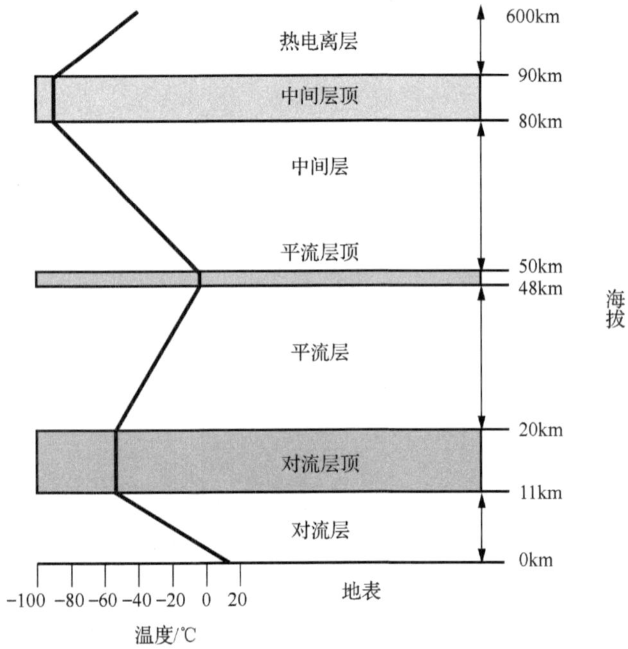

图 4-1 大气层和空气温度图

2）大气吸收和散射

地球的大气层是一种吸收介质。当辐射中的光子被大气中的气体分子吸收时，分子将光子转化为动能，从而使大气被加热。大气吸收对波长有很强的影响。例如，O_2 和 O_3 的吸收基本上消除了 0.2m 以下波长的辐射传播，但可见波长（0.4～0.7μm）的吸收很少。大气中的气溶胶同样能够吸收光子，从而使光被衰减。光散射是光被衰减的另一种机制。和吸收一样，光散射也与波长密切相关。像空气分子和雾霾这类与辐射波长相比小的粒子会产生瑞利散射。在 1m 以下的波长（特别是在可见光和紫外线范围），瑞利散射很明显。天空的蓝色正是由于蓝光比红光更容易被散射。对于空气分子，波长大于 3m 的散射基本不存在。与辐射波长相当的粒子的散射称为 Mie 散射或气溶胶散射，而比波长大得多的粒子（如雨和雾中的水滴）的散射可以用几何光学模型来描述。与瑞利散射不同，大小相当于或大于辐射波长的粒子的散射集中在光传播的前向方向。吸收和散射通常被统归为消光，定义为通过大气层的辐射量的减少或衰减。传播距离为 L 的激光辐射的透射率（也称大气透射率）与消光有关，可以用 Beer-Lambert（比尔-朗伯）定律描述[4]，即

$$\tau_{\text{ext}} = \exp[-\alpha(\lambda)L] \tag{4-2}$$

其中，$\alpha(\lambda)$ 为消光系数，乘积 $\alpha(\lambda)L$ 为光学深度。消光系数是气溶胶和大气分子成分的吸收系数和散射系数的总和，因此可以得出

$$\alpha(\lambda) = \alpha_{\text{abs}}^{\text{mol}}(\lambda) + \alpha_{\text{abs}}^{\text{aer}}(\lambda) + \alpha_{\text{sca}}^{\text{mol}}(\lambda) + \alpha_{\text{sca}}^{\text{aer}}(\lambda) \tag{4-3}$$

其中，前两项分别代表分子和气溶胶的吸收系数，后两项分别代表分子和气溶胶的散射系数[5]。

3）大气湍流

当激光束在大气中传播时，光场被各种大小的大气粒子吸收和散射。光场的这种衰减在成像应用中尤为重要。在可见光和红外波段，主要的大气吸收剂是水、二氧化碳和臭氧分子，但在这些波长上，气溶胶散射的衰减远远超过由于瑞利散射和臭氧吸收造成的衰减。对传播激光光束最严重的光学影响通常是由微小的温度变化引起的，这些变化表现为折射指数的波动。当类似大气这样的黏性流体的流动超过临界雷诺数时，流动从层流变为一种更混乱的状态，称为湍流。湍流空气运动代表了一组不同尺度大小的涡流，从大尺度大小 L_0（称为湍流的外尺度）延伸到小尺度大小 l_0（称为湍流的内尺度）。外尺度 L_0 表示平均流速在此范围内发生某种明显变化的最小距离。在海拔 100m 内的近地面层中，可以假定外尺度随观测点在地面上的高度线性增长。内尺度在接近地面的地方通常是毫米量级，但在高层大气中通常被认为是厘米量级。在惯性力的作用下，大涡流被分解成小涡流，形成涡流尺度大小为 $L_0 \sim l_0$ 的连续分布区间，该区间称为惯性区间。涡流尺度大小小于内尺度，则属于耗散区间。上面描述的经典湍流一般指速度波动。在光波传播中，最重要的物理量是折射率波动，通常称之为光学湍流。在可见光和近红外光谱区域，折射率波动几乎完全是由温度波动引起的。在远红外区域，湿度波动也有影响。大气中的光学湍流可以用三个参数来表征——外尺度 L_0、内尺度 l_0 和折射率浮动的结构常数 C_n^2，而后者是光学湍流强度的度量。光学湍流的内外尺度与上述速度波动的量级相同。

2. 光在大气中传播的损耗

对于在大气层中传播的光辐射，一些光子被分子（水蒸气、二氧化碳、雾、臭氧等）吸收，它们的能量转化为热量，而另一些光子没有能量损失，但它们最初的传播方向发生了变化（散射）。Beer-Lambert 定律描述了光场在大气中的透射率。光束在穿过信道时也会散开，导致接收光束的尺寸大于接收光圈。上述因素，以及这里列举的其他因素，造成了发射光功率和接收光功率的差异。

1）大气信道损耗

吸收和背向散射过程使得大气信道衰减穿过它的光场。大气中导致信号衰减的物质浓度在空间和时间上都有变化，并将视当地当前的天气状况而定。对于通过大气传输光信号的近地表面自由空间链路，距发射器距离 L 处接收到的辐照度与发射的辐照度之间由 Beer-Lambert 定律给出，由于对此前面已经讨论过，这里不再赘述。

但是，大气信道中的光功率损耗通常还会受不同天气的影响，如雾、雪和雨等。在这些环境因素中，大气的衰减主要受雾的影响，因为雾的粒子直径与 FSO 系统中常用的波长相当。它可以改变光信号的特性，也可以因为吸收、散射和反射而完全阻碍光的通过。大气能见度是预测大气环境状况的有效手段。能见度的定义是平行光束在大气中直到强度下降了初始值的2%时穿过的距离。为了从能见度统计中预测光学衰减统计量，从而估计光通信系统的性能，必须知道能见度与衰减之间的关系。

（1）雾：应用Mie散射理论可以预测雾的衰减。然而，它涉及复杂的计算，需要详细的雾参数信息。另一种方法是基于能见度距离信息，利用常见的经验模型预测雾造成的衰减。通常以550nm的波长作为能见度距离参考波长。一般的Mie散射经验模型给出的雾天气下的特定衰减系数为

$$\alpha_{\text{fog}}(\lambda)=\frac{3.91}{L_{\text{visi}}}\left(\frac{\lambda}{550}\right)^{-p_{\text{size}}} \tag{4-4}$$

其中，L_{visi}代表能见度距离（km）；p_{size}为散射的尺寸分布系数[6]。根据Kim模型，p_{size}的大小可以写为

$$p_{\text{size}}=\begin{cases}1.6, & L_{\text{visi}}>50\\ 1.3, & 6<L_{\text{visi}}<50\\ 0.16L_{\text{visi}}+0.34, & 1<L_{\text{visi}}<6\\ V-0.5, & 0.5<L_{\text{visi}}<1\\ 0, & L_{\text{visi}}<0.5\end{cases} \tag{4-5}$$

根据Kruse模型，p_{size}的大小为

$$p_{\text{size}}=\begin{cases}1.6, & L_{\text{visi}}>50\\ 1.3, & 6<L_{\text{visi}}<50\\ 0.585L_{\text{visi}}^{\frac{1}{3}}, & L_{\text{visi}}<6\end{cases} \tag{4-6}$$

可以根据能见度范围来指定不同的天气情况。表4-1总结了不同天气情况下的能见度范围[7]。

表4-1 与天气状况相对应的能见度范围

天气条件	能见度范围 L_{visi} /km
大雾	0.2
中雾	0.5
轻雾	0.770～1
薄雾/大雨（25mm/h）	1.9～2
霾/中雨（12.5mm/h）	2.8～4
轻霾/小雨	5.9～10
阴天/细雨	18～20
晴朗	23～50

在能见度较低的天气条件下，工作波长对衰减的影响可以忽略不计，而对于能见度较高（6km）的轻霾和小雨，1550nm的衰减比850nm和950nm的衰减要小。当能见度

超过 20km（晴朗的天气）时，衰减对波长的依赖性再次降低。

（2）雪：由雪引起的衰减取决于雪花的大小和降雪率。因为雪花的尺寸比雨滴大，所以与雨滴相比，它们会在信号中产生更严重的衰落。雪花的尺寸可以大到 20mm，这可以完全阻断光信号的传输路径，当然这也取决于信号的光束宽度。对于雪，衰减又可分为干雪衰减和湿雪衰减。对于降雪率 Sr (mm/h)，其对应的衰减（dB/km）由下式给出[6]：

$$\beta_{\text{snow}} = \bar{f}(Sr)^{\bar{d}} \tag{4-7}$$

其中，对于干雪和湿雪，$\bar{f}$ 和 $\bar{d}$ 分别为

$$\begin{cases} \text{干雪：} \bar{f} = 5.42\times10^{-5} + 5.4958776,\ \bar{d} = 1.38 \\ \text{湿雪：} \bar{f} = 1.023\times10^{-4} + 3.7855466,\ \bar{d} = 0.72 \end{cases} \tag{4-8}$$

基于能见度范围的雪衰减可以用以下经验模型来近似：

$$\alpha_{\text{snow}} = \frac{58}{L_{\text{visi}}} \tag{4-9}$$

（3）雨：大的雨滴可以引起波长无关的散射，而由降雨产生的衰减随降雨率线性增加。对于特定降雨率 Rr (mm/h)的大气衰减可以表示为

$$\beta_{\text{rain}} = 1.076(Rr)^{0.67} \tag{4-10}$$

光无线通信链路的降雨衰减可以用经验公式很好地近似，即

$$\alpha_{\text{rain}} = \frac{2.8}{L_{\text{visi}}} \tag{4-11}$$

基于降雨率的 L_{visi} 值如表 4-2 所示[8]。

表 4-2　降雨率及其能见度范围

天气条件	降雨率 Rr/（mm/h）	能见度范围 L_{visi} /km
大雨	25	1.9～2
中雨	12.5	2.8～40
小雨/细雨	0.25	18～20

2）光束扩展损耗

传统的自由空间光通信系统的主要优点之一是能够传输非常窄的光束，从而提供更强的安全性。但由于衍射，光束会在传输过程中散开。这可能导致接收器孔径只能收集光束的一部分，因此形成光束扩展损耗。此外，传播光波的相前曲率半径也在不断增大。当存在大气湍流时，激光光束会进一步扩展。对于非漫射的小光源，如激光，在接收面上形成的像的大小将由在发射器孔径处的衍射确定。因此，对于长距离的自由空间激光通信，光束发散角很窄的光源会更好。当然，在近距离无线光通信链路中，大发散角的光源可以缓解发射端与接收端光束对齐的问题，从而补偿建筑摇摆和降低主动跟踪系统的精度和要求，但代价是增加光束扩展损耗（或几何损耗）。

由于纯衍射而产生的光束扩展量取决于光波的波长λ、相前的形状（即球形、均匀等）和发射孔径的大小。本书中，主要考虑高斯光波，或其极限情况下的均匀振幅平面波或球面波。“光束光斑大小”的概念只有在辐照度（强度）为高斯分布并在观测平面上产生单个光斑的简单高斯光束才有明确的物理意义。光束光斑大小沿传播路径的最小值在束腰处，距离束腰较远距离的光束扩展大小可以根据光束发散角来估计。如图 4-2 所示，在距离束腰较远处（远场），光束发散角可以近似为

$$\theta_B \cong \frac{\lambda}{\pi W_B}, \qquad z \gg \frac{\pi W_B}{\lambda} \tag{4-12}$$

其中，W_B 为束腰半径[4]。

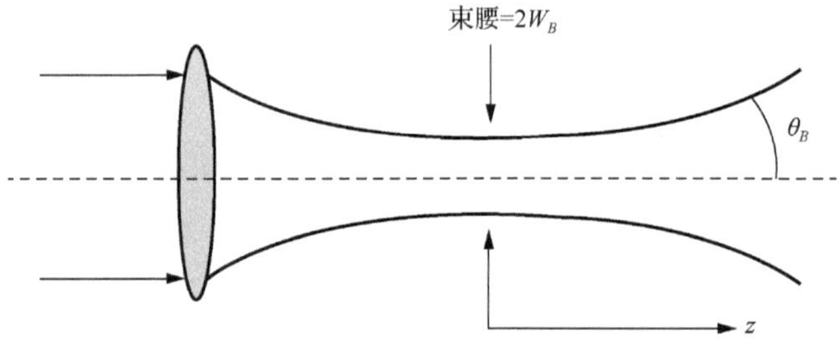

图 4-2 远场发散角

只考虑衍射的情况下，在 $z=L$ 的接收光圈处的光束半径可以表示为

$$W(z) = W_B\sqrt{1+\left(z/z_R\right)^2} = W_B\sqrt{1+\left(L/z_R\right)^2} \tag{4-13}$$

其中

$$z_R = \frac{\pi W_B^2}{\lambda} \tag{4-14}$$

为瑞利距离（Rayleigh range）[9]。对于孔径半径为 a 的接收望远镜，非衍射极限情况下衍射导致的光束扩展损耗可以表示为

$$T_{\text{diff}}(a) = 1-\exp\left(-\frac{2a^2}{W^2}\right) \tag{4-15}$$

因此，衍射导致的光束扩展损耗在长距离的量子通信中可以通过选择相对短的光波长或者大的束腰半径来缓解。但如果光束束腰大于望远镜半径，发射天线会截断发送到地面的光束从而造成很大的损耗。对于星地下行链路，一般建议将半峰全宽光束束腰设置为发射望远镜直径的一半[9]。

3）指向损耗

发射器和接收器没有完全对准将引起系统附加的光功率损耗，这部分损耗一般在讨论光束漂移带来的损耗时考虑。对于短的无线光通信链路（小于 1km），它的影响可能不大，但对于长距离的自由空间链路，它便不能忽视了。对于地面附近相距较近的水平大气链路，建筑物的摇摆或强风对 FSO 连接头支架的影响可能导致对准偏差。对于较

远距离的大气链路、有相对运动的水平或者倾斜大气链路及天地链路，则需要给系统安装一个紧密的捕获、跟踪和指向（tracking and pointing，ATP）子系统，此时对准偏差的大小主要依赖 ATP 系统的精度。

在接收器光圈平面处，衍射和大气湍流的影响使得光束光斑在该平面内随机跳动，平均长时光斑将从理论上趋向于高斯分布，形成长时光斑半径可以表示为

$$W_{\mathrm{LT}}(z)=W(z)\sqrt{1+W_{\mathrm{at}}(z)} \tag{4-16}$$

其中，W_{at} 为大气湍流对光束的影响[9]。指向误差会引起光斑抖动，瞬时光斑可以用 Rice 强度分布来描述。指向损耗的期望值可以定义为

$$T_{\mathrm{point}}=\frac{W_{\mathrm{LT}}^{2}}{W_{\mathrm{LT}}^{2}+4\sigma_{\mathrm{point}}^{2}} \tag{4-17}$$

其中，假设指向概率密度服从方差 $\sigma_{\mathrm{point}}^{2}$ 的高斯分布[9]。

3. 大气湍流对光通信的影响

大气温度的不均匀性引起了大气折射率的相应变化，产生了大小从 0.1cm 到 10m 不等的涡流或气包。这些气包就像不同折射率的折射棱镜。因此，根据光束的相对尺寸和沿其传播路径的温度不均匀程度的不同，传输的光辐射将产生完全或部分偏移。因此，穿过湍流大气的光辐射分别在其辐照度（闪烁）和相位上经历随机衰落和变化。湍流效应包括恒星辐照度的随机波动引起的恒星闪烁，以及在炎热的日子里光束光学相位的随机变化引起的地平线闪烁，从而导致图像分辨率降低。大气湍流主要受以下 3 个因素的影响：大气压/海拔、风速和由于温度不均匀而引起的折射率变化。大气湍流对无线光通信系统的影响主要包括以下几点。

（1）光束漂移。光束漂移是湍流漩涡大于光束大小时产生的一种现象。它会使光束在传播路径上发生随机偏移，从而导致链路失效。

（2）光束扩展。当大气涡流的大小小于光束尺寸时，将会导致光束扩展。在这种情况下，入射光束会被随机衍射和散射，导致接收波前的畸变，以及接收功率密度的降低。

（3）光束闪烁。当大气涡流的大小与光束大小的数量级相同时，涡流就会像透镜一样对入射光束进行聚焦和反聚焦。这将导致信号能量的重新分配，使得接收信号在时间和空间上的辐照度浮动。接收信号的强度浮动是 FSO 系统性能下降的主要原因。

（4）空间相干性退化。湍流会导致光束相前的相位相干性退化，这对光合成（如相干接收器）尤为有害。

（5）偏振浮动。接收光场在通过湍流介质后偏振状态的变化会导致偏振浮动。对于大气湍流中水平传播的光，偏振浮动的量是可以忽略的。

（6）到达角浮动。由于大气湍流的影响，接收光束的焦点会像在平面内发生跳动，从而引起光束在接收器处的到达角浮动。

（7）相位浮动。随机折射率浮动引起光波传播路径上光场的相位随机浮动。

（8）波前失真。由于大气湍流的影响，接收光束的波前轮廓与发射端出口处的波前

轮廓相比发生了一定程度的扭曲，引起波前失真。

4. 光在大气中传播的经典理论

经典的自由空间光通信研究已经取得了很好的成果，其基本的理论对研究量子信号在自由空间中传播的特点具有很好的借鉴意义。下面对经典自由空间光通信领域中的基本理论做简要的回顾和梳理。这里主要参考了文献[1]和文献[4]。

1）信道模型

随机介质信道可以分为以下三类。

（1）弥散介质信道模型：如果在发射器和接收器之间的传播路径上处处存在随机介质，则可将其称为弥散介质信道模型。大气中大多数水平路径的传播环境都属于这种类型。

（2）随机相位屏信道模型：如果随机介质被限制在发射器和接收器之间某一个位置的薄层内，则它被称为随机相位屏信道模型。为了数学上的简化，该模型主要用在以下场景中进行闪烁现象研究：通过电离层进行卫星无线电通信、从粗糙的海面反射电磁波和实验室研究。

（3）多随机相位屏信道模型：在某些情况下，发射器和接收器之间可能存在两个或两个以上的随机湍流层，这些湍流层可以看作多个随机相位屏，这种模型称为多随机相位屏信道模型。

2）Kolmogorov 湍流理论

湍流的经典研究涉及黏性流体速度场的涨落。特别是，观测到与湍流大气有关的纵向风速在其平均值附近随机波动。也就是说，风速场假定为具有随机场的性质，这意味着在气流的空间和时间的每一点，风速都可以用一个随机变量来表示。在存在水分和温度梯度的情况下，大气的湍流运动会对大气折射率产生扰动，这种扰动以光湍流的形式出现。我们将光学湍流定义为由微小的温度波动引起的折射率波动。折射率的时空随机重新分布会对光波产生各种影响，这些影响与光波的时间辐照度波动（闪烁）和相位波动有关。

考虑到大气是一种黏性流体，经验表明它有两种不同的运动状态——层流和湍流。这些状态之间的区别在于，在层流中不发生混合，层流的速度流动特性是均匀的或以某种规律的方式变化。在湍流流动中，由于动态混合，速度场失去了均匀性，产生了称为湍流涡流的随机子流。在对湍流的最早研究中，雷诺用相似理论定义了一个无量纲量，即雷诺数（Reynolds number），$Re=V_c l / v_{kv}$，其中 V_c 和 l 分别为介质流的特征速度（单位为 m/s）和尺度（单位为 m），v_{kv} 为运动黏度（单位为 m^2/s）。层流运动到湍流运动的转变发生在临界雷诺数，在临界雷诺数以上运动被认为是湍流运动。湍流基本上是一个非线性过程，它可由受控 Navier-Stokes 方程描述。由于解决这些方程的数学困难，Kolmogorov 提出了一种依赖量纲分析和额外简化与逼近的湍流统计理论[10]。

20 世纪 40 年代，由 Kolmogorov 提出的经典湍流理论关注流体速度场的大小和方向上的随机波动。Kolmogorov 理论是以一系列假设的形式提出的，这些假设主要建立在物理洞察力的基础上。为了了解大气湍流的结构，一种形象的描述是 Richardson 提出的湍流能量传递理论[11]，如图 4-3 所示。大尺度的能量来源不是风切变就是对流。在传递理论下，风速逐渐增大，直到达到超过临界雷诺数的点。这一动作产生了局部不稳定的气团（称为“涡流”），其特征尺度略小于且独立于母流。在惯性力的作用下，较大的涡流分裂成较小的涡流，形成涡流大小的连续体，使得能量从宏观外尺度（L_0）涡流传递到微观内尺度（l_0）涡流。涡流尺度小于内尺度l_0属于黏性耗散区间，在该区间内，湍流涡流消失，流体运动中剩余的能量以热的形式耗散。外尺度L_0表示湍流特性与母流无关的尺度大小。前面已经提到，在大约海拔 100m 的近地面层中，可以假定外尺度随观测点在地面上的高度线性增长。统计上认为小于L_0尺度的涡流是均匀的、各向同性的，而大于或等于L_0尺度的涡流一般是非各向同性的，其结构不明确。在海拔 100m 以上，由于层理的原因，L_0的水平维度一般要远大于垂直维度。随着湍流旋涡变得越来越小，黏滞力耗散的相对能量增加，直到耗散的能量与母流动能提供的能量相当。当这种情况发生时，雷诺数减少 10^0 数量级，而相应的涡流大小则定义湍流的内尺度l_0。内尺度在地面附近通常是 1～10mm，但在对流层和平流层是厘米或更大的量级。

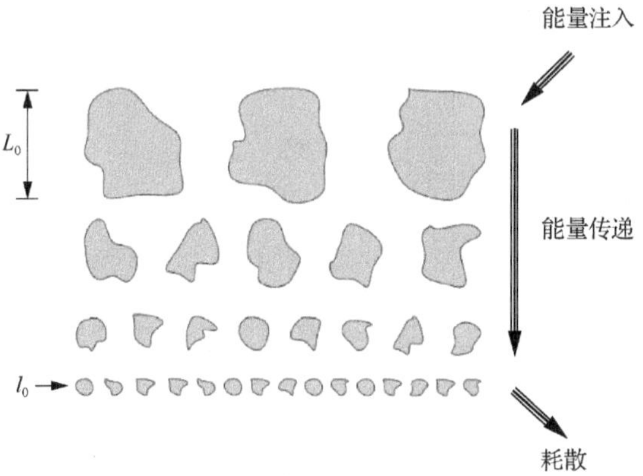

L_0——外尺度；l_0——内尺度。

图 4-3 湍流的尺度演变过程

Kolmogorov 通过量纲分析表明，风速（平行于连接两个观测点的矢量 $\boldsymbol{R}$）的纵向结构函数在小尺度大小和惯性子区间具有以下形式：

$$D_{RR}(\mathcal{R})=\left\langle (v_1-v_2)^2\right\rangle=\begin{cases}C_V^2 l_0^{-4/3}\mathcal{R}^2, & 0\leqslant \mathcal{R}\ll l_0\\ C_V^2\mathcal{R}^{2/3}, & l_0\ll \mathcal{R}\ll L_0\end{cases} \tag{4-18}$$

其中，v_1和v_2为距离为$\mathcal{R}$的两点的速度分量；C_V^2为速度结构常数（单位为$\mathrm{m}^{4/3}/\mathrm{s}^2$），是湍流中总能量大小的度量。

上述 Kolmogorov 关于速度涨落的基本思想也被应用于保守被动标量，如势温（不是绝对温度）。温度浮动被认为是被动的，因为它们不与速度湍流交换能量。小尺度温度浮动的相关内尺度l_0和外尺度L_0构成惯性区间的上下边界。此外，温度不均匀性的耗散机制是分子扩散，而不是速度波动情况下的黏度。将上述结构函数的 Kolmogorov 理论推广到统计均匀和各向同性的温度浮动，就得到了与纵向速度波动相同的幂律关系：

$$D_{T_{\text{tem}}}(\mathcal{R})=\left\langle\left(T_{\text{tem},1}-T_{\text{tem},2}\right)^2\right\rangle=\begin{cases}C_T^2 l_0^{-4/3}\mathcal{R}^2, & 0\leqslant\mathcal{R}\ll l_0\\ C_T^2\mathcal{R}^{2/3}, & l_0\ll\mathcal{R}\ll L_0\end{cases} \tag{4-19}$$

其中，$T_{\text{tem},1}$ 和 $T_{\text{tem},2}$ 为相距为 $\mathcal{R}$ 的两点的温度；C_T^2 为温度结构常数（单位为 $\text{deg}^2/\text{m}^{2/3}$）。

前面已经提到，微小的温度波动将引起折射率波动，形成光学湍流。折射率 n_r 是大气中光波传播最重要的参数之一，它对小尺度温度波动非常敏感。特别是，温度波动和湍流相结合在大气折射率场中引入了一种随机行为。在大气中的某点 $\boldsymbol{R}$，归一到其均值 n_{r0} ($n_{r0}\cong 1$)的折射率可以用数学表达式表示为

$$n_r(\boldsymbol{R})=1+n_{r1}(\boldsymbol{R}) \tag{4-20}$$

$n_{r1}(\boldsymbol{R})$ 为偏离 $n_r(\boldsymbol{R})$ 均值的随机偏差且其均值 $\langle n_{r1}(\boldsymbol{R})\rangle=0$ 。这里假设折射率的时变足够慢，可以认为 $n_r(\boldsymbol{R})$ 只是位置的函数，这也意味着光波在传输过程中保持单一频率。事实上，折射率的波动与相应的温度和压强波动有关。特别地，在光学和红外波长区域，大气的折射率可以写成

$$\begin{aligned} n_r(\boldsymbol{R})&=1+77.6\times10^{-6}\left(1+7.52\times10^{-3}\lambda^{-2}\right)\frac{P_{\text{pre}}(\boldsymbol{R})}{T_{\text{tem}}(\boldsymbol{R})}\\ &\cong 1+79\times10^{-6}\frac{P_{\text{pre}}(\boldsymbol{R})}{T_{\text{tem}}(\boldsymbol{R})} \end{aligned} \tag{4-21}$$

这里光波长 λ 的单位为 μm； P_{pre} 为压强，单位为毫巴（mbar）； T_{tem} 为开尔文温度。由于在光频区域对波长的依赖很小，上式的近似表达式假设波长约为 0.5μm。如果折射率浮动的随机场在统计上是均匀的，则 $n_r(\boldsymbol{R})$ 的协方差函数（相关函数）可以表示为

$$B_n\left(\boldsymbol{R}_1,\boldsymbol{R}_2\right)\equiv B_n\left(\boldsymbol{R}_1-\boldsymbol{R}_2\right)=B_n\left(\boldsymbol{R}\right)=\left\langle n_{r1}\left(\boldsymbol{R}_1\right)n_{r1}\left(\boldsymbol{R}_2\right)\right\rangle \tag{4-22}$$

如果折射率浮动的随机场在统计上均匀且各向同性，则上述协方差函数可以简化为只是标量距离 $\mathcal{R}=\left|\boldsymbol{R}_1-\boldsymbol{R}_2\right|$ 的函数。对于统计均匀和各向同性的湍流，相关的结构函数具有以下渐近形式：

$$D_n(\mathcal{R})=2[B_n(0)-B_n(\mathcal{R})]=\begin{cases}C_n^2\mathcal{R}^{2/3}, & l_0\ll\mathcal{R}\ll L_0\\ C_n^2 l_0^{-4/3}\mathcal{R}^2, & \mathcal{R}\ll l_0\end{cases} \tag{4-23}$$

从物理的角度，C_n^2 是折射率浮动强度的度量。在光频与红外波长区域，C_n^2 在传播路径上某一点的行为可以由温度结构函数推导得到。根据式（4-19）和式（4-21），有

$$C_n^2=\left(79\times10^{-6}\frac{P_{\text{pre}}}{T_{\text{tem}}^2}\right)^2 C_T^2 \tag{4-24}$$

折射率结构参数 C_n^2 被认为是沿传播路径表征大气湍流影响的关键参数。在温暖的气候中，近地面的 C_n^2 值通常为 $10^{-14}\sim10^{-12}\ \text{m}^{-2/3}$ ，而内尺度值与结构参数 C_n^2 成反比。在海拔

3～5km 处，结构参数 C_n^2 随海拔 h 的增加而减小，并在 10km 附近增加到最大值，之后随着海拔的增加迅速减小。近年来，C_n^2 的垂面模型有很多，最常用的是 Hufnagel-Valley（H-V）模型，即

$$\begin{aligned}C_n^2(h) &= 0.00594(v/27)^2\left(10^{-5}h\right)^{10}\exp(-h/1000)\\&\quad+2.7\times10^{-16}\exp(-h/1500)+A_{\mathrm{HV}}\exp(-h/100)\end{aligned}\tag{4-25}$$

其中，h 的单位为 m；v 为有均方根风速（伪风速），单位为 m/s；A_{HV} 为地面处 $C_n^2(0)$ 的标称值，单位为 $\mathrm{m}^{-2/3}$。参数 A_{HV} 可表示为

$$A_{\mathrm{HV}}=1.29\times10^{-12}\rho_0^{-5/3}\lambda^2-1.61\times10^{-13}\theta_0^{-5/3}\lambda^2+3.89\times10^{-15}\tag{4-26}$$

其中，ρ_0 为大气相干长度（单位为 m）；θ_0 为等晕角（在这个角距离上大气湍流基本上没有变化）。对于水平大气链路，平面波的大气相干长度可以表示为

$$\rho_0=\begin{cases}\left(0.476C_n^2k^2Ll_0^{-1/3}\right)^{-1/2}, & \rho_0\ll l_0\\\left(0.424C_n^2k^2L\right)^{-3/5}, & l_0\ll\rho_0\ll L_0\end{cases}\tag{4-27}$$

球面波的大气相干长度可以表示为

$$\rho_0=\begin{cases}\left(0.128C_n^2k^2Ll_0^{-1/3}\right)^{-1/2}, & \rho_{\mathrm{sp}}\ll l_0\\\left(0.16C_n^2k^2L\right)^{-3/5}, & l_0\ll\rho_{\mathrm{sp}}\ll L_0\end{cases}\tag{4-28}$$

高斯光束的大气相干长度可以表示为

$$\rho_0=\begin{cases}\left(\dfrac{3}{1+\Theta+\Theta^2+\Lambda^2}\right)^{1/2}\left(0.476C_n^2k^2Ll_0^{-1/3}\right)^{-1/2}, & \rho_0\ll l_0\\\left[\dfrac{8}{3\left(\Theta_1+0.62\Lambda^{11/6}\right)}\right]^{3/5}\left(0.424C_n^2k^2L\right)^{-3/5}, & l_0\ll\rho_0\ll L_0\end{cases}\tag{4-29}$$

其中，

$$\Theta_1=\begin{cases}\dfrac{1-\Theta^{8/3}}{1-\Theta}, & \Theta\geqslant0\\\dfrac{1+|\Theta|^{8/3}}{1-\Theta}, & \Theta<0\end{cases}\tag{4-30}$$

对于倾斜的大气链路情形，则需要对式（4-27）～式（4-29）进行修改，将 C_n^2 随高度的变化考虑进去。因此，对于平面波，有

$$\rho_0=\begin{cases}\left(0.476k^2l_0^{-1/3}\int_0^L C_n^2(z)\mathrm{d}z\right)^{-1/2}, & \rho_0\ll l_0\\\left(0.424k^2\int_0^L C_n^2(z)\mathrm{d}z\right)^{-3/5}, & l_0\ll\rho_0\ll L_0\end{cases}\tag{4-31}$$

对于球面波，有

$$\rho_0=\begin{cases}\left(0.128k^2 l_0^{-1/3}\int_0^L C_n^2(z)\mathrm{d}z\right)^{-1/2}, & \rho_{\mathrm{sp}}\ll l_0\\ \left(0.16k^2\int_0^L C_n^2(z)\mathrm{d}z\right)^{-3/5}, & l_0\ll\rho_{\mathrm{sp}}\ll L_0\end{cases} \tag{4-32}$$

对于高斯光束，则有

$$\rho_0=\left[1.46k^2\int_0^L C_n^2(z)\left\{\left|\Theta+\bar{\Theta}\left(\frac{z}{L}\right)\right|^{5/3}+0.62\Lambda^{11/6}\left(1-\frac{z}{L}\right)^{5/3}\right\}\mathrm{d}z\right]^{-3/5}, \quad l_0\ll\rho_0\ll L_0 \tag{4-33}$$

对于星地链路，下行链路时大气相干长度可以近似用平面波的大气相干长度，此时

$$\rho_0=\left[0.423k^2\sec(Z)\int_{h_0}^{H} C_n^2(h)\mathrm{d}h\right]^{-3/5} \tag{4-34}$$

其中，h_0为地面站接收望远镜光圈的高度，H为卫星高度[12]。上行链路时，大气相干长度可以近似用球面波的大气相干长度，有

$$\rho_0=\left[0.423k^2\sec(Z)\int_{h_0}^{H} C_n^2(h)\left\{\frac{H-h}{L}\right\}^{5/3}\mathrm{d}h\right]^{-3/5} \tag{4-35}$$

当 v=21m/s 且 $A_{\mathrm{HV}}=1.7\times10^{-14}\ \mathrm{m}^{-2/3}$ 时，H-V 模型称为 H-V$_{5/7}$ 模型，因为当波长 $\lambda=0.5\mu\mathrm{m}$ 时，大气的相干长度 $\rho_0=5\mathrm{cm}$，对于地面上仰视的接收器，等晕角 θ_0 为 7μrad。这里大气相干长度表征湍流作用下的有效观测角 λ/ρ_0。注意，通常假设对于水平链路，C_n^2 为常数。

3）折射率浮动的功率谱

折射率浮动的空间功率谱密度与 $n_r(\boldsymbol{R})$ 的协方差函数（相关函数）可以通过三维傅里叶变换联系起来，即

$$\begin{aligned}\Phi_n(\kappa)&=\frac{1}{(2\pi)^3}\iiint_{-\infty}^{\infty}B_n(\boldsymbol{R})\exp(-i\boldsymbol{K}\cdot\boldsymbol{R})\mathrm{d}^3\mathcal{R}\\ &=\frac{1}{2\pi^2\kappa}\int_0^{\infty}B_n(\mathcal{R})\sin(\kappa\mathcal{R})\mathcal{R}\mathrm{d}\mathcal{R}\end{aligned} \tag{4-36}$$

其中，$B_n(\mathcal{R})$ 为折射率的相关函数；$\kappa=|\boldsymbol{K}|$ 为标量波数。

根据结构函数（4-23）在惯性区间内的 2/3 幂律表达式，可以导出折射率浮动的相关三维功率谱由经典的 Kolmogorov 谱定义，即

$$\Phi_n(\kappa)=0.033C_n^2\kappa^{-11/3}, \quad 1/L_0\ll\kappa\ll1/l_0 \tag{4-37}$$

这个谱理论上只在惯性子区间内有效，但通常通过假设内尺度为零，外尺度为无穷大而扩展到所有波数。将 Kolmogorov 谱扩展到耗散区间 $\kappa>1/l_0$ 需要引入一种函数以达到对高波数谱的截断。为了数学上的方便，Tatarskii 通过引入高斯函数达到此目的，形

成 Tatarskii 谱：

$$\Phi_n(\kappa)=0.033C_n^2\kappa^{-11/3}\exp\left(-\frac{\kappa^2}{\kappa_m^2}\right),\quad \kappa\gg 1/L_0;\quad \kappa_m=5.92/l_0 \tag{4-38}$$

在实践中，Kolmogorov 和 Tatarskii 谱模型经常需要修改，使它们对于波数 $\kappa<1/L_0$ 也是有限的和各向同性的。因此，当必须考虑内尺度和外尺度效应时，通常使用 von Kármán 谱，即

$$\Phi_n(\kappa)=0.033C_n^2\frac{\exp\left(-\kappa^2/\kappa_m^2\right)}{\left(\kappa^2+\kappa_0^2\right)^{11/6}},\quad 0\leqslant\kappa<\infty \tag{4-39}$$

其中，$\kappa_m=5.92/l_0$；$\kappa_0=2\pi/L_0$（有时取 $\kappa_0=1/L_0$）。式（4-39）对所有波数都有效，而式（4-38）和式（4-39）在惯性区间内将退化为 Kolmogorov 谱。另一个包含外尺度参数的谱称作指数谱：

$$\Phi_n(\kappa)=0.033C_n^2\kappa^{-11/3}\left[1-\exp\left(-\kappa^2/\kappa_0^2\right)\right],\quad 0\leqslant\kappa\ll 1/l_0 \tag{4-40}$$

这里 $\kappa_0=C_0/L_0$，而 C_0 将依据实际应用取不同的值。为了近似 von Kármán 谱，可以设 $C_0=4\pi$。Kolmogorov 谱、Tatarskii 谱和指数谱都是相对容易处理的模型。因此，它们常被用于光波传播理论研究中。严格地说，这些谱模型只有在惯性区间内才有正确的行为。也就是说，允许在惯性区间之外使用这些谱的数学形式是基于数学上的方便，而不是物理模型。上述所有的谱都没有表征出实验数据所显示的在 $1/l_0$ 附近的高波数谱的上升或起伏。因此，Andrews[4]提出了 Hill 谱的一个近似的解析解，从而得到了一个修正的大气谱，即

$$\Phi_n(\kappa)=0.033C_n^2\left[1+1.802(\kappa/\kappa_l)-0.254(\kappa/\kappa_l)^{7/6}\right]\times\frac{\exp\left(-\kappa^2/\kappa_l^2\right)}{\left(\kappa^2+\kappa_0^2\right)^{11/6}},\quad 0\leqslant\kappa<\infty \tag{4-41}$$

其中，$\kappa_l=3.3l_0$；$\kappa_0=2\pi/L_0$（有时取 $\kappa_0=1/L_0$）。

此外，对于式（4-22），利用 Markov 近似，即协方差函数延光传播方向（z 轴正方向）是 delta 相关的，它可以简化为

$$B_n(\boldsymbol{R})=\left\langle n_{r1}(\boldsymbol{R}_1)n_{r1}(\boldsymbol{R}_2)\right\rangle\cong\delta(z_1-z_2)A_n(\boldsymbol{r}_1-\boldsymbol{r}_2) \tag{4-42}$$

其中，$A_n(\boldsymbol{r}_1-\boldsymbol{r}_2)$ 为二维相关函数，$\boldsymbol{R}_j=(\boldsymbol{r}_j,z_j)$。同时，根据式（4-36），$n_{r1}(\boldsymbol{R})$ 的协方差函数还可以表示为

$$B_n(\boldsymbol{R})=\iiint_{-\infty}^{\infty}\Phi_n(\boldsymbol{K})\exp[\mathrm{i}\boldsymbol{K}\cdot\boldsymbol{R}]\mathrm{d}^3\kappa \tag{4-43}$$

由于 $n_{r1}(\boldsymbol{R})$ 在光传播方向上是 delta 相关，三维空间功率谱将简化为 $\Phi_n(\boldsymbol{K})=\Phi_n(\boldsymbol{\kappa},0)=\Phi_n(\kappa_x,\kappa_y,0)$。这样，式（4-43）变为

$$\begin{aligned}B_n(\boldsymbol{R}) &\cong \delta(z_1-z_2)A_n(\boldsymbol{r}_1-\boldsymbol{r}_2)\\&=\iint_{-\infty}^{\infty}\mathrm{d}^2\boldsymbol{\kappa}\Phi_n(\boldsymbol{\kappa})\exp(i\boldsymbol{\kappa}\cdot(\boldsymbol{r}_1-\boldsymbol{r}_2))\int_{-\infty}^{\infty}\mathrm{d}\kappa_z\exp\left(i(z_1-z_2)\kappa_z\right)\\&=2\pi\delta(z_1-z_2)\iint_{-\infty}^{\infty}\mathrm{d}^2\boldsymbol{\kappa}\Phi_n(\boldsymbol{\kappa})\exp(i\boldsymbol{\kappa}\cdot(\boldsymbol{r}_1-\boldsymbol{r}_2))\end{aligned}\tag{4-44}$$

因此，有

$$A_n(\boldsymbol{r}_1-\boldsymbol{r}_2)=2\pi\iint_{-\infty}^{\infty}\mathrm{d}^2\kappa\Phi_n(\boldsymbol{\kappa})\exp(i\boldsymbol{\kappa}\cdot(\boldsymbol{r}_1-\boldsymbol{r}_2))\tag{4-45}$$

注意，若三维空间功率谱与传播路径有关，则 $\Phi_n(\boldsymbol{K})$ 应该改写为 $\Phi_n(\boldsymbol{K},z)$ 。

4）光波模型

为了便于描述和分析不同情况下的光传播过程，研究者提出了几种基本几何图像用于描述各种光波模型，包括平面波模型、球面波模型和高斯光束模型。

（1）平面波模型：光波为振幅和相位恒定的等相面（相前）形成一系列平行平面的无界光波。在距离发射器 L 处的横截面上，该模型有如下形式：

$$U_0(\boldsymbol{r},L)=A_0\mathrm{e}^{i\phi_0+ikL}\tag{4-46}$$

其中，$\boldsymbol{r}$ 为横截面矢量；k 为光波数；A_0 为初始振幅；ϕ_0 为初始相位。该模型常用于描述地面接收器中的星光和其他外大气光源的特性。

（2）球面波模型：为对应于点光源的无界光波模型。在距离发射器 L 处，在近轴近似下的球面波模型为

$$U_0(\boldsymbol{r},L)=\frac{A_0}{4\pi L}\exp\left(ikL+\frac{ikr^2}{2L}\right)\tag{4-47}$$

对于小孔径或大发散角的光源，有时采用球面波模型。

（3）高斯束波模型：束波为具有聚焦能力的有限范围的波。最低阶横截面电磁场（TEM_{00}）高斯束波为最常用的束波模型，在发射端出口的光圈平面内（z=0）其幅值和相位分布可描述为

$$U_0(r,0)=a_0\exp\left(-\frac{r^2}{W_0^2}-\frac{ikr^2}{2F_0}\right)\tag{4-48}$$

其中，$a_0=A_0\exp\left(\dfrac{r^2}{W_0}\right)$ 为轴向振幅；W_0 为发射端出口的光斑半径（由场振幅的 1/e 点定义）；F_0 为它的相前曲率半径。对于距离发射器 $z=L$ (m)处的接收器，傍轴近似下的高斯束波假定为如下形式：

$$U_0(\boldsymbol{r},L)=\frac{1}{\Theta_0+i\Lambda_0}\exp\left(ikL-\frac{r^2}{W^2}-i\frac{kr^2}{2F}\right)\tag{4-49}$$

其中

$$\Theta_0=1-\frac{L}{F_0},\quad \Lambda_0=\frac{2L}{kW_0^2}\tag{4-50}$$

W (m)和 F (m)分别表示接收端的光束半径和相前曲率半径，它们可以表示为

$$W = W_0\sqrt{\Theta_0^2 + \Lambda_0^2}, \qquad F = \frac{F_0(\Theta_0^2 + \Lambda_0^2)(\Theta_0 - 1)}{\Theta_0^2 + \Lambda_0^2 - \Theta_0} \tag{4-51}$$

这里把 Λ_0 和 Θ_0 称为发射光束参数。为了描述方便，这里同样也定义了接收光束参数，即

$$\Theta = 1 + \frac{L}{F} = \frac{\Theta_0}{\Theta_0^2 + \Lambda_0^2}, \qquad \Lambda = \frac{2L}{kW^2} \tag{4-52}$$

$$\bar{\Theta} = 1 - \Theta \tag{4-53}$$

注意，傍轴近似是基于光波沿 z 轴的传播距离远大于波的横向传播。

另一种较为常用的束波模型为拉盖尔-高斯光束（Laguerre-Gaussian beam）模型，常用于研究基于轨道角动量的载波。基于该模型的场在距离发射器 z 处可以表示为[13]

$$\begin{aligned} U_{mp}(r,\varphi,z) = &\sqrt{\frac{2p!}{\pi(p+|m|)!}}\frac{1}{W(z)}\left[\frac{r\sqrt{2}}{W(z)}\right]^{|m|} L_p^m\left[\frac{2r^2}{W^2(z)}\right] \\ &\times\exp\left[\frac{-r^2}{W^2(z)}\right]\exp\left[\frac{-ikr^2z}{2\left(z^2+z_R^2\right)}\right] \\ &\times\exp\left[i(2p+|m|+1)\tan^{-1}\frac{z}{z_R}\right]\exp(-im\varphi) \end{aligned} \tag{4-54}$$

其中，φ 为 $\boldsymbol{r}$ 的方位角；$L_p^m(\cdot)$ 为拉盖尔多项式；m 和 p 为角度和半径模数；W_B 为束腰半径。

5）光波在随机介质中的传播

光波在平滑随机折射率无界连续随机介质中传播的问题可以通过一个具有随机系数的控制微分方程来描述。对于一个单色波（电场时变规律为正弦的），复振幅矢量为 $\boldsymbol{E}(\boldsymbol{R})$ 的电磁波传输可根据 Maxwell 方程写为

$$\nabla^2\boldsymbol{E} + k^2n_r^2(\boldsymbol{R})\boldsymbol{E} + 2\nabla[\boldsymbol{E}\cdot\nabla\log n_r(\boldsymbol{R})] = 0 \tag{4-55}$$

这里 $\boldsymbol{R} = (x,y,z)$ 为空间中的一点，$k = 2\pi/\lambda$ 为波数，$\nabla^2 = \frac{\partial^2}{\partial x^2} + \frac{\partial^2}{\partial y^2} + \frac{\partial^2}{\partial z^2}$ 为拉普拉斯算子。式（4-55）中的最后一项与光波传输时的偏振演化相关，假设它的影响可以忽略不计。假设光束从 $z = 0$ 的平面开始沿 z 轴方向传播，令 $U(\boldsymbol{R})$为复振幅矢量的一个垂直于光传播方向的标量分量，如果光波在传输过程中的角扩散很小，也就是说波的轴向传播远远大于波的径向传播，则式（4-55）可以简化为标量随机亥姆霍兹方程，即

$$\nabla^2U + k^2n_r^2(\boldsymbol{R})U = 0 \tag{4-56}$$

目前已经提出了多个求解方程（4-56）的方法，但是，对于弱辐照度浮动情况，Rytov 近似是第一个能够与实际的闪烁数据吻合较好的方法，也是目前在弱大气湍流条件下分

析闪烁的标准方法。在 Rytov 近似方法下，方程（4-56）的解具有如下形式：

$$U(\boldsymbol{R}) \equiv U(\boldsymbol{r},L) = U_0(\boldsymbol{r},L)\exp\left[\psi_1(\boldsymbol{r},L)+\psi_2(\boldsymbol{r},L)+\cdots\right] \tag{4-57}$$

其中，$U_0(\boldsymbol{r},L)$ 为没有微扰的场；$\psi_1(\boldsymbol{r},L)$ 和 $\psi_2(\boldsymbol{r},L)$ 分别为一阶和二阶复相位微扰。一阶微扰近似的均值为 0，但是二阶微扰近似的均值不为 0，具体的分析有兴趣的读者可以参照文献[4]。

弱辐照度浮动的情况适用于光从地面到空间的传播，或折射率结构常数相对较小和/或传播距离 L 相对较短的水平路径。当光波的浮动变得更强时，Rytov 近似方法就不再适用了，必须采用更复杂的分析方法。在所有大气条件下理论上适用的最普遍的方法之一是抛物方程近似法，将 $U(\boldsymbol{R})$ 改写为 $U(\boldsymbol{R})=u(\boldsymbol{R})\mathrm{e}^{ikz}$ 并假设 $n_r^2(\boldsymbol{R})=\left[n_{r0}+n_{r1}(\boldsymbol{R})\right]^2 \cong 1+2n_{r1}(\boldsymbol{R})$（$\left|n_{r1}(\boldsymbol{R})\right| \ll 1$），式（4-56）可以简化为

$$2ik\frac{\partial u}{\partial z}+\nabla^2 u+2k^2 n_{r1}(\boldsymbol{R})u=0 \tag{4-58}$$

运用傍轴近似，方程式（4-58）可以进一步简化为

$$2ik\frac{\partial u}{\partial z}+\nabla_r^2 u+2k^2 n_{r1}(\boldsymbol{R})u=0 \tag{4-59}$$

其中，$\nabla_r^2=\dfrac{\partial^2}{\partial x^2}+\dfrac{\partial^2}{\partial y^2}$，为二维拉普拉斯算子。

扩展的惠更斯-菲涅尔原理是在所有大气条件下普遍应用的另一种方法，在这种技术下，光场在 $z=L$ 处以如下形式描述：

$$U(\boldsymbol{r},L)=-\frac{ik}{2\pi L}\exp(ikL)\iint_{-\infty}^{\infty}\mathrm{d}^2 s\,U_0(\boldsymbol{s},0)\exp\left[\frac{ik\,|\boldsymbol{s}-\boldsymbol{r}|^2}{2L}+\psi(\boldsymbol{r},\boldsymbol{s})\right] \tag{4-60}$$

其中，$\psi(\boldsymbol{r},\boldsymbol{s})$ 为球面波在湍流介质中从点$(\boldsymbol{s},0)$传播到点$(\boldsymbol{r},L)$的复相位的随机部分。扩展的惠更斯-菲涅尔原理在强或弱大气湍流起伏条件下的适用性通过一阶和二阶场矩得到了证明。但对于四阶场矩，尚未证明它与抛物方程近似法等价，也未证明它除弱浮动条件外是否适用。

虽然对于中到强辐照度浮动，抛物方程近似法和扩展的惠更斯-菲涅耳原理是最成功的。但是，与这两种方法（以及其他方法）相关的数学复杂性使得难以对在许多应用中经常需要的中等水平辐照度波动进行完全分析。特别是发展一种能够描述近地面长距离光波传播的辐照度波动闪烁模型。在本节中，将介绍一种近似技术，它基于对 Rytov 理论的修正，能够将许多弱涨落结果扩展到中到强的涨落范围。虽然在很大程度上依赖公认的物理论据和原理，但这项技术仍然主要采用启发式的方法来解决波的传播问题。

确定了光波光场的大小，则距发射端 L 处的接收器平面内某点的光波辐照度或者强度为

$$I(\boldsymbol{r},L)=\left|U(\boldsymbol{r},L)\right|^2 \tag{4-61}$$

因此，接收器处的总的光功率为

$$P_{\text{rec}} = \int_{\mathcal{A}} I(r,L)\mathrm{d}^2 r \tag{4-62}$$

其中，$\mathcal{A}$ 表示接收光圈的面积。

6）光场的矩统计

对于光波在大气中的视线线路（line of sight，LOS）传输，光场的矩统计对分析大气湍流对光传输的影响至关重要，如辐照度浮动模型、闪烁指数、光束漂移、相位浮动和到达角浮动等。光在随机介质的矩统计主要有一阶场矩、二阶场矩和四阶场矩。二阶场矩又称为互相干性函数（mutual coherence function，MCF）或者二阶场相关函数，而四阶场矩又称为四阶交叉相干性函数或者四阶场相关函数。假设用 $U(\boldsymbol{r},L)$ 表示接收到的随机光场，那么一阶场矩 $\langle U(\boldsymbol{r},L)\rangle$ 描述了场的相干部分。MCF 定义为场的二阶矩

$$\Gamma_2(\boldsymbol{r}_1,\boldsymbol{r}_2,L) = \langle U(\boldsymbol{r}_1,L)U^*(\boldsymbol{r}_2,L)\rangle \tag{4-63}$$

其中，$\boldsymbol{r}_1$ 和 $\boldsymbol{r}_2$ 为接收器平面上的观察点；$U^*(\boldsymbol{r},L)$ 表示场的复共轭。对于相同的观察点，令 $\boldsymbol{r}_1 = \boldsymbol{r}_2 = \boldsymbol{r}$，则 MCF 可以确定平均辐照度，即

$$\Gamma_2(\boldsymbol{r},L) = \langle U(\boldsymbol{r},L)U^*(\boldsymbol{r},L)\rangle = \langle I(\boldsymbol{r},L)\rangle \tag{4-64}$$

进而可以确定湍流导致的光束扩散和光束漂移方差。通过 MCF 还可以得到描述初始相干波的空间相干性损耗的复相干度模量，进一步的可以计算波结构函数（wave structure function，WSF）、空间相干半径、到达角浮动的均方根和平均图像抖动。

四阶场相关函数的定义为

$$\Gamma_4(\boldsymbol{r}_1,\boldsymbol{r}_2,\boldsymbol{r}_3,\boldsymbol{r}_4,L) = \langle U(\boldsymbol{r}_1,L)U^*(\boldsymbol{r}_2,L)U(\boldsymbol{r}_3,L)U^*(\boldsymbol{r}_4,L)\rangle \tag{4-65}$$

令 $\boldsymbol{r}_1 = \boldsymbol{r}_2 = \boldsymbol{r}$，$\boldsymbol{r}_3 = \boldsymbol{r}_4 = \boldsymbol{r}'$，则四阶场相关函数变为

$$\Gamma_4(\boldsymbol{r},\boldsymbol{r}',L) = \langle I(\boldsymbol{r},L)I(\boldsymbol{r}',L)\rangle \tag{4-66}$$

它结合平均辐照度可以定义闪烁指数，进一步可以确定辐照度协方差函数、相位浮动方差和相位结构函数等。需要注意的是，对于不同的光波模型，二阶场相关函数和四阶场相关函数的表达式会有所不同。高斯光束模型在基于激光的自由空间无线通信系统分析中比较常用。

7）平均辐照度

平均辐照度可以用高斯函数近似，即

$$\langle I(\boldsymbol{r},L)\rangle \cong \frac{W_0^2}{W_{\text{LT}}^2}\exp\left(-\frac{2r^2}{W_{\text{LT}}^2}\right) \tag{4-67}$$

对于弱辐照度浮动

$$W_{\text{LT}} = W\sqrt{1+1.33\sigma_R^2 \Lambda^{5/6}} \tag{4-68}$$

对于强辐照度浮动

$$W_{\text{LT}} \cong W\sqrt{1+1.33\sigma_R^{12/5} \Lambda} \tag{4-69}$$

8）到达角浮动

光波在接收光圈平面上的到达角浮动与成像系统焦平面上的图像抖动（跳动）有关（见图 4-4）。到达角 β_a 的波动可以用相结构函数来描述。为了理解这一点，用 ΔS 表示直径为 $2W_G$ 的聚光透镜上的总相移，用 Δl 表示相应的光程差。这些量具有如下关系：

$$k\Delta l = \Delta S \tag{4-70}$$

如果假定 β_a 足够小，则有 $\sin\beta_a \cong \beta_a$。然后通过几何光学方法，到达角 β_a 可以定义为

$$\beta_a = \frac{\Delta l}{2W_G} = \frac{\Delta S}{2kW_G} \tag{4-71}$$

进一步假定 $\langle\beta_a\rangle = 0$，则到达角方差为

$$\left\langle\beta_a^2\right\rangle = \frac{\left\langle(\Delta S)^2\right\rangle}{\left(2kW_G\right)^2} = \frac{D_S\left(2W_G, L\right)}{\left(2kW_G\right)^2} \tag{4-72}$$

其中，$D_S\left(r,L\right)$ 为相位结构函数。事实上，从另外的角度来看，到达角可以看作近似等于光束中心偏离聚光透镜光轴的角度。若由于光束漂移使得光束中心在接收光圈平面内在 x 轴上偏离透镜中心的距离为 x_0，则同样有

$$\beta_a \cong \frac{x_0}{L} \tag{4-73}$$

那么假定 $\langle x_0\rangle = 0$，则到达角方差也可表示为

$$\left\langle\beta_a^2\right\rangle = \frac{\langle\Delta x_0^2\rangle}{L^2} \tag{4-74}$$

这样均方根图像位移为 $f\sqrt{\left\langle\beta_a^2\right\rangle}$，这里 f 为聚光透镜的焦距。

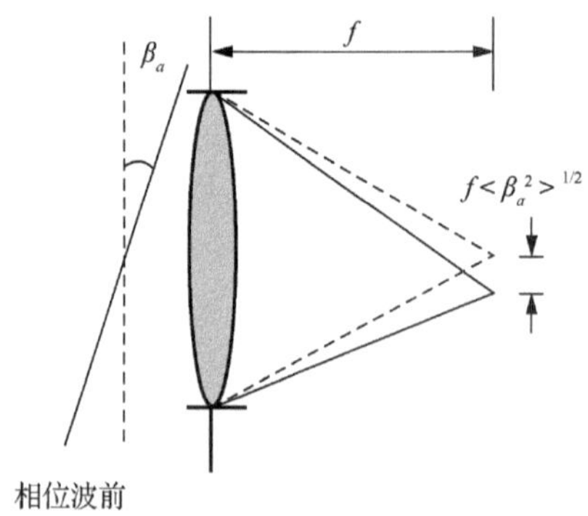

图 4-4　到达角与图像抖动

9）闪烁指数

在经典自由空间激光通信系统中，闪烁指数的确定对于系统性能的评估至关重要。闪烁指数定义为

$$\sigma_I^2(\boldsymbol{r},L)=\frac{\left\langle I^2(\boldsymbol{r},L)\right\rangle}{\langle I(\boldsymbol{r},L)\rangle^2}-1 \tag{4-75}$$

其中，$\langle I(\boldsymbol{r},L)\rangle$ 为平均辐照度；$\left\langle I^2(\boldsymbol{r},L)\right\rangle$ 为辐照度方差。通常，闪烁指数分解为径向分量与轴向分量的和，即

$$\sigma_I^2(\boldsymbol{r},L)=\sigma_{I,r}^2(\boldsymbol{r},L)+\sigma_{I,l}^2(L)=4\sigma_r^2(\boldsymbol{r},L)+\sigma_{I,l}^2(L) \tag{4-76}$$

其中，$\sigma_{I,r}^2(\boldsymbol{r},L)=4\sigma_r^2(\boldsymbol{r},L)$ 为闪烁指数的径向分量；$\sigma_{I,l}^2(L)$ 为闪烁指数的轴向分量；$\sigma_r^2(\boldsymbol{r},L)$ 为大气引起的平均辐照度分布在横截面方向上的浮动方差。

对于平面波和球面波，闪烁指数的径向分量消失而轴向分量也简化为

$$\sigma_{I,\text{pl}}^2(L)=\sigma_R^2=1.23C_n^2k^{7/6}L^{11/6} \tag{4-77}$$

$$\sigma_{I,\text{sp}}^2(L)=0.4\sigma_R^2=0.5C_n^2k^{7/6}L^{11/6} \tag{4-78}$$

以上两式分别是平面波和球面波在大气湍流情况下的闪烁指数，$\beta_0^2=0.4\sigma_R^2=\sigma_{I,\text{sp}}^2(L)$ 也称为球面波 Rytov 方差。需要注意的是，上面的结果是假设链路为水平大气信道，因此折射率结构参数 C_n^2 为定值。若是倾斜链路或者天地链路，则需要将 C_n^2 随海拔的分布也考虑进去。

对于强辐照度浮动或者强大气湍流的情况，之前的结论则不再适用。已有的研究表明，扩展 Rytov 理论为一个适用于中到强起伏的相对简单的辐照度起伏模型。基于这个模型，光场的辐照度重写为如下归一化形式并表示为两个变量的积：

$$\hat{I}=\frac{I}{\langle I\rangle}=\mathcal{X}\mathcal{Y} \tag{4-79}$$

其中，变量 $\mathcal{X}$ 和 $\mathcal{Y}$ 分别代表源自大尺度湍流漩涡和与 $\mathcal{X}$ 相对独立的小尺度湍流漩涡的影响。因此，辐照度的二阶矩可以写为

$$\left\langle \hat{I}^2\right\rangle=\left\langle \mathcal{X}^2\right\rangle\left\langle \mathcal{Y}^2\right\rangle=\left(1+\sigma_{\mathcal{X}}^2\right)\left(1+\sigma_{\mathcal{Y}}^2\right) \tag{4-80}$$

其中，假定 $\mathcal{X}$ 和 $\mathcal{Y}$ 的均值为 1，$\sigma_{\mathcal{X}}^2$ 和 $\sigma_{\mathcal{Y}}^2$ 为 $\mathcal{X}$ 和 $\mathcal{Y}$ 的归一化方差。这样，根据式（4-75），闪烁指数是涉及大尺度和小尺度辐照度波动归一化方差的三项之和，即

$$\sigma_I^2=\left(1+\sigma_{\mathcal{X}}^2\right)\left(1+\sigma_{\mathcal{Y}}^2\right)-1=\sigma_{\mathcal{X}}^2+\sigma_{\mathcal{Y}}^2+\sigma_{\mathcal{X}}^2\sigma_{\mathcal{Y}}^2 \tag{4-81}$$

由于在弱辐照度情况的 Rytov 近似下，有 $\sigma_I^2=\exp\left(4\sigma_\chi^2\right)-1=\exp\left(\sigma_{\ln I}^2\right)-1$，这里 $\sigma_{\ln I}^2=4\sigma_\chi^2$ 为对数辐照度方差。类似地，进一步假设大尺度和小尺度闪烁可以定义为

$$\begin{cases}\sigma_{\mathcal{X}}^2=\exp\left(\sigma_{\ln\mathcal{X}}^2\right)-1\\ \sigma_{\mathcal{Y}}^2=\exp\left(\sigma_{\ln\mathcal{Y}}^2\right)-1\end{cases} \tag{4-82}$$

其中，$\sigma_{\mathcal{X}}^2$ 和 $\sigma_{\mathcal{Y}}^2$ 分别称为大尺度对数辐照度方差和小尺度对数辐照度方差。因此，总的闪烁指数具有如下形式：

$$\sigma_I^2=\exp\left(\sigma_{\ln I}^2\right)-1=\exp\left(\sigma_{\ln \mathcal{X}}^2+\sigma_{\ln \mathcal{Y}}^2\right)-1 \tag{4-83}$$

对于高斯光束，强辐照度浮动下的闪烁指数仍然需要单独考虑径向分量和轴向分量。

5. 辐照度分布模型

大气湍流对光传输影响的一个典型的表现为光辐照度（强度）浮动或者闪烁，随着湍流强度的增加，闪烁变得更为明显。这种湍流引入的闪烁会导致接收端的光功率损耗，并最终导致接收到的信号衰落到需要的阈值以下。通过建立随机衰落信号的辐照度概率密度函数（probability density function，PDF）的数学模型，可以推导出在大气环境下光学系统工作的可靠性。这些年来，许多辐照度 PDF 模型已经被提出，并取得了不同程度的成功。下面简要介绍其中的两个主要模型。

1）对数正态分布（Log-normal 分布）

在弱大气湍流情形下，光辐照度的浮动较弱，在一阶 Rytov 近似下，辐照度的对数分布为高斯分布，因此辐照度 PDF 可由对数正态分布很好地进行描述。在高斯光束模型下对数正态分布具有如下形式：

$$p(I)=\frac{1}{I\sigma_I(\boldsymbol{r},L)\sqrt{2\pi}}\exp\left\{-\frac{\left[\ln\left(\frac{I}{\langle I(\boldsymbol{r},L)\rangle}\right)+\frac{1}{2}\sigma_I^2(\boldsymbol{r},L)\right]^2}{2\sigma_I^2(\boldsymbol{r},L)}\right\},\quad I>0 \tag{4-84}$$

其中，$\boldsymbol{r}$ 为传播距离 L 处横截面上的观测点；$\sigma_I^2(\boldsymbol{r},L)$ 为闪烁指数；$\langle I(\boldsymbol{r},L)\rangle$ 为平均辐照度[4]。然而，辐照度的对数正态分布会低估 PDF 峰值，也会低估 PDF 尾部概率。因此，对数正态分布不适合强辐照度浮动情况，也就是说，在强湍流情况下，对数正态分布不再适用。

2）Gamma-Gamma 分布

Gamma-Gamma 分布成功地描述了弱到强湍流的闪烁统计。在该模型中，归一化辐照度 I 被定义为两个独立随机变量的乘积，即 $I=I_{\mathcal{X}}I_{\mathcal{Y}}$，其中 $I_{\mathcal{X}}$ 和 $I_{\mathcal{Y}}$ 分别代表大尺度湍流漩涡和小尺度湍流漩涡且它们由两个独立的伽马分布支配。也就是说，

$$p_{\mathcal{X}}(\mathcal{X})=\frac{\tilde{\alpha}(\tilde{\alpha}\mathcal{X})^{\alpha-1}}{\Gamma(\tilde{\alpha})}\exp(-\tilde{\alpha}X),\quad \tilde{\alpha}>0,\mathcal{X}>0 \tag{4-85}$$

$$p_{\mathcal{Y}}(\mathcal{Y})=\frac{\tilde{\beta}(\tilde{\beta}\mathcal{Y})^{\beta-1}}{\Gamma(\tilde{\beta})}\exp(-\tilde{\beta}\mathcal{Y}),\quad \tilde{\beta}>0,\mathcal{Y}>0 \tag{4-86}$$

其中，参数 $\tilde{\alpha}$ 和 $\tilde{\beta}$ 是散射环境中小尺度涡流和大尺度涡流的有效数目。因此，辐照度 I 的 Gamma-Gamma 分布的 PDF 为

$$f_I(I)=\frac{2(\tilde{\alpha}\tilde{\beta})^{(\tilde{\alpha}+\tilde{\beta})/2}}{\Gamma(\tilde{\alpha})\Gamma(\tilde{\beta})}I^{((\tilde{\alpha}+\tilde{\beta})/2)-1}K_{\tilde{\alpha}-\tilde{\beta}}(2\sqrt{\tilde{\alpha}\tilde{\beta}I}),I>0 \tag{4-87}$$

其中，$K_x(\cdot)$ 为第二类 x 阶的修正贝塞尔函数[4]。参数 $\tilde{\alpha}$ 和 $\tilde{\beta}$ 与大尺度闪烁指数和小尺度闪烁指数存在如下关系：

$$\tilde{\alpha}=\frac{1}{\sigma_{\mathcal{X}}^2}=\frac{1}{\exp\left(\sigma_{\ln\mathcal{X}}^2\right)-1},\tilde{\beta}=\frac{1}{\sigma_{\mathcal{Y}}^2}=\frac{1}{\exp\left(\sigma_{\ln\mathcal{Y}}^2\right)-1} \tag{4-88}$$

其中，$\sigma_{\mathcal{X}}^2$ 和 $\sigma_{\mathcal{Y}}^2$ 分别为 $\mathcal{X}$ 和 $\mathcal{Y}$ 的归一化方差，$\sigma_{\ln\mathcal{X}}^2$ 和 $\sigma_{\ln\mathcal{Y}}^2$ 分别为大尺度对数辐照度方差和小尺度对数辐照度方差。因此，该模型的闪烁指数与参数 $\tilde{\alpha}$ 和 $\tilde{\beta}$ 的关系为

$$\sigma_I^2=\frac{E\left[I^2\right]}{(E[I])^2}-1=\frac{1}{\tilde{\alpha}}+\frac{1}{\tilde{\beta}}+\frac{1}{\tilde{\alpha}\tilde{\beta}} \tag{4-89}$$

4.1.2 水下信道

水下无线通信（underwater wireless communication，UWC）技术是实现海洋探测系统的关键技术，因此备受关注。相比水下射频波和声波通信，水下光无线通信（underwater optical wireless communication，UOWC）具有高带宽、高数据速率、低延迟、低成本和更高安全性的特点，是一种极具吸引力的通信方案。几十年来，UOWC 的兴趣仍然局限于军事应用。UOWC 目前还没有实现大规模的市场推广，只有有限的 UOWC 产品在 21 世纪早期被商业化。这些产品包括 BlueComm UOWC 系统，可在 200m 内实现 20Mbit/s 的水下数据传输；以及 Ambalux UOWC 系统，可在 40m 内提供 10Mbit/s 的数据传输。最近的一项数值研究表明，利用单个光子雪崩二极管，可以在纯海水中实现 500m 链路距离内的基于 LED 的可见光通信。为了满足海洋探测中不断增长的高效高带宽数据传输需求，研究人员提出了水下无线传感器网络（underwater wireless sensor network，UWSN）的概念。UWSN 的提出极大地促进了 UOWC 的发展。基本的 UWSN 由许多分布式节点组成，如海底传感器、中继浮标、自主水下航行器和远程操作水下航行器。由于这些节点之间的信道为水信道，因此深入了解水下信道的特征十分有必要。下面就已有的经典水下通信中的研究成果进行简单介绍，以便对水下量子信道进行进一步阐述。本节主要涉及文献[14]和文献[15]。

1. 水下信道基本特征

不同于大气信道，水下信道由于介质浓度远远高于大气，不同水体（从浅水到深海）的基本特性不同，水下光通信需要对复杂的水下物理化学环境有深入的了解，因此光束在水下的传播具有很大的挑战性。不同水域的性质随地理位置（从深蓝色海洋到临近陆地的沿岸水域）和溶解物质浓度的不同而不同。一般来说，主要考虑以下 4 种不同的水下信道类型。

（1）纯净海水。在纯净海水中的吸收被认为是在纯水中（不含悬浮颗粒物）的吸收和在纯盐水中被盐吸收的总和。后者在可见光谱（400～700nm）中被假定为可以忽略不计。吸收是纯净海水中光通信的主要限制因素，它随着波长的增加而增加。因此，500nm

的红光比蓝光衰减大得多，从而使得清澈深海海水呈现出丰富的蓝色。纯净海水的吸水系数为

$$\alpha_{\text{sea water}}(\lambda) < K(\lambda) - \frac{b(\lambda)}{2} \tag{4-90}$$

其中，λ 为工作波长；K 为扩散系数；b 为散射系数[14]。由于这种情况下的 b 和 K 值较低，因此光束的传播主要是直线的。

（2）清澈海水。清澈海水中含有较多的溶解颗粒，如溶解盐、矿物成分、有色溶解有机物等。根据悬浮颗粒的浓度和地理位置，又可分为Ⅰ～Ⅲ型（根据 Jerlov 水类型）[16]。

（3）沿岸海水。沿岸海水具有更高的溶解颗粒浓度，因此增加了浊度水平。这种海水的吸收和散射效应更大。

（4）浑浊港水。浑浊港水具有最高浓度的溶解和悬浮粒子。海水吸收和散射，限制了光束的传播。

水的光学性质分为固有光学性质（inherent optical propertie，IOP）和表观光学性质（apparent optical propertie，AOP）两大类。固有光学性质只取决于介质，特别是介质中的成分和颗粒物质；表观光学性质既取决于介质，也取决于照明的几何结构，如准直光束或扩散光束。其固有光学特性包括吸收系数、散射系数、衰减系数和体积散射函数。表观光学特性定义了光束的方向性，并用于评估在水面附近通信的光环境水平[17]。常见的表观光学性质是辐亮度、辐照度和反射率。这种表观光学性质只能由规则而稳定的光源形成。因此，太阳辐照度的下降不是一个明显的特性，因为它可能会随着时间和云层的覆盖而变化。在这种情况下，要么考虑受环境同等影响的属性比率，要么考虑归一化导数。

水的物理性质不仅在地理上不同，而且在垂直深度上也不同。最上面的一层被称为透光层，因为该层能够接收足够的太阳光，所以在该层能发现大量植物光合作用（因为叶绿素是浮游植物的主要成分）。该层在清澈海水中水深可达 200m，在大陆架中水深可达 40m，在沿海水域水深可达 15m[18]。叶绿素随深度的变化从表层到底层形成一个倾斜的高斯分布[19]。倾斜高斯叶绿素-深度剖面上的峰值被称为叶绿素浓度最大值，其衰减系数达到最大[20]。在该层以下数千米处，阳光不足以进行光合作用生长的区域称为弱光层。再往下一点，光无法到达的区域称为无光区。每一个区域都有自己的物理特征，并且需要区域之间独特的链接特定值。文献[21]讨论了用叶绿素的浓度来表达海水固有性质（即有色溶解有机物和悬浮散射粒子的浓度）的模型。在这个基于叶绿素的水下信道模型（后面简称为叶绿素模型Ⅰ）中，根据海洋表面叶绿素浓度的大小，将海洋水域分为 9 个不同的组，分别为 S1～S9。更多的海水参数详见文献[21]。

2. 水下信道对光通信的影响

与大气信道类似，水下信道由于其随机介质的属性，对光通信也有着多方面的影响，主要包括吸收和散射、水下湍流、指向与对准、多径干扰与色散、物理障碍和背景噪声。

1）吸收和散射

导致光信号在水下强度下降或方向变化的两种主要现象分别是吸收和散射。为了便于理解吸收和散射系数的相关内容，图 4-5 给出了一个体积为 ΔV 、厚度为 Δd 的水体积元的简单几何模型。当一束入射功率为 $P_I(\lambda)$ 、波长为 λ 的准直光束照射该体积元时，其中一小部分入射光功率 $P_A(\lambda)$ 被吸收，另外一小部分入射光功率 $P_S(\lambda)$ 被散射，剩余的透射过去的光功率 $P_T(\lambda)$ 没有受到影响。因此，根据能量守恒定律，有[14-15]

$$P_I(\lambda) = P_A(\lambda) + P_S(\lambda) + P_T(\lambda) \tag{4-91}$$

定义吸收率 $A(\lambda) = P_A(\lambda) / P_I(\lambda)$ 和散射率 $B(\lambda) = P_S(\lambda) / P_I(\lambda)$，则吸收系数和散射系数为厚度 Δd 取无穷小的极限，即

$$a(\lambda) = \lim_{\Delta d \to 0} \frac{\Delta A(\lambda)}{\Delta d} \tag{4-92}$$

$$b(\lambda) = \lim_{\Delta d \to 0} \frac{\Delta B(\lambda)}{\Delta d} \tag{4-93}$$

光在水下的总衰减可以用消光系数 c 表示。它是吸收系数和散射系数的线性组合，即

$$c(\lambda) = a(\lambda) + b(\lambda) \tag{4-94}$$

这里消光系数 c 的单位为 m^{-1}。总的光传输损耗为波长和距离的函数，根据 Beer-Lambert 定律，信道的透射率为

$$T = \mathrm{e}^{-c(\lambda)z} \tag{4-95}$$

其中，z 为光传输距离。

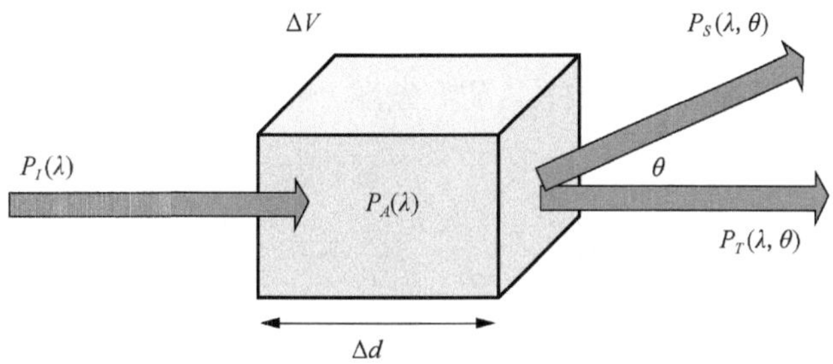

图 4-5 固有光学性质的几何模型图

海水的整体吸收是由于无机物质（如水分子、悬浮颗粒和溶解盐）的内在吸收和有机物质（浮游植物——带有叶绿素的微小植物；凝胶——腐烂的海洋物质或来自破碎的植物组织的黄色物质）的吸收。很明显，光在混浊港水中的传播远比在纯净海水或清澈海水中的传播更具挑战性。因此，海水的整体吸收系数被分解为 4 个因子，即

$$a(\lambda) = a_{\mathrm{w}}(\lambda) + a_{\mathrm{phy}}(\lambda) + a_{\mathrm{CDOM}}(\lambda) + a_{\mathrm{n}}(\lambda) \tag{4-96}$$

其中，$a_{\mathrm{w}}(\lambda)$ 为纯净海水的吸收系数；$a_{\mathrm{phy}}(\lambda)$ 为浮游植物的吸收系数；$a_{\mathrm{CDOM}}(\lambda)$ 为 CDOM 的吸收系数；$a_{\mathrm{n}}(\lambda)$ 非藻类碎屑悬浮物的吸收系数[15]。纯海水的吸收作用主要来自水分子和水中的溶解盐两个方面，浮游植物的吸收效应主要由叶绿素（叶绿素 a 占主要部分）

的光合作用引起，CDOM 的吸收效应为尺寸小于 0.2mm 的有色溶解性有机物的吸收引起。碎屑包括活的有机颗粒，如细菌、浮游动物、碎屑有机物，也包括悬浮的无机颗粒，如石英和黏土，这些物质由于吸收特性相似而归为一类。特别地，对于前面提到的基于叶绿素的水下信道模型（叶绿素模型Ⅰ），海水的吸收系数为

$$a(\lambda)=a_{\mathrm{w}}(\lambda)+a_{\mathrm{f}}^{0}C_{\mathrm{f}}\exp\left(-k_{\mathrm{f}}\lambda\right)+a_{\mathrm{h}}^{0}C_{\mathrm{h}}\exp\left(-k_{\mathrm{h}}\lambda\right)+a_{\mathrm{c}}^{0}(\lambda)\left(C_{\mathrm{c}}/C_{\mathrm{c}}^{0}\right)^{0.602} \tag{4-97}$$

其中，a_{f}^{0} 为黄腐酸的吸收系数（$a_{\mathrm{f}}^{0}=35.959\mathrm{m}^2/\mathrm{mg}$）；$a_{\mathrm{h}}^{0}$ 为腐殖酸的吸收系数（$a_{\mathrm{h}}^{0}=18.828\mathrm{m}^2/\mathrm{mg}$）；$a_{\mathrm{c}}^{0}$ 为叶绿素的吸收系数（m^{-1}）；C_{f} 为黄腐酸的浓度（$\mathrm{mg/m}^3$）；C_{h} 为腐殖酸的浓度（$\mathrm{mg/m}^3$）；C_{c} 为叶绿素 a 的浓度（$\mathrm{mg/m}^3$）；$C_{\mathrm{c}}^{0}=1\mathrm{mg/m}^3$；$k_{\mathrm{f}}$ 为黄腐酸指数系数（$k_{\mathrm{f}}=0.0189\mathrm{nm}^{-1}$）；$k_{\mathrm{h}}$ 为腐殖酸指数系数（$k_{\mathrm{h}}=0.01105\mathrm{nm}^{-1}$）[21]。

类似地，水下光传播的散射系数也可以表示为不同散射因子的总和，即

$$b(\lambda)=b_{\mathrm{w}}(\lambda)+b_{\mathrm{phy}}(\lambda)+b_{\mathrm{n}}(\lambda) \tag{4-98}$$

其中，$b_{\mathrm{w}}(\lambda)$ 为纯海水的散射系数；$b_{\mathrm{phy}}(\lambda)$ 为浮游植物的散射系数；$b_{\mathrm{n}}(\lambda)$ 非藻类碎屑悬浮物的散射系数。同样地，对于前面提到的基于叶绿素的水下信道模型（叶绿素模型Ⅰ），散射系数为

$$b(\lambda)=b_{\mathrm{w}}(\lambda)+b_{\mathrm{s}}^{0}(\lambda)C_{\mathrm{s}}+b_{\mathrm{l}}^{0}(\lambda)C_{\mathrm{l}} \tag{4-99}$$

其中，$b_{\mathrm{w}}(\lambda)=0.005826(400/\lambda)^{4.322}$；$b_{\mathrm{s}}^{0}(\lambda)=1.1513(400/\lambda)^{1.7}$ 为小颗粒物质的散射系数，单位为 m^2/g；$b_{\mathrm{l}}^{0}(\lambda)=0.3411(400/\lambda)^{0.3}$ 为大颗粒物质的散射系数，单位为 m^2/g；C_{s} 和 C_{l} 分别为小颗粒物质和大颗粒物质的浓度，单位均为 $\mathrm{g/m}^3$。为了简化式（4-97）和式（4-99），Haltrin 通过找到不同颗粒浓度[1]之间的关系，确定了吸收和散射系数的单参数模型。上述浓度都和叶绿素浓度存在函数关系。研究发现，叶绿素 a 浓度会随水的深度 d 的变化而变化，其变化轮廓可以表示为

$$C_{\mathrm{c}}(d)=B_0+S_{\mathrm{vg}}d+\frac{Chl_{\mathrm{t}}}{\sigma_{\mathrm{chl}}\sqrt{2\pi}}\exp\left[\frac{-\left(d-d_{\max}\right)^2}{2\sigma_{\mathrm{chl}}^2}\right] \tag{4-100}$$

其中，B_0 为水表面的叶绿素浓度基数；S_{vg} 为浓度的垂直梯度（始终为负，因为叶绿素浓度随深度缓慢下降）；Chl_t 为基数之上的总的叶绿素；$d_{\max}$ 为叶绿素浓度最大值的深度，叶绿素浓度的标准差 σ_{chl} 表示为

$$\sigma_{\mathrm{chl}}=\frac{Chl_{\mathrm{t}}}{\sqrt{2\pi\left[C_{\mathrm{chl}}\left(d_{\max}\right)-B_0-\mathrm{S}_{\mathrm{vg}}d_{\max}\right]}} \tag{4-101}$$

$C_{\mathrm{chl}}\left(d_{\max}\right)$ 为在最大叶绿素层的最大叶绿素浓度。因此，其他浓度可以写为

$$C_{\mathrm{f}}(d)=1.74098C_{\mathrm{c}}(d)\exp\left(0.12327C_{\mathrm{c}}(d)\right) \tag{4-102}$$

$$C_{\mathrm{h}}(d)=0.19334C_{\mathrm{c}}(d)\exp\left(0.12343C_{\mathrm{c}}(d)\right) \tag{4-103}$$

$$C_{\mathrm{s}}(d)=0.01739C_{\mathrm{c}}(d)\exp\left(0.11631C_{\mathrm{c}}(d)\right) \tag{4-104}$$

$$C_1(d) = 0.76284C_c(d)\exp\left(0.03092C_c(d)\right) \tag{4-105}$$

除了式（4-97）和式（4-99）描述的叶绿素模型 I，比较常用的另一种基于叶绿素浓度的模型（此后简称叶绿素模型 II）为

$$a(\lambda) = \left[a_w(\lambda) + 0.06a_c(\lambda)C_{chl}^{0.65}\right]\left[1 + 0.2e^{-0.014(\lambda-440)}\right] \tag{4-106}$$

$$b(\lambda) = 0.3\frac{550}{\lambda}C_{chl}^{0.62} \tag{4-107}$$

其中，C_{chl} 为叶绿素浓度；$a_c(\lambda)$ 是统计推导的叶绿素比吸收系数[18]。

然而，Beer-Lambert 定律包含两个隐含的假设。第一，发射器和接收器完全对准。第二，所有的散射光子都丢失了，但在现实中，一些散射光子在多次散射事件后仍然可以到达接收器。因此，这种假设严重低估了接收光功率，特别是在散射占主导地位的情况下。为了更准确地描述散射效应，可以引入体积散射函数（volume scattering function，VSF），它的定义为

$$\beta(\lambda,\theta) = \lim_{\Delta d\to 0}\lim_{\Delta\Omega\to 0}\frac{\Delta B(\lambda,\theta)}{\Delta d\Delta\Omega} \tag{4-108}$$

它是散射光对单位体积入射辐照度的角分布。将 $\beta(\lambda,\theta)$ 对各角度积分得到单位辐照度的总散射功率，即散射系数

$$b(\lambda) = 2\pi\int_0^{\pi}\beta(\theta,\lambda)\sin\theta d\theta \tag{4-109}$$

总的来说，吸收和散射共同影响光束在水下的传播，但是，不同的水下环境又有所差异。在纯净海水中，吸收是主要的限制因素，较低的散射系数使光束发散作用很小。在清澈的海水中，有较高浓度的溶解颗粒影响散射。在沿岸海水中，高浓度的浮游生物、碎屑和矿物质是吸收和散射的主要来源。浑浊的港口水中溶解和悬浮物质的浓度最高，会严重衰减光的传播。

2）水下湍流

与大气相比，水的流动性虽然要弱很多，但是仍然会产生湍流而影响光在水下的传输。水下环境的密度、盐度和温度的浮动，导致沿光传输路径水折射率的变化，进而使接收器处信号强度产生浮动，这种现象就是光在水下传播时的闪烁。由于水下湍流的物理机制与 FSO 几乎相似，因此 FSO 的经典 Kolmogorov 谱模型可以应用于水下环境，即

$$\Phi_n(\kappa) = K_3\kappa^{-11/3} \tag{4-110}$$

其中，$K_3 = \tilde{\chi}\vartheta^{-1/3}$ 是类似于大气信道中 C_n^2 的参数，它反映了水下光湍流的强度[14]，式中 $\tilde{\chi}$ 为温度或盐度变化的损耗速率，ϑ 为动能损耗速率；κ 为标量波数（单位为 rad/m）。水下湍流还会引起光束在传播过程中的漂移、扩展、波前失真等，但是由于水下环境的复杂动态特性，目前对于水下湍流没有像大气信道那样普遍认可的具体模型。

3）指向与对准

由于光束非常窄，因此保持光链路的 LOS 传输以保证光链路的可靠性非常关键。由于水下航行器、洋流或其他湍流源的运动，收发器之间的持续跟踪对准对于保持不间

断的可靠通信至关重要。UOWC 中的指向误差包括瞄准和抖动两部分[22]。瞄准是波束中心与探测器中心之间的固定位移，而抖动是波束中心在探测器平面上的随机位移。利用波束扩散函数，可以对 UOWC 系统中的链路错位进行描述。纯净的海水需要严格的指向要求，因为光束可能遵循准直路径。在浑浊的港口，散射是导致光束向不同方向扩散的重要因素，从而放宽了系统指向要求。但是对于利用准直光束进行直接的点对点水下通信来说，利用捕获、跟踪和对准系统来降低对准误差是十分必要的。

4）背景噪声

水下光通信还必须考虑背景噪声。噪声的大小很大程度上依赖工作波长和地理位置。一般而言，由于人为噪声的影响，深海地区的噪声较海港地区（如海洋工地）低。水下环境噪声源大多为连续谱和高斯分布。背景噪声的主要来源包括扩散延伸的背景噪声、来自太阳或其他恒星的背景噪声、接收器收集到的散射光。太阳干扰是背景噪声的主要来源，它限制了光学链路在海洋透光区（在数十米深）工作的性能。在较深的深度，生物光/黑体辐射是背景噪声的主要来源。生物光的峰值集中在蓝绿色区域，可能会增加系统中存在的噪声。

5）多径干扰与色散

与水声通信一样，光信号在水下光学信道中遇到多个散射物体或其他水下物体的多次反射后到达探测器，就会产生多径干扰。这最终可能会导致波形在时域上的展宽，从而产生符号间的干扰。然而，由于光的速度非常大，UOWC 中多径干扰的影响与声通信相比并不明显。多径干扰的大小取决于系统规格和传播环境。对于浅水环境，光波从表面或底部反射回来，在探测器处产生多个信号。对于深海，这些表面和底部的反射可以忽略不计。在接收端采用信道均衡和自适应光学等先进的信号处理技术可以抑制这些干扰。

6）物理障碍

由于光束很窄，任何海洋生物，如鱼群或海洋动物，在刚好穿过光传播路径时都会在接收端造成信号瞬间丢失。这就需要使用适当的纠错技术、信号处理技术和冗余措施，以确保丢失的数据能够重新传输。水下环境下应用最广泛的两种纠错技术是自动重复请求（automatic repeat request，ARQ）和前向纠错（forward error correction，FEC）。信号处理技术也有助于提高光链路质量，使系统对物理障碍具有鲁棒性。

3. 水下信道模型

与地面大气信道相比，水下信道具有一些独特的特点。现有的地面 FSO 信道模型不适合水下环境。因此，必须提出和研究新的可靠的信道模型。这里，简单介绍 UOWC 信道建模技术的最新进展，包括链路衰减建模、几何误差建模和湍流建模。

1）链路衰减建模

在不考虑链路结构、收发器结构和对准条件的情况下，影响光传输的两个主要 IOP 是吸收和散射。链路衰减模型就是为了准确确定特定链路结构下吸收和散射效应的影响而设计的。水下链路主要分为 LOS 链路结构和非 LOS 链路结构。

对于 LOS 链路结构，前面已经介绍了 Beer-Lambert 定律，但这这种链路衰减模型并不能准确地估计信道的损耗。另一个通用的 UOWC 链路消光理论模型为辐射传递方程（radiative transfer equation，RTE）。VSF 是描述光子散射特性的重要 IOP。然而，VSF 在实践中很难测量[23]。此外，VSF 只能确定单个光子在每种折射率条件下的散射特性。不适合模拟大量光子的散射特性[24]。基于上述两点，大多数经典 UOWC 研究者在水下信道建模研究中采用 RTE 方法。RTE 能够描述光波通过稳定介质时的能量守恒[25]。RTE 可以用解析法和数值法求解。由于 RTE 是一个包含独立自变量的积分微分方程[25-26]，因此很难找到精确的解析解。因此，近年来提出的 RTE 解析模型很少，而且由于为了简化方程而对 RTE 进行了一系列的假设和近似，解析解也会受到许多约束[27]。除采用解析解外，更多研究者更喜欢采用数值方法求解 RTE。蒙特卡罗仿真是求解 RTE 最常用的数值方法。它是通过发送和跟踪大量光子来模拟水下光传播损耗的概率方法[28-29]。蒙特卡罗仿真方法具有编程简单、求解准确、灵活性强等优点，但存在随机统计误差和模拟效率低等问题[30]。除概率蒙特卡罗方法外，还有两种确定性方法可用于数值求解 RTE：离散坐标法和不变嵌入法[18,31]。但采用这两种方法作为蒙特卡罗模拟的替代方法的研究人员不多。此外，除了求解 RTE，研究者也从光子轨道的概率性质出发，提出了几种随机模型[32-33]。除了这些方法以外，一些 UOWC 研究人员也采用了半解析建模方法[34-36]。

对于非 LOS 链路结构，光收发器可以利用海面反射来克服连接障碍。与 LOS UOWC 信道建模相比，非 LOS 水下信道模型的研究较少受到关注。在非 LOS 链路结构下的光传播与 LOS 结构下的光传播具有相同的消光效应。LOS 信道与非 LOS 信道的主要区别在于海浪面引入的反射效应。因此，准确描述海面反射效应是非 LOS 水下信道建模最关键的部分。目前，已经可以找到几种描述随机海面斜率的模型[37-39]。与 LOS 链路结构的信道建模类似，非 LOS 链路的信道模型也可以通过解析和数值的方式得到，但大多数非 LOS 配置通道模型是通过蒙特卡罗仿真等数值方法推导出来的。

2）几何误差建模

点对点的水下通信链路可能因为光的扩散、湍流等导致指向偏差而出现几何误差，进一步导致短暂的通信中断。事实上，在任何 UOWC 系统中，链路未对齐是不可避免的，有三个主要原因使得系统提高对齐要求。首先是光收发器的局限性：由于光在水中的散射会使光束扩散，因此在高速、远程的 UOWC 系统中广泛应用激光等窄定向光源，以增加传输到远程水下终端的光功率[40]。然而，由于激光束发散角较窄，接收器视场有限，这些 UOWC 系统需要精确对准。其次是由水下航行器、洋流和其他湍流引起的相对运动：在与 AUV 或 ROV 通信时，水下光通信链路会存在严重的对准偏差。由于 AUV 或 ROV 一直在移动，收发器之间需要始终保持相互跟踪对准。因此，链路错位更容易发生。洋流和风会导致水下环境中收发器的随机抖动，从而可能导致链路中断。最后是折射率的变化：折射率会随着水深、温度、盐度等环境条件的变化而变化。这种现象通常发生在垂直或者倾斜水下光通信链路上，造成光非直线传播，从而加重 UOWC 链路的错位[20]。

3）湍流建模

UOWC 中的湍流指使水的折射率发生快速变化的事件[19]。这种现象通常是由洋流引起的水温和压力的突然变化引起的。目前，关于 UOWC 信道建模的研究大多集中在对吸收和散射效应的准确描述上，而忽略了水下光学湍流的影响。事实上，水下光学湍流也会对 UOWC 系统的性能造成相当大的影响，但这可能需要进一步的研究。目前，水下光学湍流模型的建立主要基于自由空间光通信中大气光学湍流信道模型的研究成果。考虑到水下光学湍流与大气光学湍流的相似性，一些研究人员直接应用或改进了经典的大气光学湍流模型作为水下光学湍流模型[41]，如前面提到的对数正态分布湍流模型[42]。当然，除了借鉴经典的大气湍流模型，也有研究人员在经典的大气湍流理论下，提出了一些其他湍流模型[43-44]。

总的来说，水下信道模型目前已经有了很多的研究，但是还没有一个真正被广泛认可且与实验结果吻合很好的模型。因此，水下信道的建模还需要进一步进行理论和实验的研究。基于已有的研究，这里简单总结现有的水下信道模型如下。

（1）Beer Lambert 信道模型：最简单的水下信道模型，但是没有考虑湍流等的影响，并不能准确描述水下信道[45-46]。

（2）基于叶绿素的蒙特卡罗仿真模型[20,21,47]：可以轻松地通过编程来完成仿真，但是具有一定的统计误差，而且效率很低。

（3）解析 RET 模型：能够比较准确地描述水下信道，但是计算十分复杂，很难得到解析解[30,48]。

（4）数值 RET 模型：能够较为准确地描述水下信道且能够通过编程很快地实现建模[26,28-31]，但是存在统计误差，而且效率很低。

（5）解析的统计模型[32-33]：非常方便进行性能分析，但是存在一些限定假设，也很难推导。

（6）数值的统计模型[34-36]：很容易通过编程得到该模型，但是它存在统计误差且效率很低。

（7）非 LOS 模型[37-38]：为非 LOS 水下信道进行了建模，但是没有很好地对海面反射进行建模。

（8）对准错位模型[49-50]：对水下光通信的指向误差进行了建模，但是没有很好地考虑水下信道的各种环境参数。

（9）湍流模型[41-44]：对水下信道的湍流进行了建模，但是基于大气湍流理论进行推导，无法准确描述水下湍流。

4.2 大气自由空间量子信道

通过前面的学习，我们已经对大气对经典光传输的影响有了一个初步认识，但是，当光的强度降低到量子级别的时候，大气对量子信号光的影响是否还与前面所提到的经典理论相一致呢？当然，我们在研究大气自由空间量子信道的特征的时候，能够从经典理论中得到很多借鉴，但是大气对量子信号在非经典性方面的影响还是需要做进一步的研究和探索。例如，研究表明，在背景辐射和暗计数存在的情况下，当采用后选择测量时大气信道导致的信号损耗浮动能够比固定损耗情况下更好地保持光的纠缠性[51]。

4.2.1 量子态输入-输出关系

第一个得到人们一致认可的大气量子信道描述是由 Semenov 等[52]提出的。他们研究了大气传输信道对任何光量子态的影响并给出了光在湍流大气中传播的量子态输入-输出关系，同时讨论了在弱湍流条件下大气信道复透射系数的概率分布（probability distribution of the transmission coefficient，PDTC），提出基于平衡零差探测可以重构大气透射系数的统计分布，且通过对统计分布的重构，可以显著降低大气噪声对光量子态的影响。他们考虑如下场景，光源发出的光通过大气层传输后由望远镜（或其他设备）收集，再使用平衡零差探测装置，通过选择恰当的本振光从其他模式和背景辐射中提取出所需的非单色模式。假设量子光在湍流大气中的传播是一个线性衰减过程，相应的损耗是由光的吸收和散射，以及输出脉冲和本振脉冲的不同形状引起的模式不匹配引起的。衰减的非单色输出模式的 Glauber-Sudarshan P 函数 $P_{\mathcal{T}}(\alpha)$ 与输入模式 $P_{\text{in}}(\alpha)$ 的 P 函数有关，即

$$P_{\mathcal{T}}(\alpha)=\frac{1}{|\boldsymbol{\mathcal{T}}|^2}P_{\text{in}}\left(\frac{\alpha}{\boldsymbol{\mathcal{T}}}\right) \tag{4-111}$$

其中，$\boldsymbol{\mathcal{T}}$ 为复透射系数且 $|\boldsymbol{\mathcal{T}}|^2\leqslant 1$。这样，通过对 $P_{\mathcal{T}}(\alpha)$ 以 $\mathcal{T}$ 的 PDTC 进行平均，输出模式的 P 函数 $P_{\text{out}}(\alpha)$ 可以表示为

$$P_{\text{out}}(\alpha)=\int_{|\mathcal{T}|^2\leqslant 1}\mathrm{d}^2\boldsymbol{\mathcal{T}}\mathcal{P}(\boldsymbol{\mathcal{T}})\frac{1}{|\boldsymbol{\mathcal{T}}|^2}P_{\text{in}}\left(\frac{\alpha}{\boldsymbol{\mathcal{T}}}\right) \tag{4-112}$$

其中，$\mathcal{P}(\boldsymbol{\mathcal{T}})$ 为 $\boldsymbol{\mathcal{T}}$ 的 PDTC。上式描述了光在湍流大气中传播的量子态输入-输出关系。由于当时还没有一个一致的 PDTC，只以弱湍流条件下强度调制的对数正态概率分布为例进行了示例说明。但是对数正态概率分布模型错误地描述了传输系数接近 1 的尾部分布[53]。

如果不考虑量子信道损耗过程中的相移，则量子信号输入输出场的湮灭算符之间的关系利用线性量子光学理论可以表示为

$$\hat{a}_{\text{out}}=\mathcal{T}\hat{a}_{\text{in}}+\sqrt{1-\mathcal{T}^2}\hat{c} \tag{4-113}$$

或者

$$\hat{a}_{\text{out}}=\sqrt{T}\hat{a}_{\text{in}}+\sqrt{1-T}\hat{c} \tag{4-114}$$

其中，$\hat{a}_{\text{in}}$ 和 $\hat{a}_{\text{out}}$ 分别为量子信道输入和输出光场的湮灭算符；$\hat{c}$ 为环境模的湮灭算符；$\mathcal{T}=|\boldsymbol{\mathcal{T}}|\in[0,1]$ 为大气量子信道的透射系数（透射率 $T=\mathcal{T}^2$）且为一个随机变量。这样，式（4-112）则可以改写为

$$P_{\text{out}}(\alpha)=\int_0^1\mathrm{d}\mathcal{T}\mathcal{P}(\mathcal{T})\frac{1}{\mathcal{T}^2}P_{\text{in}}\left(\frac{\alpha}{\mathcal{T}}\right) \tag{4-115}$$

或者

$$P_{\text{out}}(\alpha)=\int_0^1 \mathrm{d}T\mathcal{P}(T)\frac{1}{T}P_{\text{in}}\left(\frac{\alpha}{\sqrt{T}}\right) \tag{4-116}$$

根据量子光学的知识，在 Glauber-Sudarshan 的 P 表象中，量子态的 P 函数与其对应的密度算符 $\hat{\rho}$ 之间的关系为

$$P(\alpha)=\frac{1}{\pi^2}\int_{-\infty}^{+\infty}\mathrm{d}^2\beta\Phi(\beta)\mathrm{e}^{\alpha\beta^*-\alpha^*\beta} \tag{4-117}$$

其中

$$\Phi(\beta)=\mathrm{Tr}\left[\hat{\rho}\exp\left(\hat{a}^\dagger\beta\right)\exp\left(-\hat{a}\beta^*\right)\right] \tag{4-118}$$

为对应的特征函数，$\hat{a}^\dagger$ 和 $\hat{a}$ 分别为产生和湮灭算符。根据式（4-113），衰减的场和输入场的特征函数之间的关系可以表示为

$$\Phi_T(\beta)=\Phi_{\text{in}}(\beta T) \tag{4-119}$$

由于透射系数 T 是随机浮动的，因此有

$$\Phi_{\text{out}}(\beta)=\int_0^1 \mathrm{d}T\mathcal{P}(T)\Phi_{\text{in}}(\beta T) \tag{4-120}$$

4.2.2 随机阻塞信道模型

在随机阻塞信道模型中，透射率被随机阻塞，如图 4-6 所示。即该信道可分为两种情况，一种是量子态在该信道中能够进行无损耗传输（$T=1$），其发生概率设为 p_1；另一种是量子态完全被阻塞，无法进行传输（$T=0$），其发生概率为 $1-p_1$[54]。其透射率和概率之间的关系为

$$T=p_1^2 \tag{4-121}$$

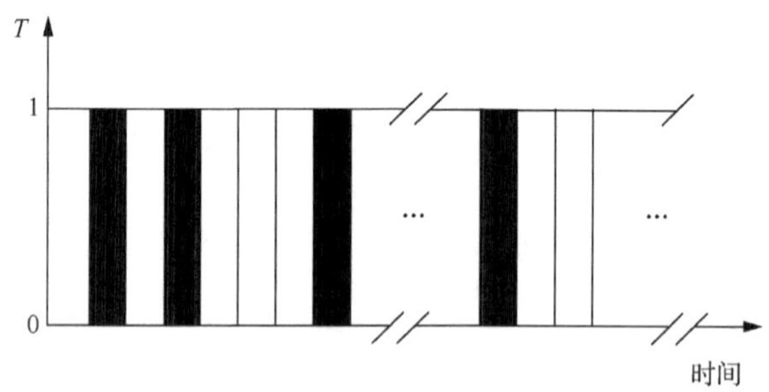

图 4-6 随机阻塞信道模型

4.2.3 光束漂移信道模型

2012 年，Vasylyev 等[53]提出了第一个广泛认可的 PDTC 模型，即对数负威布尔分布（log-negative Weibull distribution）模型。该模型主要考虑了光束漂移对大气信道透射系数分布的影响，下面详细介绍这个信道模型。

大气湍流会使光束在传播过程中整体偏移，这样在接收光圈的平面上观察到的光束就会发生抖动，即光束漂移。当光束漂移很大时，光束的一部分可能落入接收光圈的外面，从而造成光束漂移损耗。也就是说，光束漂移损耗是由光在接收端的光圈截断引起的。如果大气的吸收效应很弱，则在这种情况下，$\mathcal{T}$ 相当于光脉冲的光圈透射系数。考虑量子光脉冲为多个不同波数为 k 的高斯脉冲的叠加，它们沿 z 轴传播到离发射端距离为 L 的接收光圈平面。如果光束偏移是由辐射源的不完美指向调整或弱湍流引起的，则光束的入射方向可以近似垂直于接收孔径平面。因此，在接收口径平面内，接收到的偏移光束光斑可以如图 4-7 所示。其中，r_0 为光束中心偏离口径中心的距离，a 为接收孔径半径，W 为接收光圈处的光斑半径。

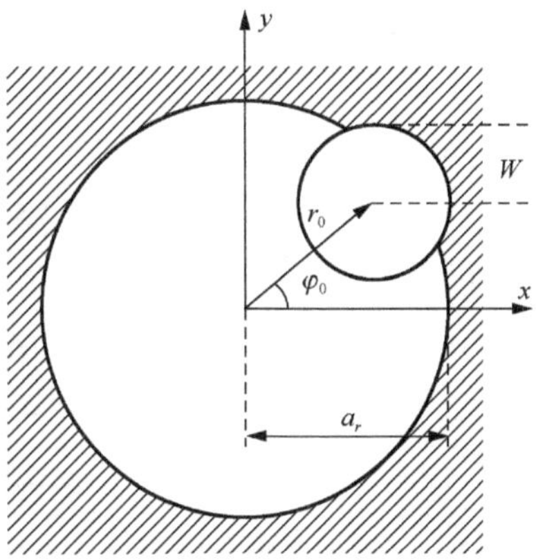

图 4-7 光束漂移情况下接收孔径平面内的接收光斑示意图

若光束到达接收孔径平面处的归一化光场为$U(x,y,L;k)$，则上述高斯光束的透射率为

$$\mathcal{T}^2(k)=\int_{\mathcal{A}}\mathrm{d}x\mathrm{d}y\left|U\left(x,y,L;k\right)\right|^2 \tag{4-122}$$

其中，$\mathcal{A}$ 为接收孔径开口面积。实际情况中，对于不同波数 k 的脉冲，$\mathcal{T}(k)\approx\mathcal{T}$ 。因此，根据文献[53]中的结果，接收孔径处光斑半径为 W 的高斯光束的透射率为一个不完全 Weber 积分，即

$$T=\mathcal{T}^2=\frac{2}{\pi W^2}\mathrm{e}^{-2\left(r_0^2/W^2\right)}\int_0^a\mathrm{d}\varrho\varrho\mathrm{e}^{-2\left(\varrho^2/W^2\right)}I_0\left(\frac{4}{W^2}r_0\varrho\right) \tag{4-123}$$

其中，I_n 为修正的贝塞尔函数。上述积分可以通过数值方法进行求解。为了评估 PDTC，文献[53]给出了一个近似的解析表达式的形式：

$$T=\mathcal{T}^2=\mathcal{T}_0^2\exp\left[-\left(\frac{r_0}{\bar{R}}\right)^{\bar{\lambda}}\right] \tag{4-124}$$

其中，$\mathcal{T}_0$ 为对于给定光斑半径 W 时的最大透射系数；$\bar{\lambda}$ 和 $\bar{R}$ 分别为形状参数和尺度参数。$\mathcal{T}_0$、$\bar{\lambda}$ 和 $\bar{R}$ 分别具有如下形式：

$$\mathcal{T}_0^2=1-\exp\left[-2\frac{a_r^2}{W^2}\right]=T_0 \tag{4-125}$$

$$\bar{\lambda}=8\frac{a_r^2}{W^2}\frac{\exp\left[-4\frac{a_r^2}{W^2}\right]I_1\left(4\frac{a_r^2}{W^2}\right)}{1-\exp\left[-4\frac{a_r^2}{W^2}\right]I_0\left(4\frac{a_r^2}{W^2}\right)}$$

$$\times\left[\ln\left(\frac{2\mathcal{T}_0^2}{1-\exp\left[-4\frac{a_r^2}{W^2}\right]I_0\left(4\frac{a_r^2}{W^2}\right)}\right)\right]^{-1} \tag{4-126}$$

$$\bar{R}=a_r\left[\ln\left(\frac{2\mathcal{T}_0^2}{1-\exp\left[-4\frac{a_r^2}{W^2}\right]I_0\left(4\frac{a_r^2}{W^2}\right)}\right)\right]^{-(1/\bar{\lambda})} \tag{4-127}$$

设光斑中心坐标(x_0,y_0)浮动的平均位置为$\boldsymbol{d}_{\mathrm{c}}=(d_x,d_y)$，为了得到透射系数的概率分布，假设光斑中心的浮动相对其平均位置为具有方差为σ_{BW}^2的二维高斯分布，即

$$p\left(x_0,y_0;\boldsymbol{d}_{\mathrm{c}},\sigma_{\mathrm{BW}}\right)=\frac{1}{2\pi\sigma_{\mathrm{BW}}^2}\exp\left[-\frac{\left(x_0-d_x\right)^2+\left(y_0-d_y\right)^2}{2\sigma_{\mathrm{BW}}^2}\right] \tag{4-128}$$

那么，这就意味着光束偏移距离$r_0=\sqrt{x_0^2+y_0^2}$的浮动为 Rice 分布：

$$p(r_0;d_{\mathrm{c}},\sigma_{\mathrm{BW}})=\frac{r_0}{\sigma_{\mathrm{BW}}^2}I_0\left(\frac{r_0d_{\mathrm{c}}}{\sigma_{\mathrm{BW}}^2}\right)\exp\left[-\frac{r_0^2+d_{\mathrm{c}}^2}{2\sigma_{\mathrm{BW}}^2}\right] \tag{4-129}$$

其中，$d_{\mathrm{c}}=\left|\boldsymbol{d}_{\mathrm{c}}\right|=\sqrt{d_x^2+d_y^2}$为光束中心的浮动中心与光圈中心的距离。光斑中心坐标的漂移主要是由大气湍流和辐射源的不完美指向调整导致的。大气湍流导致的光束漂移方差在弱湍流情况下的大小为$\sigma_{\mathrm{BW}}^2\approx1.919C_n^2z^3\left(2W_0\right)^{-1/3}$，这里$W_0$为射线源处的光斑半径。辐射源的不完美指向调整造成的瞄准误差方差为$\sigma_{\mathrm{poi}}^2\approx\sigma_{\vartheta}^2z^2$，其中$\sigma_{\vartheta}^2$为射线源指向偏差角的方差。所以，总的光束漂移方差为$\sigma_{\mathrm{bw}}^2=\sigma_{\mathrm{BW}}^2+\sigma_{\mathrm{poi}}^2$。基于上述假设，接收光圈平面内光束偏移距离$r_0$的浮动特征将为带有参数$d_{\mathrm{c}}$和$\sigma_{\mathrm{bw}}$的 Rice 分布（Rice distribution）。假设透射系数$\mathcal{T}$可以由式（4-124）近似表示，则对$\mathcal{T}\in[0,\mathcal{T}_0]$，PDTC 将为对数负广义 Rice 分布[53]：

$$\mathcal{P}(\mathcal{T})=\frac{2\bar{R}^2}{\sigma_{\mathrm{bw}}^2\bar{\lambda}\mathcal{T}}\left(2\ln\frac{\mathcal{T}_0}{\mathcal{T}}\right)^{(2/\bar{\lambda})-1}I_0\left(\frac{\bar{R}d_{\mathrm{c}}}{\sigma_{\mathrm{bw}}^2}\left[2\ln\frac{\mathcal{T}_0}{\mathcal{T}}\right]^{(1/\bar{\lambda})}\right)$$

$$\times\exp\left[-\frac{1}{2\sigma_{\mathrm{bw}}^2}\left\{\bar{R}^2\left(2\ln\frac{\mathcal{T}_0}{\mathcal{T}}\right)^{(2/\bar{\lambda})}+d_{\mathrm{c}}^2\right\}\right] \tag{4-130}$$

其他情况下，$\mathcal{P}(\mathcal{T})=0$。当光束围绕光圈中心浮动时有$d_{\mathrm{c}}$=0，上述分布退化为对数负

威布尔分布：

$$\mathcal{P}(\mathcal{T})=\frac{2\bar{R}^2}{\sigma_{\mathrm{bw}}^2\bar{\lambda}\mathcal{T}}\left(2\ln\frac{\mathcal{T}_0}{\mathcal{T}}\right)^{(2/\bar{\lambda})-1}\exp\left[-\frac{1}{2\sigma_{\mathrm{bw}}^2}\bar{R}^2\left(2\ln\frac{\mathcal{T}_0}{\mathcal{T}}\right)^{(2/\bar{\lambda})}\right] \tag{4-131}$$

上式在大气吸收和散射很弱的情况下可以近似看作大气信道最终透射系数的分布。但是，如果大气对量子信号的额外吸收和散射损耗不可忽略，则信道最终的透射系数分布还需要将它们的损耗也算上。实验表明大气吸收和散射的损耗是可以认为是固定的，由此最终的透射系数分布可以表示为

$$\mathcal{P}(\mathcal{T})=\frac{2\bar{R}^2\sqrt{\tau_{\mathrm{ext}}}}{\sigma_{\mathrm{bw}}^2\bar{\lambda}\mathcal{T}}\left(2\ln\frac{\mathcal{T}_0}{\mathcal{T}}\right)^{(2/\bar{\lambda})-1}\exp\left[-\frac{1}{2\sigma_{\mathrm{bw}}^2}\bar{R}^2\left(2\ln\frac{\mathcal{T}_0}{\mathcal{T}}\right)^{(2/\bar{\lambda})}\right] \tag{4-132}$$

其中，τ_{ext} 由式（4-2）给出。需要注意的是，在 $\mathcal{T}=0$ 和 $\mathcal{T}=\mathcal{T}_0$ 处，式（4-130）和式（4-131）将可能出现奇异值。研究表明，具有大 $\mathcal{T}$ 值的尾部分布（或者超过数）

$$\bar{\mathcal{F}}(\mathcal{T})=\int_{\mathcal{T}}^{1}d\mathcal{T}'\mathcal{P}(\mathcal{T}') \tag{4-133}$$

的贡献对于保持透射光的非经典性质十分重要[53]。

4.2.4 椭圆光束信道模型

前面提到的光束漂移信道模型是在弱湍流假设前提下得到的，当大气湍流强度变强到强湍流时，上述模型则不再适用，需要应用新的理论模型来描述大气量子信道。为了解决这个问题，Vasylyev 等[55]提出了一个新的适用于弱、弱到中和强湍流的大气量子信道模型——椭圆光束信道模型，该模型考虑大气湍流导致光束漂移、光束变形和光束展宽，提出了新的大气透射率概率分布（probability distribution of the transmittance，PDT）并给出基于蒙特卡罗方法的概率分布仿真，仿真结果能够很好地与实验结果吻合。该模型是目前使用最为广泛的量子信道模型，下面详细讨论该模型。

在 4.1.1 节中我们已经知道在傍轴近似下光束振幅的演化规律服从式（4-59）。对于高斯光束，在 z=0 处的边界条件为

$$u(\boldsymbol{r},z=0)=u_0(\boldsymbol{r})=a_0\exp\left[-\frac{1}{W_0^2}|\boldsymbol{r}|^2-\frac{ik}{2F_0}|\boldsymbol{r}|^2\right] \tag{4-134}$$

光束假定在 $z=F_0$ 处汇聚。光束强度定义为

$$I(\boldsymbol{r},z)=|u(\boldsymbol{r},z)|^2 \tag{4-135}$$

为了便于透射率的计算，假设光束强度具有归一化形式：

$$\int_{\mathbb{R}^2}\mathrm{d}^2\boldsymbol{r}I(\boldsymbol{r},z)=1 \tag{4-136}$$

根据式（4-59），该归一化形式在任意传输距离 z 处都能够得到满足。因此，在归一化的

假设下，式（4-134）中 $a_0=\sqrt{\frac{2}{\pi W_0^2}}$。这样，在距离发射光圈 $z=L$ 的接收光圈处，信道的透射率可以表示为

$$T=\int_{\mathcal{A}}\mathrm{d}^2\boldsymbol{r}I(\boldsymbol{r},L) \tag{4-137}$$

高斯光束在传播路径上受到湍流扰动。假设这些扰动导致光束漂移和光束轮廓变形为椭圆形式。在湍流较弱的情况下这种假设是合理的，因为光斑轮廓没有起到必要的作用。对于强湍流，光束形状是许多小的空间平均变形的结果。引入光强度在垂直于光传播方向的横截面上的傅里叶变换：

$$C(\boldsymbol{k},z)=\int_{\mathbb{R}^2}\mathrm{d}^2\boldsymbol{r}I(\boldsymbol{r},z)\mathrm{e}^{i\boldsymbol{k}\cdot\boldsymbol{r}} \tag{4-138}$$

其中，$\boldsymbol{k}\cdot\boldsymbol{r}$ 为两矢量的标量积。类似于概率论中的累积展开，有

$$\ln C(\boldsymbol{k},z)=i\boldsymbol{k}\cdot\boldsymbol{r}_0-\frac{1}{8}\boldsymbol{k}^{\mathrm{T}}\boldsymbol{S}\boldsymbol{k}+\cdots \tag{4-139}$$

其中，$\boldsymbol{r}_0=\int_{\mathbb{R}^2}\mathrm{d}^2\boldsymbol{r}\boldsymbol{r}I(\boldsymbol{r},z)$ 为光斑位置，

$$\boldsymbol{S}=\begin{bmatrix}S_{xx} & S_{xy}\\ S_{xy} & S_{yy}\end{bmatrix}=4\int_{\mathbb{R}^2}\mathrm{d}^2\boldsymbol{r}\left[(\boldsymbol{r}-\boldsymbol{r}_0)(\boldsymbol{r}-\boldsymbol{r}_0)^{\mathrm{T}}\right]I(\boldsymbol{r},z) \tag{4-140}$$

为光斑形状矩阵。在椭圆近似下，假设在光圈平面内展开式（4-139）截断到第二项，然后把它代入到式（4-138）的逆傅里叶变换中，有

$$I(\boldsymbol{r},z)=\frac{1}{(2\pi)^2}\int_{\mathbf{k}^2}\mathrm{d}^2\boldsymbol{k}C(\boldsymbol{k},z)\mathrm{e}^{-i\boldsymbol{k}\cdot\boldsymbol{r}} \tag{4-141}$$

因此，椭圆光束的强度可以计算为

$$I(\boldsymbol{r},z)=\frac{2}{\pi\sqrt{\det\boldsymbol{S}}}\exp\left[-2(\boldsymbol{r}-\boldsymbol{r}_0)^{\mathrm{T}}\boldsymbol{S}^{-1}(\boldsymbol{r}-\boldsymbol{r}_0)\right] \tag{4-142}$$

特别地，当光斑形状矩阵与单位矩阵成正比时，该表达式被简化为圆形高斯光束的强度。光斑形状矩阵 $\boldsymbol{S}$ 的两个本征值 W_1^2 和 W_2^2 对应于椭圆光束的两个半轴，它们与矩阵 $\boldsymbol{S}$ 的矩阵元的关系为

$$S_{xx}=W_1^2\cos^2\phi+W_2^2\sin^2\phi \tag{4-143}$$

$$S_{yy}=W_1^2\sin^2\phi+W_2^2\cos^2\phi \tag{4-144}$$

$$S_{xy}=\frac{1}{2}\left(W_1^2-W_2^2\right)\sin 2\phi \tag{4-145}$$

其中，$\phi\in[0,\pi/2]$ 为椭圆半轴 W_1 相对于光圈平面内 x 轴的夹角。集合 (W_1^2,W_2^2,ϕ) 能够确定椭圆所有可能的方向。图 4-8 示意了光圈平面内的椭圆光束模型。注意，上面的表述中并没有区分椭圆的长轴与短轴。W_1 对应于 $x'-y'$ 平面内经过一、三象限的轴，W_2 对应于 $x'-y'$ 平面内经过二、四象限的轴，W_1^2 和 W_2^2 的值无顺序。

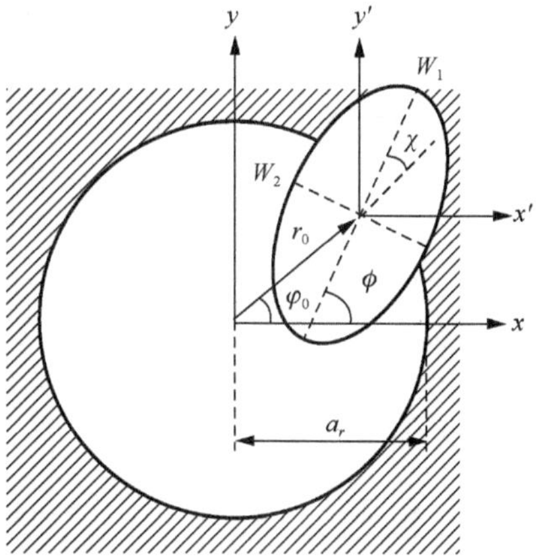

图 4-8　椭圆光束模型

注：椭圆轮廓为光圈平面内的光束轮廓。a_r 为光圈孔径半径。ϕ 为椭圆半轴 W_1 相对于光圈平面 x 轴的夹角，φ_0 为 $\boldsymbol{r}_0$ 相对于光圈平面 x 轴的夹角，$\chi=\phi-\varphi_0$ 为椭圆半轴 W_1 相对于 $\boldsymbol{r}_0$ 的夹角。

将式（4-142）代入式（4-137），并考虑光斑形状矩阵 $\boldsymbol{S}$ 的结构，以及式（4-143）～式（4-145），可以得到透射率

$$T=\frac{2}{\pi W_1 W_2}\int_0^{a_r}\mathrm{d}r r\int_0^{2\pi}\mathrm{d}\varphi \mathrm{e}^{-2A_1(r\cos\varphi-r_0)^2}\ \mathrm{e}^{-2A_2 r^2\sin^2\varphi}\mathrm{e}^{-2A_3(r\cos\varphi-r_0)r\sin\varphi} \tag{4-146}$$

其中，r 和 φ 为矢量 $\boldsymbol{r}$ 的极坐标且有 $x=r\cos\varphi$ 和 $y=r\sin\varphi$，r_0 和 φ_0 为矢量 $\boldsymbol{r}_0$ 的极坐标且有 $x_0=r_0\cos\varphi_0$ 和 $y_0=r_0\sin\varphi_0$，$A_1=\left(\frac{\cos^2(\phi-\varphi_0)}{W_1^2}+\frac{\sin^2(\phi-\varphi_0)}{W_2^2}\right)$，$A_2=\left(\frac{\sin^2(\phi-\varphi_0)}{W_1^2}+\frac{\cos^2(\phi-\varphi_0)}{W_2^2}\right)$，$A_3=\left(\frac{1}{W_1^2}-\frac{1}{W_2^2}\right)\sin 2(\phi-\varphi_0)$，$\phi$ 定义为模 $\frac{\pi}{2}$ 以使得 T 为 ϕ 的 $\frac{\pi}{2}$ 周期函数。对于给定的角度 $\chi=\phi-\varphi_0$，透射率 T 随 r_0 的变化规律类似具有一定有效光斑半径 $W_{\mathrm{eff}}(\chi)$ 的圆形高斯光束的透射率。因此，利用在光束漂移模型中的近似方法，有

$$T=T_0\exp\left\{-\left[\frac{r_0/a_r}{\bar{R}\left(\frac{2}{W_{\mathrm{eff}}(\phi-\varphi_0)}\right)}\right]^{\bar{\lambda}\left(\frac{2}{W_{\mathrm{eff}}(\phi-\varphi_0)}\right)}\right\} \tag{4-147}$$

这里 T_0 为 $r_0=0$ 时的透射率，$\bar{R}(\xi)$ 为尺度参数且

$$\bar{R}(\xi)=\left[\ln\left(2\frac{1-\exp\left[-\frac{1}{2}a_r^2\xi^2\right]}{1-\exp\left[-a_r^2\xi^2\right]I_0\left(a_r^2\xi^2\right)}\right)\right]^{-\frac{1}{\bar{\lambda}(\xi)}} \tag{4-148}$$

$\lambda(\xi)$为形状参数且

$$\bar{\lambda}(\xi)=2a_r^2\xi^2\frac{\mathrm{e}^{-a_r^2\xi^2}I_1\left(a_r^2\xi^2\right)}{1-\exp\left[-a_r^2\xi^2\right]I_0\left(a_r^2\xi^2\right)}\times\left[\ln\left(2\frac{1-\exp\left[-\frac{1}{2}a_r^2\xi^2\right]}{1-\exp\left[-a_r^2\xi^2\right]I_0\left(a_r^2\xi^2\right)}\right)\right]^{-1} \tag{4-149}$$

T_0 可以通过令式（4-147）中光束中心坐标 $r_0=0$ 计算得到，其表达式为

$$T_0=1-I_0\left(a_r^2\frac{W_1^2-W_2^2}{W_1^2W_2^2}\right)\mathrm{e}^{-a_r^2\frac{W_1^2+W_2^2}{W_1^2W_2^2}}-2\left[1-\mathrm{e}^{-\frac{a_r^2}{2}\left(\frac{1}{W_1}-\frac{1}{W_2}\right)}\right]\times\exp\left[-\left\{\frac{\frac{\left(W_1+W_2\right)^2}{\left|W_1^2-W_2^2\right|}}{\bar{R}\left(\frac{1}{W_1}-\frac{1}{W_2}\right)}\right\}^{\bar{\lambda}\left(\frac{1}{W_1}-\frac{1}{W_2}\right)}\right] \tag{4-150}$$

对于 $W_{\mathrm{eff}}(\chi)$，有

$$W_{\mathrm{eff}}^2(\chi)=4a_r^2\left[\mathcal{W}\left(\frac{4a_r^2}{W_1W_2}\mathrm{e}^{\frac{a_r^2}{W_1^2}\left\{1+2\cos^2\chi\right\}}\mathrm{e}^{\frac{a_r^2}{W_2^2}\left\{1+2\sin^2\chi\right\}}\right)\right]^{-1} \tag{4-151}$$

详细计算过程可参考文献[55]。当 $W_1^2=W_2^2$ 时，式（4-147）简化为式（4-124）。

根据式(4-147)，椭圆光束在光圈平面上的任意光斑都由 5 个参数 $\left(x_0,y_0,W_1^2,W_2^2,\phi\right)$ 唯一描述。当光束穿过湍流大气时，这些参数是随机变化的。光束路径上的每一部分都对这些值有略微的贡献。需要注意的是，这些参数之间可能相互关联。这些参数的分布可以通过高斯近似得到[55]。

光束中心位置 $\boldsymbol{r}_0$，即参数 x_0 和 y_0 的随机波动，会导致光束漂移。这些参数可以认为是在传播过程中受加性噪声的影响。受到的大量的小的附加噪声贡献使得光束中心位置的分布可以使用高斯近似，正如前面提到的光束漂移信道模型那样，光束中心位置 (x_0,y_0)浮动的分布为二维高斯分布。x_0 和 y_0 的方差描述了光束漂移的强度，可以用经典的四阶场相关函数表示。在 $\langle\boldsymbol{r}_0\rangle=0$ 的参考系中及高斯近似情况下，有

$$\left\langle \Delta x_0^2 \right\rangle = \left\langle \Delta y_0^2 \right\rangle = \left\langle x_0^2 \right\rangle = \int_{\mathbb{R}^4} \mathrm{d}^4 \boldsymbol{r} x_1 x_2 \Gamma_4 \left(\boldsymbol{r}_1, \boldsymbol{r}_2, L\right) \tag{4-152}$$

其中，$\Gamma_4\left(\boldsymbol{r}_1, \boldsymbol{r}_2, L\right)$ 为四阶场相关函数，$\mathrm{d}^4 \boldsymbol{r} = \mathrm{d}^2 \boldsymbol{r}_1 \mathrm{d}^2 \boldsymbol{r}_2$。

同样地，对于角度 ϕ，这个参数也可以被认为是受大量小的附加噪声贡献的影响。但一个重要的区别是，角度 ϕ 是一个以 $\frac{\pi}{2}$ 为周期的变量。因此，在这种情况下应该使用缠绕高斯分布：

$$\rho(\phi) = \frac{1}{\sqrt{2\pi}\sigma_\phi} \sum_{k=-\infty}^{+\infty} \exp\left[-\frac{\left(\phi - \mu_\phi + \frac{\pi}{2}k\right)^2}{2\sigma_\phi^2}\right] \tag{4-153}$$

其中，μ_ϕ 为平均角度；σ_ϕ^2 为非缠绕方差。如果 $\sigma_\phi^2 \to \infty$，则上述概率密度函数变为均匀分布的概率密度。假设大气湍流是各向同性的且 $\left\langle \boldsymbol{r}_0 \right\rangle = \boldsymbol{0}$，则在 z=L 的光圈平面内，将场的强度 $I(\boldsymbol{r}, L)$ 用概率密度函数 $\rho[I(\boldsymbol{r}, L)]$ 表征，上述假设意味着 $\rho[I(O\boldsymbol{r}, L)] = \rho[I(\boldsymbol{r}, L)]$，其中 O 代表 $O(2)$群。注意，在各向同性湍流的假设下，概率密度 $\rho(\phi)$ 不依赖参考系的选择，即对于任意角度 ϕ_r，$\rho(\phi + \phi_r) = \rho(\phi)$。这只在均匀分布时才成立，也就是说此时可认为 $\sigma_\phi^2 \to +\infty$。因此，基于上述假设，角度 ϕ 的缠绕高斯分布退化为均匀分布，从而 ϕ 和其他 4 个参数的相关性消失。

对于参数 $W_i^2\ (i = 1,2)$，假设大气信道被分为 N 个小部分，每一个小的第 k 部分都可乘性地以因子 $\mho_i^k$ 改变 W_i^2 的值，因此，在 z=L 处的光圈平面内，W_i^2 的值变为 $W_i^2 = W_0^2 \prod_{k=1}^{N} \mho_i^k$。在 N 很大的情况下，W_i^2 的分布可以近似假定为对数正态分布。引入随机参数

$$\Theta_i = \ln \frac{W_i^2}{W_0^2} \tag{4-154}$$

其中，W_0 为初始光斑半径。在现有的模型框架中，参数 $\Theta_i\ (i = 1,2)$将变为一个二维高斯分布。需要参数 Θ_1 和 Θ_2 的均值和（协）方差来完全描述它们。它们的均值和（协）方差与 W_i^2 的均值和方差存在如下关系

$$\left\langle \Theta_i \right\rangle = \ln\left[\frac{\left\langle W_i^2 \right\rangle}{W_0^2}\left(1 + \frac{\left\langle \left(\Delta W_i^2\right)^2 \right\rangle}{\left\langle W_i^2 \right\rangle^2}\right)^{-1/2}\right] \tag{4-155}$$

$$\left\langle \Delta\Theta_i \Delta\Theta_j \right\rangle = \ln\left[1 + \frac{\left\langle \Delta W_i^2 \Delta W_j^2 \right\rangle}{\left\langle W_i^2 \right\rangle \left\langle W_j^2 \right\rangle}\right] \tag{4-156}$$

通常，估计 $\left\langle W_i^2 \right\rangle$ 和 $\left\langle \Delta W_i^2 \Delta W_j^2 \right\rangle$ 是相当困难的，然而，高斯性和各向同性的假设使我们

能够将这些量以易于处理的形式表示为

$$\left\langle W_i^2\right\rangle = 4\left[\int_{\mathbb{R}^2} \mathrm{d}^2 \boldsymbol{r} x^2 \Gamma_2(\boldsymbol{r},L) - \left\langle x_0^2\right\rangle\right] \tag{4-157}$$

$$\begin{aligned}\left\langle \Delta W_i^2 \Delta W_j^2\right\rangle = 8\Big\{&-8\delta_{ij}\left\langle x_0^2\right\rangle^2 - \left\langle x_0^2\right\rangle\left\langle W_i^2\right\rangle \\ &+\int_{\mathbb{R}^4}\mathrm{d}^4\boldsymbol{r}\left[x_1^2x_2^2\left(4\delta_{ij}-1\right)-x_1^2y_2^2\left(4\delta_{ij}-3\right)\right]\Gamma_4\left(\boldsymbol{r}_1,\boldsymbol{r}_2,L\right)\Big\}\end{aligned} \tag{4-158}$$

其中，$\Gamma_2(\boldsymbol{r},L)$为二阶场相关函数。

通过上面的分析可知，为了得到参数$\left(x_0,y_0,W_1^2,W_2^2\right)$的均值与方差，关键是能够得到经典的二阶和四阶场相关函数$\Gamma_2(\boldsymbol{r},L)$和$\Gamma_4\left(\boldsymbol{r}_1,\boldsymbol{r}_2,L\right)$。利用 Huygens-Kirchhoff 方法的相位近似，折射率浮动的功率谱采用式（4-37）的 Kolmogorov 谱，可求得二阶和四阶相关函数的表达式，将它们代入式（4-152），可得到光束漂移方差$\left\langle x_0^2\right\rangle$的结果。详细的结算过程可参考文献[55]。

对于弱湍流：

$$\left\langle x_0^2\right\rangle = 0.94C_n^2L^3W_0^{-\frac{1}{3}} = 0.33W_0^2\sigma_R^2\Omega^{-\frac{7}{6}} \tag{4-159}$$

对于强湍流：

$$\left\langle x_0^2\right\rangle = 1.78C_n^{\frac{8}{5}}L^{\frac{37}{15}}k^{-\frac{1}{15}} = 0.75W_0^2\sigma_R^{\frac{8}{5}}\Omega^{-1} \tag{4-160}$$

这里，

$$\Omega = \frac{kW_0^2}{2L} \tag{4-161}$$

基于得到的光束漂移方差$\left\langle x_0^2\right\rangle$，以及式（4-157）和式（4-158），可进一步推导$\left\langle W_i^2\right\rangle$和$\left\langle \Delta W_i^2\Delta W_j^2\right\rangle$的值，详细计算过程请参考文献[55]。对于弱湍流：

$$\left\langle W_{1/2}^2\right\rangle = \frac{W_0^2}{\Omega^2} + 2.96W_0^2\sigma_R^2\Omega^{-\frac{7}{6}} \tag{4-162}$$

$$\left\langle\left(\Delta W_{1/2}^2\right)^2\right\rangle = 1.2W_0^4\sigma_R^2\Omega^{-\frac{19}{6}} + 0.17W_0^4\sigma_R^4\Omega^{-\frac{7}{3}} \tag{4-163}$$

$$\left\langle \Delta W_1^2\Delta W_2^2\right\rangle = -0.8W_0^4\sigma_R^2\Omega^{-\frac{19}{6}} - 0.05W_0^4\sigma_R^4\Omega^{-\frac{7}{3}} \tag{4-164}$$

弱湍流的相关函数为负，即椭圆的形状发生形变时，沿椭圆半轴的波束宽度的增加导致与之垂直的另一方向的波束宽度的减小。对于强湍流：

$$\left\langle W_{1/2}^2\right\rangle = \tilde{\Omega}W_0^2 + 1.71W_0^2\sigma_R^{\frac{12}{5}}\Omega^{-1} - 2.99W_0^2\sigma_R^{\frac{8}{5}}\Omega^{-1} \tag{4-165}$$

$$\left\langle\left(\Delta W_{1/2}^2\right)^2\right\rangle = 13.14\tilde{\Omega}W_0^4\sigma_R^{\frac{12}{5}}\Omega^{-1} \tag{4-166}$$

$$\left\langle \Delta W_1^2 \Delta W_2^2 \right\rangle = 0.65\tilde{\Omega} W_0^4 \sigma_R^{\frac{12}{5}} \Omega^{-1} \tag{4-167}$$

其中，$\tilde{\Omega} = (1+\Omega^2)/\Omega^2$。与弱湍流情况相比，相关函数是正的，即椭圆光束轮廓的形状是这样变形的，沿椭圆半轴的光束宽度的增加导致与之垂直的另一方向的宽度也增加。有了这些结果，就可以进一步得到参数$\Theta_i\,(i=1,2)$的均值和（协）方差。他们的结果列在了表 4-3 中。需要特别强调的是，以上推导结果假设大气信道为水平大气链路，折射率结构常数C_n^2为定值，若对于倾斜或者垂直的大气链路，则需要考虑C_n^2随海拔的变化。同时，折射率浮动的功率谱假设为 Kolmogorov 谱，选择其他功率谱时可按照上面的方法重新计算各项的结果。

由此，透射率T将是 5 个随机参数$(x_0, y_0, \Theta_1, \Theta_2, \phi)$的函数，其中$x_0$和$y_0$服从高斯分布，$\Theta_i$服从二维高斯分布，$\phi$服从均匀分布。在各向同性大气湍流以及$\langle \boldsymbol{r}_0 \rangle = 0$的假设下，$\phi$与其他 4 个参数之间没有相关性，$\Theta_i$与$x_0$、$y_0$之间的相关性也消失。引入向量$\boldsymbol{v} = (x_0, y_0, \Theta_1, \Theta_2)$，则其均值$\bar{\boldsymbol{v}} = (0, 0, \langle\Theta_1\rangle, \langle\Theta_2\rangle)$，协方差矩阵为

$$\boldsymbol{\Sigma} = \begin{bmatrix} \langle x_0^2 \rangle & 0 & 0 & 0 \\ 0 & \langle y_0^2 \rangle & 0 & 0 \\ 0 & 0 & \langle \Theta_1^2 \rangle & \langle \Theta_1 \Theta_2 \rangle \\ 0 & 0 & \langle \Theta_1 \Theta_2 \rangle & \langle \Theta_2^2 \rangle \end{bmatrix} \tag{4-168}$$

表 4-3 协方差矩阵 $\boldsymbol{\Sigma}$ 的矩阵参数

矩阵参数	弱湍流
$\langle \Theta_{1/2} \rangle$	$\ln\left[\dfrac{\left(1+2.96\sigma_R^2\Omega^{\frac{5}{6}}\right)^2}{\Omega^2\sqrt{\left(1+2.96\sigma_R^2\Omega^{\frac{5}{6}}\right)^2+1.2\sigma_R^2\Omega^{\frac{5}{6}}}}\right]$
$\langle \Delta x_0^2 \rangle$、$\langle \Delta y_0^2 \rangle$	$0.33W_0^2\sigma_R^2\Omega^{-\frac{7}{6}}$
$\langle \Delta\Theta_{1/2}^2 \rangle$	$\ln\left[1+\dfrac{1.2\sigma_R^2\Omega^{\frac{5}{6}}}{\left(1+2.96\sigma_R^2\Omega^{\frac{5}{6}}\right)^2}\right]$
$\langle \Delta\Theta_1 \Delta\Theta_2 \rangle$	$\ln\left[1-\dfrac{0.8\sigma_R^2\Omega^{\frac{5}{6}}}{\left(1+2.96\sigma_R^2\Omega^{\frac{5}{6}}\right)^2}\right]$
矩阵参数	强湍流
$\langle \Theta_{1/2} \rangle$	$\ln\left[\dfrac{\left(\tilde{\Omega}+1.71\sigma_R^{\frac{12}{5}}\Omega^{-1}-2.99\sigma_R^{\frac{8}{5}}\Omega^{-1}\right)^2}{\sqrt{\left(\tilde{\Omega}+1.71\sigma_R^{\frac{12}{5}}\Omega^{-1}-2.99\sigma_R^{\frac{8}{5}}\Omega^{-1}\right)^2+3.24\tilde{\Omega}\sigma_R^{\frac{12}{5}}\Omega^{-1}}}\right]$

续表

矩阵参数	强湍流
$\langle \Delta x_0^2 \rangle$、$\langle \Delta y_0^2 \rangle$	$0.75W_0^2\sigma_R^{\frac{8}{5}}\Omega^{-1}$
$\langle \Delta \Theta_{1/2}^2 \rangle$	$\ln\left[1+\dfrac{13.14\tilde{\Omega}\sigma_R^{12/5}\Omega^{-1}}{\left(\tilde{\Omega}+1.71\sigma_R^{\frac{12}{5}}\Omega^{-1}-2.99\sigma_R^{\frac{8}{5}}\Omega^{-1}\right)^2}\right]$
$\langle \Delta \Theta_1 \Delta \Theta_2 \rangle$	$\ln\left[1+\dfrac{0.65\tilde{\Omega}\sigma_R^{12/5}\Omega^{-1}}{\left(\tilde{\Omega}+1.71\sigma_R^{\frac{12}{5}}\Omega^{-1}-2.99\sigma_R^{\frac{8}{5}}\Omega^{-1}\right)^2}\right]$

表 4-3 列出了协方差矩阵$\boldsymbol{\Sigma}$的矩阵参数的结果。基于上述假设，透射率T的概率分布可以估计为

$$\mathcal{P}(T)=\frac{2}{\pi}\int_{\mathbb{R}^4}\mathrm{d}^4\boldsymbol{v}\int_0^{\pi/2}\mathrm{d}\phi\rho_G(\boldsymbol{v};\overline{\boldsymbol{v}},\boldsymbol{\Sigma})\delta[T-T(\boldsymbol{v},\phi)] \tag{4-169}$$

其中，$T(\boldsymbol{v},\phi)$为式（4-147）定义的以随机参数为函数的透射率；$\rho_G(\boldsymbol{v};\overline{\boldsymbol{v}},\boldsymbol{\Sigma})$为均值为$\overline{\boldsymbol{v}}$协方差为$\boldsymbol{\Sigma}$的矢量$\boldsymbol{v}$的高斯概率密度函数。直接计算式（4-169）的解析表达式比较困难，但是可以根据式（4-147）利用蒙特卡罗仿真方法得到透射率T的概率密度函数估计。为此，需要生成高斯随机向量$\boldsymbol{v}$和均匀分布随机变量ϕ的仿真数据。可以根据已经得到的向量$\boldsymbol{v}$的均值和协方差，生成服从瑞利分布的r_0、服从均匀分布的角度χ（因为φ_0也服从均匀分布）及服从高斯分布的Θ_i，并将所得的数据代入式（4-147）。再通过 smooth-kernel 方法[56]得到透射率T的概率密度分布的数值估计。图 4-9 显示了文献[55]的实验和仿真结果，该图证明了椭圆光束模型的有效性。注意，由于前面的讨论没有算上大气的吸收和散射。因此，最终透射率T的概率密度分布中的T还需要乘以吸收和散射损耗τ_{ext}进行缩放。

注意，由于中到强湍流情况下矢量$\boldsymbol{v}$的均值$\overline{\boldsymbol{v}}$和协方差$\boldsymbol{\Sigma}$的估计仍然存在问题，因此椭圆光束模型目前只适用于弱、弱到中，以及强湍流情况下的大气自由空间量子信道建模。文献[55]利用椭圆光束信道模型预测的透射率概率密度函数与实验结果进行比较，发现该模型相较于对数负模型能够更好地符合实际。同时，椭圆模型的 PDT 在非物理区域$T>1$中不会获得非零值，但是对数正态分布则会。因此，椭圆光束信道模型给出了物理上一致的结果，而对数正态分布可能产生非物理的假象，如大气产生光子[57]。这些人为因素可能会导致对量子通信协议安全性的过高估计。此外，在某些情况下，跟踪系统可以抑制光束漂移[58-59]。在这种情况下，光束漂移模型不再适用，但椭圆光束信道模型仍是适用的。

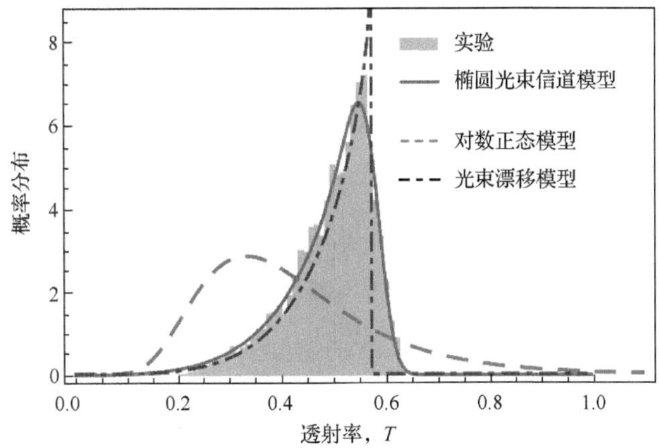

图 4-9　椭圆光束信道模型、对数正态模型、光束漂移模型及实验获得的大气信道概率分布

注：仿真参数如下。波长为 809nm，$W_0 = 20\text{mm}$，传输距离为 1.6km，Rytov 方差 $\sigma_R^2 = 1.5$，接收孔径半径 $a_r = 40\text{mm}$，衰减为 1.25dB。

4.2.5　全概率信道模型

前面提到的椭圆光束信道模型能够在弱、弱到中和强大气湍流等较多情况下使用，但是它需要详细计算统计参数，而这一任务的难度在中等强度湍流的情况下增加。而且，该模型在相对较短的传播距离下与实验数据吻合得比较好，但对于长距离信道，需要重新考虑统计假设。为了克服这一问题，Vasylyev 等[60]引入了一种新的解决方法，该方法的主要思想是应用全概率定律来分离光束漂移和光束畸变的贡献。所得的 PDT 描述了几乎所有初始光束为高斯光束的大气信道。该方法十分依赖二阶和四阶经典场相关函数的获得。但是，场相关函数的计算需要应用所涉及的数值方法，这并非在所有情况下都能正常运用。因此，他们提出了一个近似方法，即假设相对较弱的贡献来自光束漂移，这样得到的 PDT 就只取决于 4 个参数：透射率的一阶和二阶矩 $\langle T\rangle$ 和 $\langle T^2\rangle$，光束漂移方差 σ_{BW}^2，瞬态光斑半径 W_{ST}。这些参数与二阶和四阶场相关函数有关，不过它们的确定需要的计算资源更少。此外，将光束漂移的贡献分离，可以推导出适用于具有光束跟踪过程的 PDT。

场相关函数对于描述大气量子信道至关重要，根据式（4-137），信道透射率的一阶和二阶矩与场相关函数的关系为

$$\langle T\rangle = \int_{\mathcal{A}} \mathrm{d}^2\boldsymbol{r}\,\Gamma_2(\boldsymbol{r},L) \tag{4-170}$$

$$\langle T^2\rangle = \int_{\text{A}} \mathrm{d}^2\boldsymbol{r}_1 \int_{\text{A}} \mathrm{d}^2\boldsymbol{r}_2\,\Gamma_4(\boldsymbol{r}_1,\boldsymbol{r}_2,L) \tag{4-171}$$

根据以上两式，还可以计算透射率方差：

$$\left\langle(\Delta T)^2\right\rangle = \langle T^2\rangle - \langle T\rangle^2 \tag{4-172}$$

以及进一步计算经典大气光学中的孔径平均闪烁指数：

$$\sigma_T^2 = \frac{\left\langle (\Delta T)^2 \right\rangle}{\langle T \rangle^2} = \frac{\langle T^2 \rangle - \langle T \rangle^2}{\langle T \rangle^2} \tag{4-173}$$

光束漂移的方差与场的四阶相关函数有关，它可以表示为

$$\sigma_{\mathrm{BW}}^2 = \int_{\mathbb{R}^4} \mathrm{d}\boldsymbol{r}_1 \mathrm{d}\boldsymbol{r}_2 x_1 x_2 \Gamma_4\left(\boldsymbol{r}_1, \boldsymbol{r}_2, L\right) \tag{4-174}$$

进一步，结合场的二阶相关函数，可以求得瞬态光斑半径：

$$W_{\mathrm{ST}}^2 = 4\left[\int_{\mathbb{R}^2} \mathrm{d}\boldsymbol{r} x^2 \Gamma_2(\boldsymbol{r}, L) - \sigma_{\mathrm{BW}}^2\right] \tag{4-175}$$

在传输距离较短和湍流较弱的情况下，光束漂移效应对得到的统计结果的贡献占主导地位。在这种情况下，PDT 明显不同于截断的对数正态分布，并具有对数负威布尔分布的形式。

在分析全概率模型之前，首先简单回顾一下辐照度的对数正态分布。事实上，这种分布最初用于描述给定空间点上的随机光束强度：

$$I(0) = \lim_{\mathcal{A} \to 0} \frac{T(\mathcal{A})}{\mathcal{A}} \tag{4-176}$$

与透射率 $T \in [0,1]$ 不同的是，强度 $I(0)$ 可以达到任意大的值。因此，在适用的传输场景下，T 的对数正态分布在 T=1 处必须截断。在描述椭圆光束信道模型时，已经分析对于一些传输长度较长或湍流较强的情况，与光束漂移的影响相比，光束光斑畸变的影响明显主导了结果统计。在这种情况下，PDT 可以用截断的对数正态分布以合理的精度近似：

$$\begin{aligned}\mathcal{P}(T) &= \mathcal{P}(T;\mu,\sigma) \\ &= \begin{cases} \dfrac{1}{\mathcal{F}(1)} \dfrac{1}{\sqrt{2\pi} T \sigma} \exp\left[-\dfrac{(\ln T + \mu)^2}{2\sigma^2}\right], & T \in [0,1] \\ 0, & \text{其他} \end{cases}\end{aligned} \tag{4-177}$$

其中，$\mathcal{F}(1)$ 为对数正态分布在 $T=1$ 处的累积函数。参数 μ 和 σ 可以近似表示为

$$\mu = \mu\left(\langle T \rangle, \left\langle T^2 \right\rangle\right) \approx -\ln\left[\frac{\langle T \rangle^2}{\sqrt{\left\langle T^2 \right\rangle}}\right] \tag{4-178}$$

$$\sigma = \sigma\left(\langle T \rangle, \left\langle T^2 \right\rangle\right) \approx \sqrt{\ln\left[\frac{\left\langle T^2 \right\rangle}{\langle T \rangle^2}\right]} \tag{4-179}$$

这里和下面的近似符号是用来表示截断对数正态分布的精确表达式被替换为标准对数正态分布的相应表达式。在这种情况下，当 $\mathcal{P}(1;\mu,\sigma)$ 极小的时候，参数 μ 和 σ 的近似表达式几乎是精确的。需要注意的是，$\langle T \rangle$ 和 $\left\langle T^2 \right\rangle$ 包含孔径的有限大小。不正确地使用上述这些规律和不恰当的截断可能会导致非物理效应，例如，通过大气湍流创造光子[48]。

图 4-10 是相对于开口半径为 a 的光圈的光束剖面示意图。

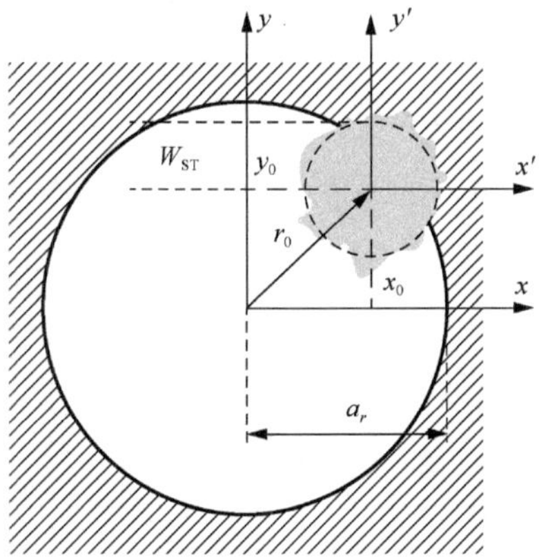

图 4-10 相对于开口半径为 a 的光圈的光束剖面示意图

由图 4-10 可知，由于光束漂移，光束中心相对于光圈中心发生位移，其位置由 r_0 给出。跟踪坐标系统(x',y')的原点为光束中心。

截断对数正态分布和光束漂移模型是两种极端情况，不能描述光在湍流大气中传播的所有可能情况。引入椭圆光束信道模型是为了描述光束漂移以外的其他影响。椭圆光束信道模型充分地描述了弱到中等湍流范围内的情况，对于强湍流，它表现出类似于截断对数正态分布的行为。然而，给定形式的椭圆光束近似在某些重要的情况下并不起作用，如在大气信道中长距离传播。在这种情况下，椭圆光束信道模型得到的透射率的一阶和二阶矩可能与式（4-170）和式（4-171）有很大的不同。

激光辐射在大气湍流中的长距离传播将导致光束相干性的降低、波前畸变和光束振幅和相位的波动。又由于光束的漂移，因此更符合实际的情况是发射的光束在接收器孔径处的强度分布具有不规则的形式，并且随机偏移。孔径透射率公式（4-137）的浮动明显地取决于瞬时光束轮廓及其中心相对于光圈中心的位置。弱透射光束剖面可以有任意的形式，则这种观察有助于推导 PDT。如果将光束漂移和光束光斑畸变的贡献分开考虑，利用全概率定律，PDT 可以写为

$$\mathcal{P}(T)=\int_{\mathbb{R}^2}\mathrm{d}^2\boldsymbol{r}_0 P(T\mid\boldsymbol{r}_0)\rho(\boldsymbol{r}_0) \tag{4-180}$$

其中，分布 $\rho(\boldsymbol{r}_0)$ 为光束漂移的贡献且假设具有如下正态分布形式：

$$\rho(\boldsymbol{r}_0)=\frac{1}{2\pi\sigma_{\mathrm{BW}}^2}\exp\left[-\frac{\boldsymbol{r}_0^2}{2\sigma_{\mathrm{BW}}^2}\right] \tag{4-181}$$

光束光斑畸变的贡献合并到了条件概率 $P(T\mid\boldsymbol{r}_0)$ 中[60]。$P(T\mid\boldsymbol{r}_0)$ 可以理解为光束全部跟踪对准到了距光圈中心的 $\boldsymbol{r}_0$ 处。事实上，式（4-180）类似于椭圆光束近似的方法，即 $P(T\mid\boldsymbol{r}_0)$ 是假设光束经过大气层后，在距离光圈中心 $\boldsymbol{r}_0$ 的距离下，以随机椭圆的形式偏转得到的分布。这个分布可以用被截断的对数正态分布很好地逼近[55]，即

$$P(T|\boldsymbol{r}_0)\approx\mathcal{P}\left(T;\mu_{r_0},\sigma_{r_0}\right) \tag{4-182}$$

其中

$$\mu_{r_0}\approx\mu\left(\langle T\rangle_{r_0},\left\langle T^2\right\rangle_{r_0}\right),\quad \sigma_{r_0}\approx\sigma\left(\langle T\rangle_{r_0},\left\langle T^2\right\rangle_{r_0}\right) \tag{4-183}$$

这里，一个开放的问题是，截断的对数正态分布在$T\approx1$的尾部行为[55]。参数μ_{r_0}和σ_{r_0}唯一地定义了截断对数正态分布式（4-182）。这个分布可以用来在式（4-180）中获得基于全概率定律的 PDT。根据文献[60]的推导，我们可以得到对于截断的对数正态分布式（4-182）的参数的明确的表达式，即

$$\mu_{r_0}\approx-\ln\left[\frac{T_0^2}{\zeta_0}\right]+\left(\frac{r_0}{R}\right)^{\lambda} \tag{4-184}$$

$$\sigma_{r_0}\approx\sqrt{\ln\left[\frac{\zeta_0^2}{T_0^2}\right]} \tag{4-185}$$

确定了参数μ_{r_0}和σ_{r_0}，则条件 PDT $P(T|\boldsymbol{r}_0)$可以被唯一确定，进一步可以通过全概率定律得到大气量子信道的 PDT。得到 PTD 的相应的步骤总结如下。

（1）通过式（4-170）、式（4-171）、式（4-174）和式（4-175）计算参数$\langle T\rangle$、$\left\langle T^2\right\rangle$、$\sigma_{\mathrm{BW}}^2$和$W_{\mathrm{ST}}^2$，所需要的相关函数可以参考文献[55]。

（2）通过蒙特卡罗仿真方法可以数值计算信道 PDT，即积分式（4-180）。首先，模拟N个矢量$\boldsymbol{r}_0$的值，获得的值$[r_0]_i\,(i=1,2,\cdots,N)$根据式（4-181）得到的均值为 0，方差为$\sigma_{\mathrm{BW}}^2$的正态分布随机数。然后将矢量$\boldsymbol{r}_0$的值代入式（4-184），得到一个含有$N$个$[\mu_{r_0}]_i$值的集合。最后，$\sigma_{r_0}$根据式（4-185）求得。

（3）PDT 可以根据模拟的值$[\mu_{r_0}]_i$和σ_{r_0}得到：

$$\mathcal{P}(T)\approx\frac{1}{N}\sum_{i=1}^{N}\mathcal{P}\left(T;\left[\mu_{r_0}\right]_i,\sigma_{r_0}\right) \tag{4-186}$$

其中，$\mathcal{P}(T;\mu,\sigma)$为式（4-177）给出的截断的对数正态分布。同样需要注意，最终的信道 PDT 还需要额外考虑大气消光的影响。

基于信道的特征，根据上述全概率信道模型得到的 PDT 以数学上正确的方式描述了 PDT 在对数负威布尔分布和截断对数正态分布之间的变化。需要注意的是，这里使用的相关函数是基于 Huygens-Kirchhoff 方法的相位近似得到的，该方法没有考虑场振幅的浮动。对于中等强度的湍流，振幅浮动的影响十分突出。因此，在这种情况下，计算相关函数更合适的近似方法为扩展的 Huygens-Fresnel 方法[61]或者光子分布函数方法[62-63]。此外，全概率方法的近似分析中假设光束漂移很小，当光束漂移方差增大时，在某些细节处 PDT 的误差可能会很大。因此，对于全概率信道模型的近似处理还有待改进。

4.2.6　多随机相位屏信道模型

光束漂移信道模型或者椭圆光束信道模型都是将大气信道看作弥散介质模型。事实上，除上述两个常用的大气自由空间量子信道模型外，也有一些研究者将大气信道近似成多个随机相位屏的级联，这种随机相位屏的信道模型在分析某些与相位相关的问题时具有优势，如基于轨道角动量的自由空间量子通信问题[64]。下面根据文献[65]详细介绍这一信道模型。

多随机相位屏模型将弥散于发射器和接收器之间的随机介质分成一系列厚度为 Δz 的等厚介质板，每块介质板对波相位有一个独立的随机贡献，但振幅基本上没有变化[65]。光波在许多介质板上的衍射使得振幅发生变化。这样，对于长度传输距离为 L 的大气信道，等厚介质板的块数为 $N_{\mathrm{p}}=\dfrac{L}{\Delta z}$。为了简化描述，将均匀介质看作由相同的均匀间距相位屏组成。这个条件不是必需的。事实上，对一种可能在传播方向上缓慢改变其统计特性的介质进行建模，非均匀间隔相位屏是一种理想的模拟介质，但是这样的介质通常难以用解析方法处理。因此，多随机相位屏信道模型的基本原理可以做如下描述：首先，初始光波使用角平面波谱法[66]通过 Δz 距离传播到第一相位屏；然后，随机相位屏代表通过传播距离累积的湍流效应，再乘以该位置的场；最后，在衍射的作用下，合成场传播到下一相位屏；重复上述步骤，直到到达最后的距离。

在上述假设下，需要计算相位变化的相关函数和空间谱，用于指定每个相位屏的统计信息。由于每个平板不允许衍射，因此可以把相位相关函数写成几何光学结果，即

$$B_\theta\left(\boldsymbol{r}_1,\boldsymbol{r}_2\right)=k^2\int\int_0^{\Delta z}\left\langle n_1\left(\boldsymbol{r}_1,z\right)n_1\left(\boldsymbol{r}_1,z'\right)\right\rangle \mathrm{d}z\mathrm{d}z'=k^2\Delta z A_n\left(\boldsymbol{r}_1-\boldsymbol{r}_2\right) \tag{4-187}$$

B_θ 是到达 $\boldsymbol{r}_1$ 和 $\boldsymbol{r}_2$ 两点的相位之间的相关性[65]。根据式（4-45），各屏的相位谱与折射率谱的关系为

$$\boldsymbol{\Phi}_\theta(\boldsymbol{\kappa})=2\pi k^2\Delta z\boldsymbol{\Phi}_n,\quad \kappa_z=0,\boldsymbol{\kappa} \tag{4-188}$$

每个随机相位屏通过滤波高斯白噪声方法产生，以获得所需的二阶统计量的随机场。首先，生成 $\mathcal{N}_p\times\mathcal{N}_p$ 个伪随机复数 $A_{jn}+\mathrm{i}B_{jn}$（$j,n=1,2,\cdots,\mathbb{N}_p$），$A_{jn}$ 和 B_{jn} 为相互独立的服从标准高斯分布的随机数。随后，将随机复数乘以量 $\Delta_K^{-1}\sqrt{\boldsymbol{\Phi}_\theta\left(j\Delta_K,n\Delta_K\right)}$ 并进行二维离散傅里叶变换（discrete Fourier transform，DFT），得到所需要的随机相位场 $\theta_1+\mathrm{i}\theta_2$。这里，$\Delta_K=2\pi/\mathcal{N}_p\Delta$ 为波数增量，Δ 为样本采样间隔。以上方法为每个变换产生两个相位屏，每个都有高斯统计和在相屏边缘连续的相位。因此，实际的应用中，可以只取其中一个相位屏来进行仿真分析，如取 θ_1。

光波场从一个屏到另一个屏的传播可以通过在波数谱域内令 $n_1(\boldsymbol{r},z)=0$ 求解式（4-59）来完成。令 $\mathcal{U}(\boldsymbol{\kappa},z)$ 为 $u(\boldsymbol{r},z)$ 的二维傅里叶变换，因此式（4-59）变换为

$$\frac{\partial \mathcal{U}(\boldsymbol{\kappa},z)}{\partial z}=-\mathrm{i}\frac{|\boldsymbol{\kappa}|^2}{2k}\mathcal{U}(\boldsymbol{\kappa},z) \tag{4-189}$$

上式的解为

$$\mathcal{U}(\boldsymbol{\kappa},z')=\mathcal{U}(\boldsymbol{\kappa},z)\exp\left[-\mathrm{i}\frac{|\boldsymbol{\kappa}|^2(z'-z)}{2k}\right] \tag{4-190}$$

因此，当光场$u(\boldsymbol{r},z-)$入射到位于z处的相位屏，光波在随机介质中传播$\Delta z=z'-z$距离的过程可以描述为$u(\boldsymbol{r},z)=u(\boldsymbol{r},z-)\exp[i\theta_1(\boldsymbol{r})]$； DFT 场$u(\boldsymbol{r},z)$到频域场$\mathcal{U}(\boldsymbol{\kappa},z)$；$\mathcal{U}(\boldsymbol{\kappa},z'-)=\mathcal{U}(\boldsymbol{\kappa},z)\exp\left[-\mathrm{i}\frac{|\boldsymbol{\kappa}|^2(z'-z)}{2k}\right]$；对$\mathcal{U}(\boldsymbol{\kappa},z'-)$逆 DFT 得到$u(\boldsymbol{r},z'-)$。在所有屏上重复上述过程，直到到达接收器的观察平面。更详细的分析和仿真请读者参考文献[65]。可以看到，这种算法是对光波散射分析的路径积分法的离散模拟，因此，在有限屏尺寸和采样间隔的限制条件下，它是抛物近似波方程的精确解。

4.2.7 不同天气情况下的更多考虑

在前面所提到的大气自由空间量子信道模型的分析中其实还忽略了一个问题，那就是天气因素的影响。对于晴朗的天气，可以认为散射造成的光束展宽不会太明显，使得被散射部分的光波的传播仍然适用于傍轴近似方法。然而，一旦天气条件恶化，如有雾霾或者雨，散射造成的光束展宽将变得更加明显，导致被散射部分的光波的传播不能再用傍轴近似方法进行简化。因此，Vasylyev、Semenov 和 Vogel 对他们前期的研究进行了进一步的实用化扩展，将天气因素也考虑进去[67]。

一个简单的考虑是将散射的部分全部计入散射损耗，这样透射的部分仍然可以用傍轴近似方法来描述其传播特征。基于这样的假设，在描述光波在大气中的演化时对场的振幅引入了一个常数消光因子$\sqrt{\tau_{\text{ext}}}$，即振幅乘以$\sqrt{\tau_{\text{ext}}}$。此时，基于 Huygens-Kirchhoff 方法相位近似形式的带有消光因子的傍轴近似方程的解[67]可以写为

$$u(\boldsymbol{r},L)=\sqrt{\tau_{\text{ext}}}\int_{\mathbb{R}^2}\mathrm{d}^2\boldsymbol{r}'u_0(\boldsymbol{r}')G(\boldsymbol{r},\boldsymbol{r}';L,0) \tag{4-191}$$

其中，$u_0(\boldsymbol{r}')$由式（4-134）给出，积分核

$$G(\boldsymbol{r},\boldsymbol{r}';z,z')=\frac{k}{2\pi i(z-z')}\exp\left[\frac{ik|\boldsymbol{r}-\boldsymbol{r}'|^2}{2(z-z')}\right]\exp\left[iS(\boldsymbol{r},\boldsymbol{r}';z,z')\right] \tag{4-192}$$

这里，

$$S(\boldsymbol{r},\boldsymbol{r}';z,z')=\frac{k}{2}\int_{z'}^{z}\mathrm{d}\xi\delta\varepsilon\left(\boldsymbol{r}\frac{\xi-z'}{z-z'}+\boldsymbol{r}'\frac{z-\xi}{z-z'},\xi\right) \tag{4-193}$$

为实际的相对介电常数浮动部分$\delta\varepsilon(\boldsymbol{r},z)$的不均匀性引起的随机相位贡献。随机相位有随机散射的贡献，包括湍流不均匀和附加随机散射。光场的统计特性受相对介电常数浮

动部分 $\delta\varepsilon$ 统计特性的影响。$\delta\varepsilon$ 可以分为两个主要贡献，即

$$\delta\varepsilon = \delta\varepsilon_{\text{turb}} + \delta\varepsilon_{\text{scat}} \tag{4-194}$$

其中，$\delta\varepsilon_{\text{turb}}$ 对应湍流的贡献，$\delta\varepsilon_{\text{scat}}$ 对应散射的贡献。这两个随机变量可以认为是统计独立的。在雾霾或者雨天，可以假设 $\delta\varepsilon_{\text{scat}} \gg \delta\varepsilon_{\text{turb}}$。$\delta\varepsilon$ 的相关函数可以写为

$$\left\langle \delta\varepsilon(\boldsymbol{R}_1)\delta\varepsilon(\boldsymbol{R}_2)\right\rangle = \int \mathrm{d}^3\boldsymbol{K}\boldsymbol{\Phi}_\varepsilon(\boldsymbol{K})\exp\left[i\boldsymbol{K}\cdot(\boldsymbol{R}_1-\boldsymbol{R}_2)\right] \tag{4-195}$$

其中，$\boldsymbol{R}=(\boldsymbol{r},\mathbf{z})$，$\boldsymbol{K}=(\boldsymbol{\kappa},\kappa_z)$，$\boldsymbol{\Phi}_\varepsilon(\boldsymbol{K})$ 为介电常数浮动波数谱[68]。基于前面统计独立的假设，$\boldsymbol{\Phi}_\varepsilon(\boldsymbol{K})$ 可以分成两项之和，即

$$\boldsymbol{\Phi}_\varepsilon(\boldsymbol{K}) = \boldsymbol{\Phi}_\varepsilon^{\text{turb}}(\boldsymbol{K}) + \boldsymbol{\Phi}_\varepsilon^{\text{scat}}(\boldsymbol{K}) \tag{4-196}$$

基于 Markov 近似，式（4-195）可以简化为

$$\left\langle \delta\varepsilon(\boldsymbol{R}_1)\delta\varepsilon(\boldsymbol{R}_2)\right\rangle = 2\pi\delta(z_1-z_2)\int \mathrm{d}^2\boldsymbol{\kappa}\boldsymbol{\Phi}_\varepsilon(\boldsymbol{\kappa})\mathrm{e}^{i\boldsymbol{\kappa}\cdot(r_1-r_2)} \tag{4-197}$$

对于散射介质，这意味着在传播方向上，某一粒子的散射不受其相邻粒子散射的影响[69]。对于 $\boldsymbol{\Phi}_\varepsilon(\boldsymbol{K})$ 的湍流部分，如果选取 Kolmogorov 模型，则

$$\boldsymbol{\Phi}_\varepsilon^{\text{turb}}(\boldsymbol{\kappa}) = 0.132C_n^2\,|\,\boldsymbol{\kappa}\,|^{-11/3} \tag{4-198}$$

其中，$|\,\boldsymbol{\kappa}\,|\in[\kappa_0,\kappa_m]$，$\kappa_0 \sim L_0$，$\kappa_m \sim l_0$。研究发现，散射谱 $\boldsymbol{\Phi}_\varepsilon^{\text{scat}}(\boldsymbol{K})$ [70]可以写成

$$\boldsymbol{\Phi}_\varepsilon^{\text{scat}}(\boldsymbol{\kappa}) = \frac{2\overline{n}_s}{\pi k^4}\left|f_0(\boldsymbol{\kappa};d_{\text{scat}})\right|^2 \tag{4-199}$$

其中，$f_0(\kappa;d_{\text{scat}})$ 为被单个粒子散射的波的振幅；$\overline{n}_s$ 为每单位体积内散射粒子的平均数目；d_{scat} 为单分散的散射体的大小。振幅 f_0 的严格的计算可以参考文献[71]。对于雾和霾的散射，可以用 Mie 散射理论。对于毛毛雨和雨水的散射则需要用几何散射理论。对于上述所有散射情景的一个近似处理是通过高斯函数来表征。具体地，式（4-199）可以写为

$$\boldsymbol{\Phi}_\varepsilon^{\text{scat}}(\boldsymbol{\kappa}) = \frac{\overline{n}_s l_{\text{sc}}^4}{8\pi k^2}\exp\left[-l_{\text{sc}}^2\,|\,\boldsymbol{\kappa}\,|^2\right] \tag{4-200}$$

其中，l_{sc} 为随机散射体的横截面上的相干长度，它与粒子大小 d_{scat} 成正比。

因此，在不同的天气条件下，大气中的散射粒子浓度 $\overline{n}_s$ 和随机散射体的横截面上的相干长度 l_{sc} 也会有所差异，从而形成不同的散射谱 $\boldsymbol{\Phi}_\varepsilon^{\text{scat}}(\boldsymbol{K})$。由于介电常数浮动谱 $\boldsymbol{\Phi}_\varepsilon(\boldsymbol{K})$ 与场的二阶和四阶相关函数直接相关，可以通过不同的散射谱将天气的因素考虑到光束在大气中传输的过程分析中去。

对于光束漂移模型，与介电常数浮动谱 $\boldsymbol{\Phi}_\varepsilon(\boldsymbol{K})$ 关联的是光束漂移方差 σ_{BW}^2。因此，在考虑该模型时，为了将天气的因素考虑进去，重新计算由于大气湍流而产生的光束漂移方差 σ_{BW}^2（不包括辐射源的不完美指向调整造成的光束漂移方差）。

对于椭圆光束模型和全概率模型，则主要根据介电常数浮动谱 $\boldsymbol{\Phi}_\varepsilon(\boldsymbol{K})$ 计算处场的二阶和四阶相关函数，这样就可以根据 4.2.3 节和 4.2.4 节中的分析得到不同天气条件下的 PDT。特别地，对于椭圆光束模型，弱湍流情形下模型参数的统计描述[67]需要修改为

$$\left\langle W_{1/2}^2\right\rangle=\frac{W_0^2}{\Omega^2}\left[1+\Xi+2.96\sigma_R^2\Omega^{5/9}\right] \tag{4-201}$$

$$\left\langle \Delta W_i^2\Delta W_j^2\right\rangle=\left(2\delta_{ij}-0.8\right)\frac{W_0^4}{\Omega^{19/6}}[1+\Xi]\sigma_R^2 \tag{4-202}$$

其中，

$$\Xi=\frac{2}{3}\sigma_{S,\text{scat}}^2\frac{W_0^2}{4l_{\text{sc}}^2} \tag{4-203}$$

为由于随机散射引入的光束发散参数，$\sigma_{S,\text{scat}}^2$ 为随机散射引起的传输光相位方差，它可以写为

$$\sigma_{S,\ \text{scat}}^2=\frac{\pi}{4}\bar{n}_sLl_{\text{sc}}^2 \tag{4-204}$$

由于雾的散射对光束漂移几乎没有贡献，因此参数统计 $\langle x_0^2\rangle$ 和 $\langle y_0^2\rangle$ 不变。

对于多随机相位屏模型，需要找到各屏的相位谱与介电常数浮动谱的关系。根据 Maxwell 电磁波理论，光在介质中的传播速度为 $v_c=(\varepsilon_m\mu_m)^{-1/2}$，其中 ε_m 为介电常数，μ_m 为磁导率。由于光速 $c=(\varepsilon_0\mu_0)^{-1/2}$，其中 ε_0 为绝对介电常数，μ_0 为绝对磁导率，则介质折射率 $n_r=(\varepsilon_r\mu_r)^{1/2}$，其中 ε_r 和 μ_r 分别为相对介电常数和相对磁导率。对于大多数的介质（包括大气），$\mu_r\approx1$。因此介质折射率 $n_r\approx\sqrt{\varepsilon_r}$。对于随机介质，与折射率类似，归一到其均值的相对介电常数可以表示为

$$\varepsilon_r(\boldsymbol{R})=1+\delta\varepsilon(\boldsymbol{R}) \tag{4-205}$$

$\delta\varepsilon(\boldsymbol{R})$ 为相对介电常数的浮动部分。这样，可以建立如下关系：

$$1+n_{r1}(\boldsymbol{R})\approx[1+\delta\varepsilon(\boldsymbol{R})]^{1/2} \tag{4-206}$$

由于 $\delta\varepsilon(\boldsymbol{R})$ 很小，则有 $[1+\delta\varepsilon(\boldsymbol{R})]^{1/2}\approx1+\frac{1}{2}\delta\varepsilon(\boldsymbol{R})$。因此，可以得到

$$n_{r1}(\boldsymbol{R})\approx\frac{1}{2}\delta\varepsilon(\boldsymbol{R}) \tag{4-207}$$

折射率浮动部分和相对介电常数浮动部分的相关函数之间的关系为

$$\left\langle\delta\varepsilon\left(\boldsymbol{R}_1\right)\delta\varepsilon\left(\boldsymbol{R}_2\right)\right\rangle\approx4\left\langle n_1\left(\boldsymbol{R}_1\right)n_1\left(\boldsymbol{R}_2\right)\right\rangle \tag{4-208}$$

所以，根据式（4-44）和式（4-197）和 Markov 近似，相对介电常数浮动部分的波数谱和折射率浮动部分的波数谱的关系为

$$\Phi_\varepsilon(\boldsymbol{K})=4\Phi_n(\boldsymbol{K}) \tag{4-209}$$

那么，各屏的相位谱与介电常数谱的关系为

$$\Phi_\theta(\boldsymbol{\kappa})=8\pi k^2\Delta z\Phi_\varepsilon\left(\kappa_z=0,\boldsymbol{\kappa}\right) \tag{4-210}$$

通过式（4-210），可以根据 4.2.6 节中的描述完成不同天气条件下基于多随机相位屏信道模型的信道建模和仿真。

4.3　天地自由空间量子信道

天地自由空间量子信道主要指卫星和地面站之间进行量子通信时的星地信道。不同于前面所述的地面附近的大气信道，天地自由空间量子信道需要考虑的问题更多，也会有更多的限制因素。天地自由空间量子信道可分为下行链路和上行链路。下行链路由于光信号一开始在真空中传播，没有大气湍流的影响，只在信道最后的一段距离内由于进入大气层而受到大气湍流的影响。上行链路由于光信号一开始传输就受到大气湍流的影响，虽然与上行链路走过相同长度的真空距离，小的光束漂移也会导致光束在接收光圈平面内的大范围的抖动。因此，下行链路的通信质量一般会比上行链路要好。2019 年，Vasylyev 等[72]对卫星介导的天地自由空间量子信道进行了详细描述，下面结合他们的结论对天地自由空间量子信道进行介绍。

目前，量子通信卫星一般是低地球轨道卫星，如墨子号量子卫星[8]。低地球轨道（low earth orbit，LEO）指距离地球表面高度为 160～2000km、轨道周期为 80～130 分钟的环绕地球的轨道。卫星的快速移动对与地面站的通信性能施加了某些限制，并将通信窗口限制在几分钟以内。通信过程的持续时间取决于目标卫星的地理位置、采集过程的持续时间、光路径上是否存在天然障碍物等。基于卫星的光链路的信噪比与通信双方光路的长度有关，因此与卫星轨道的形状及其与地面站通信方的相对位置有关。大气折射还会使光线路径发生弯曲，大气湍流则对应各种随机折射和衍射现象。

图 4-11 显示了经典光或量子光的通用通信实验结构。OGS_1 和 OGS_2 两个地面站与在一段连续时间内可见的卫星 S 建立通信联系。卫星在 t_1、t_2、t_3 时刻的瞬时位置分别为 S_1、S_2、S_3。这颗卫星有一个极地轨道，从南到北飞越地球的极地地区。另外，由于大部分 LEO 卫星轨道的椭圆度都是极小的，因此可以将椭圆近似成圆形轨道。在初始 t_1 时刻，轨道（i）通过 OGS_2 子午面，但与 OGS_1 子午面有一定倾角。在 t_2 时刻，卫星接近地平线，绕轨道公转一圈，出现在 S_3 点。对于地面观测者 1 来说，由于地球自转，在这一单个公转期间，卫星的轨道从（i）变化到（ii）。假设在一次通信期间由于地球自转引起的观测者视差可以忽略不计。如果在观测者地平线上的飞行时间比卫星的轨道周期小得多，则认为这个假设是合理的。

通过观测者子午面的卫星天顶轨道可被认为是建立通信链路的最有利路径，有些学者称之为“最佳路径”。在这种情况下，路径长度相对于倾斜卫星要小一些。然而，在许多实际情况下，OGS 接收或发送望远镜的位置阻止了人们利用链路的全部优势，这可能会导致在观测者的小天顶角附近中断通信过程。在这种情况下，需要在使用最佳传播路径和通信会话持续时间之间进行权衡。因此，分析沿倾斜轨道移动的卫星的通信是很重要的。

根据源的位置，区分图 4-11 中的下行链路（a）～（c）和上行链路（d）通信场景。由于光束开始在真空中传播直到进入大气，下行几何结构有利于光信号的传输。结果表明，由于大气湍流不均匀性的折射，透射光束表现出更小的衍射展宽和光束漂移。这就是大多数量子光学实验都是在下行链路中进行的原因[73-74]。在类似的大气条件下，上行通信由于大气湍流已经影响到光信号传输的早期阶段而表现出较差的性能。理论研究表明与下行方案相比，上行方案中接收到的密钥率少了许多，可通信的卫星高度和天顶角也要小一些[75]。然而，上行链路用于量子通信有以下优点：简化卫星任务的设计或使用已经发射的卫星[76]，放宽对数据存储和处理设备的要求，量子光源的可变性及其维护和维修的方便性[77]。

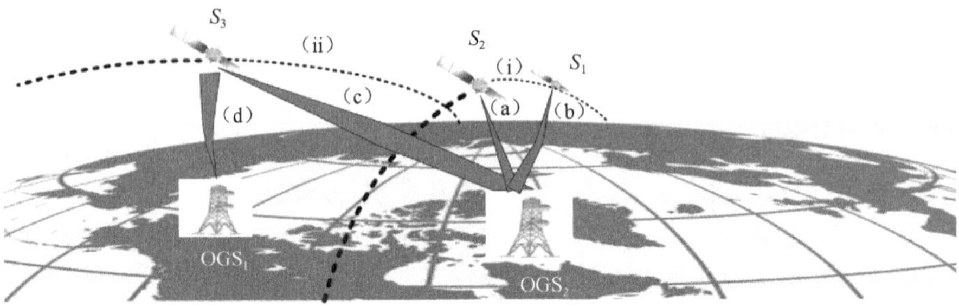

图 4-11 光地面站（OGS）通过上行链路（d）和下行链路（a）～（c）与卫星 S 的典型通信场景

4.3.1 常规损耗

光束在自由空间中传播时发生衍射将引起展宽，展宽的量取决于传播路径长度，以及光束是聚焦、准直还是发散。由于接收器借助有限孔径设备（如望远镜）来收集入射光，因此只有一小部分信号能到达探测器。在固定孔径的情况下，孔径截断造成的信号损耗会随着传播路径的增大而增大。此外，大气气体和气溶胶的吸收和散射也会导致信噪比的降低。

下面考虑导致星载链路上常规衍射引起的消光损耗的影响。“常规”指的是以一种系统的方式产生的影响。在这些影响中，由于通信各方相对位置的增加，还需要区分纯粹的几何光路延伸。在这种情况下，常规的损耗取决于 OGS 的地理位置、卫星轨道的类型，以及卫星高度、轨道倾角和卫星对赤道面倾角等特征。此外，正常的大气折射使光线弯曲，增加了光的传播路径与损失预测。如果卫星的位置靠近观测者的地平线，这种效果尤其明显。最后，需要确定因大气吸收和散射而造成的信号损失。

1. 倾斜距离

我们根据图 4-12 所述的与轨道卫星通信的场景，推导出连接地面观测者与卫星的链路长度。这种被称为倾斜距离的纯粹几何长度并没有考虑大气造成的任何伸长效应，它取决于观测者的地理位置和卫星轨道的参数。考虑一个完美的通过北极和南极的极地卫星轨道。为了简单起见，假设轨道是半径为 $R = R_{\oplus} + H$ 的圆，其中 $R_{\oplus}$ 为地球的半径，$R_{\oplus} = 6371\,\text{km}$，$H$ 为卫星离地高度。然后，通过简单的三角函数，得到了卫星与 OGS 之间的倾斜距离［见图 4-13（a）］：

$$L(Z) = \sqrt{H^2 + 2HR_{\oplus} + R_{\oplus}^2 \cos^2 Z} - R_{\oplus} \cos Z \tag{4-211}$$

这里 Z 是位于观测者的垂直方向和指向卫星的方向之间的天顶角。对于倾斜于观测者子午面 $\Delta\iota$ 角度上的卫星轨道，如图 4-12 所示，天顶角在 $Z\in[Z_{\min}^{\Delta\iota},\pi/2]$ 的范围内变化且

$$Z_{\min}^{\Delta\iota}=\arccos[\sqrt{1-\cos^2\Psi\sin^2\Delta\iota}] \tag{4-212}$$

其中，Ψ 是观察者的地理纬度。因此，倾斜距离式（4-211）从天顶的最小值 $L(Z_{\min}^{\Delta\iota})$ 到观察者视界的最大值 $\sqrt{(R_\oplus+H)^2-R_\oplus^2}$ 。

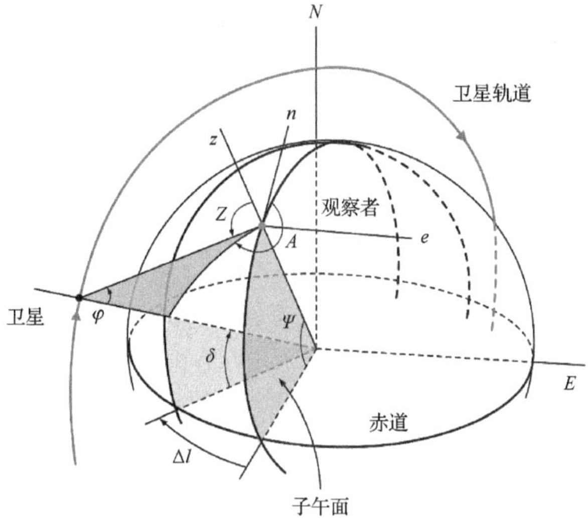

图 4-12　地表和地心坐标系的几何表示

注：观察者的地表坐标系示意了方位角 A 和天顶角 Z。地心坐标系由偏角δ和倾斜角 $\Delta\iota$ 定义。观测者的地理位置由纬度 Ψ 给出，由卫星高度 H 的有限性引起的视差校正由角度 φ 确定。

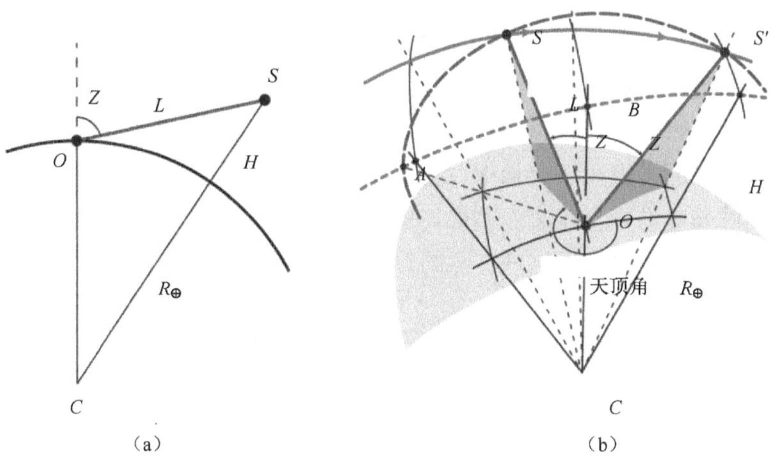

图 4-13　通过地球中心的平面 C 显示了通信的几何结构、观察者的位置 O 和卫星的位置 S

注：（a）相同的通信链路 OS 显示在其相对于观察者子午面 $ABOC$ 的位置上。（b）圆锥角为 $2Z$，圆锥边为 SO 的轨迹的横截面产生了长度相同的相关路径 $S'O$。

为了将轨道倾角 $\Delta\iota$ 与卫星和观测者的相对运动特性联系起来，将注意力集中在图 4-11 中 OGS_2 的通信场景上。如果卫星最初位于观测者的天顶（如图 4-11 中的 S_1 所示），并沿天顶轨迹（i）向观测者的视场移动，在一颗卫星运行周期 T_{sat} 之后，它在 S_3 重新出现，并沿倾斜轨迹（ii）移动。由于地球自转，轨道（ii）随之倾斜到观测者的子午面。n_{sat} 次卫星运行周期之后，卫星轨道平面和观察者子午线之间的倾角 $\Delta\iota$ 为

$$\Delta\iota = n_{sat}\frac{T_{sat}\upsilon_{\oplus}}{R_{\oplus}} \tag{4-213}$$

这里 $\upsilon_{\oplus} = 1669.8\text{km/h}$，为地球在赤道上自转的速度。考虑轨道零倾角 $\Delta\iota = 0$ 的天顶轨道。在这种情况下，轨道平面与观测者子午线重合。我们约定，观察者的卫星飞向西（东）子午面时 $\Delta\iota$ 为正（负）。

为了得到与倾斜轨道卫星通信几何图形的一些印象，我们考虑连续时间的两个卫星位置 S 和 S'以及观测者在 O 处的位置，如图 4-13（b）所示。这些位置的选择是这样的：倾斜范围 OS 和 OS'是相等的，相应的天顶角也相等，即 $\sphericalangle SOB = \sphericalangle S'OB = Z$ 。选择 $ABOC$ 平面作为观察者子午线。然后，由卫星的天顶角和方位角给出卫星的瞬时位置。后者是连接观测者与卫星的投影线段和子午面中指向北极的参考向量之间的夹角。显然，由于倾斜轨道位于不同于极地或赤道的地理纬度，S 和 S'的位置具有相同的天顶角但不同的方位角。

可以想象，点 S 和 S'位于卫星轨道的横截面上，其右圆锥体的高度与观测者的天顶一致，顶点与 O 重合［图 4-13（b）中锥段 $OASS'$］。对于经过观测者视界以上的倾斜轨道，如果 $Z \in (Z_{\min}^{\Delta\iota}, \pi/2]$，每个角 $2Z$ 的圆锥与轨道相交于两点；如果 $Z = Z_{\min}^{\Delta\iota}$ ，相交于一点。由于这种对称性，可以通过带有 Z 的式（4-211）来描述观测者和卫星之间的几何链路长度而忽略相应方位值的详细信息。如果卫星的详细位置是由一个跟踪系统来确定的，这个系统可以自动校准发射望远镜和接收望远镜。在这种情况下，观察者坐标系与围绕轴 OC 旋转的平面 OSC 相关联。因此，在自动跟踪方位角的光通信中，相关链路信息包含在相关量的天顶角依赖量中。值得注意的是，给定的 Z 锥与其他卫星轨迹的横截面决定了相同长度的倾斜距离。例如，图 4-13（b）中顶点轨道 AB 的链路 AO 与 SO 和 $S'O$ 链路相同，这使得光沿这些链路的传播特性相同。

2. 常规折射

接下来，分析由大气折射引起的倾斜距离的伸长。大气折射现象是由于地球大气的光折射率与其在真空中的值不同而产生的。此外，折射率的值随海拔、地理位置和气象条件的变化而变化，因此折射取决于空间和时间变量。就常规折射而言，指的是在大气中发生的系统的折射现象。常规折射随高度的变化在理论上是可预测的。即使在大天顶角时，常规大气折射的时间变化也具有较强的季节性，可以忽略不计。

由于折射率随高度的空间变异性，来自遥远光源的光到达地面观测者时沿弯曲路径

而不是直线传播。因此，来自遥远物体的信号是以天顶角 Z_a 而不是真正的天顶角 Z 到达。两个天顶角的关系为

$$Z_a = \arcsin\left(\frac{1}{n_0}\sin Z\right) \tag{4-214}$$

其中，n_0 为近地表面的空气折射率，n_0 =1.00027。在地球大气层存在的情况下，由于折射率不同的大气层界面发生折射，倾斜路径 $L(Z)$会被拉长（见图 4-14）。在给定 $L(Z)$的情况下，需要考虑常规折射对倾斜范围伸长的影响。

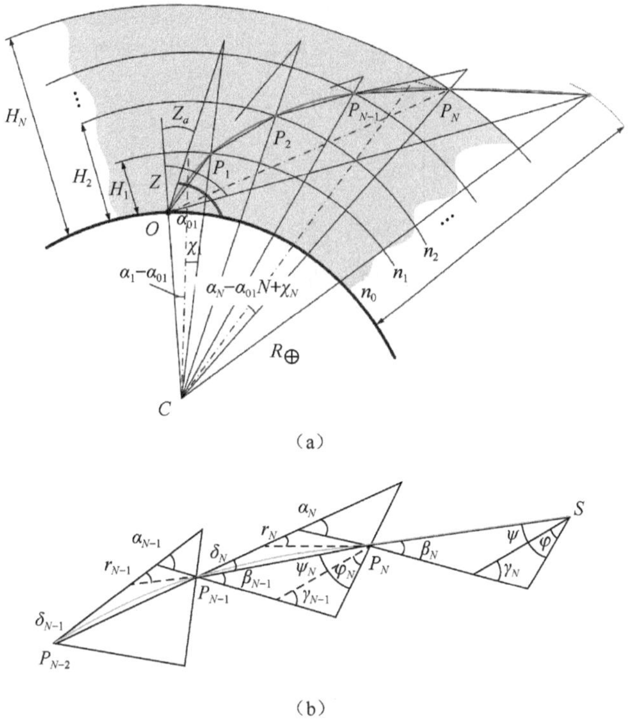

图 4-14　大气折射对光学射线轨迹延伸的影响

注：（a）当真天顶角 Z 变化为天顶角 Z_a 时，长度为 OS 的几何路径变形为曲线路径 $OP_1P_2\cdots P_nS$。（b）放大后的末端光线路径，其中显示了相关的折射角。

地球大气层可以看作一种球形分层介质，在每一层中都有特定的折射率分布。为了得到这种分布，使用所谓的标准大气模型[78]。标准大气是地球大气的理想化稳态表示，给出了大气压力、温度和海拔 1000km 以下的其他参数的值。根据 Edlén 方程，利用温度和压力分布可以得到空气折射率随高度变化的值[79-80]。我们区分了地面上的 10 个大气层，并在每一层内用线性方法近似了折射率的纬度依赖性。将第 i 层上界的纬度表示为 H_i，则确定该层内的线性路径为

$$\begin{aligned} L_i = \{&(R_\oplus + H_{i-1})^2 + (R_\oplus + H_i)^2 \\ &- 2(R_\oplus + H_{i-1})(R_\oplus + H_i)\cos[\varPhi(Z, r_i)]\}^{1/2} \end{aligned} \tag{4-215}$$

整个光程的其余部分在真空中，它可由下式给出：

$$L_{11} = \{(R_{\oplus} + H_{10})^2 + (R_{\oplus} + H)^2 - 2(R_{\oplus} + H_{10})(R_{\oplus} + H)\cos[\tilde{\Theta}(Z, r_{10})]\}^{1/2} \tag{4-216}$$

角度$\boldsymbol{\Phi}$和$\tilde{\Theta}$确定入射和折射光线在每一层的相对位置且是观察者的天顶角 Z 和折射积分 r_i 的复杂函数。

值得注意的是，假设式（4-215）形式的路径段 L_i 是在各大气层内线性条件下得到的。对于标准大气模型而言，这几乎是正确的，在 Z_a=90°时，接近地面的最小射线曲率为 4.4 $R_{\oplus}$。这使得在下面可以忽略射线曲率的影响。这当然是理想化的，对于特定的白天和气象条件，射线曲率效应的计算变得很重要。

因此，由于大气折射而产生的路径延伸因子

$$\varepsilon_r(Z_a) = \frac{1}{L(Z_a)}\sum_{i=1}^{11} L_i(Z_a) \tag{4-217}$$

其中，$L(Z_a)$由式（4-211）和式（4-214）给出，$L_i(Z_a)$由式（4-215）和式（4-216）定义。式（4-217）也可以写成真实天顶角的函数，即$\varepsilon_r(Z)$。在接近视界时，由于沿视界附近的传播路径有较大的光密度，ε_r作为视角天顶角 Z_a 的函数关系开始偏离$\varepsilon_r(Z)$。延伸系数随轨道高度的增加而减小。这是由于真空中的传播路径随着卫星高度的增加而增加。最后，由大气折射引起的伸长的倾斜距离为

$$L_r(Z_a) = \varepsilon_r(Z_a)L(Z_a) \tag{4-218}$$

其中，L 由式（4-211）给出。

3. 常规消光

另一个被认为是常规或确定性损失的来源与分子和气溶胶散射有关。对于水平大气链路，消光系数根据式（4-2）可以写为$\tau_{\text{ext}} = \exp[-\alpha_{\text{ext}}(h)L]$，其中$\alpha_{\text{ext}}(h)$为给定海拔高度 h 处分子吸收散射引起的消光系数。显然，对于高度改变的链路，这个公式应加以修改，以包括消光系数随高度的变化。如果由式（4-218）给出地面站到卫星的倾斜距离，则

$$\tau_{\text{ext}} = \exp\left[-\int_0^{L_r(Z_a)} \mathrm{d}L'\alpha_{\text{ext}}(L')\right] \tag{4-219}$$

这里假设观测者位于海平面，以及$L' = h\sec Z_a$的位置。消光系数的取值取决于给定高度 h 处空气组成的数密度 $N(h)$，其与高度的关系可以表示为

$$\alpha_{\text{ext}}(L') = \alpha_{\text{ext}}^0 \frac{N(L')}{N_0^a} = \alpha_{\text{ext}}^0 \exp[-L'/(\mathcal{H}_0 \sec Z_a)] \tag{4-220}$$

其中，α_{ext}^0为海平面消光系数；N_0 为对应的空气组成数密度。这里，使用尺度参数$\mathcal{H}_0 = 6600\text{m}$的标准大气模型中导出的 $N(h)$的高度依赖关系，将式(4-220)代入式(4-219)，最终得到

$$\tau_{\text{ext}} = \exp\left[-\alpha_{\text{ext}}^{0} \frac{\mathcal{H}_0 \sec Z_a}{1000}(1-\mathrm{e}^{-L_r(Z_a)/(\mathcal{H}_0 \sec Z_0)})\right] \tag{4-221}$$

这里，采用消光系数的传统单位 km^{-1} 表示。气溶胶分布与海拔高度的关系更为复杂。然而，对于光学传播的大部分路径，可以认为气溶胶散射对消光的贡献大致与瑞利散射相同。因此，对于式（4-219）中的总消光系数，可以取分子吸收散射引起的消光系数的 2 倍。注意，在文献[81]中导出了一个类似式（4-221）的表达式。

4.3.2 大气湍流

在 4.3.1 节中，考虑了常规折射对光在大气中传播的光程长度的影响。这种规律性的折射是由大气折射率随海拔高度的变化而引起的，只要知道海拔的温度和压力变化，就可以预测这种规律性的折射。由于折射率在空间和时间上的不规则变化，还会出现其他类型的折射率和衍射现象。这种随机变化与温度波动和风切变有关，具有湍流标量场的统计特性。湍流折射率波动的强度也随海拔的变化而变化。因此，在基于卫星的通信中，光信号的不规则干扰取决于天顶角。本节主要讨论孔径平均闪烁、光束展宽和光束漂移对天顶角的依赖关系。

1. *光湍流的统计描述*

湍流空气运动由一组不同直径的漩涡或涡流组成，其范围从极大值 L_0（外尺度）到极小值 l_0（内尺度）。在惯性力的作用下，较大的涡流会分裂成多个较小的涡流。这个级联过程继续进行，直到达到最小尺度 l_0，并发生紊流能量的耗散。湍流空气涡旋的这种演变导致折射率的随机变化，在光湍流统计理论中，折射率浮动的功率谱描述由式（4-36）给出。对于局部各向同性随机场，相关函数进一步简化，湍流谱可表示为

$$\boldsymbol{\Phi}_n(\boldsymbol{\kappa};z) = \frac{1}{\pi}\int_0^z \mathrm{d}z' F_n(\boldsymbol{\kappa};z') \tag{4-222}$$

$$F_n(\boldsymbol{\kappa};z) = \int_{\mathbb{R}^2} \mathrm{d}^2\boldsymbol{r} B_n(\boldsymbol{r},z)\mathrm{e}^{-\mathrm{i}\boldsymbol{\kappa}\cdot\boldsymbol{r}} \tag{4-223}$$

其中，$\boldsymbol{\kappa} = (k_x \ \ k_y)^{\mathrm{T}}$，$\boldsymbol{r} = \boldsymbol{r}_1 - \boldsymbol{r}_2$。

大气湍流将引起光波的相位浮动，其相应的相关函数——相位结构函数为

$$D_S(\boldsymbol{r}_1,\boldsymbol{r}_2,\boldsymbol{r}_1',\boldsymbol{r}_2';z)=\left\langle [S(\boldsymbol{r}_1,\boldsymbol{r}_1';z) - S(\boldsymbol{r}_2,\boldsymbol{r}_2';z)]^2 \right\rangle \tag{4-224}$$

在这里，浮动相位由几何光学的一阶近似给出，对于上行链路，有

$$S^{\mathrm{UL}}(\boldsymbol{r},\boldsymbol{r}';z) = \frac{k}{2}\int_0^z \mathrm{d}z' n_{r1}\left(\boldsymbol{r}\frac{z'}{z} + \boldsymbol{r}'\frac{z-z'}{z}, z'\right) \tag{4-225}$$

对于下行链路，有

$$S^{\mathrm{DL}}(\boldsymbol{r},\boldsymbol{r}';z) = \frac{k}{2}\int_0^z \mathrm{d}z' n_{r1}\left(\boldsymbol{r}\frac{z-z'}{z} + \boldsymbol{r}'\frac{z'}{z}, L-z'\right) \tag{4-226}$$

首先讨论下行链路。根据式（4-44），相位结构函数 $D_S(\boldsymbol{r}_1,\boldsymbol{r}_2,\boldsymbol{r}_1',\boldsymbol{r}_2';z)$ 可以估计为

$$\begin{aligned}D_S(\boldsymbol{r}_1,\boldsymbol{r}_2,\boldsymbol{r}_1',\boldsymbol{r}_2';z)&=D_S(\boldsymbol{r}_1-\boldsymbol{r}_2,\boldsymbol{r}_1'-\boldsymbol{r}_2';z)\\&=\pi k^2\int_0^z \mathrm{d}z'\int_{\mathbb{R}^2}\mathrm{d}^2\boldsymbol{\kappa}\Phi_n(\boldsymbol{\kappa},z-z')\\&\quad\times\left\{1-\exp\left(i\boldsymbol{\kappa}\cdot\left[(\boldsymbol{r}_1-\boldsymbol{r}_2)\frac{z-z'}{z}+(\boldsymbol{r}_1'-\boldsymbol{r}_2')\frac{z'}{z}\right]\right)\right\}\end{aligned}\tag{4-227}$$

对于 Kolmogorov 谱，在下行链路情况下，结构函数（4-227）可以简化为

$$D_S(\boldsymbol{r},\boldsymbol{r}',L_r)=2\rho_{r0}^{-\frac{5}{3}}\int_0^1\mathrm{d}\xi\frac{C_n^2([1-\xi]L_r)}{C_{n,0}^2}\left|\boldsymbol{r}(1-\xi)+\boldsymbol{r}'\xi\right|^{\frac{5}{3}}\tag{4-228}$$

其中

$$\rho_{r0}\approx(1.5C_{n,0}^2k^2L_{\mathrm{turb}})^{-3/5}\tag{4-229}$$

为大气中平面波的空间相干半径，L_{turb} 为光在湍流大气层内的传播长度，L_r 为总的传播长度，ξ 为无量纲积分变量，以及

$$C_{n,0}^2=C_n^2(h_0\sec Z_a)\tag{4-230}$$

为地表以上某参考高度 h_0 处的折射率结构函数。

对于上行链路，结构函数（4-228）可以通过改变变量 $\xi\to1-\xi$ 得到。

2. 平均孔径闪烁

光强波动（即闪烁）与天顶角的关系，在天文观测光学中引起了人们的注意。闪烁指数的早期测量表明[82]，平均孔径闪烁（或功率闪烁）随天顶角的增大而增大，其关系为

$$\sigma_T^2=\frac{\left\langle\Delta T^2\right\rangle}{\left\langle T^2\right\rangle}\propto(\sec Z_a)^\gamma\tag{4-231}$$

其中，T 由式（4-137）给出。式（4-231）中的指数 γ 与折射率湍流波动的统计量有关，取决于接收望远镜的特性。基于 Rytov 近似的理论考虑，对于小的接收孔径 $\gamma=\frac{11}{6}$，对于大的接收孔径 $\gamma=3$。这些结果与实验结果基本一致。

后来的研究表明，依赖关系式（4-231）对小的和中等的天顶角或高的光学地面站是有效的。对于大天顶角，测得的恒星闪烁值会呈现饱和或下降。另外，Rytov 近似式（4-231）在 $Z_a\to90°$ 时得到的是一个发散的闪烁指数，且不能解释饱和效应。闪烁饱和现象是由湍流不均匀性上的多次散射现象造成的。

接下来，推导来自卫星孔径平均光信号的闪烁指数，并讨论其与天顶角的关系。作为附带的结果，得到了透射率、波束在接收端的平均宽度和波束漂移方差的一阶矩的表达式。这些参数将在后面用于推导量子信道透射率的概率分布。

闪烁指数式（4-231）可由透射率的前两个矩推导得到，即

$$\langle T \rangle = \int_{|\boldsymbol{r}| \leqslant a_r} \mathrm{d}^2 \boldsymbol{r} \Gamma_2(\boldsymbol{r}; L_r) \tag{4-232}$$

$$\langle T^2 \rangle = \int_{|\boldsymbol{r}_1| \leqslant a_r} \mathrm{d}^2 \boldsymbol{r}_1 \int_{|\boldsymbol{r}_2| \leqslant a_r} \mathrm{d}^2 \boldsymbol{r}_2 \Gamma_4(\boldsymbol{r}_1, \boldsymbol{r}_2; L_r) \tag{4-233}$$

其中，a_r 为接收光圈半径。另外，它们的矩与光束漂移的方差［式（4-234）］和接收光束的瞬态平均光斑半径［式（4-235）］有关。

$$\sigma_{\mathrm{BW}}^2 = \int_{\mathbb{R}^4} \mathrm{d}^2 \boldsymbol{r}_1 \mathrm{d}^2 \boldsymbol{r}_2 x_1 x_2 \Gamma_4(\boldsymbol{r}_1, \boldsymbol{r}_2; L_r) \tag{4-234}$$

$$W_{\mathrm{ST}} = \sqrt{W_{\mathrm{LT}}^2 - 4\sigma_{\mathrm{BW}}^2} = 2\left[\int_{\mathbb{R}^2} \mathrm{d}^2 \boldsymbol{r} x^2 \Gamma_2(\boldsymbol{r}; L) - \sigma_{\mathrm{BW}}^2\right]^{1/2} \tag{4-235}$$

这里，变量 x 表示横截面向量 $\boldsymbol{r}$ 的 x 分量。瞬态光斑半径与短曝光时间下观察到的强度分布有关，而长期光斑半径 W_{LT} 包含由光束漂移引起的展宽效应，与长曝光时间有关。

相关函数 Γ_2 和 Γ_4 可以使用 Huygens-Kirchhoff 方法的相位近似来计算[83-84]。这种近似方法忽略了场振幅的浮动。另外，由式（4-225）和式（4-226）表征的相位结构函数中表征的相位浮动是由湍流介质的随机衍射和折射导致的。前一个条件对于通过饱和湍流链路的通信场景是合理的，这是星地大气信道的情况。更严格的方法和实验表明，任意传播路径和湍流强度都满足后一个条件。因此，在大多数重要的实际情况下，Huygens-Kirchhoff 方法的相位近似可以解释由光束在湍流大气中传播而产生的衍射和折射效应。

对于发射光圈平面内的光束（高斯光束）的 TE_{00} 模式，其场如式（4-134）所示。相关函数 Γ_2 和 Γ_4 可以表示为

$$\Gamma_2(\boldsymbol{r}; L_r) = \frac{k^2}{4\pi^2 L_r^2} \int_{\mathbb{R}^2} \mathrm{d}^2 \boldsymbol{r}' \mathrm{e}^{-\frac{g^2 r'^2}{2W_0^2} - 2i\frac{\Omega}{W_0^2} \boldsymbol{r}\cdot\boldsymbol{r}' - \frac{1}{2} D_S(0, \boldsymbol{r}'; L_r)} \tag{4-236}$$

$$\begin{aligned}\Gamma_4(\boldsymbol{r}, \boldsymbol{R}; L_r) = &\frac{2k^4}{\pi^2 (2\pi)^3 L_r^4 W_0^2} \int_{\mathbb{R}^6} \mathrm{d}^2 \boldsymbol{r}_1' \mathrm{d}^2 \boldsymbol{r}_2' \mathrm{d}^2 \boldsymbol{r}_3' \mathrm{e}^{-\frac{1}{W_0^2}(r_1'^2 + r_2'^2 + \tilde{g}^2 r_3'^2)} \\ &\times \mathrm{e}^{2i\frac{\Omega}{W_0^2}[1-\frac{L}{F}]\boldsymbol{r}_1'\cdot\boldsymbol{r}_2'} \mathrm{e}^{-2i\frac{\Omega}{W_0^2}\boldsymbol{r}\cdot\boldsymbol{r}_2' - 4i\frac{\Omega}{W_0^2}\boldsymbol{R}\cdot\boldsymbol{r}_3'} \mathcal{J}(\boldsymbol{r}, \boldsymbol{r}_1', \boldsymbol{r}_2', \boldsymbol{r}_3')\end{aligned} \tag{4-237}$$

$$\begin{aligned}\mathcal{J}(\boldsymbol{r}, \boldsymbol{r}_1', \boldsymbol{r}_2', \boldsymbol{r}_3') = \exp\bigg[&\frac{1}{2}\sum_{j=1,2} \{D_S(\boldsymbol{r}, \boldsymbol{r}_1' + (-1)^j \boldsymbol{r}_2'; L_r) \\ &- D_S(\boldsymbol{r}, \boldsymbol{r}_1' + (-1)^j \boldsymbol{r}_3'; L_r) \\ &- D_S(0, \boldsymbol{r}_2' + (-1)^j \boldsymbol{r}_3'; L_r)\}\bigg]\end{aligned} \tag{4-238}$$

其中已经使用了相对坐标 $\boldsymbol{r} = \boldsymbol{r}_1 - \boldsymbol{r}_2$ 和质心坐标系 $\boldsymbol{R} = (\boldsymbol{r}_1 + \boldsymbol{r}_2)/2$。这里，$\Omega = kW_0^2/(2L_r)$ 为发射器孔径的菲涅耳数，$\tilde{g}^2 = 1 + \Omega^2[1 - L_r/F]^2$ 为广义衍射参数，相位结构函数 D_S 由式（4-228）给出。注意，式（4-236）和式（4-237）包含了多重散射效应。

1）透射率均值

基于上面的讨论，在长传输距离和强湍流的情况下，可以得到一个近似的透射率均

值。对相位结构函数式（4-228）运用二次近似 $\exp\left[-(r/\rho_{r0})^{\frac{5}{3}}\right]\approx\exp\left[-(r/\rho_{r0})^{2}\right]$，则可以根据式（4-236）计算得到光强度的均值，再将得到的强度均值代入式（4-137）。透射率的均值可以近似估计为

$$\langle T\rangle\approx 1-\mathrm{e}^{-\frac{2a_r^2}{W_{\mathrm{LT}}^2}} \tag{4-239}$$

其中

$$\mathrm{W}_{\mathrm{LT}}(L_r)=W_0\left[\left(1-\frac{L_r}{F}\right)^2+\Omega^{-2}\left(1+\frac{W_0^2}{\rho_{r0}^2}\mathcal{X}^2\right)\right]^{1/2} \tag{4-240}$$

$$\mathcal{X}^2=\frac{1}{C_{n,0}^2}\int_0^1\mathrm{d}\xi C_n^2(L_r,1-\xi)\xi^{5/3} \tag{4-241}$$

为依赖折射率结构常数倾斜轮廓 $C_n^2(L_r,1-\xi)$ 的权重因子。$C_n^2(L_r,1-\xi)$ 与折射率结构常数垂直轮廓的关系为 $C_n^2(L_r,1-\xi)=C_n^2\left(h(\xi)=L_r(1-\xi)\cos Z_a\right)$。式（4-239）是光斑半径为 W_{LT} 的高斯光束通过半径为 a_r 的圆孔径的透射率均值。如果想得到更准确的估计，则结合式（4-232）和式（4-236）可得

$$\langle T\rangle=\frac{k^2}{L_r^2}\int_0^{a_r}\mathrm{d}rr\int_0^{\infty}\mathrm{d}r'r'\mathrm{e}^{-\frac{\varepsilon^2r'^2}{2W_0^2}-\frac{1}{2}\mathcal{D}_S(0,r';L_r)}J_0\left(\frac{2\Omega}{W_0^2}rr'\right) \tag{4-242}$$

其中，$J_n(x)$ 为第 n 阶贝塞尔函数。该函数可以通过数值方法求解。

2）透射率的二阶矩

直接计算透射率的二阶矩会十分困难。幸运的是，对于基于卫星的大气链路，可以简化积分核式（4-238），以便进一步进行数值积分。根据文献[72]的结果，透射率的二阶矩可表示为

$$\begin{aligned}\left\langle T^2\right\rangle=&\frac{2k^4}{\pi^2(2\pi)^3L_r^4W_0^2}\int_{|\boldsymbol{r}_1|\leqslant a_r}\mathrm{d}^2\boldsymbol{r}_1\int_{|\boldsymbol{r}_2|\leqslant a_r}\mathrm{d}^2\boldsymbol{r}_2\int_{\mathbb{R}^6}\mathrm{d}^2\boldsymbol{r}_1'\mathrm{d}^2\boldsymbol{r}_2'\mathrm{d}^2\boldsymbol{r}_3'\\&\times\mathrm{e}^{-\frac{1}{W_0^2}\left(r_1'^2+r_2'^2+\bar{g}^2r_3'^2\right)+2i\frac{\Omega}{W_0^2}\left[1-\frac{L}{F}\right]r_1'\cdot r_2'}\mathrm{e}^{-2i\frac{\Omega}{W_0^2}r_1\cdot(r_2'+r_3')+2i\frac{\Omega}{W_0^2}r_2\cdot(r_2'-r_3')}\\&\times\mathcal{J}\left(\boldsymbol{r},\boldsymbol{r}_1',\boldsymbol{r}_2',\boldsymbol{r}_3'\right)\end{aligned} \tag{4-243}$$

该积分直接计算较难，需要用数值方法进行求解。

基于上述结果，量子信道孔径平均的闪烁指数 σ_T^2 可根据式（4-231）求解。需要注意的是 σ_T^2 与前面提到的闪烁指数 σ_I^2 的区别。如果光通信系统的接收光圈小于辐照度浮动的相关宽度，那么光圈本质上表现为“点光圈”。因此，σ_I^2 可以被认为是此点光圈处光强度浮动的方差。然而，当光圈尺寸增加到超过辐照度相关宽度时，接收端会看到多个相关光斑，探测器在像平面测量到的闪烁水平会开始下降。这种效应被称为孔径平均，它常被刻意用于直接探测系统以减少闪烁。因此，孔径平均的闪烁指数与强度闪烁指数之间有如下关系：

$$\sigma_I^2 = \frac{\left\langle \Delta I^2 \right\rangle}{\langle I \rangle^2} \approx \sigma_T^2 \bigg|_{a \to 0} \tag{4-244}$$

孔径平均的闪烁指数 σ_T^2 的估计需要用到数值方法求解，实际操作起来并不方便。因此，通过场的相关函数进行唯象的近似，可以获得一个较好的近似估计[72]：

$$\sigma_T^2 = 1.12 C_{n,0}^2 [\Delta\kappa]^{\frac{7}{3}} \left(H_0^{\mathrm{turb}} \sec Z_a\right)^3 \times \mathrm{F}_3^2\left(\frac{7}{6},\frac{3}{2};2,\frac{13}{6},3;-a^2\Delta\kappa^2\right) \tag{4-245}$$

其中

$$\Delta\kappa = 0.69 \mu_p C_{n,0}^{-6/5} k^{-1/5} \left(H_0^{\mathrm{turb}} \sec Z_a\right)^{-8/5} \tag{4-246}$$

$\mathrm{F}_3^2(a,b;c,d,e;x)$ 为超几何函数，H_0^{turb} 为大气湍流层的特征高度，μ_p 为无量纲比例参数。

3. 光束漂移方差

光束漂移与湍流的外尺度 L_0 密切相关，有限的 L_0 给定了能够使光束整体偏移的湍流非均匀性大小的上界。对于倾斜的大气链路，湍流的外尺度将随高度 h 变化。一般地，这种变化规律用 Coulman-Vernin 的经验公式描述，即

$$L_0(h) = \frac{4}{1+\left(\dfrac{h-8500}{2500}\right)^2} \tag{4-247}$$

其中，h 和 L_0 的单位为 m。由于 Kolmogorov 谱在波数 $|\boldsymbol{\kappa}| \approx \kappa_0 = 2\pi / L_0$ 处不连续，在文献[72]中选择一个更平滑的折射率浮动功率谱：

$$\Phi_n(\boldsymbol{\kappa}, z) = 0.033 C_n^2(z) |\boldsymbol{\kappa}|^{-\frac{11}{2}} \left(1+\mathrm{e}^{-\frac{|\boldsymbol{\kappa}|^2}{\kappa_0^2}}\right) \tag{4-248}$$

计算得到的光束漂移方差可表示为

$$\begin{aligned}\sigma_{\mathrm{BW}}^2 = 1.29 L_r^3 \int_0^1 \mathrm{d}\xi \xi^2 C_n^2(L_r, 1-\xi) \Big(& W_{\mathrm{ST}}^{-1/3}\left[(1-\xi)L_r\right] \\ & + \left\{W_{\mathrm{ST}}^2\left[(1-\xi)L_r\right] + L_0^2\left[(1-\xi)L_r\right]/(2\pi)^2\right\}^{-1/6}\Big)\end{aligned} \tag{4-249}$$

这里，$W_{\mathrm{ST}}^2(L_r)$ 由式(4-235)给出，外尺度与高度的关系由式(4-247)确定且 $h \approx L_r \cos Z_a$。

4.3.3　星地信道透射率分布

4.2 节讨论了到目前为止研究者所提出的被大家较为广泛认可的几种大气量子信道模型，以及模型中所提出的信道透射率分布模型。其中，光束漂移信道模型主要考虑光束漂移对信道透射率的影响，获得的透射率的对数负威布尔分布只适用于弱湍流的情形。椭圆光束信道模型将大气湍流引起的光束漂移、光束展宽和波形失真考虑进来，得到的透射率分布能较好地与在 1.6km 水平大气链路中得到的实验数据相吻合，该模型广

泛适用于弱、弱到中和强湍流的短距离大气量子信道情形。然而，它对中等强度湍流的情形仍然具有挑战，且在长距离大气信道情况下需要重新考虑参数的统计假设。全概率信道模型克服了椭圆光束模型的上述缺陷，其基于全概率定律得到的透射率分布描述了初始高斯光束条件下的几乎所有大气信道。但是，全概率信道模型十分依赖场的二阶和四阶相关函数的获得，通常需要用数值方法来计算这些相关函数，对于实际应用很多时候并不太方便。文献[60]提出的近似求解方法也只能在弱光束漂移方差的假设下才适用。因此，到目前为止，大气信道透射率分布还没有统一的标准。对于星地链路，目前研究者在分析信道透射率分布时，基本都是基于上述三种模型来进行讨论的。下面讨论各个透射率分布模型如何扩展到星地链路情形。

1. 星地链路中的光束漂移模型

对于星地链路，光束漂移模型的应用需要考虑实际场景中系统对于光束漂移的主动控制。由于星地链路传输距离远远大于地面附近自由空间链路的传输距离，光束宽度很窄且链路的双端卫星和地面站处于相对运动中，因此星地系统有一个结构较复杂的空间光束捕获、对准和跟踪（acquisition, pointing and tracking，APT）子系统。这个系统能够很好地降低最终系统的光束漂移方差，如文献[85]中，下行链路的跟踪精度θ_{tr}可以达到约1.2μrad。对于下行链路，光束漂移主要源自瞄准误差，而对于上行链路，大气湍流对光束漂移的影响比瞄准误差更大[86]。因此，在下行链路中，只需要将式（4-131）中的σ_{bw}^2替换成$\sigma_{\text{tr}}^2=\left[\theta_{\text{tr}}L_r(Z_a)\right]^2$。上行链路需要同时考虑大气湍流和瞄准误差对光束漂移的影响。

2. 星地链路中的椭圆光束模型

对于椭圆光束模型，将其从地表附近的大气链路推广到星地链路主要的变化在于所涉及的随机参数的统计结果。具体地，就是参数$\left(x_0,y_0,W_1^2,W_2^2\right)$的统计特性。考虑到天气的影响，这些参数的均值和（协）方差需要在原来的基于地表附近大气链路的情形下进行适当的更新。结合 4.2.4 节、4.2.6 节、4.3.1 节和 4.3.2 节的分析，可以计算出参数$\left(x_0,y_0,W_1^2,W_2^2\right)$的均值和（协）方差。

假设将星地链路简单划分为两部分——地表附近的大气部分和大气以上的真空部分，地表附近的大气厚度H_0为 20km（包含 95%的大气），大气的折射率结构常数采用 Hufnagle-Valley(H-V)模型并将折射率结构常数的等效值作为一个固定的常量。大气中的散射粒子主要考虑水珠，并通过绝对湿度随高度的轮廓得到等效的每单位体积内散射粒子的平均数目$\bar{n}_s$。相对介电常数的浮动谱采用

$$\varPhi_{\varepsilon}(\boldsymbol{\kappa})=0.132C_n^2\,|\boldsymbol{\kappa}|^{-11/3}+\frac{2\bar{n}_s}{\pi k^4}\left|f_0\left(\boldsymbol{\kappa};d_{\text{scat}}\right)\right|^2 \tag{4-250}$$

并限定天气条件为雾天（Mie 散射理论）。在上述假设条件下，文献[75]计算了星地链路下参数$\left(x_0,y_0,W_1^2,W_2^2\right)$的均值和（协）方差。对于下行链路，有

$$\left\langle x_0^2\right\rangle_{\text{down}}=\left\langle y_0^2\right\rangle_{\text{down}}=\theta_{\text{tr}}H\sec\left(Z_1\right) \tag{4-251}$$

$$\left\langle W_i^2\right\rangle_{\text{down}}=\frac{4H^2\sec^2\left(Z_1\right)}{k^2W_0^2}\times\left[\frac{\pi}{24}\bar{n}_sW_0^2\sec\left(Z_1\right)\frac{H_0^3}{H^2}+1.1C_n^2k^2W_0^{\frac{5}{3}}\sec\left(Z_1\right)\frac{H_0^{\frac{8}{3}}}{H^{\frac{5}{3}}}+1\right] \tag{4-252}$$

$$\left\langle \Delta W_i^2\Delta W_j^2\right\rangle_{\text{down}}=\left(2\delta_{ij}-0.8\right)\frac{4.14H_0^{\frac{8}{3}}C_n^2H^{\frac{7}{3}}\sec^5\left(Z_1\right)}{k^2W_0^{\frac{7}{3}}}\times\left[1+\frac{\pi}{24}\bar{n}_sW_0^2\frac{H_0^3}{H^2}\sec\left(Z_1\right)\right] \tag{4-253}$$

其中，Z_1为下行链路的天顶角。等效折射率结构常数

$$C_n^2=\frac{1}{H_0}\int_0^{\infty}C_n^2(h)\mathcal{S}(h-H_0)\mathrm{d}h \tag{4-254}$$

其中，H为卫星的高度。对于上行链路，有

$$\left\langle x_0^2\right\rangle_{\text{up}}=\left\langle y_0^2\right\rangle_{\text{up}}=1.16H_0C_n^2W_0^{-\frac{1}{3}}H^2\sec^3\left(Z_2\right) \tag{4-255}$$

$$\left\langle W_i^2\right\rangle_{\text{up}}=\frac{4H^2\sec^2\left(Z_2\right)}{k^2W_0^2}\times\left[\frac{\pi}{8}\bar{n}_sW_0H_0\sec\left(Z_2\right)+1.8C_n^2k^2W_0^{\frac{5}{3}}H_0\sec\left(Z_2\right)+1\right] \tag{4-256}$$

$$\left\langle \Delta W_i^2\Delta W_j^2\right\rangle_{\text{up}}=\left(2\delta_{ij}-0.8\right)\frac{11H_0C_n^2H^4\sec^5\left(Z_2\right)}{k^2W_0^{\frac{7}{3}}}\times\left[1+\frac{\pi}{8}\bar{n}_sW_0^2H_0\sec\left(Z_2\right)\right] \tag{4-257}$$

其中，Z_2为下行链路的天顶角，等效折射率结构常数

$$C_n^2=\frac{1}{H_0}\int_0^{\infty}C_n^2(h)\mathcal{S}(H_0-h)\mathrm{d}h \tag{4-258}$$

上面的结果忽略了大气折射对光传输路径的延长效应，即$L_r(Z_a)\approx H\sec(Z)$。

3. 星地链路中的全概率模型

4.2.4 节介绍了地面附近大气链路中的全概率信道模型及其 PDT 的获得方法。根据前面的描述，对于星地下行链路中全概率量子信道模型，式（4-181）中的σ_{BW}^2可以替换成$\sigma_{\text{tr}}^2=\left[\theta_{\text{tr}}L_r(Z_a)\right]^2$。但是需要注意的是，式（4-128）和式（4-129）中的σ_{BW}^2需要根据

式（4-234）计算。对于上行链路，σ_{BW}^2 则需要同时考虑瞄准误差和大气湍流的影响。

4.4 卫星-卫星自由空间量子信道

当光信号在大气自由空间信道中传播时，会受到大气吸收、湍流、散射等的影响。这些大气效应将严重降低自由空间量子通信系统的性能。在真空中，大气吸收几乎为零，光束漂移效应可以忽略不计，从而能够将卫星间信道近似为仅由于衍射效应而具有固定衰减的信道。因此，对于卫星间的自由空间信道，可以建模成衍射仅有信道[87-88]。

衍射仅有信道模型是一个简单的光束展宽模型，其中假设光束中心与接收器孔径中心完全对齐。衍射效应产生的损耗仅由衍射光束在接收孔处的大小引起。因此，自由空间星间链路的透射率 T 为

$$T = 1 - \exp\left(-\frac{2a_r^2}{W^2}\right) \tag{4-259}$$

其中，a_r 为接收端光圈半径；W 为接收光圈处光束的半径[87-88]。在高斯近似下，给定光束半径（束腰）的最小值，可以计算出光束在接收光圈处的半径 W 为

$$W = W_B \times \left[1 + \left(\frac{\lambda L}{\pi W_B^2}\right)^2\right]^{\frac{1}{2}} \tag{4-260}$$

其中，W_B 为束腰半径；λ 为光波长。需要注意的是，接收光圈的孔径和束腰受到实际硬件的限制。

4.5 水下自由空间量子信道

相比大气自由空间信道的研究，水下量子信道的系统研究目前还不多，虽然也有一些理论和实验在探讨水下信道下的量子纠缠传输[89]、量子态传输[90-94]和量子密钥分发[90,95-96]。水也是一种具有很高流动性的随机介质，但是它比大气密度要高得多。光在水中传播也会受到吸收、散射、湍流等因素的影响，且吸收和散射的影响比大气要强。类似于大气量子信道，光在水下传播的透射率也是浮动的。因此，目前对于水下量子信道的表征主要借鉴大气量子信道的研究理论，试图构建一个透射率的概率分布来表征水下量子信道。下面介绍 3 种已经提出的水下信道模型。除了这 3 种以外，也有研究人员正在研究水下量子通信时使用其他的模型，如文献[93]中使用的多相位屏模型。

4.5.1 水下线性衰减信道模型

由于量子光信号在水下的传输距离一般很短，如文献[97]中的仿真显示只有几十到百米量级。因此，不少研究者认为水下信道可近似地看作线性衰减信道，其衰减系数为

$$\eta_{\mathrm{ext}} = \mathrm{e}^{-c(\lambda)z} \tag{4-261}$$

其中，$c(\lambda)$ 为消光系数，由式（4-94）给出。这样，水下信道就可以看作类似光纤信道的固定衰减信道，大大简化了信道模型。

4.5.2　水下 Rice 分布信道模型

2020 年，上海交通大学的黄鹏和曾贵华在研究水下信道纠缠传输问题时，借鉴小角度近似（small angle approximation，SAA）假设的水下辐照度分布模型，提出了一个水下光通信链路的信道模型——Rice 分布信道模型，该模型假设光束偏移距离的浮动服从 Rice 分布[98]。具体地，他们考虑具有光束漂移和散射效应的水下光无线链路，如图 4-15 所示。

1. 传输模型

SAA 假设包括三方面：一是相位函数在小角度时峰值很高，而在大角度时没有散射的贡献；二是辐照度分布相对于光轴对称；三是光散射对 $z > L$ 的位置没有贡献。在这样的假设情况下，特定波长的辐照度分布为

$$I(r_1, L) = \frac{1}{2\pi}\int_0^{\infty} I_0(\nu, L) S(\nu, L) J_0(\nu r_1)\nu \mathrm{d}\nu \tag{4-262}$$

其中，$S(\nu, L)$ 为介质的光传输函数，$I_0(\nu, L) = P_0 \exp\left[-V_0(L)\nu^2/2\right]$ 为在 $z = L$ 处自由空间中激光源的高斯辐照度分布，其初始功率为 P_0，高斯源的方差为 $V_0(L)$。辐照度分布可以分解为散射部分 $I_{\mathrm{S}}(r_1, L)$ 和非散射部分 $I_{\mathrm{N}}(r_1, L)$，即

$$I(r_1, L) = I_{\mathrm{N}}(r_1, L) + I_{\mathrm{S}}(r_1, L) \tag{4-263}$$

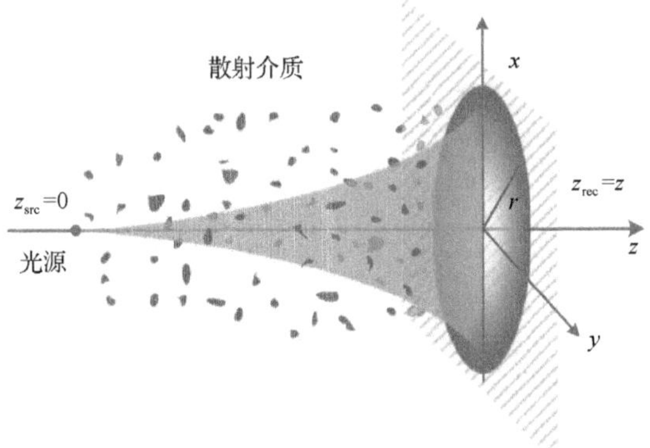

（a）散射影响下辐照度分布的几何图像

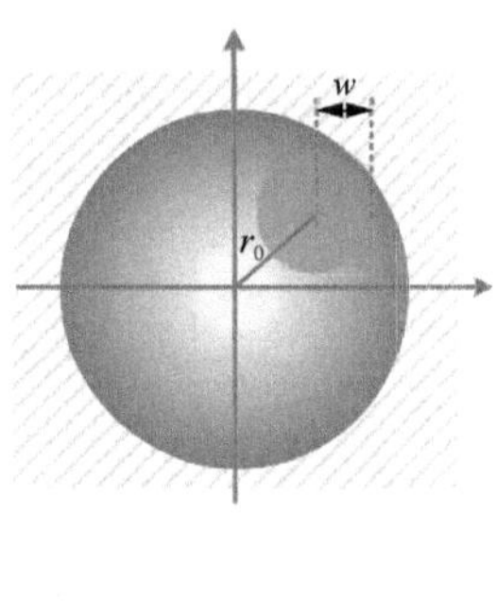

（b）有限尺寸光圈且受光束漂移的散射影响的接收器平面

图 4-15　受光束漂移和散射影响的水下光无线链路的几何图像

对于非散射部分的辐照度分布，有

$$
\begin{aligned}
I_{\mathrm{N}}(r_0,z_{\mathrm{rec}}) &= \int_0^{\infty}\frac{\nu}{2\pi}I_0(\nu,L)S_{\mathrm{N}}(\nu,L)J_0(\nu r_0)\mathrm{d}\nu \\
&= \frac{P_0}{2\pi V_0(L)}\exp\left[-r_0^2/2V_0(L)-\tau_{\mathrm{nh}}\right] \\
&= I_0(r_0,L)\exp(-\tau_{\mathrm{nh}})
\end{aligned}
\tag{4-264}
$$

其中，$I_0(r_1,L)=\dfrac{P_0}{2\pi V_0(L)}\exp\left[-r_1^2/2V_0(L)\right]$为$I_0(\nu,L)$的 Hankel 变换，$\tau_{\mathrm{nh}}=\int_0^L c(\lambda,z)\mathrm{d}z$反映了非均匀性的影响，$c(\lambda,z)$由式（4-94）给出。同样地，散射部分的辐照度可以表示为

$$
\begin{aligned}
I_{\mathrm{S}}(r_1,z_{\mathrm{rec}}) &= \int_0^{\infty}\frac{\nu}{2\pi}I_0(\nu,L)S_{\mathrm{S}}(\nu,L)J_0(\nu r_1)\mathrm{d}\nu \\
&= \frac{1}{2\pi}\int_0^{\infty}I_0(\nu,L)\exp(-\tau_{\mathrm{nh}}) \\
&\quad\times\left\{\exp\left[\int_0^L b(\lambda,z)p\big(\nu(L-z)\big)\mathrm{d}z\right]-1\right\}J_0(\nu r_1)\nu\mathrm{d}\nu
\end{aligned}
\tag{4-265}
$$

其中，$p(\nu)=\dfrac{1}{2}\int_0^{\pi}p(\theta_s)J_0(\nu\theta_s)\theta_s\mathrm{d}\theta_s$为散射相位函数$p(\theta_s)$的 Hankel 变换，它控制在接收器处由于多个小角前向散射而到达距离光轴r_1米的散射光的数量。

因此，水下信道中相对于r_1的透射率密度函数可以表示为

$$
\begin{aligned}
\mathcal{T}_{(1)}^2 &= \frac{I(r_1,z)}{P_0} = \frac{1}{2\pi V_0(z)}\exp\left[-r_1^2/2V_0(z)-\tau_{\mathrm{nh}}\right] \\
&\quad+\frac{1}{2\pi}\int_0^{\infty}\exp\left[\frac{-V_0(z)\nu^2}{2}-\tau_{\mathrm{nh}}\right]\left\{\exp\left[\frac{b}{2}f_{zp}(\nu)\right]-1\right\}J_0(\nu r_1)\nu\mathrm{d}\nu
\end{aligned}
\tag{4-266}
$$

其中，

$$
f_{zp}(\nu)=\int_0^z\int_0^{\pi}p(\theta_s)J_0\left[\nu(z-z')\theta_s\right]\theta_s\mathrm{d}\theta_s\mathrm{d}z' \tag{4-267}
$$

这样透射率可以通过对式（4-266）积分得到，即

$$
\begin{aligned}
T=\mathcal{T}^2 &= \iint_A \mathcal{T}_{(1)}^2\,\mathrm{d}S \\
&= \int_0^{2\pi}\int_0^{W}\mathcal{T}_{(1)}^2\left(\sqrt{(r_0+r_1\cos\phi)^2+(r_1\sin\phi)^2}\right)r_1\mathrm{d}r_1\mathrm{d}\phi
\end{aligned}
\tag{4-268}
$$

其中，r_0为光束中心偏离接收光圈中心的距离。

2. 透射系数概率分布

根据 4.2.2 节中的讨论，如果假设入射光束垂直于孔径平面且光束中心的位置(x_0,y_0)按照二维高斯分布随机浮动。那么利用式（4-268）并以$r_0(\mathcal{T})$表示$\mathcal{T}^2$的反函数，以$r_0'(\mathcal{T})$表示$r_0(\mathcal{T})$的一阶导数，再结合式（4-129），便可以得到水下信道透射系数的概率分布为

$$\mathcal{P}(\mathcal{T}) = -\frac{r_0(\mathcal{T})}{\sigma_{\mathrm{BW}}^2} I_0\left[\frac{r_0(\mathcal{T})d}{\sigma_{\mathrm{BW}}^2}\right]\exp\left[-\frac{r_0(\mathcal{T})^2+d^2}{2\sigma_{\mathrm{BW}}^2}\right] r_0'(\mathcal{T}) \tag{4-269}$$

进一步地，可以得到透射系数和透射率的均值分别为

$$\langle \mathcal{T}\rangle = \int_0^1 \mathcal{P}(\mathcal{T})\mathcal{T}\mathrm{d}\mathcal{T} = \int_0^{+\infty} p(r_0, d, \sigma_{\mathrm{BW}})\mathcal{T}(r_0)\mathrm{d}r_0 \tag{4-270}$$

$$\langle T\rangle = \langle \mathcal{T}^2\rangle = \int_0^{+\infty} p(r_0, d, \sigma_{\mathrm{BW}})\mathcal{T}^2(r_0)\mathrm{d}r_0 \tag{4-271}$$

这里需要注意的是，水下信道的湍流引入的光束漂移方差与大气信道时的情况有所不同。对于 Rayleigh–Bénard (RB)湍流，湍流引入的光束漂移方差为

$$\sigma_2^2 = 0.68C_n^2 z^3 W_B^{-1/3}\left[1-\frac{8}{9}\left(\frac{\kappa_0^2 W_B^2}{1+0.5\kappa_0^2 W_B^2}\right)^{1/6}\right] \tag{4-272}$$

其中，C_n^2 为折射率结构常数；W_B 为束腰半径；$\kappa_0 = \frac{2\pi}{\tilde{L}_0}$；$\tilde{L}_0$ 为 RB 湍流的外尺度。

3. 水下链路透射率

根据前面的分析，水下链路透射率的计算首先需要得到水的散射相位函数解析式。由 Fournier 和 Forand 推导的海洋相位函数的双参数近似被认为是真实海洋散射函数最准确的表示。在浑浊海水中，纯净海水的贡献一般可以忽略不计，FF 函数通常可以对整个海水的散射数据进行拟合。目前，FF 相函数的形式可以表示为

$$\begin{aligned} p_{\mathrm{FF}}(\theta_s) = & \frac{1}{4\pi}\frac{1}{(1-\delta_\theta)^2\delta_\theta^{\upsilon_{\tilde{m}}}}\left\{\left[\left[\upsilon_{\tilde{m}}(1-\delta_\theta)-\left(1-\delta_\theta^{\upsilon_{\tilde{m}}}\right)\right]\right.\right. \\ & \left.\left.+\frac{4}{u_\theta^2}\left[\delta_\theta\left(1-\delta_\theta^{\upsilon_{\tilde{m}}}\right)-\upsilon_{\tilde{m}}(1-\delta_\theta)\right]\right]\right\} \\ & -\frac{1}{16\pi}\frac{1-\delta_\pi^{\upsilon_{\tilde{m}}}}{(1-\delta_\pi)\delta_\pi^{\upsilon_{\tilde{m}}}}\left(3\cos^2\theta_s-1\right) \end{aligned} \tag{4-273}$$

其中，$u_\theta = 2\sin\frac{\theta_s}{2}$，$\upsilon_{\tilde{m}} = \frac{3-\tilde{m}}{2}$，$\delta_\theta = \frac{u_\theta^2}{3(\tilde{n}-1)^2}$，$\delta_\pi = \frac{4}{3(\tilde{n}-1)^2}$，$1<\tilde{n}<1.35$ 为粒子相对于海水的折射率，$3.5<\tilde{m}<5$ 为指数律大小分布 $f(D)=kD^{-\tilde{m}}$ 的倾斜度[98]。FF 函数对浑浊海水粒子散射函数二阶拟合的最小误差为 $\tilde{m}=3.59$、$\tilde{n}=1.073$。在进行数值仿真时可以使用这两个值来分析。

根据式（4-267）和式（4-273），可以得出 $f_{zp}(\nu)$ 的解析式。但是由于积分运算十分复杂，可以采用数值仿真和高精度曲线拟合的办法找到 $f_{zp}(\nu)$ 的近似表达式。高斯光源的方差可以表示为 $V_0(L)=\frac{1}{4}W_B\sqrt{\left(1+\lambda L/\pi W_B^2\right)^2}$。假设光的波长为 532nm，束腰半径为 2mm，光束传输距离为 5m，文献[98]采用数值方法和 MATLAB 2018a 中的曲线拟合 App

得到的近似拟合表达式为

$$
f_{zp}(\nu)=\begin{cases}0.3765\exp\left[-\left(\dfrac{\ln(\nu)+0.1056}{3.274}\right)^2\right]+0.5397\exp\left[-\left(\dfrac{\ln(\nu)+4.653}{7.181}\right)^2\right], & \nu>1\\ 0.8064\exp\left[-\left(\dfrac{\nu+0.07897}{0.8659}\right)^2\right]+0.04046\exp\left[-\left(\dfrac{\nu-0.5964}{0.3038}\right)^2\right] & \\ +0.6024\exp\left[-\left(\dfrac{\nu-1.206}{0.7087}\right)^2\right], & 0<\nu\leqslant 1\end{cases}
$$

（4-274）

基于式（4-268）和式（4-274），可以通过积分运算得到透射率的表达式，但是其积分计算难度较大。可以通过上述数值计算和曲线拟合方法得到特定条件下的透射率近似表达式。文献[98]给出了几种条件下的拟合表达式，有兴趣的读者可以进行参考。这里给出其中一种条件下的透射率表达式。假设水为均匀的，系统发射和接收光圈半径分别为 10mm 和 30mm，视场都为 180°，光的波长为 532nm，束腰半径为 2mm，光束传输距离为 5m，接收光圈出的光束半径为 0.03m，散射系数为 0.45m^{-1}，总的消光系数为 0.8m^{-1}，则没有散射贡献情况下的透射率可以近似为

$$
\mathcal{T}_{\mathrm{N}}^2=\begin{cases}\exp\left\{-0.4002\exp\left[-\left(\dfrac{r_0-0.007032}{0.2926}\right)^2\right]\right.\\ \left.-1494\exp\left[-\left(\dfrac{r_0-0.05262}{0.008194}\right)^2\right]\right\}, & 0\leqslant r_0\leqslant 0.035\\ \exp\left\{43.74\exp\left[-\left(\dfrac{r_0-0.03697}{0.01706}\right)^2\right]\right.\\ \left.-1772\exp\left[-\left(\dfrac{r_0-0.1045}{0.03792}\right)^2\right]\right\}, & 0.035<r_0\leqslant 0.07\\ 0, & r_0>0.07\end{cases} \tag{4-275}
$$

散射光对透射率的贡献为

$$
\mathcal{T}_{\mathrm{S}}^2=\begin{cases}(-0.4908\mathrm{e}-6)\exp(146.6r_0)+0.001044\exp(-0.7347r_0), & 0\leqslant r_0\leqslant 0.035\\ -40.45r_0^{\,0.5586}+25.22, & r_0>0.035\end{cases} \tag{4-276}
$$

此时，最终的透射率 $T(r_0)=\left[\mathcal{T}(r_0)\right]^2=\mathcal{T}_{\mathrm{N}}^2+\mathcal{T}_{\mathrm{S}}^2$。因此，$r_0(\mathcal{T})$ 及其一阶导数 $r_0'(\mathcal{T})$ 就可以求出来，最终根据式（4-269）得到透射系数或者透射率的概率分布。

4.5.3 水下椭圆光束信道模型

前面提到的水下 Rice 分布信道模型很好地考虑了水下信道中的散射和光束漂移的影响，但是该模型并没有对水下信道的衰减和光束的失真进行深入的考虑，因此在一定

程度上并不能很好地对水下信道进行全面的表征。基于此，Zuo 等借鉴大气量子信道中的椭圆光束模型，提出了水平传输水下信道的椭圆光束信道模型[99]。该模型不仅考虑水下信道对光信号的吸收和散射随深度的影响，还考虑了水下信道的湍流引起的光束漂移、波前失真等因素，能够较好地反应水下量子信道的基本特征。

水下椭圆光束信道模型的基本思路与大气量子信道中的椭圆光束模型基本一致，但是由于水下信道吸收、散射和湍流与大气有很多不同之处，因此需要对该模型中的各个统计参数进行重新分析和计算。

1. 常规消光

由于水下通信主要的场景以海洋为主，因此他们以海水为对象进行分析。常规消光主要指海水的吸收和散射造成的光功率的损耗，其规律可以用 Beer-Lambert 定律建模，若采用基于叶绿素的海水模型，则其中的吸收和散射系数由式（4-97）和式（4-99）确定。

除了吸收和散射造成的光功率损耗以外，衍射损耗是另一个损耗的来源。对于准直高斯光束，光束从 $z=0$ 传输到 z 处的半径为 $W(z)=W_0\sqrt{1+(z/z_R)^2}$ ，则衍射损耗可以计算为

$$\eta_{\text{dif}}=1-\mathrm{e}^{-2a_r^2/W(z)^2} \tag{4-277}$$

海水中的通信距离一般很短[97]，衍射损耗几乎可以忽略。

2. 海洋湍流

海洋湍流的分析与大气湍流类似，也是基于能量传递理论。因此，海洋光学湍流造成的折射率浮动的统计表述可以沿用大气信道中的理论。对于海洋湍流，其折射率浮动的 Kolmogorov 功率谱可以表示为

$$\Phi_n(\boldsymbol{\kappa};z)=\mathbb{G}\omega_{\text{dr}}(z)[\varsigma_{\text{k}}(z)]^{-1/3}|\boldsymbol{\kappa}|^{-11/3} \tag{4-278}$$

其中，$\mathbb{G}$ 可以假定具有 1 的数量级，$\omega_{\text{dr}}(z)$ 为温度或者盐度变化的消散速率，$\varsigma_{\text{k}}(z)$ 为动能耗散速率。基于上述 Kolmogorov 谱，结合自由空间大气量子信道的理论，可以对海洋湍流下光场的演化及其统计特性进行深入的分析。

3. 水下椭圆光束模型

椭圆光束模型描述透射率的概率分布的关键是得到随机参数 $(x_0,y_0,\Theta_1,\Theta_2,\phi)$ 的统计量。具体地，需要得到 $\boldsymbol{v}=(x_0,y_0,\Theta_1,\Theta_2)$ 的均值及其协方差矩阵 $\boldsymbol{\Sigma}$ ［式（4-168）］的各个矩阵元。基于海洋湍流的 Kolmogorov 谱，文献[99]给出了各个参数的均值和协方差矩阵 $\boldsymbol{\Sigma}$ 的矩阵元：

$$\left\langle\Delta x_0^2\right\rangle=\left\langle\Delta y_0^2\right\rangle=27.12\omega_{\text{dr}}^{4/5}\varsigma_{\text{k}}^{-4/15}k^{-1/15}L^{37/15} \tag{4-279}$$

$$\langle \Theta_i \rangle = \ln\left(\frac{\left[a_1 \mathcal{F}_1^3 - a_2 \mathcal{F}_1^2 + \Omega + \Omega^{-1} \right]^2}{\sqrt{\left[1 + \Omega^2 + (a_1 \mathcal{F}_1 - a_2) \mathcal{F}_1^2 \Omega \right]^2 + a_3 \mathcal{F}_2}} \right) \tag{4-280}$$

$$\langle \Delta \Theta_i^2 \rangle = \ln\left(1 + \frac{a_4 \mathcal{F}_2}{\left[1 + \Omega^2 + (a_1 \mathcal{F}_1 - a_2) \mathcal{F}_1^2 \Omega \right]^2} \right) \tag{4-281}$$

$$\langle \Delta \Theta_1 \Delta \Theta_2 \rangle = \ln\left(1 + \frac{a_5 \mathcal{F}_2 \Omega^{-2}}{\left[a_1 \mathcal{F}_1^3 - a_2 \mathcal{F}_1^2 + \Omega + \Omega^{-1} \right]^2} \right) \tag{4-282}$$

其中，$a_1 = 131.4$，$a_2 = 54.06$，$a_3 = 248.99$，$a_4 = 1009.81$，$a_5 = 49.95$，

$$\mathcal{F}_1 = \omega_{\mathrm{dr}}^{2/5} \varsigma_{\mathrm{k}}^{-2/15} k^{7/15} L^{11/15} \tag{4-283}$$

$$\mathcal{F}_2 = \omega_{\mathrm{dr}}^{6/5} \varsigma_{\mathrm{k}}^{-2/5} k^{7/5} L^{11/5} \left(1 + \Omega^2\right) \Omega \tag{4-284}$$

Ω 由式（4-161）给出。注意，这里已经假设 $\langle x_0 \rangle = \langle y_0 \rangle = 0$。这样，可以进一步根据蒙特卡罗仿真方法得到透射率的概率分布。

4.6 空对潜自由空间量子信道

前面已经详细地讨论了自由空间大气、天地和水下量子信道的理论和建模，这些理论和方法是空对潜自由空间量子信道建模的基础。在讨论空对潜信道时，信道的大气或星地链路部分和水下链路部分可以直接使用已有的模型。但是空对潜信道的主要难点在于水面部分的分析。由于受到海洋湍流、海风等因素的影响，海面会变得起伏不定，这样使得当光从海面上入射到海水中时的折射会不断地抖动，从而影响量子通信的最终性能。因此，接下来，我们主要考虑空对潜信道中海面部分的建模和分析。

4.6.1 海面风生波纹模型

来自大气的能量会产生空气动力学上的粗糙海面，海面上有非常多的不稳定波纹。在海洋环境中，由表面风生波纹引起的海水运动是观测到的变化最快的因素。风生波纹可以在三维模型上描述，它们传播的方向通常与风向相反。针对海洋表面波纹的研究大致可分为若干方面，在海面波纹建模方面主要基于波动力学的理论研究和建模，以及海面波纹与大气相互作用的影响。从实际的角度出发，在空对潜量子通信中，真实的海面并不是一个绝对平面，需要将海面的随机起伏考虑在内。由于海面的波动，在空对潜光通信光路中，光信号经过水面的反射和折射并不是固定不变的，而是随着水面波动而改变。这将改变光信号的传播方向并导致最终偏离接收器中心。引起海面波纹的因素有多种，如风生波纹、引力和离心力引发的潮汐现象，以及地壳运动引发的海啸等。其中，海风是最主要和最常见的因素，而且潮汐和海啸波纹的波长较长，对于光路的影响较小。

因此，这里主要讨论海风引起的波纹对空对潜量子通信系统性能的影响。

CM（Cox and Munk）模型[37]是目前海面波纹模型中运用最广泛的一种模型。通过测量海面对太阳光的反射，Cox 和 Munk 提出了 CM 模型，该模型是基于风速的统计模型。海面波动的方向可以分解为由横向风和上升风引起，一个合理的假设是两个分量的变化近似高斯分布。Cox 和 Munk 采用高斯近似方法将测数据的分布描述为 Gram Charlier 级数，最终推导出波动海面的斜率分布：

$$\begin{aligned}p(Z_u,Z_c)=&\frac{1}{2\pi\sigma_u\sigma_c}\exp\left[-\frac{1}{2}(Z_u^2+Z_c^2)\right]\left[1-\frac{1}{2}c_{21}Z_c(Z_u^2-1)\right.\\&-\frac{1}{6}c_{03}(Z_c^3-3Z_c)+\frac{1}{24}c_{40}(Z_u^4-6Z_u^2+3)\\&\left.+\frac{1}{4}c_{22}(Z_u^2-1)(Z_c^2-1)+\frac{1}{24}c_{04}(Z_c^4-6Z_c^2+3)\right]\end{aligned}\tag{4-285}$$

其中，Z_u 和 Z_c 分别表示上升分量和横向分量，分别表示为

$$Z_u=\frac{\varepsilon_u}{\sigma_u},\quad Z_c=\frac{\varepsilon_c}{\sigma_c}\tag{4-286}$$

其中，ε_u 和 ε_c 分别表示上升海风和横向海风引起海面倾斜的斜率分量，它们的方差分别为 σ_u^2 和 σ_c^2。其他参数的估计值如下：

$$\begin{cases}\sigma_c^2=0.003+1.92\times10^{-3}v,\ \sigma_u^2=3.16\times10^{-3}v,\\c_{21}=0.01-0.0086v,\ c_{03}=0.04-0.033v,\\c_{40}=0.4,\ c_{22}=0.12,\ c_{04}=0.23\end{cases}\tag{4-287}$$

其中，v 表示风速。

4.6.2　大气对潜自由空间量子信道

大气对潜自由空间量子通信场景通常出现在军事上的飞机或无人机与水下潜艇的直接通信或者类似的水下作业场景中。这样的场景中，大气中的通信方通常离海面的高度不会太高，如民航飞机一般在对流层顶部或平流层底部（海拔 6000～12600m）飞行，短程航线的飞机一般在海拔 6000～9600m 高空飞行，而长程洲际航线的飞机一般在海拔 8000～12600m 高空飞行，性能好的飞机飞行高度则能达到 18000m，现代服役的歼击机的最大飞行高度约为海拔 20000m，而一些轻型飞机可以在离地十几米的高度飞行。因此，根据标准大气模型中折射率随高度的变化[79-80]，可以近似地认为大气中的通信方到水面的大气折射率均值保持不变，光在大气中传播时由于折射效应导致的路径偏折只需要考虑由大气湍流导致的光束漂移。水下信道的通信距离一般不长，也可以近似认为其折射率基本保持不变。因此，可以认为整个大气对潜自由空间量子信道由折射产生的较大路径偏折只发生在水面处[100]。

现在可以将大气对潜自由空间量子信道看作大气量子信道、水面量子信道和水下量子信道三部分信道的串联。水面量子信道由于水面的波动使得入射光经过它之后的折射

方向也随之波动。为了获得折射角在 CM 模型中的变化规律，先定义入射角为θ_i。另外，还需要计算水面的斜率ε_s及其倾斜方向ϕ_s，需要注意的是，这里倾斜方向的角度以上升风向为基准。从入射光和水面的几何关系容易推出[100]

$$\varepsilon_s = \sqrt{\varepsilon_u^2 + \varepsilon_c^2},\quad \phi_s = \arctan\left(\frac{\varepsilon_c}{\varepsilon_u}\right) \tag{4-288}$$

在已知入射角的情况下，利用斯内尔定律（Snell law），折射角θ_r可以表示为

$$\theta_r = \arcsin\left(\frac{\sin\theta_i n_a}{n_w}\right) \tag{4-289}$$

其中，n_a和n_w分别代表光在空气和水中的折射率，可以设置为$n_a = 1.000293$和$n_w = 1.34$。为了描述天顶角在其中的影响，附图 1 描绘了飞行器发射的光信号通过海面到达水下接收设备的立体几何关系。当飞行器处于特定的海拔高度和特定天顶角时，其可能出现的位置是一个圆形轨迹。因此，在后面的分析中，将看到光信号在接收器上的分布也呈圆形分布。

基于 CM 模型，以及光在水中传播的距离，可以从理论上计算出光信号从空气传输到水下接收器后，接收器的强度变化。这里，采用蒙特卡罗仿真法生成的联合高斯分布随机数来表示 CM 模型的横向和上升分量，并计算出水下光接收器平均光子数（光强度）。附图 1 展示了光信号经过 CM 模型描述的波纹后，在不同水深（20m、40m、60m 和 80m）下的光强度分布。从图 4-16 中可以看出，随着风速的增加，在相同深度的光斑变得更大。在相同的风速下，随着深度的增加光斑也在增大。由于光接收器的接收半径有限，这意味着，风速越大、深度越深，同一个光接收器能探测到的光子数也越少。

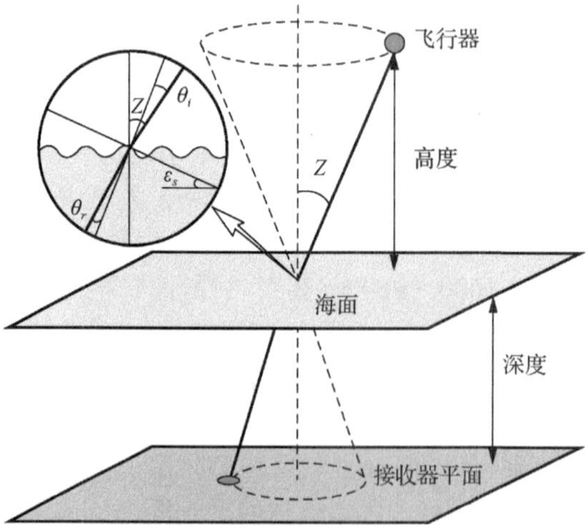

图 4-16 飞行器、海面、水下接收器几何关系示意图

注：最顶层的虚线圆圈表示飞行器在一个固定海拔上，天顶角为 Z 时可能出现的位置。在海面波纹的横截面放大图中，ε_s表示海面倾斜角度，θ_i和θ_r分别表示光信号的入射角和折射角。

4.6.3 卫星对潜自由空间量子信道

卫星对潜与大气对潜信道的不同之处在于卫星的高度达到 100km 以上，如墨子号量子卫星的高度就达到了 500km。此时，量子信号将穿过整个大气层，折射的影响使得光束不仅在水面处发生偏折，在大气中也会存在偏折，光束从卫星到水面的传输距离将由式（4-218）确定，总的传输距离则还要再加上水下的传输距离。值得注意的是，在卫星对潜量子通信中，海面是影响系统性能的一个重要因素，海面的波纹会使传输的光信号发生偏转和折射[97]。在短距离的空气对潜方案中，这种影响并不明显，随着信号发送端的海拔增高，其天顶角也随之增大，这时光束小幅度的偏大将对接收效率产生较大影响。

1. 波纹对接收效率的影响

为了分析光束经过海面时的折射情况，需要知道入射角和海面波纹倾斜角度，其中入射角由卫星天顶角和波纹斜率共同决定。因此，首先来讨论海面波纹斜率模型。实际上，许多描述海面波纹的模型已经被提出，4.6.1 节就介绍了最常见的 CM 模型。CM 模型主要通过海面对太阳光的反射数据得出对海面波纹的概率分布，模型中主要考虑了海风的影响。在卫星对潜量子通信中，可以采用 CM 模型来分析海面波纹的影响，并且将卫星天顶角也考虑在模型中。通过式（4-285）～式（4-287）可以得到波纹斜率关于上升风和横向风的概率分布，为了描述天顶角在其中的影响，图 4-17 描绘了卫星发射的光信号通过海面到达水下接收设备的立体几何关系。与图 4-16 中飞行器类似，当卫星处于特定的高度和特定天顶角时，其可能出现的位置是一个圆形轨迹。

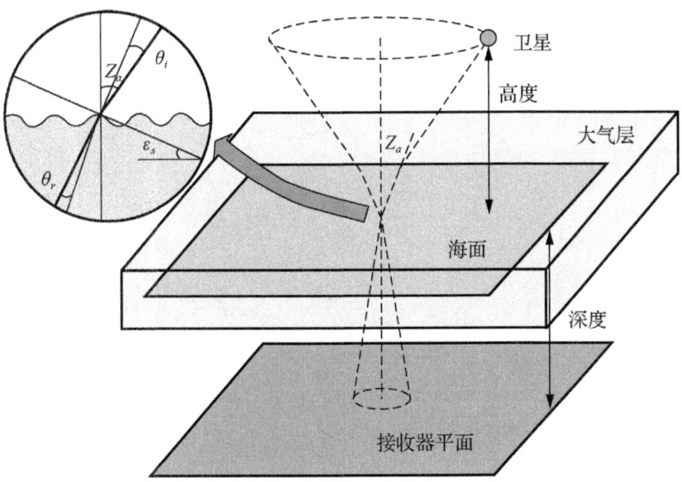

图 4-17 卫星、海面、水下接收器几何关系示意图

注：最顶层的虚线圆圈表示卫星在一个固定海拔上，天顶角为 Z_a 时可能出现的位置。在海面波纹的横截面放大图中，ε_s 表示海面倾斜角度，θ_i 和 θ_r 分别表示光信号的入射角和折射角。

由于信号光需要穿过海面才能到达水下接收设备，因此光束的传播方向由入射角和折射角确定。其中，入射角 θ_i 主要受两个因素的影响，一是海面波纹的倾斜斜率 ε_s 和倾斜方向 ϕ_s，可以通过式（4-288）计算这两个参数；二是卫星的天顶角 Z。根据这两个参数，折射角 θ_r 可以通过斯内尔定律求得，即式（4-289）。在附图 2 中研究了在不同水深（分别为 20m、40m、60m 和 80m）下，光强穿过海面波纹后的光强度分布。风速设置为海面最普遍的 6m/s，卫星天顶角分别设置为 0°、20°、40°和 60°。从仿真结果可以看出，随着水深的增加，接收器上的圆形光强分布变大。通过比较不同卫星天顶角的仿真结果，可以发现在相同的水深下，光强圆形分布随着天顶角的增加而扩大，这些现象都可以利用图 4-17 中的几何关系来解释。

上文研究了光束经过海面波纹的折射后发生偏离的现象，并最终在接收端呈圆形分布。这说明海面波纹会影响整个卫星对潜量子信道的传输效率。定义 $\eta_{\text{deflection}}$ 来表示这一部分传输效率。为了估计 $\eta_{\text{deflection}}$ 的值，需要研究相对于发射的总光子数，穿过海面后被接收到的光子数，两者的比例即 $\eta_{\text{deflection}}$，这里定义接收器的半径为 r_0。基于对接收器光强分布的仿真结果，可以累加命中接收器的光子数并计算 $\eta_{\text{deflection}}$。假设光的传播方向已经对准水下接收器的中心点，那么这种情况等价于天顶角 $Z=0°$ 的情形，根据这些假设，在不同风速和水深下用蒙特卡罗仿真法仿真了 $\eta_{\text{deflection}}$，如图 4-18 所示。在仿真过程中，总光子数设置为 10^6，接收器半径设置为 1m。从结果中可以明显看出，随着风速和水深的增加，接收器接收到的光子数以很快的速度减少。

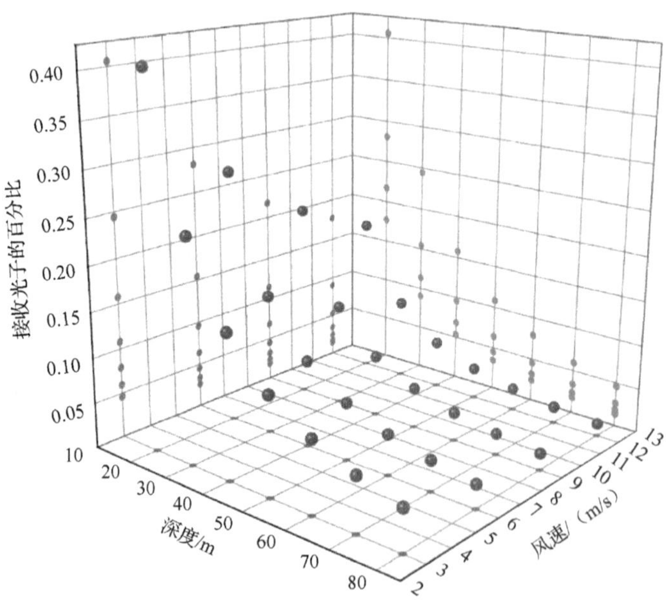

图 4-18　在不同风速（3m/s、6m/s、9m/s 和 12m/s）和深度（20m、40m、60m 和 80m）接收器接收光子数的百分比（接收效率）

注：在仿真中设置天顶角 Z_a=0°，蒙特卡罗仿真光子数为 10^6，光束接收器的半径为 1m。

2. 波纹对信道透过率的影响

为了研究海面波纹对信道透射率的关系，折射光信号可以通过 Fresnel 方程获得。将量子光信号分解为垂直和平行两个分量，分别为$T_{\text{refraction},\perp}$和$T_{\text{refraction},\|}$，则信道的 Fresnel 透过率可以表示为

$$T_{\text{refraction}}=\frac{1}{2}(T_{\text{refraction},\perp}+T_{\text{refraction},\|}) \tag{4-290}$$

其中的变量满足方程

$$T_{\text{refraction},\perp}=1-\frac{\sin^2(\theta_i-\theta_r)}{\sin^2(\theta_i+\theta_r)} \tag{4-291}$$

$$T_{\text{refraction},\|}=1-\frac{\tan^2(\theta_i-\theta_r)}{\tan^2(\theta_i+\theta_r)} \tag{4-292}$$

其中，θ_i和θ_r分别为入射角和折射角。附图 3 中所示为信号光经过海面的过程中，信道透过率的概率分布。根据卫星与地球的几何关系，将天顶角设置为 0°～76°，风速分别设置为 3m/s、6m/s、9m/s 和 12m/s。从仿真结果中可以发现当天顶角小于 30°时，透过率分布在较高的值上，约为 0.979。随着天顶角的增加，透过率分布扩散到 0.95～0.99。与天顶角相比，风速对透过率分布的影响非常小。最终，由于海面波纹造成的整个信道透过率变化表示为$T_{\text{surface}}=\eta_{\text{deflection}}T_{\text{refraction}}$。

参考文献

[1] Andrews L C, Phillips R L, Hopen C Y. Laser beam scintillation with applications[M]. Bellingham, Washington: SPIE Press, 2001.

[2] Vasylyev D, Semenov A A, Vogel W. Atmospheric quantum channels with weak and strong turbulence[J]. Physical Review Letters, 2016, 117(9): 090501.

[3] Walsh J L, Ulrich P B. Thermal blooming in the atmosphere[M]//STROHBEHN J W. Laser Beam Propagation in the Atmosphere. Berlin, Heidelberg; Springer Berlin Heidelberg, 1978.

[4] Andrews L C, Phillips R L. Laser beam propagation through random media: second edition[M]. Bellingham, Washington USA SPIE Press, 2005.

[5] Ricklin J C, Hammel S M, Eaton F D, et al. Atmospheric channel effects on free-space laser communication[J]. Journal of Optical and Fiber Communications, 2006, 3(2): 111-158.

[6] Kaushal H, Jain V K, Kar S. Free space optical communication[M]. New Delhi: Springer, 2017.

[7] Kim I I, Korevaar E J. Availability of free-space optics (FSO) and hybrid FSO/RF systems[C]//Optical Wireless Communications IV. SPIE, Denver, CO, United States, 2001, 4530: 84-95.

[8] Ghassemlooy Z, Popoola W O. Terrestrial free-space optical communications[J]. Mobile and Wireless Communications Network Layer and Circuit Level Design, 2010, 17: 355-391.

[9] Lu C Y, Cao Y, Peng C Z, et al. Micius quantum experiments in space[J]. Reviews of Modern Physics, 2022, 94(3): 035001.

[10] Kolmogorov A N. The local structure of turbulence in incompressible viscous fluid for very large Reynolds numbers[J]. Proceedings of the Royal Society of London. Series A: Mathematical and Physical Sciences, 1991, 434(1890): 9-13.

[11] Richardson L F. Weather prediction by numerical process[M]. Cambridge: Cambridge University Press, 2007.

[12] Kaushal H, Kaddoum G. Optical communication in space: challenges and mitigation techniques[J]. IEEE Communications. Surveys Tutorials, 2017, 19(1): 57-96.

[13] Anguita J A, Rodríguez H, Quezada C. Experimental propagation of optical Laguerre-Gauss beams in turbulence[C]//2014 IEEE Aerospace Conference. IEEE, Big Sky, MT, USA, 2014: 1-6.

[14] Kaushal H, Kaddoum G. Underwater optical wireless communication[J]. IEEE Access, 2016, 4: 1518-1547.

[15] Zeng Z, Fu S, Zhang H, et al. A survey of underwater optical wireless communications[J]. IEEE Communications Surveys Tutorials, 2017, 19(1): 204-238.

[16] Apel J R. Principles of ocean physics[M]. Saint Louis: Elsevier Science, 2013.

[17] Spinrad R W, Carder K L, Perry M J. Ocean optics[M]. Oxford: Oxford University Press, 1994.

[18] Mobley C D. Light and water: radiative transfer in natural waters[M]. San Diego: Academic Press, 1994.

[19] Johnson L J, Jasman F, Green R J, et al. Recent advances in underwater optical wireless communications[J]. Underwater Technology, 2014, 32(3): 167-175.

[20] Johnson L J, Green R J, Leeson M S. Underwater optical wireless communications: depth dependent variations in attenuation[J]. Applied Optics, 2013, 52(33): 7867-7873.

[21] Haltrin V I. Chlorophyll-based model of seawater optical properties[J]. Applied Optics, 1999, 38(33): 6826-6832.

[22] Yang F, Cheng J, Tsiftsis T A. Free-space optical communication with nonzero boresight pointing errors[J]. IEEE Transactions on Communications, 2014, 62(2): 713-725.

[23] Tan H, Doerffer R, Oishi T, et al. A new approach to measure the volume scattering function[J]. Optics Express, 2013, 21(16): 18697-18711.

[24] Johnson L, Green R, Leeson M. A survey of channel models for underwater optical wireless communication[C]//Proceedings of the 2013 2nd International Workshop on Optical Wireless Communications (IWOW), Newcastle Upon Tyne, UK, 2013[2013-10-21].

[25] Li C, Park K H, Alouini M S. On the use of a direct radiative transfer equation solver for path loss calculation in underwater optical wireless channels[J]. IEEE Wireless Communications Letters, 2015, 4(5): 561-564.

[26] Arnon S, Barry J R, Karagiannidis G K, et al. Advanced optical wireless communication systems[M]. Cambridge: Cambridge University Press, 2012.

[27] Potter J R, Porter M B, Preisig J C. UComms: a conference and workshop on underwater communications, channel modeling and validation[J]. IEEE Journal of Oceanic Engineering, 2013, 38(4): 603-613.

[28] Wang L, Jacques S L, Zheng L. MCML—Monte Carlo modeling of light transport in multi-layered tissues[J]. Computer Methods Programs in Biomedicine, 1995, 47(2): 131-146.

[29] Lerner R M, Summers J D. Monte Carlo description of time-and space-resolved multiple forward scatter in natural water[J]. Applied Optics, 1982, 21(5): 861-869.

[30] Mobley C, Boss E, Roesler C. Ocean optics web book[J/OL]. Information, 2010. Available: http://www.oceanopticsbook.info/.

[31] Mobley C D, Gentili B, Gordon H R, et al. Comparison of numerical models for computing underwater light fields[J]. Applied Optics, 1993, 32(36): 7484-7504.

[32] Zhang H, Dong Y, Zhang X. On stochastic model for underwater wireless optical links[C]// 2014 IEEE/CIC International Conference on Communications in China (ICCC). Shanghai, China, 2014: 156-160.

[33] Zhang H, Dong Y. General stochastic channel model and performance evaluation for underwater wireless optical links[J]. IEEE Transactions on Wireless Communications, 2016, 15(2): 1162-1173.

[34] Shijian T, Xuedan Z, Yuhan D. On impulse response for underwater wireless optical links[C]// 2013 MTS/IEEE OCEANS - Bergen. Bergen, Norway, 2013: 1-4.

[35] Tang S, Dong Y, Zhang X. Impulse response modeling for underwater wireless optical communication links[J]. IEEE Transactions on Communications, 2014, 62(1): 226-234.

[36] Dong Y, Zhang H, Zhang X. On impulse response modeling for underwater wireless optical MIMO links[C]// 2014 IEEE/CIC International Conference on Communications in China (ICCC). Shanghai, China, 2014: 151-155.

[37] Cox C M, Walter. Slopes of the sea surface deduced from photographs of sun glitter[J]. Bulletin of the Scripps Institution of Oceanography, 1956, 6(9): 401-488.

[38] Plant W J. A new interpretation of sea-surface slope probability density functions[J]. Journal Geophysical Research, 2003, 108(C9): 111-113.

[39] Dong Y, Tang S, Zhang X. Effect of random sea surface on downlink underwater wireless optical communications[J]. IEEE Communications Letters, 2013, 17(11): 2164-2167.

[40] Fletcher A S, Hamilton S A, Moores J D. Undersea laser communication with narrow beams[J]. IEEE Communications Magazine, 2015, 53(11): 49-55.

[41] Hanson F, Lasher M. Effects of underwater turbulence on laser beam propagation and coupling into single-mode optical fiber[J]. Applied Optics, 2010, 49(16): 3224-3230.

[42] Liu W, Xu Z, Yang L. SIMO detection schemes for underwater optical wireless communication under turbulence[J]. Photonics Research, 2015, 3(3): 48-53.

[43] Nikishov V V, Nikishov V I. Spectrum of turbulent fluctuations of the sea-water refraction index[J]. International Journal of Fluid Mechanics Research 2000, 27(1): 82-98.

[44] Korotkova O, Farwell N, Shchepakina E. Light scintillation in oceanic turbulence[J]. Waves Random Complex Media, 2012, 22(2): 260-266.

[45] Smart J H. Underwater optical communications systems part 1: variability of water optical parameters[C]// MILCOM 2005 - 2005 IEEE Military Communications Conference. Atlantic City, NJ, USA, 2005: 1140-1146 Vol. 2.

[46] Giles J W, Bankman I N. Underwater optical communications systems. Part 2: basic design considerations[C]// MILCOM 2005 - 2005 IEEE Military Communications Conference. Atlantic City, NJ, USA, 2005: 1700-1705 Vol. 3.

[47] Liu W, Zou D, Wang P, et al. Wavelength dependent channel characterization for underwater optical wireless communications[C]// 2014 IEEE International Conference on Signal Processing, Communications and Computing (ICSPCC). Guilin, China, 2014: 895-899.

[48] Jaruwatanadilok S. Underwater wireless optical communication channel modeling and performance evaluation using vector radiative transfer theory[J]. IEEE Journal on Selected Areas in Communications, 2008, 26(9): 1620-1627.

[49] Zhang H, Dong Y. Link misalignment for underwater wireless optical communications[C]// 2015 Advances in Wireless and Optical Communications (RTUWO). Riga, Latvia, 2015: 215-218.

[50] Gabriel C, Khalighi M A, Bourennane S, et al. Misalignment considerations in point-to-point underwater wireless optical links[C]// 2013 MTS/IEEE OCEANS - Bergen. Bergen, Norway, 2013: 1-5.

[51] Semenov A A, Vogel W. Entanglement transfer through the turbulent atmosphere[J]. Physical Review A, 2010, 81(2): 023835.

[52] Semenov A A, Vogel W. Quantum light in the turbulent atmosphere[J]. Physical Review A, 2009, 80(2): 021802.

[53] Vasylyev D Y, Semenov A A, Vogel W. Toward global quantum communication: beam wandering preserves nonclassicality[J]. Physical Review Letters, 2012, 108(22): 220501.

[54] Guo Y, Xie C, Liao Q, et al. Entanglement-distillation attack on continuous-variable quantum key distribution in a turbulent atmospheric channel[J]. Physical Review A, 2017, 96(2): 022320.

[55] Vasylyev D, Semenov A A, Vogel W. Atmospheric quantum channels with weak and strong turbulence[J]. Physical Review Letters, 2016, 117(9): 090501.

[56] Wand M P, Jones M C. Kernel smoothing[M]. New York: Chapman & Hall/CRC Press, 1995.

[57] Peřina J, Peřinová V, Teich M C, et al. Two descriptions for the photocounting detection of radiation passed through a random medium: a comparison for the turbulent atmosphere[J]. Physical Review A, 1973, 7(5): 1732-1737.

[58] Ursin R, Tiefenbacher F, Schmitt, M T, et al. Entanglement-based quantum communication over 144 km[J]. Nature Phyics, 2007, 3(7): 481-486.

[59] Nauerth S, Moll F, Rau M, et al. Air-to-ground quantum communication[J]. Nature Photonics, 2013, 7(5): 382-386.

[60] Vasylyev D, Vogel W, Semenov A A. Theory of atmospheric quantum channels based on the law of total probability[J]. Physical Review A, 2018, 97(6): 063852.

[61] Holmes J F, Lee M H, Kerr J R. Effect of the log-amplitude covariance function on the statistics of speckle propagation through the turbulent atmosphere[J]. Journal of the Optical Society of America, 1980, 70(4): 355-360.

[62] Chumak O O, Baskov R A. Strong enhancing effect of correlations of photon trajectories on laser beam scintillations[J]. Physical Review A, 2016, 93(3): 033821.

[63] Baskov R A, Chumak O O. Laser-beam scintillations for weak and moderate turbulence[J]. Physical Review A, 2018, 97(4): 043817.

[64] Jin D, Guo Y, Wang Y J, et al. Parameter estimation of orbital angular momentum based continuous-variable quantum key distribution[J]. Journal of Applied Physics 2020, 127(21): 213102.

[65] Martin J M, Flatté S M. Intensity images and statistics from numerical simulation of wave propagation in 3D random media[J]. Applied Optics, 1988, 27(11): 2111-2126.

[66] Goodman J W. Introduction to fourier optics[M]. New York: McGraw-Hill, 1996.

[67] Vasylyev D, Semenov A A, Vogel W, et al. Free-space quantum links under diverse weather conditions[J]. Physical Review A, 2017, 96(4): 043856.

[68] Fante R L. Electromagnetic beam propagation in turbulent media[J]. Proceedings of the IEEE, 1975, 63(12): 1669-1692.

[69] Zuev V E. Laser beams in the atmosphere[M]. New York: Consultants Bureau, 1982.

[70] Yura H T, Barthel K G, Büchtemann W. Rainfall-induced optical phase fluctuations in the atmosphere[J]. Jaurnal of the Optical Society of America, 1983, 73(11): 1574-1580.

[71] Ishimaru A. Wave Propagation and scattering in random media[M]. Oxford: Oxford University Press, 1997.

[72] Vasylyev D, Vogel W, Moll F. Satellite-mediated quantum atmospheric links[J]. Physical Review A, 2019, 99(5): 053830.

[73] Günthner K, Khan I, Elser D, et al. Quantum-limited measurements of optical signals from a geostationary satellite[J]. Optica, 2017, 4(6): 611-616.

[74] Takenaka H, Carrasco C A, Fujiwara M, et al. Satellite-to-ground quantum-limited communication using a 50kg-class microsatellite[J]. Nature Photonics, 2017, 11(8): 502-508.

[75] Zuo Z, Wang Y, Huang D, et al. Atmospheric effects on satellite-mediated continuous-variable quantum key distribution[J]. Journal of Physics A Mathematical and Theoretical, 2020, 53(46): 465302.

[76] Vallone G, Bacco D, Dequal D, et al. Experimental satellite quantum communications[J]. Physical Review Letters, 2015, 115(4): 040502.

[77] Pugh C J, Kaiser S, Bourgoin J P, et al. Airborne demonstration of a quantum key distribution receiver payload[J]. Quantum Science&Technology, 2017, 2(2): 024009.

[78] National oceanic and atmospheric administration report U. S. standard atmosphere[R]. No. S/T 76-1562, 1976.

[79] Edlén B. The refractive index of air[J]. Metrologia, 1966, 2(2): 71-80.

[80] Birch K P, Downs M J. Correction to the updated Edlén equation for the refractive index of air[J]. Metrologia, 1994, 31(4): 315-316.

[81] Seibert Q D. The Reduction of apparent contrast by the atmosphere[J]. Journal of the Optical Society of America, 1948, 38(2): 179-191.

[82] Ellison M A, Seddon H. Some experiments on the scintillation of stars and planets[J]. Monthly Notices of the Royal Astronomical Society, 1952, 112(1): 73-87.

[83] Banakh V A, Mironov V L. Phase approximation of the Huygens–Kirchhoff method in problems of laser-beam propagation in the turbulent atmosphere[J]. Optics Letters, 1977, 1(5): 172-17.

[84] Banakh V A, Mironov V L. Phase approximation of the Huygens–Kirchhoff method in problems of space-limited optical-beam propagation in turbulent atmosphere[J]. Optics Letters, 1979, 4(8): 259-261.

[85] Liao S K, Cai W Q, Liu W Y, et al. Satellite-to-ground quantum key distribution[J]. Nature, 2017, 549(7670): 43-47.

[86] Liorni C, Kampermann H, Bruß D. Satellite-based links for quantum key distribution: beam effects and weather dependence[J]. New Journal of Physics, 2019, 21(9): 093055.

[87] Wang Z, Malaney R, Green J. Inter-satellite quantum key distribution at terahertz frequencies[C]// ICC 2019 - 2019 IEEE International Conference on Communications (ICC). Shanghai, China, 2019: 1-7.

[88] Liu C, Zhu C, Nie M, et al. Composable security for inter-satellite continuous-variable quantum key distribution in the terahertz band[J]. Optics Express, 2022, 30(9): 14798-14816.

[89] Ji L, Gao J, Yang A L, et al. Towards quantum communications in free-space seawater[J]. Optics Express, 2017, 25(17): 19795-19806.

[90] Shi P, Zhao S C, Gu Y J, et al. Channel analysis for single photon underwater free space quantum key distribution[J]. Journal of the Optical Society of America A, 2015, 32(3): 349-356.

[91] Bouchard F, Sit A, Hufnagel F, et al. Quantum cryptography with twisted photons through an outdoor underwater channel[J]. Optics Express, 2018, 26(17): 22563-22573.

[92] Zhao S C, Han X H, Xiao Y, et al. Performance of underwater quantum key distribution with polarization encoding[J]. Journal of the Optical Society of America A, 2019, 36(5): 883-892.

[93] Gariano J, Djordjevic I B. Theoretical study of a submarine to submarine quantum key distribution systems[J]. Optics Express, 2019, 27(3): 3055-3064.

[94] Zhao S, Li W, Shen Y, et al. Experimental investigation of quantum key distribution over a water channel[J]. Applied Optics, 2019, 58(14): 3902-3907.

[95] Hufnagel F, Sit A, Grenapin F, et al. Characterization of an underwater channel for quantum communications in the Ottawa River[J]. Optics Express, 2019, 27(19): 26346-26354.

[96] Chen Y, Shen W G, Li Z M, et al. Underwater transmission of high-dimensional twisted photons over 55 meters[J]. Photoni X, 2020, 1(1): 5.

[97] Guo Y, Xie C, Huang P, et al. Channel-parameter estimation for satellite-to-submarine continuous-variable quantum key distribution[J]. Physical Review A, 2018, 97(5): 052326.

[98] Huang P, Zeng G. Entanglement transmission through dense scattering medium[J]. New Journal of Physics, 2020, 22(5): 053021.

[99] Zuo Z, Wang Y, Mao Y, et al. Security of quantum communications in oceanic turbulence[J]. Physical Review A, 2021, 104(5): 0526.

[100] Xie C L, Guo Y, Wang Y J, et al. Security simulation of continuous-variable quantum key distribution over air-to-water channel using Monte Carlo method[J]. Chinese Physics Letters, 2018, 35(9): 090302.

第 5 章　自由空间连续变量量子密钥分发技术

目前，自由空间的连续变量量子密钥分发（CVQKD）已经有了相当多的研究和进展。从理论上，基于高斯调制和外差探测的自由空间 CVQKD 的组合安全性已经被证明，这为未来的自由空间 CVQKD 实际部署打下了坚实的理论基础。从实际角度看，自由空间信道对 CVQKD 系统的影响也有了较为全面的分析，特别是对大气和星地信道。大气信道中的 CVQKD 实验也取得了成功，但是在星地、水下和空对潜的 CVQKD 实验目前尚未有研究团队报道。现有的自由空间 CVQKD 技术已经具备相当的理论和实验基础，相信在不久的将来，自由空间的 CVQKD 技术就能够在量子网络通信上有较大的突破。

5.1　自由空间 CVQKD 系统基本模型

一个实际的自由空间 CVQKD 系统主要由量子信号收发子系统、光学收发子系统、数据处理和控制模块、传输信道（包括量子信道和公开信道）构成。同时，一个星地系统的功能模块构成在自由空间系统的基础上增加了一个结构较复杂的空间光束捕获、对准和跟踪子系统，称为 APT 子系统，如图 5-1 所示。

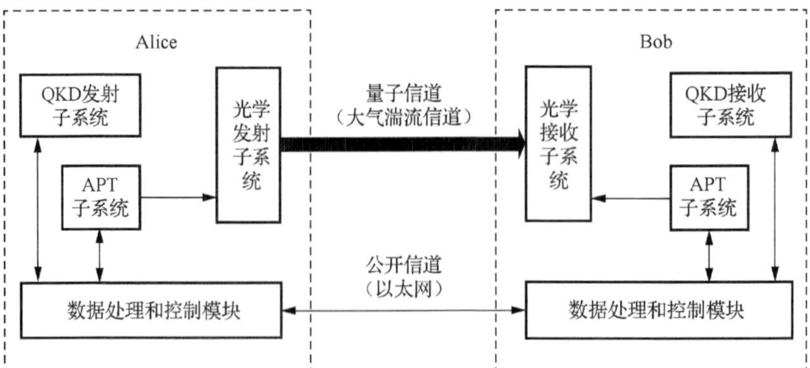

图 5-1　自由空间 CVQKD 系统结构图

自由空间 CVQKD 系统中的量子信号收发子系统、数据处理和控制模块与基于光纤链路的收发系统基本一致，只是对于自由空间 CVQKD，在发送端需要将制备好的量子态耦合到光学发射系统中，再由它将光束发送到自由空间信道。光学发射系统的功能是对制备好的光场进行光束整形、压缩发散角，并将光场传输到量子信道中。出于对安全和减小传输损耗的考虑，发射信号光的发散角通常很小。因此在自由空间系统中，即使发射端的光轴与接收端的光轴仅偏离一个很小的角度，这样窄的光束经过长距离（如若干千米）传输后，也会在接收器平面上形成很大的光斑位置偏移。所以自由空间系统还需要一个粗略的光束对准子系统来辅助系统收发端的光轴对准和定期调整。光学接收子系统将自由空间中的光信号耦合到接收子系统。由于传输的信号非常微弱，因此在进行信号探测前，必须采取滤波措施，通常使用窄带光学滤波片来降低背景光的影响。在第 3 章已经对 CVQKD 的基本结构进行了分析，因此这里不再赘述。在这里主要介绍自由空间 CVQKD 中的 APT 子系统。

由于传输距离远远大于自由空间链路的传输距离，光束宽度很窄，且链路的双端卫星和地面站处于相对运动中，因此星地系统有一个结构较复杂的空间光束捕获、对准和跟踪子系统，即 APT 子系统。为克服收发双端的视轴快速相对随机运动，APT 子系统对光束的偏转控制精度需达到 μrad 量级，控制带宽需达到 100Hz 量级。光学收发子系统通常由望远镜、分束器、平面镜、参考激光器等光学元件组成。

具体而言，ATP 系统由粗控制回路和精细控制回路组成。粗控制回路由粗指向装置（coarse pointing mechanism，CPM）、粗控制器和粗摄像机组成。精细控制回路由精细指向装置（fine pointing mechanism，FPM）、精细控制器和精细相机组成。粗相机的视场宽，而精细相机的视场窄。首先，基于 CPM 的开放指向，粗相机捕获目标的信标光。然后，CPM 根据粗相机中光点的位置修正其指向方向，引导信标光进入精细相机。FPM 根据来自精细相机的光斑位置来修正其指向方向。粗控制回路的跟踪精度可达几百 μrad，而精细控制回路的跟踪误差可降至几 μrad。表 5-1 是 Wang[1]团队 2013 年进行星地实验时的 ATP 子系统性能。在卫星在轨实验中，转台会带来额外的干扰，特别是转台在运动过程中转向另一个方向时。所以 ATP 存在一些明显的回转误差。去除这些回转误差后，粗跟踪误差小于±200μrad，而精细跟踪误差约为±5μrad（RMS）。

表 5-1　ATP 系统性能

组件		发送端	接收端
望远镜直径		200mm	300mm
粗指向装置	类型	双轴平衡环基座	双轴平衡环镜
	跟踪范围	方位角：±45°； 海拔：±70°	二者：±5°

续表

组件		发送端	接收端
粗摄像机	视场	2°	1°
	大小	1000×1000 像素	640×480 像素
精细指向装置	类型	快速转向镜	快速转向镜
	跟踪范围	±0.7mrad	±0.7mrad
精细相机	视场	512μrad	512μrad
	大小&帧每秒	128×128&2300Hz	128×128&2300Hz
跟踪误差	粗跟踪误差	±200μrad	
	精细跟踪误差	±5μrad	

5.2 大气信道 CVQKD

相比光纤信道，在水平或者倾斜大气信道中进行 CVQKD 的安全距离要近得多，尤其在天气条件较差的情况下，距离更短。主要原因是透射率的浮动使得对过噪声的估计增加了，即使是采用集总平均态进行估计。下面以高斯调制相干态协议为基础，详细介绍大气信道中 CVQKD 的理论与实验。

5.2.1 信道衰落的影响

2012 年，Usenko 等[2]首次研究了在自由空间衰落信道中高斯态光的纠缠特性，以及高斯态 CVQKD 的安全性，如图 5-2 所示。我们已经知道，基于高斯调制的制备-测量相干态协议与其等效的 EB 协议在安全性分析上是等价的。因此，水平大气信道中的等效 EB 协议的分析等价于对高斯调制相干态 CVQKD 的分析。

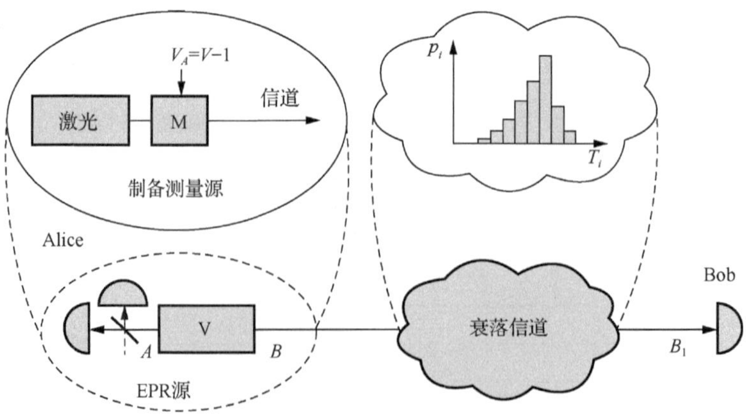

图 5-2 衰落信道中基于 EPR 纠缠的 CVQKD 方案

由于透射率的浮动特性，在对基于纠缠的高斯态 CVQKD 进行安全性分析时必须考虑透射率浮动对协方差矩阵带来的改变。假设信道的透射率可以用概率为$\{p_i\}$的$\{T_i\}$的分布来描述。根据文献[3]，在纯衰减的衰落信道中，高斯态的演化受其衰减分布的两个参数的影响，即透射率的平均值$\langle T\rangle$和透射率平方根的平均值$\langle\sqrt{T}\rangle$。对于方差为$V\geqslant 1$的双模压缩真空态ρ_{AB}，当B模通过透射率为T_i的信道后，态ρ_{AB_1}的协方差矩阵[2]变为

$$\gamma_{AB_1}^{i}=\begin{bmatrix} V\mathbb{I} & \sqrt{T_i}\sqrt{V^2-1}\sigma_z \\ \sqrt{T_i}\sqrt{V^2-1}\sigma_z & (VT_i+1-T_i+\xi_{\text{Bob}})\mathbb{I} \end{bmatrix} \tag{5-1}$$

其中，$\xi_{\text{Bob}}=T_i\xi_0$为Bob端的过噪声，$\xi_0$为归一到输入端的过噪声。文献[2]指出，经过衰落信道后的整体量子态是经过单个子信道后量子态的混合。因此，整体态的Wigner函数是子信道概率加权后各态的Wigner函数的和。经过衰落信道$\{T_i\}$的总协方差矩阵的矩阵元为式（5-1）给定的矩的凸求和[3]。这样，当模B经过衰落信道$\{T_i\}$后，最终的混态协方差矩阵为

$$\gamma_{AB_1}=\begin{bmatrix} V\mathbb{I} & \langle\sqrt{T}\rangle\sqrt{V^2-1}\sigma_z \\ \langle\sqrt{T}\rangle\sqrt{V^2-1}\sigma_z & (V\langle T\rangle+1-\langle T\rangle+\xi_{\text{Bob}})\mathbb{I} \end{bmatrix} \tag{5-2}$$

现在可以估计衰落信道对通过该信道传播的态的量子特性和相干态CVQKD的安全性的影响。从式（5-2）可以很明显地看到无噪衰落信道可以看作具有透射率为$\langle\sqrt{T}\rangle^2$和过噪声为$\xi_{\text{f}}=\text{Var}(\sqrt{T})(V-1)$的无衰落信道，使得经过衰落信道后模$B_1$的方差变为

$$V_{B_1}'=\langle\sqrt{T}\rangle^2(V-1)+\xi_{\text{f}}+\xi_{\text{Bob}}+1 \tag{5-3}$$

其中

$$\text{Var}(\sqrt{T})=\langle T\rangle-\langle\sqrt{T}\rangle^2 \tag{5-4}$$

这样，对于衰落信道，可以假设信道具有有效透射率$T_{\text{eff}}=\langle\sqrt{T}\rangle^2$，在Bob端的有效过噪声为

$$\xi_{\text{eB}}=\text{Var}(\sqrt{T})(V-1)+\xi_{\text{Bob}}=\xi_{\text{f}}+\xi_{\text{Bob}} \tag{5-5}$$

而归一到输入端的有效过噪声为

$$\xi_{\text{eff}}=\frac{\xi_{\text{eB}}}{T_{\text{eff}}} \tag{5-6}$$

而协方差矩阵γ_{AB_1}可以改写成如下形式：

$$\gamma_{AB_1}=\begin{bmatrix} V\mathbb{I} & \sqrt{T_{\text{eff}}}\sqrt{V^2-1}\sigma_z \\ \sqrt{T_{\text{eff}}}\sqrt{V^2-1}\sigma_z & [T_{\text{eff}}(V-1)+\xi_{\text{eB}}+1]\mathbb{I} \end{bmatrix} \tag{5-7}$$

或者

$$\gamma_{AB_1}=\begin{bmatrix} V\mathbb{I} & \sqrt{T_{\text{eff}}}\sqrt{V^2-1}\sigma_z \\ \sqrt{T_{\text{eff}}}\sqrt{V^2-1}\sigma_z & [T_{\text{eff}}(V-1)+T_{\text{eff}}\xi_{\text{eff}}+1]\mathbb{I} \end{bmatrix} \tag{5-8}$$

因此，衰落信道对协方差矩阵的影响可以描述为高斯态方差相关的附加过噪声，这是透射率浮动信道对 CVQKD 最主要的影响。

接下来，可以初步分析衰落信道对基于高斯相干态协议安全性的影响。首先，假设可信方能够估计信道的透射率 T 并检查其在数据传输过程中的稳定性，同时将得到的相对稳定的透射率称为子信道。这在实验上是可行的，因为大气信道浮动的典型频率为 kHz 级别，而调制和探测速率通常为 MHz 级别，即在衰落的大气信道的稳定时间内至少可以传输数千个信号或探测态。其次，为了使分析更清楚和专注于衰落的影响，假设纠缠（或制备）态是纯的，不考虑实际的噪声源，并假设数据后处理是完美的。根据上述假设，可以讨论在渐近极限情况下有衰落和无衰落对 CVQKD 安全性的影响。

在反向协调场景、联合窃听攻击和接收端 Bob 进行理想零差探测的情况下，渐近密钥率的下界由式（3-14）给出。在 Alice 进行外差探测后，互信息 $I_{AB}=\frac{1}{2}\log\left(\frac{V_A}{V_{A|B_1}}\right)$。根据上面的分析，在衰落信道下 I_{AB} 变为

$$I_{AB}=\frac{1}{2}\log\frac{1}{1-\frac{\langle\sqrt{T}\rangle^2 V_A}{1+\langle T\rangle V_A+\xi_{\text{Bob}}}} \tag{5-9}$$

在理想零差探测情况下，Holevo 量 χ_{BE} [4]可表示为

$$\chi_{BE}=G(\lambda_1)+G(\lambda_2)-G(\lambda_3) \tag{5-10}$$

其中，λ_1、λ_2 为式（5-2）中协方差矩阵的辛特征值；λ_3 为条件矩阵 $\boldsymbol{\gamma}_A^{x_B}$ 的辛特征值。

$$\boldsymbol{\gamma}_A^{x_B}=\boldsymbol{\gamma}_A-\boldsymbol{\sigma}_{AB}\left(\boldsymbol{X}^{\text{hom}}\boldsymbol{\gamma}_B\boldsymbol{X}^{\text{hom}}\right)^{\text{MP}}\boldsymbol{\sigma}_{AB}^{\text{T}} \tag{5-11}$$

其中，$\boldsymbol{\gamma}_A$ 和 $\boldsymbol{\gamma}_B$ 为单独描述模 A 和模 B_1 的矩阵；$\boldsymbol{\sigma}_{AB}$ 表示模 A 和模 B_1 之间相关关系的矩阵。这些小矩阵共同构成了式（5-2）中的协方差矩阵。对于零差探测，$\boldsymbol{X}^{\text{hom}}=\begin{bmatrix}1&0\\0&0\end{bmatrix}$。

通过一系列计算，最终得到

$$\lambda_{1,2}^2=\frac{\bar{A}\pm\sqrt{\bar{A}^2-4\bar{B}^2}}{2} \tag{5-12}$$

其中，

$$\bar{A}=V^2+\langle T\rangle^2(V+\chi_{\text{line}})^2-2\langle\sqrt{T}\rangle^2\left(V^2-1\right) \tag{5-13}$$

$$\bar{B}=\langle T\rangle V(V+\chi_{\text{line}})-\langle\sqrt{T}\rangle^2\left(V^2-1\right) \tag{5-14}$$

$$\chi_{\text{line}}=\frac{1}{\langle T\rangle}-1+\xi_0 \tag{5-15}$$

这里假设 $\xi_{\text{Bob}}=\langle T\rangle\xi_0$，$\xi_0$ 为归一到输入端的过噪声。对于辛特征值 λ_3，有

$$\lambda_3^2 = V\left(V - \frac{\langle\sqrt{T}\rangle^2\left(V^2-1\right)}{\langle T\rangle(V+\chi_{\text{line}})}\right) \tag{5-16}$$

5.2.2 对大气影响的分析

Usenko 等的研究只包括信道衰落的影响，对于浮动信道对 CVQKD 系统其他方面的影响没有过多考虑。2018 年，Wang 等[5]进一步对水平大气量子信道下的 CVQKD 做了系统分析。他们详细分析了大气量子信道对传输本振光 CVQKD 的影响，这些影响包括消光、时域脉冲展宽、光束展宽、光束漂移、光束失真、闪烁、到达角浮动与通信中断、到达时间浮动。

1. 透射率：光束消光

大气量子信道对量子信号的消光影响主要包括吸收和散射的消光作用，对于水平信道，量子信号经过消光之后的透过率的规律仍然满足 Beer-Lambert 定律，这在第 4 章中已经详细讨论过。由于地表附近不同季节的吸收和散射系数还有折射率结构常数的不同，为了较为全面地考虑四季的影响，对于不同的季节各个参数的选择将有所不同。表 5-2 和表 5-3 分别列出了不同季节的折射率结构常数和消光系数[5]。

表 5-2 地表处四季的折射率结构常数 C_n^2 的值

季节	春季	夏季	秋季	冬季
C_n^2 /($\text{m}^{-2/3}\times10^{-15}$)	2.03	2.12	5.56	7.46

表 5-3 地表处夏季和冬季的消光系数

季节	$\alpha_{\text{abs}}^{\text{mol}}$	$\alpha_{\text{sca}}^{\text{mol}}$	$\alpha_{\text{abs}}^{\text{aer}}$	$\alpha_{\text{sca}}^{\text{aer}}$
夏季	1.64×10^{-4}	3.35×10^{-3}	2.52×10^{-2}	5.49×10^{-3}
冬季	1.77×10^{-4}	8.56×10^{-4}	2.52×10^{-2}	5.49×10^{-3}

2. 透射率：时域脉冲展宽

首先讨论弱湍流下不考虑消光的时域脉冲展宽。时域脉冲展宽主要是由两种机制引起的：第一，单个脉冲在只有一次散射影响时到达时间的差异，即脉冲到达时间浮动（脉冲徘徊），这也会造成额外的过噪声；第二，每个脉冲的多次散射过程带来的脉冲展宽。这两种机制的结合导致了时域脉冲展宽，可以用平均脉冲强度或者平均辐照度来描述。不失一般性，可以考虑高斯时域脉冲，其强度为 $I(t)=\exp\left(-t^2/t_0^2\right)$，其中，$t_0 = R_{\text{dut}}/2f_{\text{PFR}}$ 为半脉宽，R_{dut} 为占空比，f_{PFR} 为脉冲重复频率。图 5-3 示意了高斯脉冲的时域脉冲展宽[5]。

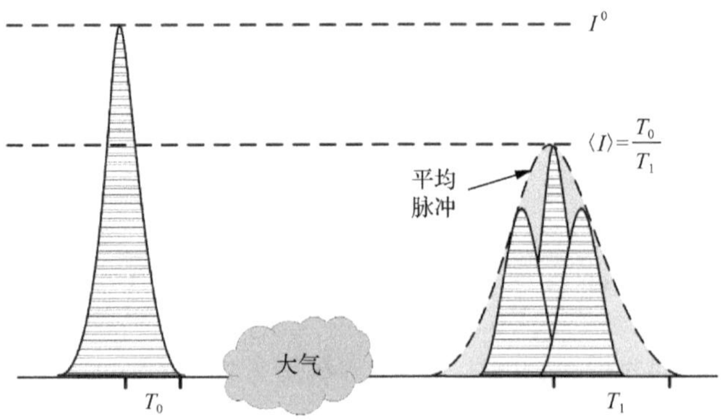

图 5-3 由于脉冲展宽和徘徊造成的整体时域脉冲展宽

定义时域脉冲展宽率 $f_{\text{bro}}=\dfrac{t_1-t_0}{t_0}$，其中 t_1 是接收器处时域脉冲展宽的半宽度，

$$t_1=\sqrt{t_0^2+8e_1} \tag{5-17}$$

$$e_1=0.39C_n^2LL_0^{5/3}c^{-2} \tag{5-18}$$

文献[5]的仿真结果表明，时域脉冲展宽率只有在脉冲为飞秒级脉冲时才较为明显，对于目前的 MHz 到 GHz 级别 CVQKD 系统而言，时域脉冲展宽可以忽略不计。

时域脉冲展宽还会导致透射率的变化。当脉冲从 t_0 展宽到 t_1 时，接收信号的平均光强度将会产生 t_0/t_1 倍的衰减。因此由脉冲展宽导致的平均透射率[5]为

$$\langle T_{\text{bro}}\rangle=\frac{t_0}{t_1} \tag{5-19}$$

文献[5]的仿真结果显示脉冲宽度从飞秒到皮秒增大时，$\langle T_{\text{bro}}\rangle$ 很快增大到 1，对于 $\langle\sqrt{T_{\text{bro}}}\rangle$ 同样如此。因此，弱湍流下目前的 CVQKD 系统可以忽略由时域脉冲展宽导致的平均透射率的降低。

对于强湍流情况，时域脉冲展宽的计算将变得比较复杂，但是文献[6]的研究表明，在强湍流中，展宽仅在飞秒量级上可见，即皮秒量级以后展宽引起的透射率接近 1。因此，对于目前的 CVQKD 系统，时域脉冲引起的透射率变化在弱湍流和强湍流下都可以忽略不计。

3. 透射率：光束漂移、展宽、变形和闪烁

对于弱、弱到中和强湍流，地表处大气量子信道对穿过它的光束产生的光束漂移、展宽、变形可以通过椭圆光束模型很好地描述。然而，椭圆光束模型虽然对光束漂移、展宽和变形都进行了较好的描述，但是并没有将闪烁的影响考虑进去。因此，总的透射率分布还应该乘以闪烁导致的透射率概率分布。闪烁效应可用光束截面的光强空间分布来说明。截面中包含的大量湍流涡旋独立地散射和衍射部分入射光，使得截面中每个空间点的光强（辐照度）随机变化。第 4 章提到了一些辐照度分布模型。对于弱辐照

度浮动（$\sigma_I^2 < 1$），对数正态分布能够较好地描述辐照度的浮动，其分布的数学表达为式（4-84）。对于强辐照度浮动，Gamma-Gamma 分布能够较好地表征此时的辐照度分布，其数学表达如式（4-87）所示。文献[5]在只考虑闪烁和光束展宽的情况下，应用上述辐照度模型并采用蒙特卡罗仿真法对闪烁对应的透射率的分布进行了估计，结果显示闪烁引入的透射率浮动几乎可以忽略不计。

4. 达到角浮动与通信中断

由于激光传输的高方向性，当到达角波动较大时，存在通信中断的可能性。到达角波动在接收孔径平面上的直接反射是焦平面上的图像抖动。当焦点不在接收光纤芯内时，通信中断。中断现象与椭圆模型中包含的光束漂移密切相关。然而，椭圆光束模型主要关注的是接收透镜所收集的总能量，即光束光斑的截断。如图 5-4 所示，当焦点移出纤芯时，部分光斑仍有可能在接收透镜内。这时，如果只涉及椭圆光束模型，信号传输仍然是成功的，但实际上不是。因此，考虑通信中断是必要的。由于波束游荡和中断之间的密切关系，它们的统计量应该是相同的，即 β_a 是高斯分布的。假定 $\langle\beta_a\rangle = 0$，则 β_a 的方差由式（4-74）确定，其中 $\langle\Delta x_0^2\rangle$ 在弱湍流时由式（4-135）给出，在强湍流时由式（4-142）给出。

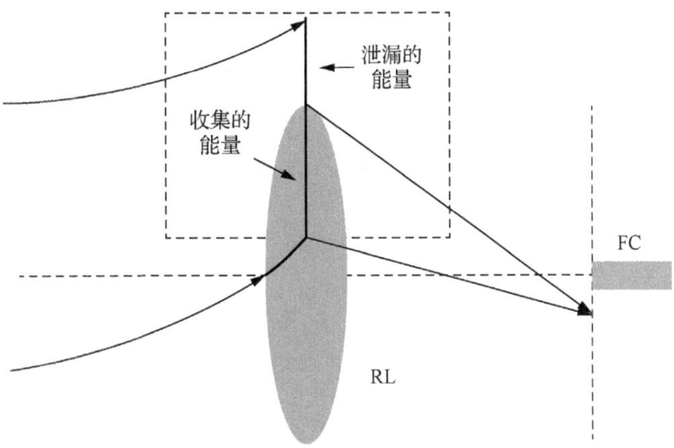

图 5-4　椭圆光束模型与通信中断的关系[5]

由于 β_a 是正态分布的，焦点位移 $d_{\text{dis}} = f\sqrt{\langle\beta_a\rangle}$（也就是均方根像位移）也是正态分布的。因此，通信中断概率可以表示为

$$P_{\text{int}} = 1 - \int_{-d_{\text{cor}}/2}^{d_{\text{cor}}/2} \frac{1}{\sqrt{2\pi\left\langle\beta_a^2\right\rangle}f} \exp\left(\frac{-l^2}{2f^2\left\langle\beta_a^2\right\rangle}\right) \mathrm{d}l \tag{5-20}$$

其中，d_{cor} 为光纤纤芯直径，单位为 m[5]。典型的单模光纤的直径为 8.3～10.5μm。假定单模光纤的纤芯直径为 9μm，$f = 220\text{mm}$，$a_r = 110\text{mm}$，$W_0 = 80\text{mm}$，则中断概率的仿真结果如图 5-5 所示。

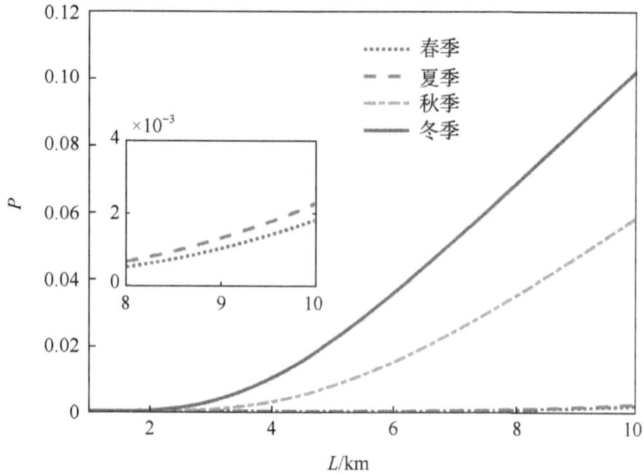

图 5-5 通信中断概率随距离的变化情况[5]

注：插图为在 8～10km 范围内春季和夏季的中断概率。

5. 过噪声

前面分析时域脉冲展宽时讲到脉冲到达时间浮动将会导致时域上平均的时域脉冲展宽。其实，对于 TLO 的 CVQKD 方案，量子信号和本振光（LO）的到达时间浮动还会产生额外的系统相位过噪声。

LO 和量子信号的脉冲到达时间 t_{LO} 和 t_{sig}，以及它们的时间差 Δt 现在都是一个随机变量。单个脉冲的到达时间 t_a 的均值和方差可以表示为

$$\langle t_a\rangle=\frac{\langle M^{(1)}\rangle}{\langle M^{(0)}\rangle},\quad \langle t_a^2\rangle=\frac{\langle M^{(2)}\rangle}{\langle M^{(0)}\rangle},\quad \sigma_{\mathrm{ta}}^2=\langle t_a^2\rangle-\langle t_a\rangle^2 \tag{5-21}$$

其中

$$\langle M^{(n)}\rangle=\int_{-\infty}^{\infty}t^n\langle v_0(\boldsymbol{r},L;t)v_0^*(\boldsymbol{r},L;t)\rangle\mathrm{d}t \tag{5-22}$$

为复包络 $v_0(\boldsymbol{r},L;t)$ 的 n 阶矩。在弱湍流、近场近似和远场近似下，到达时间的均值和轴向方差为

$$\langle t_a\rangle=\frac{L}{c},\quad \sigma_{\mathrm{ta}}^2=\frac{t_1^2}{4} \tag{5-23}$$

强湍流下的到达时间轴向方差可以参考文献[7]。

现在定义

$$\Delta t=t_{\mathrm{LO}}-t_{\mathrm{sig}} \tag{5-24}$$

其中，$t_{\mathrm{LO}}=\langle t_a\rangle-\Delta t_{\mathrm{LO}}$，$t_{\mathrm{sig}}=\langle t_a\rangle-\Delta t_{\mathrm{sig}}$。这样就有

$$\Delta t=\Delta t_{\mathrm{LO}}-\Delta t_{\mathrm{sig}} \tag{5-25}$$

其中，Δt_{sig} 和 Δt_{LO} 是方差为 σ_{ta}^2 的随机变量。因此，Δt 的均值和方差为

$$\langle \Delta t \rangle = 0, \quad \sigma_{\Delta t}^2 = 2\left(1-\rho_{\mathrm{ta}}\right)\sigma_{\mathrm{ta}}^2 \tag{5-26}$$

其中，ρ_{ta} 为 Δt_{sig} 和 Δt_{LO} 之间的相关系数[5]。

根据式（5-26），量子信号和本振光到达时间浮动[5]导致的相位浮动方差为

$$\sigma_{\theta_{\mathrm{ta}}}^2 = \omega^2 \sigma_{\Delta t}^2 \tag{5-27}$$

如果相位浮动足够小，那么由此产生的相位过噪声可以写为

$$\xi_{\theta_{\mathrm{ta}}} = V_A \sigma_{\theta_{\mathrm{ta}}}^2 \tag{5-28}$$

假设系统重复频率 f_{PRF} 为 100MHz，脉冲占空比 R_{dut} 为 10%，$\rho_{\mathrm{ta}} = 1-10^{-13}$，$V_A = 2$，相位过噪声 $\xi_{\theta_{\mathrm{ta}}}$ 随传输距离的变化情况如图 5-6 所示。在这样的高相关系数和弱湍流条件下，相位过噪声最终可以达到可接受的水平，但这在实践中却难以达到。基于光纤的 CVQKD[8]的相位补偿方法可以补偿小的相位浮动，但不适用于相位波动很大的大气信道 CVQKD。值得注意的是，如果使用文献[9]的 CVQKD 方案，即没有相位参考信号时，湍流引起的相位多余噪声可能更容易被降低。这是因为只有信号的到达时间是浮动的，而 LO 不通过信道传输。在该方案中，部分信号会被分离以锁定相位。该操作会带来额外的噪声，降低整个实验的总检测效率。因此，大气信道中选择 TLO 还是 LLO 方案需要依据实际情况来进行权衡。

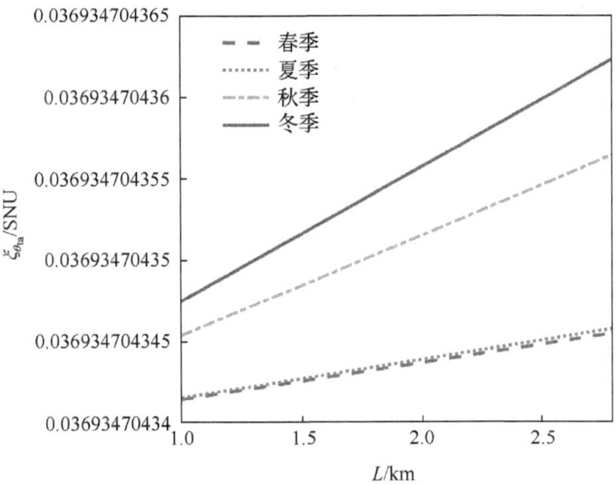

图 5-6　到达时间浮动导致的相位过噪声[5]

6. 渐近密钥率计算

大气衰落信道中制备–测量 CVQKD 的等效基于纠缠的协议如图 5-7 所示。

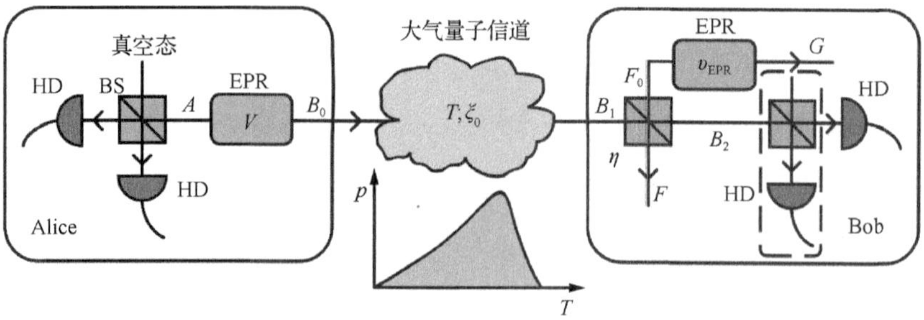

图 5-7 基于纠缠的 CVQKD[5]

在透射率浮动信道下，CVQKD 的渐近密钥率计算和 5.2.1 节类似，但是当考虑探测器的非理想性时，I_{AB} 和 χ_{BE} 的计算有所不同。相比于式（5-9），零差探测情况的 I_{AB} 为

$$I_{AB}^{\text{hom}} = \frac{1}{2}\log_2 \frac{1}{1 - \dfrac{\langle\sqrt{T}\rangle^2 (V-1)}{\langle T\rangle\left(V + \chi_f^{\text{hom}}\right)}} \tag{5-29}$$

其中，$\chi_f^{\text{hom}} = (1+\xi_{\text{el}})/\eta\langle T\rangle - 1 + \xi_0$，$\xi_0$ 为信道增加的过噪声，η 和 ξ_{el} 分别为探测器的效率和电噪声。对于外差探测，有

$$I_{AB}^{\text{het}} = \log_2 \frac{1}{1 - \dfrac{\langle\sqrt{T}\rangle^2 (V-1)}{\langle T\rangle\left(V + \chi_f^{\text{het}}\right)}} \tag{5-30}$$

其中，$\chi_f^{\text{het}} = 2(1+\xi_{\text{el}})/\eta\langle T\rangle - 1 + \xi_0$。对于 χ_{BE}，当考虑探测器的不完美时，其 5 个辛特征值的求法与固定透射率下的求法有所区别。对于辛特征值 $\lambda_{1,2}$，有

$$\lambda_{1,2}^2 = \frac{1}{2}\left[\mathbb{A} \pm \sqrt{\mathbb{A}^2 - 4\mathbb{B}}\right] \tag{5-31}$$

其中

$$\mathbb{A} = V^2\left(1 - 2\langle\sqrt{T}\rangle^2\right) + 2\langle\sqrt{T}\rangle^2 + \langle T\rangle^2 (V + 1/\langle T\rangle - 1 + \xi_0)^2 \tag{5-32}$$

$$\mathbb{B} = \left[V^2 \text{Var}(\sqrt{T}) + \langle\sqrt{T}\rangle^2 + \langle T\rangle V(1/\langle T\rangle - 1 + \xi_0)\right]^2 \tag{5-33}$$

$\lambda_{3,4,5}$ 为协方差矩阵 $\boldsymbol{\gamma}_{AFG}^{m_B}$ 的辛特征值。协方差矩阵 $\boldsymbol{\gamma}_{AFG}^{m_B}$ 可以表示为

$$\boldsymbol{\gamma}_{AFG}^{m_B} = \boldsymbol{\gamma}_{AFG} - \boldsymbol{\gamma}^{\text{Det}} \tag{5-34}$$

其中，$\boldsymbol{\gamma}^{\text{Det}} = \boldsymbol{\sigma}_{AFGB_2}^{\text{T}} \boldsymbol{H}^{\text{Det}} \boldsymbol{\sigma}_{AFGB_2}$。对于零差探测，$\boldsymbol{H}^{\text{Det}} = \left(\boldsymbol{X}^{\text{hom}} \boldsymbol{\gamma}_{B_2} \boldsymbol{X}^{\text{hom}}\right)^{\text{MP}}$，对于外差探测，

$\boldsymbol{H}^{\text{Det}}=\left(\boldsymbol{\gamma}_{B_2}+\mathbb{I}\right)^{-1}$。通过构建四模 $AFGB_3$ 的协方差矩阵

$$\boldsymbol{\gamma}_{AFGB_3}=\begin{pmatrix}\boldsymbol{\gamma}_{AFG} & \boldsymbol{\sigma}_{AFGB_2}^{\text{T}}\\ \boldsymbol{\sigma}_{AFGB_2} & \boldsymbol{\gamma}_{B_2}\end{pmatrix} \tag{5-35}$$

可以得到 $\boldsymbol{\gamma}_{AFG}^{m_{\text{B}}}$ 的所有元素。对于矩阵 $\boldsymbol{\gamma}_{AFG}$，得到对于零差探测和外差探测，都有

$$\boldsymbol{\gamma}_{AFG}=\begin{bmatrix}\tilde{a}\mathbb{I} & \tilde{b}\sqrt{1-\eta}\boldsymbol{\sigma}_z & 0\\ \tilde{b}\sqrt{1-\eta}\boldsymbol{\sigma}_z & [(\upsilon_{\text{EPR}}-\tilde{c})\eta+\tilde{c}]\mathbb{I} & \sqrt{\eta\left(\upsilon_{\text{EPR}}^2-1\right)}\boldsymbol{\sigma}_z\\ 0 & \sqrt{\eta\left(\upsilon_{\text{EPR}}^2-1\right)}\boldsymbol{\sigma}_z & \upsilon_{\text{EPR}}\mathbb{I}\end{bmatrix} \tag{5-36}$$

其中

$$\begin{cases}\tilde{a}=V\\ \tilde{b}=\langle\sqrt{T}\rangle\sqrt{V^2-1}\\ \tilde{c}=\langle T\rangle(V+1/\langle T\rangle-1+\xi_0)\end{cases} \tag{5-37}$$

对于零差探测，有

$$\gamma^{\text{Det}}=\frac{1}{(\tilde{c}-\upsilon_{\text{EPR}})\eta+\upsilon_{\text{EPR}}}\begin{bmatrix}\gamma_{1-1}^{\text{hom}} & \gamma_{2-1}^{\text{hom}} & \gamma_{3-1}^{\text{hom}}\\ \gamma_{2-1}^{\text{hom}} & \gamma_{2-2}^{\text{hom}} & \gamma_{3-2}^{\text{hom}}\\ \gamma_{3-1}^{\text{hom}} & \gamma_{3-2}^{\text{hom}} & \gamma_{3-3}^{\text{hom}}\end{bmatrix} \tag{5-38}$$

其中

$$\begin{cases}\gamma_{1-1}^{\text{hom}}=\tilde{b}^2\eta\boldsymbol{X}^{\text{hom}}\\ \gamma_{2-2}^{\text{hom}}=(\tilde{c}-\upsilon_{\text{EPR}})^2\eta(1-\eta)\boldsymbol{X}^{\text{hom}}\\ \gamma_{3-3}^{\text{hom}}=(1-\eta)\left(\upsilon_{\text{EPR}}^2-1\right)\boldsymbol{X}^{\text{hom}}\\ \gamma_{2-1}^{\text{hom}}=\tilde{b}\eta(\tilde{c}-\upsilon_{\text{EPR}})\sqrt{1-\eta}\boldsymbol{X}^{\text{hom}}\\ \gamma_{3-1}^{\text{hom}}=-\tilde{b}\sqrt{\eta(1-\eta)\left(\upsilon_{\text{EPR}}^2-1\right)}\boldsymbol{X}^{\text{hom}}\\ \gamma_{3-2}^{\text{hom}}=-(\tilde{c}-\upsilon_{\text{EPR}})(1-\eta)\sqrt{\eta\left(\upsilon_{\text{EPR}}^2-1\right)}\boldsymbol{X}^{\text{hom}}\\ \upsilon_{\text{EPR}}=1+\xi_{\text{el}}/(1-\eta)\end{cases} \tag{5-39}$$

对于外差探测，有

$$\gamma^{\text{het}}=\frac{1}{(\tilde{c}-\upsilon_{\text{EPR}})\eta+\upsilon_{\text{EPR}}+1}\begin{bmatrix}\gamma_{1-1}^{\text{het}} & \gamma_{2-1}^{\text{het}} & \gamma_{3-1}^{\text{het}}\\ \gamma_{2-1}^{\text{het}} & \gamma_{2-2}^{\text{het}} & \gamma_{3-2}^{\text{het}}\\ \gamma_{3-1}^{\text{het}} & \gamma_{3-2}^{\text{het}} & \gamma_{3-3}^{\text{het}}\end{bmatrix} \tag{5-40}$$

其中

$$\begin{cases} \gamma_{1-1}^{\text{het}} = \tilde{b}^2 \eta \mathbb{I} \\ \gamma_{2-2}^{\text{het}} = (\tilde{c} - \upsilon_{\text{EPR}})^2 \eta (1-\eta) \mathbb{I} \\ \gamma_{3-3}^{\text{het}} = (1-\eta)\left(\upsilon_{\text{EPR}}^2 - 1\right) \mathbb{I} \\ \gamma_{2-1}^{\text{het}} = \tilde{b}\eta(\tilde{c} - \upsilon_{\text{EPR}})\sqrt{1-\eta}\boldsymbol{\sigma}_z \\ \gamma_{3-1}^{\text{het}} = -\tilde{b}\sqrt{\eta(1-\eta)\left(\upsilon_{\text{EPR}}^2 - 1\right)} \mathbb{I} \\ \gamma_{3-2}^{\text{het}} = -(\tilde{c} - \upsilon_{\text{EPR}})(1-\eta)\sqrt{\eta\left(\upsilon_{\text{EPR}}^2 - 1\right)}\boldsymbol{\sigma}_z \\ \upsilon_{\text{EPR}} = 1 + 2\xi_{\text{el}} / (1-\eta) \end{cases} \tag{5-41}$$

有了上述的各个量，能够得到协方差矩阵 $\boldsymbol{\gamma}_{AFG}^{m_{\text{B}}}$，再根据第 3 章的结论就可以得到辛特征值 $\lambda_{3,4,5}$。

由于到达角浮动导致的通信中断，最终的渐近密钥率计算需要修改为

$$K_{\text{atm}} = (1 - P_{\text{int}})\left(\beta I_{AB} - \chi_{BE}\right) \tag{5-42}$$

7. 性能分析

根据前面分析的大气对 CVQKD 的影响和密钥率的计算修正，结合蒙特卡罗信道透射率仿真，这里给出给定参数下的水平大气量子信道中 CVQKD 的性能仿真结果。仿真参数如表 5-4 所示。消光系数可以参照表 5-3。由于相位浮动引起的过噪声还不能得到精确补偿，采用不同的有效补偿方法后，很难估计实际的相位过噪声。因此，这里不考虑随大气条件变化的相位过噪声，但仍然探究不同固定超额过噪声水平下可达到的密钥率。图 5-8（a）和图 5-8（b）分别显示了信道过噪声 $\xi_0 = 0.01\text{SNU}$ 和 $\xi_0 = 0.03\text{SNU}$ 时的性能仿真结果。从图 5-8（a）中可以看到，零差探测的系统传输距离比外差探测的系统要长，但长不了太多，且系统的总体传输距离并不长，只有 10km 左右。当将过噪声提升到 0.03SNU 时，可以发现可实现传输距离明显变短。

表 5-4 仿真参数[5]

参数	描述	值
W_0	发射望远镜半径	80mm
a_r	接收望远镜半径	110mm
λ	波长	1550nm
f	接收透镜焦距	220mm
d_{cor}	光纤纤芯直径	9μm
ξ_{el}	探测器电噪声	0.01SNU
η	探测器效率	0.6
β	协商效率	0.9
V_A	调制方差	4SNU
ξ_0	信道过噪声	0.01SNU，0.03SNU
l_0	内尺度	4mm
L_0	外尺度	0.4m

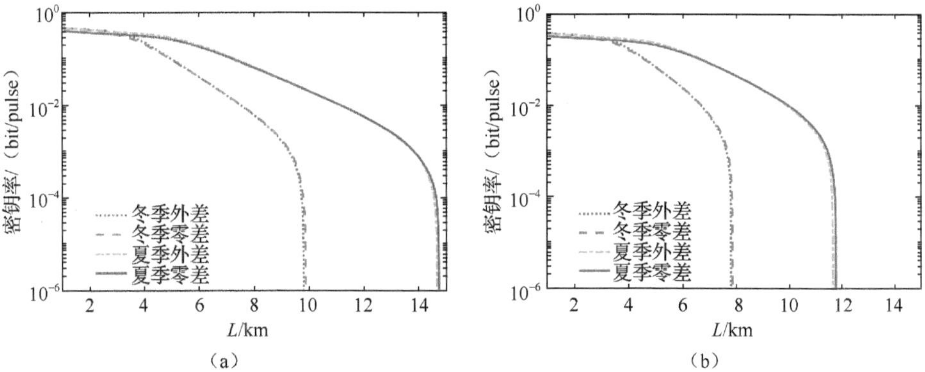

图 5-8　夏季和冬季零差和外差探测时系统密钥率随距离的变化函数[5]

本节进行的性能分析指出了几个关键点。首先，在实际系统中，如果对传输距离要求较远，则应采用零差探测方案，而外差探测方案在短距离下可实现更高的密钥率。在这里，外差的情况尤其值得注意，因为只有无切换协议已经被证明可以在实际的有限码长情况下抵御一般攻击[10-11]。其次，发现透射率的浮动对密钥率具有破坏性的影响。因此，在实际实验中，应致力于抑制光束的漂移、展宽和变形的影响。最后，由于过噪声的影响相当显著，相位过噪声会远远超过 0.03SNU，因此需要有效的控制相位过噪声的方法来提高密钥率。值得注意的是，上面的性能分析是在假设不存在增强技术的前提下进行的，如自适应光学[12-13]和后选择[2]。自适应光学是缓解信号衰落、校正波前和提高光纤耦合效率的有效方法。后选择的直接效果实际上是在瞬时透射率过低时丢弃数据以达到增加 $\langle T\rangle$ 的目的。这些方法或技术可以直接或间接地削弱大气的影响。因此，实际系统的性能可能比这里的结果更好。

5.2.3　温度对系统的影响

在基于大气信道的 QKD 系统中，大气信道中的量子态对温度波动非常敏感。当光束在湍流大气中传播时，湍流大气的温度浮动导致折射率浮动（参考 4.1.1 节），进而导致光束漫游、闪烁、传输波动、通信中断等一系列湍流效应。因此，Zhang 等[14]提出在大气 CVQKD 中应考虑温度影响。

1. 温度对透射率的影响

大气湍流对大气中传输的光脉冲的影响实际上是由大气折射率在空间尺度上的随机浮动引起的。大气折射率涨落的差异代表不同的湍流强度。由于大气折射率是温度的函数，因此折射率场的性质与温度场的性质密切相关。大气的时域脉冲展宽效应指脉冲能量在时间域内的扩散。在实际实验中，采用时域高速采样的方式进行信号检测，检测结果选择最大值，这意味着时域脉冲展宽引入了一个等效透射率，如式（5-19）所述。

根据前面提到的式(5-17)，时域脉冲展宽与折射率结构参数直接相关联，而根据式(4-24)可知，时域脉冲展宽与大气温度的浮动也有密切的联系。

结合式（5-17）、式（5-19）和式（4-24），文献[14]探究了等效透射率随温度和初始时域脉冲半宽度的变化和不同初始脉冲半宽度下的等效透射率随温度的变化趋势。仿真结果表明，在相同温度下，初始脉冲半宽度越大，透射率越大。温度越高，等效透射率越高。传输距离和温度对等效透射率的影响也可以估计，结果表明，温度的升高或传输距离的降低都会导致等效透射率的增大。

他们还研究了脉冲初始半宽度、温度和脉冲展宽率（$f_{\text{bro}}=(t_1-t_0)/t_0$）之间的关系。结果显示，温度越高，加宽速率越小，而且时域脉冲展宽率随温度的降低和距离的增加而增加。

通过上面的分析，可以获得随温度和距离变化的时域脉冲展宽率和透射率，这为改进 QKD 性能提供了判断依据。在使用其他参数实现时，根据温度、时间脉冲展宽和透射率的关系选择合适的参数，可以提高协议性能。

2. 温度对中断概率的影响

在大气湍流的情况下，由于折射率的变化，光束到达角会发生浮动，使得通信有可能中断。由前面的分析可知，折射率与温度波动对应，因此温度与中断概率也存在联系。在前面的分析中已经讨论过中断概率的问题，如式（5-20）所示。结合式（4-24），文献[14]通过仿真发现随着温度的升高，每个距离的中断概率都有降低的趋势。随着距离的增加，中断概率相应增加。

3. 温度对 CVQKD 性能的影响

结合前面分析的结果，文献[14]研究了温度对 CVQKD 最终密钥率的影响。他们没有考虑随温度变化引起的过噪声，但仍然考察了不同固定过噪声水平下的性能，即$\xi_0=0.01\text{SNU}$，$\xi_0=0.03\text{SNU}$ 和 $\xi_0=0.05\text{SNU}$。

首先，在密钥率分析中只考虑脉冲展宽的影响。仿真结果表明，初始脉冲半宽度越大，温度越高，密钥率越高，这是因为随着初始脉冲半宽度的增大，脉冲接近经典光通信，湍流引起的脉冲浮动变小。密钥率会随着过噪声的增加而降低，但不会降低太多。同时，随着距离的增加，密钥率下降。

其次，在分析 $\xi_0=0.01\text{SNU}$，$\xi_0=0.03\text{SNU}$ 和 $\xi_0=0.05\text{SNU}$ 的不同过噪声水平下的密钥率时，他们将中断概率也考虑进去。结果表明，密钥率随着中断概率的增加而明显降低。因为中断概率的增加意味着成功实现 CVQKD 协议的概率降低，这将导致密钥率的降低。此外，更小的过噪声可以实现更大的密钥率。但是，过噪声的变化并不影响描述温度与协议性能关系曲线的变化趋势。

最后，将上面的分析综合起来分析最终的密钥率。结果表明，温度越高，密钥率越高。此外，过噪声水平的降低也提高了密钥率。但是，随着温度的升高，密钥率不会增加太多。实际上，当在大气信道中实现 CVQKD 协议时，由于不受温度影响的湍流存在，密钥率相对较低。因此，在密钥率浮动估计中加入温度效应时，密钥率的可变化量较小。随着大气信道 CVQKD 系统的发展，密钥率必须得到提高。在那时，温度的浮动会导致密钥率的可变化量变得很大。因此，考虑温度对密钥率的影响不仅对当前的研究很重要，而且对未来 CVQKD 协议的大气信道实现也有潜在的重要意义。

5.2.4　背景噪声及全天候自由空间 CVQKD

要构建全球量子通信网络，可靠的自由空间量子密钥分发至关重要，但存在严重阻碍实际实现的瓶颈，即背景噪声。2019 年，Wang 等[15]（曾贵华团队）研究了 CVQKD 性能与背景噪声的关系，并对背景噪声进行了量化和实验验证。实验结果表明，CVQKD 系统对背景噪声具有良好的抗噪能力。这一特性证明了利用相干检测实现全天自由空间量子通信的可行性，从而为构建网络提供一种备选方案。

1. 背景噪声

为保证 CVQKD 的全天运行，即在一天的任何时间都能保证正的密钥率，我们需要寻找减少过噪声的方法，如 LO 泄露和相位过噪声[8]。这对 QKD 至关重要，其中包括暴露在背景辐射下的自由空间系统的背景噪声 ξ_b。

考虑一个通用的接收系统模型，如图 5-9 所示。信号和背景辐射由射电望远镜收集，由于背景辐射通常是宽带的，因此带通滤波器是十分有必要的。经过预处理，如解复用，信号由平衡零差探测器检测。在该检测器中，LO 既可以在本地产生，也可以随信号一起传输。存在各种背景源，如太阳、月亮、恒星和行星。对于卫星和地面站，阳光（直接、反射或散射）是主要的背景辐射来源（热辐射）。

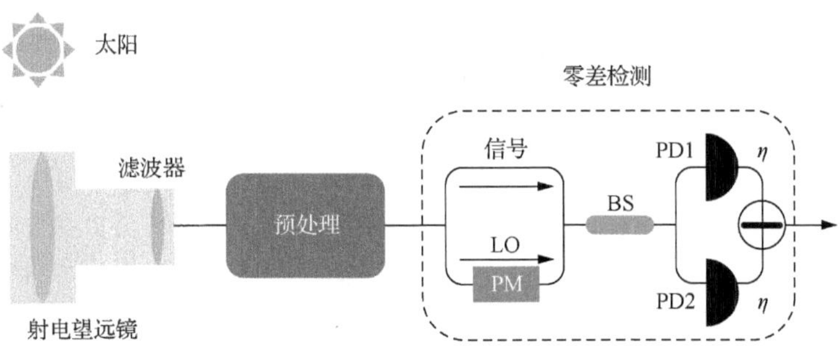

PM——相位调制器；BS——分束器；PD——光电探测器。

图 5-9　一个通用的接收系统模型[15]

噪声 ξ_b 通过两种机制引起：首先，对于与信号不匹配的任何模式（如时空模式和偏振模式），带外光会引入噪声；其次，与信号模式匹配的带内噪声光子叠加在信号场上，干扰信号与 LO 的干涉。一般情况下，归一化到 SNU 的背景噪声可以写为

$$\xi_b = \left[\mathrm{Var}\left(\Delta\hat{n}_{\mathrm{noisy}}\right) - \mathrm{Var}\left(\Delta\hat{n}_{\mathrm{noiseless}}\right)\right] / N_0 \tag{5-43}$$

其中，$\mathrm{Var}(\cdot)$为方差，$N_0=\eta|\alpha_{\mathrm{LO}}|^2$为SNU，$|\alpha_{\mathrm{LO}}|^2$为LO的平均光子数，$\eta$为探测效率，$\Delta\hat{n}_{\mathrm{noisy}}$和$\Delta\hat{n}_{\mathrm{noiseless}}$是背景辐射存在和不存在时的差分光子计数。由于激光器产生的LO为相干态$\hat{a}_{\mathrm{LO}}|\alpha_{\mathrm{LO}}\rangle=\alpha_{\mathrm{LO}}|\alpha_{\mathrm{LO}}\rangle$，量子信号可以用Glauber-Sudarshan P函数$\hat{\rho}_s=\int \mathrm{d}^2\alpha_s P(\alpha_s)|\alpha_s\rangle\langle\alpha_s|$表示，因此输入到探测器的辐射场可描述为

$$\hat{\rho}=\hat{\rho}_s\otimes|\alpha_{\mathrm{LO}}\rangle\langle\alpha_{\mathrm{LO}}| \tag{5-44}$$

利用正算符取值测量（POVM）$\hat{\Pi}_{n_i}$，在第i个光电探测器（PD）中探测到n_i个光电子的概率分布可以表示为$\mathcal{P}_{n_i}=\mathrm{Tr}\left(\hat{\rho}\hat{\Pi}_{n_i}\right)$。PD1和PD2探测器分别探测到$n_1$和$n_2$个光电子事件的联合概率分布，有如下形式：

$$\mathcal{P}_{n_1,n_2}=\mathrm{Tr}\left(\hat{\rho}:\hat{\Pi}_{n_1}\hat{\Pi}_{n_2}:\right) \tag{5-45}$$

其中，(:)表示正规排序。然后，差分计数事件$\Delta n=n_2-n_1$的分布可以表示为

$$\mathcal{P}_{\Delta n}=\begin{cases}\sum\limits_{n_1=0}^{\infty}\mathcal{P}_{n_1,n_1+\Delta n}, & \Delta n\geqslant 0\\ \sum\limits_{n_1=-\Delta n}^{\infty}\mathcal{P}_{n_1,n_1+\Delta n}, & \Delta n<0\end{cases} \tag{5-46}$$

通过$\hat{\Pi}_{n_i}$的不同形式，可以推导出不同检测条件下的$\mathcal{P}_{\Delta n}$，从而得到式（5-43）中的方差和ξ_{b}本身。

在实际应用中，带外光通常有无数个模式，为了得到带外光子产生的噪声，首先考察没有背景光噪声下的检测结果。根据文献[15]的推导，在SNU($N_0=\eta|\alpha_{\mathrm{LO}}|^2$)下，带外噪声可以表示为

$$\xi_{\inf}=\frac{\bar{N}_{\mathrm{out}}}{|\alpha_{\mathrm{LO}}|^2} \tag{5-47}$$

当考虑有限检测时间时[16]，带外噪声为

$$\xi_{\mathrm{fin}}=\frac{\bar{N}_{\mathrm{out}}}{|\alpha_{\mathrm{LO}}|^2}+\frac{\eta\bar{N}_{\mathrm{out}}}{2\mu}\left(\frac{\bar{N}_{\mathrm{out}}}{|\alpha_{\mathrm{LO}}|^2}+2\right) \tag{5-48}$$

这里，$\mu\approx\Delta f_B T_{\det}$为过滤后背景光的模数，$f_B$和$T_{\det}$分别表示滤波后背景光的带宽（Hz）和探测器检测时间。$\bar{N}_{\mathrm{out}}=P_{\mathrm{out}}T_{\mathrm{pul}}/h\nu$是脉冲中滤波带外光的等效平均光子数。其中，$P_{\mathrm{out}}$、$\nu$、$T_{\mathrm{pul}}$和$h$分别是进入探测器的带外总功率、信号光频率、脉冲宽度和普朗克常数。显然，$\xi_{\inf}=\lim\limits_{\mu\to\infty}\xi_{\mathrm{fin}}$总是满足的。在下面的分析中，将用$\xi_{\mathrm{out}}$代表带外噪声。

与带外情况相比，带内辐射更有可能带来可感知的系统性能退化，因为它参与了LO和信号的干涉过程，将被LO放大。这导致带内过噪声[15]

$$\xi_{\mathrm{in}}=2\eta\bar{N}_{T_s} \tag{5-49}$$

远大于 ξ_{out}。$\bar{N}_{T_s}=\alpha_N\bar{N}_{\text{out}}$ 是随信号进入探测器的带内平均光子数，其中 α_N 由光学元件决定，在系统建立时就固定了。由于 α_N 通常非常小，P_{out} 可以用收集的总功率来近似表示，即

$$P_b=H_bT_aT_o\Omega_{\text{fov}}^{\text{s}}\mathcal{A}B_{\text{filter}}\frac{\cos\psi}{\cos\phi} \tag{5-50}$$

其中，H_b、T_o、$\mathcal{A}$、B_{filter}、ψ 分别为光谱辐照度 $W\left(\text{m}^{-2}\text{sr}^{-1}\mu\text{m}^{-1}\right)$、接收光学元件透过率、接收面积、滤波器带宽和接收端平均入射角。若 Ω_{fov} 表示接收视场（sr），$\Omega_{\text{fov}}^{\text{s}}$ 为 Ω_{fov} 中被背景源所覆盖的部分，则 ϕ 表示源面与 $\Omega_{\text{fov}}^{\text{s}}$ 方向垂直的平面的平均倾角。如果整个 fov 被背景源填充，则 $\Omega_{\text{fov}}^{\text{s}}=\Omega_{\text{fov}}=2\pi\left(1-\cos\theta_r\right)$，其中 θ_r 表示半顶角（rad）。

最后，总背景噪声可以表示为

$$\xi_{\text{b}}=\xi_{\text{in}}+\xi_{\text{out}} \tag{5-51}$$

由于相干检测，CVQKD 天生能够抵抗背景噪声。一方面，ξ_{out} 被强的 LO（大 $\left|\alpha_{\text{LO}}\right|^2$）抑制；另一方面，LO 表现得像一个时间、空间和光谱滤波器，从而使 $\bar{N}_{T_s}$ 和 ξ_{in} 非常小。因此，ξ_{b} 非常小，并且对 CVQKD 密钥率的降低没有显著的贡献。当然，为了进一步限制 ξ_{b}，滤波是必要的（以减少 $\bar{N}_{\text{out}}$）。

2. 实验验证

文献[15]通过原理性实验验证了 ξ_{b} 在 CVQKD 中的适用性。在 Alice 端，中心波长为 1549.705nm、线宽约 1.5kHz 的连续波（continuous wave，CW）激光器产生的连续光波通过振幅调制器产生的 1MHz 重复频率 100ns 脉宽的脉冲序列。然后，一个 90∶10 的分束器（beam splitter，BS）将脉冲分成两路，一路为 LO，另一路为信号。应用时分和偏振复用技术后，脉冲被发送到一个 48cm 的自由空间信道，损耗约为 1.8dB。采用放大自发辐射（amplified spontaneous emission，ASE）光源产生 1528～1562nm 的热光来模拟太阳光。一个中心波长被仔细地调谐到激光器中心波长的 0.2nm 的可调谐滤波器用于过滤背景光，并具有带通和带阻输出。然后，ASE 光、LO 和信号通过 8∶92 的 BS 混合，再由位于 Bob 端的射电望远镜收集。在 Bob 端，采用 $\eta=0.57$ 的 4MHz 带宽平衡探测器进行零差探测，其输出由采样率为 100MHz 的示波器观测。

ξ_{in} 的验证如下。与激光器的线宽相比，滤波器的带通输出仍然是宽带的。因此，为了确定 $\bar{N}_{T_s}$，作者断开 Alice 和 Bob 的信号传输，并将带通输出连接到一个可调光衰减器（variable optical attenuator，VOA），其输出被送入探测器的信号端口。然后，测量了从 VOA 射出的功率 P_{BP}，以及平衡检测器输出的 5000 个脉冲的方差。对应 P_{BP} 的带内平均光子数 $\bar{N}_{\text{in}}^{\text{BP}}$ 可以由 SNU 的实测方差 $2\eta\bar{N}_{\text{in}}^{\text{BP}}+1$ 得到。再将信号接通并仍然使用带通输出。背景噪声通过测量 ASE 源激活和未激活时的方差增量得到。通过测量检测器信号端口 P_{T_s} 的背景功率，来确定式（5-49）中的 $\bar{N}_{T_s}$（通过比例关系 $\bar{N}_{T_s}=\bar{N}_{\text{in}}^{\text{BP}}P_{T_s}/P_{\text{BP}}$）。最终得到的 ξ_{in} 的理论值与实验的测量吻合得较好。

对于ξ_{out}的估计，为了排除带内光的干扰，作者使用了滤波器的带阻输出。但即便如此，带内残留的光子仍可能产生重大影响。因此，断开 Alice 和 Bob 的信号传输。在这种情况下，可以禁用振幅调制器以利于平衡零差探测器，也就是说 Bob 接收 CW LO。背景噪声仍然是通过测量 ASE 光不存在和存在时的方差增量来获取的。实验得到的结果与理论预测式（5-47）吻合较好。如前所述，由于μ通常是无穷大的，因此实验验证的式（5-47）适用于大多数系统。式（5-48）需要进一步的实验验证，它可能需要超窄滤波器或极短的检测时间，这在 CVQKD 系统达到更高的脉冲重复率时将更有用。

此外，实验中发现ξ_{out}几乎可以忽略不计。尽管在时分和偏振复用技术中ξ_{in}占主导地位，但ξ_{out}仍然值得关注，因为文献[16]中提出的系统模型只会受带外噪声的影响。但是，如果没有时分复用，则文献[16]中提出的系统更容易受载波泄露的影响。因此，这里需要进行权衡。

5.2.5 雾天 CVQKD 的实验验证

虽然 Wang 等[15]已经证明自由空间大气信道中的 CVQKD 具有全天候运行的潜力，但是由于信号在开放的大气环境中传播，而天气状态通常是不可控制的，有时必须面对有雾或者霾等较差的天气情况。这时，大气中的散射粒子较晴朗时多，大气能见度也会降低。在这样的天气条件下，基于大气信道的 CVQKD 是否能够顺利分发密钥还需要研究。2021 年，曾贵华团队研究了自由空间 CVQKD 通过雾环境的可行性[17]。他们进行了一个原理性实验来验证在一个有雾大气信道上进行自由空间的 CVQKD。根据实验结果，他们还对自由空间 CVQKD 系统在不同可见度水平下的性能进行了数值评估。结果表明，CVQKD 系统具有在有雾天气下应用的潜力。

1. 信道模型

通过有雾的大气信道传播的激光光束可能会经历各种不利影响，包括衰减（光束消光）、扩散、光束畸变等。由湍流效应引起的通道透射率变化可以用一个概率分布来描述，文献[17]采用椭圆光束模型来近似描述。该模型的详细分析可参考 4.2.4 节。在弱湍流情况下，雾天的椭圆光束模型统计参数的统计描述由式（4-147）、式（4-191）和式（4-192）给定。在自由空间通信中常用的波长，如 780nm、850nm 和 1550nm 都在大气透射窗口内，吸收相对较小，雾天时散射将占主导地位。因此，雾天大气的消光系数可以近似用式（4-4）表示，然后雾天的大气衰减则结合式（4-2）和式（4-4）可得。由于雾主要是由小水滴组成的，其行为就像一组粒子，散射相对比反射和衍射等现象更明显。

由雾引起的信道损耗最终会导致密钥率的降低，因为密钥率正比于信道的透射率。因为文献[17]研究的目的是确定 CVQKD 是否可以在雾中实现，因此他们将注意力限定在雾的衰减（湍流效应无论有没有雾都存在）。

2. 原理性实验验证

文献[17]的原理性验证实验的设置如图 5-10 所示。由 Alice 发送的调制信号是逐帧发送的，为了在一个有雾的环境中验证 CVQKD，他们获得了 5 帧的数据，并估计了信道损耗（即以 dB 为单位的信道透射率）和信噪比 SNR。信道损耗在 13dB 左右，SNR 约-6dB，最后一帧数据的损耗达到了 15dB，SNR 约-8.5dB，但这对有雾环境下的透射率浮动来说变化并不大。根据得到的 5 帧数据，他们估计了渐近情况下的密钥率。系统总体检测效率为 36.2%（包括 Bob 端光学元件造成的损失），有效重复频率为 4.85MHz，反向协商效率为 95%。在信道损失 13.06dB 时，获得的最高密钥率为 11.15kbit/s。最大信道损耗为 14.95dB，相应的密钥率为 4.18kbit/s。

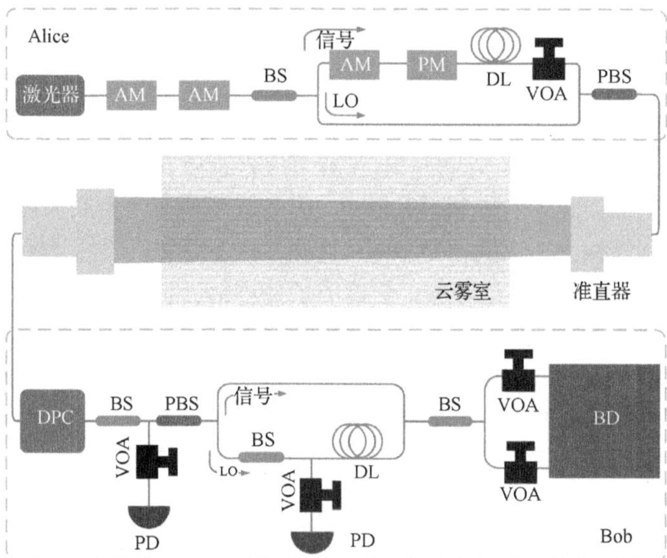

AM——调幅器；BS——分束器；PM——相位调制器；DL——延迟线；VOA——可变光衰减器；PBS——偏振光束分束器；DPC——动态偏振控制器；PD——光电探测器；BD——平衡检测器。

图 5-10　CVQKD 通过一个雾状通道的实验设置[17]

然后，他们以实验结果中得到的最大信道损耗值作为有雾信道衰减的链路损耗预算（4.75dB 的光纤耦合损耗被排除在总信道损耗中），用式（4-2）估计了 CVQKD 在不同能见度水平下可达到的传输距离，其中波长设置为 1550nm。他们采用了几种实际雾衰减模型，包括 Kruse 模型、Kim 模型和 AL Naboulsi 模型。Kruse 模型[18]和 Kim 模型[19]之间的主要区别是 Kruse 模型预测较长波长，而 Kim 模型表明了在低能见度范围内的光衰减的非波长依赖性。估计结果表明这两种模型在传输距离方面有相似的结果。AL Naboulsi 模型[20]以更详细方式对待雾引起的衰减，考虑了两种特定的雾类型，即辐射雾和平流雾。辐射雾的形成与辐射引起的地面冷却有关，而平流雾通常是由于湿气团和暖气团在较冷的地面上运动而形成的[20]。辐射雾和平流雾一般不会产生很大结果差异，得到的估计结果也表明，这两种雾类型得到的结果十分接近。三种模型中，AL Naboulsi模型得到的传输距离最短，在能见度为1km时传输距离只有0.6km。对于Kruse模型，在能见度为1.5km时的传输距离可达到1.8km。由于AL Naboulsi模型得到的传输距离比Kruse模型和Kim模型给出的发射距离短，CVQKD通过有雾信道在能见度为1km时的可达到传输距离的悲观估计约为0.6km。乐观看，在能见度为1.5km时，可实现的传输距离可达到1.8km左右。对于实际应用，可以通过开发一个更稳定的CVQKD系统来进一步增大传输距离并容忍更大的信道损耗。因此，他们的研究结果表明，在有雾环境中部署CVQKD系统是可行的。

5.2.6 信道参数估计与有限码长安全性

1. 传统参数估计在大气信道中的推广

在基于光纤的CVQKD系统中，常用的传统参数估计方法是基于文献[21]和文献[22]的方法，该方法随后在文献[23]中推广到了自由空间的CVQKD。下面详细介绍该方法。

在大气信道的CVQKD中，Alice和Bob可以在数据传输过程中估计信道的透射率并检查其稳定性[24-25]。这在实验上是可行的，因为典型的自由空间的透射率浮动速率是kHz量级，而调制和探测速率通常是MHz量级。也就是说，在自由空间信道的稳定时间内[2]，至少可以传输数千个信号态。正确的子信道估计需要在信道稳定期间通过信道发送大量的态。然后随机选择每个子信道出现的一些态进行参数估计。例如，考虑1kHz的自由空间信道浮动速率。可以假设在每毫秒内信道是相对稳定的，透射率T可以用固定透射率的子信道建模。如果考虑100MHz的重复频率和探测速率，则在信道的稳定时间内，可以在接收器上传输和检测$N_s = 10^5$的信态。这些信号中的一部分($k_s = r_p N_s$)可以被随机选择来进行参数估计，其余的数据用于生成密钥。最后，例如，在100s的数据传输中，可以将传输的$N = 10^{10}$个信号态（在信道的每个稳定时间内传输10^5个信号态）的一部分（$k_p = r_p N$），在所有子通道上用于参数估计，剩余的$N' = N - k_p = (1-r_p)N$个信号将用于生成密钥。请注意，没有对每个子信道进行单独分析安全性，因为它会导致很悲观的密钥率。分析的是总体平均状态的安全性，它从所有子信道上大小为$N-k_p$的数据集合中获得。

对于所有数据的安全分析，只要估计最优高斯攻击下的有效参数T_{eff}和ξ_{eff}就足够了。可以通过第3章中固定透射率量子信道的参数估计方法，利用子信道中大小为k_s的数据来估计每个子信道的透射率。假定探测器的效率为η，电噪声为ξ_{el}，那么图5-7中双边态ρ_{AB_2}的协方差矩阵可以根据式（5-2）进一步改写为

$$\gamma_{AB_2} = \begin{bmatrix} V\mathbb{I} & \eta\langle\sqrt{T}\rangle\sqrt{V^2-1}\sigma_z \\ \eta\langle\sqrt{T}\rangle\sqrt{V^2-1}\sigma_z & \eta\langle T\rangle(V-1)+\xi_T)\mathbb{I} \end{bmatrix} \tag{5-52}$$

其中，$\xi_T = 1+\eta\langle T\xi_0\rangle+(1+\vartheta_{\text{det}})\xi_{\text{el}}$，零差探测时$\vartheta_{\text{det}}=0$，外差探测时$\vartheta_{\text{det}}=1$。若假设信

道过噪声 ξ_0 不变，则 $\langle T\xi_0\rangle$ 可以简化为 $\langle T\rangle\xi_0$。进一步地，根据 5.2.1 节中的思想，式(5-52)可以改写为

$$\gamma_{AB_2}=\begin{bmatrix} V\mathbb{I} & \eta\sqrt{T_{\text{eff}}}\sqrt{V^2-1}\sigma_z \\ \eta\sqrt{T_{\text{eff}}}\sqrt{V^2-1}\sigma_z & \eta T_{\text{eff}}(V-1)+\xi_T')\mathbb{I} \end{bmatrix} \tag{5-53}$$

其中，$\xi_T'=1+\eta T_{\text{eff}}\xi_{\text{eff}}+\xi_{\text{el}}$，$T_{\text{eff}}\xi_{\text{eff}}=\text{Var}(\sqrt{T})(V-1)+\langle T\xi_0\rangle$。考虑 Bob 端进行外差探测的无切换 CVQKD 协议，对于一个透射率为 T 的子信道，可以分别考虑 Alice 和 Bob 的相关变量 x_A 和 x_B 的高斯线性模型：

$$x_B=t_s x_A+x_{n,s} \tag{5-54}$$

其中，$t_s=\sqrt{\dfrac{\eta T}{2}}$，$x_{n,s}$ 为中心正态分布，其方差由观测数据确定为 $\sigma_s^2=1+\xi_{\text{el}}+\dfrac{\eta}{2}T\xi_{\text{eff}}$（Alice 的变量 x_A 具有方差 V_A）。利用子信道中大小为 k_s 的公开的数据，可以计算子信道参数 t_s 和 σ_s^2 的极大似然估计：

$$\begin{cases} \hat{t}_s=\dfrac{\sum\limits_{i=1}^{k_s}A_iB_i}{\sum\limits_{i=1}^{k_s}A_i^2} \\ \hat{\sigma}_s^2=\dfrac{1}{k_s}\sum\limits_{i=1}^{k_s}\left(B_i-\hat{t}_sA_i\right)^2 \end{cases} \tag{5-55}$$

其中，A_i 和 B_i 分别为子通道的 x_A 和 x_B 的实现。t_s 的置信区间由 $t_s\in\left[\hat{t}_s-\Delta(t_s),\hat{t}_s+\Delta(t_s)\right]$ 给出，其中

$$\Delta(t_s)=z_{\epsilon_{\text{PE}}/2}\sqrt{\frac{\hat{\sigma}_s^2}{k_sV_A}} \tag{5-56}$$

这里 $z_{\epsilon_{\text{PE}}/2}$ 是使得等式 $\left[1-\text{erf}\left(\dfrac{z_{\int_{\text{PE}}}/2}{\sqrt{2}}\right)\right]\Big/2=\int_{\text{PE}}/2$ 成立的置信因子，其中 erf 是错误函数。然后，子信道透射率平方根的估计值及其误差可以表示为

$$\begin{cases} \widehat{\sqrt{T}}=\dfrac{\sqrt{2}\hat{t}_s}{\sqrt{\hat{\eta}}} \\ \Delta(\sqrt{T})=\widehat{\sqrt{T}}\sqrt{\left|\dfrac{\Delta(t_s)}{\hat{t}_s}\right|^2+\left|\dfrac{\Delta(\eta)}{2\hat{\eta}}\right|^2} \end{cases} \tag{5-57}$$

其中，$\hat{\eta}$ 为具有不确定度 $\Delta(\eta)$ 的 Bob 探测器效率的估计。在对每个子信道的 $\widehat{\sqrt{T}}$ 进行估计后，通过对所有子通道上的 $\widehat{\sqrt{T}}$ 求平均的方法可以得到有效透射率的估计 $\hat{T}_{\text{eff}}=\langle\widehat{\sqrt{T}}\rangle^2$。子信道透射率的估计量及其误差为

$$\begin{cases} \hat{T} = \dfrac{2\hat{t}_s^2}{\hat{\eta}} \\ \Delta(T) = \hat{T}\sqrt{\left|\dfrac{2\Delta(t_s)}{\hat{t}_s}\right|^2 + \left|\dfrac{\Delta(\eta)}{\hat{\eta}}\right|^2} \end{cases} \tag{5-58}$$

有了对每个子信道 $\widehat{\sqrt{T}}$ 和 $\hat{T}$ 的估计，透射率方差的估计为

$$\mathrm{Var}(\widehat{\sqrt{T}}) = \langle \hat{T} \rangle - \langle \widehat{\sqrt{T}} \rangle^2 \tag{5-59}$$

接下来估计有效过噪声 ξ_{eff}。由于实际上

$$T_{\mathrm{eff}}\xi_{\mathrm{eff}} = \mathrm{Var}(\sqrt{T})(V-1) + \langle T\xi_0 \rangle \tag{5-60}$$

因此需要同时估计 $\mathrm{Var}(\sqrt{T})$ 和 $\langle T\xi_0 \rangle$。在这里，文献[23]扩展了上述讨论的参数估计方法，通过对所有子通道公开的大小为 k 的数据来估计 $\langle T\xi_0 \rangle$。对所有子信道，可以得到 Alice 和 Bob 相关变量 x_A 和 x_B 的高斯线性模型，即

$$x_B = \bar{t}x_A + x_n \tag{5-61}$$

其中，$\bar{t} = \sqrt{\dfrac{\eta}{2}}\sqrt{\langle T \rangle}$，$x_n$ 遵循中心正态分布，其方差由观测数据确定，为 $\sigma^2 = 1 + \xi_{\mathrm{el}} + \dfrac{\eta}{2}T\xi_0$。使用在所有子信道上显示的总数据大小 k_p，可以计算 $\bar{t}$ 和 σ^2 的最大似然估计：

$$\begin{cases} \hat{\bar{t}} = \dfrac{\sum_{i=1}^{k_p} A_i B_i}{\sum_{i=1}^{k_p} A_i^2} \\ \hat{\sigma}^2 = \dfrac{1}{k}\sum_{i=1}^{k_p}\left(B_i - \hat{t}A_i\right)^2 \end{cases} \tag{5-62}$$

这些参数的置信区间由 $\bar{t} \in [\hat{\bar{t}} - \Delta(\bar{t}), \hat{\bar{t}} + \Delta(\bar{t})]$ 和 $\sigma^2 \in \left[\hat{\sigma}^2 - \Delta\left(\sigma^2\right), \hat{\sigma}^2 + \Delta\left(\sigma^2\right)\right]$ 给定，其中

$$\begin{cases} \Delta(\bar{t}) = z_{\epsilon_{\mathrm{PE}}/2}\sqrt{\dfrac{\hat{\sigma}^2}{kV_A}} \\ \Delta\left(\sigma^2\right) = z_{\epsilon_{\mathrm{PE}}/2}\dfrac{\hat{\sigma}^2\sqrt{2}}{\sqrt{k}} \end{cases} \tag{5-63}$$

注意，当没有信号交换时，具有对应现实值 B_{0i} 的 Bob 的实变量遵循中心正态分布，其方差由观测数据确定为 $\sigma_0^2 = 1 + \xi_{\mathrm{el}}$，即 Bob 的热噪声方差。$\sigma_0^2$ 的极大似然估计由 $\hat{\sigma}_0^2 = \dfrac{1}{N}\sum_{i=1}^{N} B_{0i}^2$ 给出，该参数的置信区间为 $\sigma_0^2 \in \left[\hat{\sigma}_0^2 - \Delta\left(\sigma_0^2\right), \hat{\sigma}_0^2 + \Delta\left(\sigma_0^2\right)\right]$，其中 $\Delta\left(\sigma_0^2\right) = z_{\epsilon_{\mathrm{PE}}/2}\dfrac{\hat{\sigma}_0^2\sqrt{2}}{\sqrt{N}}$。$\langle T \rangle$ 和 $\langle T\xi_0 \rangle$ 可以估计为

$$\begin{cases}\widehat{\langle T\rangle}=\dfrac{2\hat{\bar{t}}^{2}}{\hat{\eta}}\\ \Delta(\langle T\rangle)=\widehat{\langle T\rangle}\sqrt{\left|\dfrac{2\Delta(\bar{t})}{\hat{\bar{t}}}\right|^{2}+\left|\dfrac{\Delta(\eta)}{\hat{\eta}}\right|^{2}}\\ \widehat{\langle T\xi_{T}\rangle}=2\dfrac{\hat{\sigma}^{2}-\hat{\sigma}_{0}^{2}}{\hat{\eta}}\\ \Delta\left(\langle T\xi_{T}\rangle\right)=\widehat{\langle T\xi_{T}\rangle}\sqrt{\left|\dfrac{\Delta(\sigma^{2})}{\hat{\sigma}^{2}-\hat{\sigma}_{0}^{2}}\right|^{2}+\left|\dfrac{\Delta(\sigma_{0}^{2})}{\hat{\sigma}^{2}-\hat{\sigma}_{0}^{2}}\right|^{2}+\left|\dfrac{\Delta(\eta)}{\hat{\eta}}\right|^{2}}\end{cases}\tag{5-64}$$

为了最大化集体攻击和个体攻击中 Eve 的信息，应该使用有效参数 T_{eff} 和 ξ_{eff} 估计量的最坏情况来评估 Eve 的信息。现在，有了式（5-57）、式（5-58）和式（5-64），有效参数 T_{eff} 和 ξ_{eff} 的最坏情况估计量可以写为

$$\begin{cases}\hat{T}_{\text{eff}}=\langle\min[\sqrt{T}]\rangle^{2}=\langle\widehat{\sqrt{T}}-\Delta(\sqrt{T})\rangle^{2}\\ \widehat{T_{\text{eff}}\xi_{\text{eff}}}=\max[\text{Var}(\sqrt{T})]V_{A}+\max\left[\langle T\xi_{T}\rangle\right]\\ \qquad=\left[\langle\hat{T}+\Delta(T)\rangle-\langle\widehat{\sqrt{T}}-\Delta(\sqrt{T})\rangle^{2}\right]V_{A}+\widehat{\langle T\xi_{T}\rangle}+\Delta\left(\langle T\xi_{T}\rangle\right)\end{cases}\tag{5-65}$$

2. 基于数据分簇的参数估计

为了在透射率浮动的衰落信道中进行更好的信道参数估计，Ruppert 等[24]研究了浮动信道的估计及其对 CVQKD 安全性的影响。他们提出了一种基于对透射率数据进行分簇的新参数估计方案。他们发现，透射率是否固定的不确定度会导致较低的密钥率。然而，如果测量的总数很大，即使对于强浮动的信道，使用他们的方法也可以获得一个类似于非浮动信道的密钥率。他们用来自大气量子信道的实验数据验证了他们的理论假设。

1）信道参数估计

基于基本的信道模型式（5-54），将传输态的一段较长观察时间窗口分成 N_m 个子窗口，每个子窗口对应的信道则为子信道。每个子窗口包含相同数量（N_s）个高斯态（也就是说，共有 $N=N_m\cdot N_s$ 个态）。每一个子窗口的传输时间很短，可以假设这样的特定子窗口的透射率 T 是恒定的。

假设第 i 个子信道（$i\in\{1,2,\cdots,N_m\}$）可以用两个未知参数参数化：T_i 和 ε_i。每个子窗口内 Alice 或 Bob 公开他们测量数据的一部分（r_p）用于获得当前透射率 $\hat{T}_i$ 的估计。因此，对于每个子窗口，信道的参数估计均基于 $r_p\cdot N_s$ 个高斯态。

结合有限码长效应，通过评估密钥率下界（进一步简称为密钥率）来验证 CVQKD 的安全性。对于固定的信道透射率，密钥率可以估计为

$$K=(1-r_p)\cdot\left[K_\infty\left(T^{\mathrm{LOW}},V_\varepsilon^{\mathrm{UP}}\right)-\Delta_{\mathrm{fini}}([1-r_p]N)\right] \tag{5-66}$$

其中，T^{LOW}、$V_\varepsilon^{\mathrm{UP}}$是最坏安全密钥率情况下信道参数的估计值，$\Delta_{\mathrm{fini}}$与保密增强阶段的误差有关，$K_\infty$是渐近密钥率的下界。由于密钥率是信道参数的单调函数，可以得到一个基于信道参数值的置信区间的密钥率的置信区间。

假设第 i 个子信道的 x_M 和 x_B 的实际对应值为 M_j 和 B_j（$j\in\{1,2,\cdots,r_p\cdot N_s\}$）。知道 x_M 和 x_B 的协方差为 $\mathrm{Cov}(x_M,x_B)=\sqrt{T_i}\cdot V_A=:C_{MB}$。这样，可以通过下面的方法[26]来估计 $\sqrt{T_i}$ 的值，即

$$\widehat{\sqrt{T_i}}=\frac{1}{V_A}\cdot\widehat{C_{MB}} \tag{5-67}$$

其中使用了极大似然估计量：

$$\widehat{C_{MB}}=\frac{1}{r_p\cdot N_n}\sum_{j=1}^{r_p\cdot N_n}M_jB_j \tag{5-68}$$

根据中心极限定理，$\widehat{C_{MB}}$ 近似正态分布，因此式（5-67）是 $\sqrt{T_i}$ 的无偏估计量，而且它的方差可以由信道的参数计算出来[26]：

$$\mathrm{Var}\left(\widehat{\sqrt{T_i}}\right)=\frac{1}{r_p\cdot N_n}\cdot T_i\left(2+\frac{V_N}{T_iV_A}\right)=\sigma_{\sqrt{T_i}}^2 \tag{5-69}$$

文献[24]通过实验数据得到了 $\widehat{\sqrt{T_i}}$ 的一个非常近似的正态分布，其方差接近式（5-69）得到的理论值。

同样的方法，可以估计 T_i[26]为

$$\hat{T}_i=\frac{1}{V_A^2}\cdot\left(\widehat{C_{MB}}\right)^2 \tag{5-70}$$

可以证明 $\hat{T}_i$ 是 T_i 的一个渐近无偏估计，其方差为

$$\mathrm{Var}\left(\hat{T}_i\right)\approx\frac{4}{r_p\cdot N_n}\cdot T_i^2\left(2+\frac{V_N}{T_iV_A}\right)=:\sigma_{T_i}^2 \tag{5-71}$$

因此，对于第 i 个子信道，透射率 T_i 的保守估计 T_i^{LOW} 可以写为 $T_i^{\mathrm{LOW}}=\hat{T}_i-z_{\epsilon_{\mathrm{PE}}/2}\sigma_{T_i}$。然而，当 ϵ_{PE} 的值很小（$\epsilon_{\mathrm{PE}}\leqslant 10^{-17}$）时，$z_{\epsilon_{\mathrm{PE}}/2}$ 将会趋于发散（$z_{\epsilon_{\mathrm{PE}}/2}\to\infty$）。此时，$z_{\epsilon_{\mathrm{PE}}/2}$ 可以近似用 $z_{\epsilon_{\mathrm{PE}}/2}=\sqrt{2\ln(1/\epsilon_{\mathrm{PE}})}$ 替换[27]。由于子信道包含的态数量有限，$\hat{T}_i$ 只是对 T_i 的粗略估计，具有很高的不确定性，这可能导致密钥率的下界为 0。一个简单的解决方案是，不为每个子信道独立执行密钥分发，而是合并这些子信道，如 5.2.1 节那样计算总体平均态的协方差矩阵。

2）数据分簇和经验分布

为了缓解一个透射率严重浮动的信道对系统带来的负面影响，文献[24]将所有子信

道进行分簇（分解成 C_{clu} 个簇）。其主要思想是，如果每个簇内信道的浮动显著降低，则根据式（5-5），有效过噪声将降低，从而使得密钥率增加。每个数据点都是独立于其他数据点生成的，如果从一个特定的簇中获取一个数据点，它不会包含来自其他簇的数据点的任何信息。因此，对每个簇独立地执行安全分析，总密钥率将是每个簇的密钥率之和。但是需要注意的是，簇的数量是一个需要优化的量，因为这里有一个明显的权衡：如果使用太多的簇，那么每个簇将包含很少数目的态，这样有限码长效应将变得很强［Δ_{fini} 将在式（5-66）占主导地位］；如果没有使用足够多的簇，那么单个簇内的透射率浮动将非常大，导致有效过噪声太大。

为了评估一个给定簇的密钥率，我们必须估计透射率的统计量。然而，这项任务并不简单，因为通过简单地平均属于这个簇透射率的估计值，将得到一个有偏的估计。其原因很简单：我们感兴趣的是透射率（T_i）实际值的均值，而可以进行的聚类仅基于估计的透射率值（$\hat{T}_i$）。因此，如果简单地从估计值的平均值 $\langle\hat{T}_i\rangle$ 来估计密钥率，会得到一个有偏的估计，这可能会导致密钥率的高估或低估。

3）信道参数的置信区间

上面的分析意味着需要得到每个簇的透射率置信区间。但由于不知道信道参数的确切值，因此应该从合适的置信区间中使用最坏的情况。在最坏的情况下，应该使用 $\langle\sqrt{T}\rangle$ 的下界 $\langle\sqrt{T}\rangle^{\rm LOW}$，而 $\langle T\rangle$ 和 ε 则使用上界 $\langle T\rangle^{\rm UP}$ 和 $\varepsilon^{\rm UP}$。作者关于透射率的实验研究发现，$\langle\sqrt{T}\rangle^2$ 和 $\langle T\rangle$ 的值之间有很强的相关性。为了利用这种相关性，引入了以下变换的高斯变量：

$$X_1 := \langle T\rangle - \langle\sqrt{T}\rangle^2 = {\rm Var}(\sqrt{T}) \tag{5-72}$$

和

$$X_2 := \langle T\rangle + \langle\sqrt{T}\rangle^2 \tag{5-73}$$

其中，X_1 和 X_2 的均值和方差的计算可以参照文献[26]和文献[28]。很容易看出，在最坏的情况下，应该使用上界 $X_1^{\rm UP}$ 和下界 $X_2^{\rm LOW}$。使用这些新变量后，可以得到有效透射率的下界

$$T_{\rm eff}^{\rm LOW} = \frac{X_2^{\rm LOW} - X_1^{\rm UP}}{2} \tag{5-74}$$

和有效过噪声的上界

$$\varepsilon_{\rm eff}^{\rm UP} = \varepsilon^{\rm UP} + X_1^{\rm UP}\cdot V_A \tag{5-75}$$

使用这种参数化的主要优点是，在这种情况下，明确地得到了信道浮动 ${\rm Var}(\sqrt{T})$ 的上界。如果简单用 $\langle T\rangle^{\rm UP} - \left(\langle\sqrt{T}\rangle^{\rm LOW}\right)^2$，它将导致 ${\rm Var}(\sqrt{T})$ 的估计与上面得到的估计相差 20～30 倍。

4）分簇对信道参数估计的影响

为了确定分簇对信道参数估计的影响，作者进行了数值仿真。假定 $N_n = N_m = 10^4$，并优化 r_p 和 V_A 的值，以及定义簇间隔的边界。如果知道确切的透射率分布，这个优化

很容易执行。但在现实场景中，这个过程是有问题的，因为需要提前知道透射率来优化参数。在这种情况下，必须使用期望透射率分布的粗略估计，并基于该粗略估计计算最优调制方差 V_A 和最优比值 r_p。在这种情况下，使用 V_A 和 r_p 的所有子信道将不会与真正的最优值一致。但是由于密钥率对这些参数不是过于敏感，即使作为粗略估计的透射率分布不太接近实际的分布，也能够得到非常接近最优情况的密钥率（也就是说，如果 T_i 有一些差异，那么最优 V_A 和 r_p 的差异就还要小些，相关密钥率的差异就会更小）。

为了研究密钥率如何依赖不同类型的信道波动，使用 4 种不同的理论分布的透射率——均匀分布、不同实际条件的威布尔分布和正态分布进行比较。为了更好地比较，4 种分布的平均值非常接近或等于 0.5（$\langle T_i\rangle \approx 0.5$），但它们的方差和分布轮廓非常不同。

接下来，需要在选择一个给定的实验数据簇后得到真实的透射率分布。如果知道透射率的分布，这很容易实现。假设在给定的时间间隔内，透射率的聚类似然函数为 $f(x)$，则透射率的实际值为 t_r，而估计值 t_e 的概率为

$$\mathrm{Prob}(T \approx t_r, \hat{T} \approx t_e) \sim f(t_r) \cdot \phi_{t_r}(t_e) \tag{5-76}$$

其中，$\phi_{t_r}(t_e)$ 为具有均值 t_r 和标准差 σ_{t_r} 的正态分布的概率密度函数，σ_{t_r} 由式（5-71）定义。所以假设估计值在区间 $[T_{\min}, T_{\max}]$ 中的实际值的条件分布是

$$\begin{aligned} p(t_r) &:= \mathrm{Prob}\left(T \approx t_r \middle| \ \hat{T} \in [T_{\min}, T_{\max}]\right) \sim \int_{T_{\min}}^{T_{\max}} f(t_r) \cdot \phi_{t_r}(t_e) \mathrm{d}t_e \\ &= f(t_r) \cdot \left(\Phi_{t_r}(T_{\max}) - \Phi_{t_r}(T_{\min})\right) \end{aligned} \tag{5-77}$$

其中，第一个因式描述了可处理点的数量，第二个因式描述了加入合理的来自估计不确定性的高斯噪声后仍在关注区间内的概率。使用这个条件似然函数 $p(t_r)$，可以得到给定簇的透射率均值和标准差（因此，能够确定给定簇的透射率的置信区间）。然后，可以根据最坏的情况来计算密钥率下界。

基于上述描述，文献[24]的仿真分析表明，在不分簇的情况下，如果透射率是完全随机的，即它均匀分布在 0 和 1 之间，那么它的浮动将会非常强（$\mathrm{Var}\left(\sqrt{T_i}\right)$ 较大）。在渐近的情形下，这将产生一个非常大的有效过噪声。因此，在没有聚类的情况下，密钥率最低。如果透射率分布为对数负威布尔分布，仿真结果显示，其透射率浮动较均匀分布要低，密钥率也要高一些。对于正态分布的透射率，其浮动也很小，比威布尔分布略高，相关的密钥率也略小。对透射率进行分簇之后，密钥率明显提高，直到接近渐近密钥率（$C_{\mathrm{clu}} = 3$）。

分析结果还表明，如果引入一个簇，4 种分布的密钥率差异会小很多，即使透射率的浮动较高，也能得到可观的密钥率。如果引入更多的簇，会看到同样的效果：所有分布都能得到越来越高的密钥率，直至接近渐近情况（$C_{\mathrm{clu}} = 3$）。因此，原始浮动的影响就消失了。如果透射率的浮动很小，密钥率的增量将会很小，但对于较大的浮动，改善则会较为明显。

还有一点需要注意，在分三个簇的情况下，三个簇都包含相近数量的态。这实际上

是很重要的一点，因为必须有较大的数据块大小才能实现较高的协商效率。因此，在该分簇模型中，我们观察到一种权衡：如果一个簇包含的数据量非常少，那么式（5-66）中关于隐私放大的项 Δ_{fini} 将会非常大，这可能会导致通信中断（密钥率变为零）；如果一个集群包含非常多的数据量，那么簇信道内的浮动（ $\text{Var}\left(\sqrt{T}\right)$ ）也会很大，导致一个较大的有效过噪声，从而降低密钥率。因此，一般而言，可以假设最优分簇方案中每个簇不一定有相同的数据量，但它们的数据量至少要相近，并且不会有任何数据量非常小的簇。

因此，文献[24]所提出的分簇方案在透射率浮动很小时没有必要使用，但是当大气湍流较强，透射率浮动较大时，这种方法能够有效地降低透射率浮动带来的影响，从而只通过更好的数据处理技术就能提升自由空间 CVQKD 的密钥率。

5.2.7　自由空间 CVQKD 的组合安全性

到目前为止，对于固定透射率的信道，CVQKD 协议组合安全性的完全证明均基于高斯调制协议，即零差探测高斯调制压缩态协议[29]、外差探测高斯调制相干态协议[30]、高斯调制 MDI 协议[31-32]、高斯调制双路协议[33]。下面以外差探测的高斯调制相干态协议为例介绍自由空间的 CVQKD 组合安全性。

前面的分析表明，对于高斯调制相干态的 CVQKD 协议，透射率浮动信道下的总量子态可以看作一个非高斯的总体平均态，从该态的协方差矩阵可以得出，透射率浮动信道可以等效看作一个具有有效透射率 T_{eff} 和有效过噪声 ξ_{eff} 的非浮动信道。基于此，结合已有的组合安全性证明，可以得到自由空间中外差探测高斯调制相干态 CVQKD 协议的组合安全性[34]。

基于剩余哈希引理，可以从原始密钥中提取的近似安全比特的数量 ℓ 应该略小于 Eve 系统 E'（它描述了 Eve 的量子态 E，以及在 QKD 协议中泄露的公开的经典变量 C）的 Bob 的字符串 y 的平滑最小熵 $H_{\min}^{\epsilon_{sm}}(y^{N'}\,|\,E')$，即有

$$\ell \leqslant H_{\min}^{\epsilon_{sm}}\left(y^{N'}\,|\,E'\right) - 2\log_2\left(\frac{1}{2\bar{\epsilon}}\right) \tag{5-78}$$

其中，$\bar{\epsilon}$ 来自剩余哈希引理，N' 参数估计后为 Bob 的字符串 y 的长度。平滑最小熵的链式法则可以得出

$$H_{\min}^{\epsilon_{sm}}(y^{N'}\,|\,E') = H_{\min}^{\epsilon_{sm}}(y^{N'}\,|\,EC) \geqslant H_{\min}^{\epsilon_{sm}}(y^{N'}\,|\,E) - \log_2|C| \tag{5-79}$$

其中，$\log_2|C| = l_{EC}$，l_{EC} 为纠错过程中泄露的数据大小[34]。l_{EC} 可以表示为

$$l_{EC} = N'\left[H(y) - \beta I(x:y)\right] \tag{5-80}$$

其中，$H(y)$ 为 Bob 的 Shannon 熵。为了计算 ϵ-安全（ $\epsilon = 2\epsilon_{sm} + \bar{\epsilon} + \epsilon_{\text{PE}} + \epsilon_{\text{cor}}$ ）的最终安全密钥 ℓ 的长度，当协议不中止时，条件平滑最小熵 $H_{\min}^{\epsilon_{sm}}(y^{N'}\,|\,E')$ 必须为一个下界。在独立同分布的假设下，当每个传输的信号都使用相同的量子操作进行窃听时，如联

合窃听，可以利用渐近均分性质并基于条件冯·诺依曼熵来获得条件平滑最小熵的下界，即

$$H_{\min}^{\varepsilon_{sm}}(y^{N'}|E') \geqslant N'S(y|E) - \sqrt{N'}\Delta_{AEP} \tag{5-81}$$

$S(y|E)$ 为条件 von Neumann 熵。$S(y|E)$ 可以表示为

$$S(y|E) = H(y) - H^{\epsilon_{PE}}(y:E) \tag{5-82}$$

其中，除了对于给定攻击的一个失败概率 ϵ_{PE}（对于联合窃听，$H^{\epsilon_{PE}}(y:E) = S_{\epsilon_{PE}}(y:E)$），Eve 能得到的 Bob 的字符串 y 上的信息由 $H^{\epsilon_{PE}}(y:E)$ 确定其上界。

非高斯总体平均态的协方差矩阵可以通过有效高斯参数 T_{eff} 和 ξ_{eff} 描述。因此，对衰落信道的窃听可以看作具有参数 T_{eff} 和 ξ_{eff} 的高斯窃听。对于整个数据集的安全性分析，可以考虑一个具有参数 T_{eff} 和 ξ_{eff} 的最优高斯联合窃听来最小化密钥率。在这个最优窃听中，Eve 通过一个具有参数 T_{eff} 和 ξ_{eff} 的最优纠缠克隆攻击与每个传输信号相互作用，并将作用后的态及其辅助的输出态分别存储在其量子存储器中，以待稍后进行联合测量。由于这种窃听是独立的且同等分布在所有子信道上，条件平滑最小熵的下界可以由条件 von Neumann 熵界定。因此，具有安全参数 ϵ 的针对高斯联合窃听的总有限码长密钥率的下界形式上与 3.1.5 节中的式（3-116）相同，但是其中的 $I(x:y)$ 的计算基于有效参数 T_{eff} 和 ξ_{eff}，而 $S_{\epsilon_{PE}}(y:E)$ 的计算要基于总体平均态的协方差矩阵，即式（5-8）中给出的协方差矩阵。进一步地，针对相干窃听的 $\tilde{\epsilon}$ -安全的组合安全性的密钥率可以由式（3-117）给定。同样，$I(x:y)$ 的计算要基于有效参数 T_{eff} 和 ξ_{eff}，而 $S_{\epsilon_{PE}}(y:E)$ 的计算要基于总体平均态的协方差矩阵。

5.2.8 相位补偿方法

相位编码是自由空间光通信的重要组成部分，相位调制也应用于 CVQKD 中，其中信息被编码在场的正则分量上。然而，自由空间的信道通常会经历衰落使得自由空间 CVQKD 的相位补偿方式尚不清楚。2020 年，Wang 等[35]（曾贵华团队）研究了通过简单计算传输数据和接收数据之间的相关性实施相位补偿的可行性，并对 150m 自由空间衰落的真实透射率进行了演示和性能分析。结果证明了他们提出的补偿方案在自由空间量子通信系统中的适用性。

1. 对衰落信道的相位补偿方案

考虑信号和 LO 脉冲通过衰落信道共传输的方案[8]，即 TLO 方案，其中透射率 T 是一个随机变量。传输和检测具有编码信息的场正则分量可以表示为

$$X_B = \sqrt{N_0}\left\{\sqrt{\eta}\left[\sqrt{T}\left(X_A + \delta X_A\right) + \sqrt{1-T}X_{v1} + X_B\right] + \sqrt{1-\eta}X_{v2}\right\} + X_{\text{ele}} \tag{5-83}$$

其中，X_A 表示方差为 V_A 的高斯调制信号，X_B 是零差检测的测量结果（这里以 X-正则分量为例；对 P-正则分量也基本上是如此）。δX_A、X_{v1} 和 X_{v2} 是方差为 1 的真空态；X_E 和

X_{ele}分别是方差为ξ_0和V_{ele}的过噪声和电噪声。散粒噪声单位（SNU）可由$N_0=\eta T|\alpha_{\text{LO}}|^2$[28]给出，其中$|\alpha_{\text{LO}}|^2$为 Alice 发送的 LO 的平均光子数，$\eta$为检测效率。当然，严格来说，应该有一个转换因子$g$（SNU 变成$gN_0$），通常由零差探测器中的放大器决定，可视为一个常数。为了简单起见，取$g=1$。方程（5-83）可以归一化到 SNU，并重新排列为

$$\begin{aligned}X_{Bs}&=\sqrt{\eta T}X_A+\left[\sqrt{\eta}\left(\sqrt{T}\delta X_A+\sqrt{1-T}X_{v1}\right)+\sqrt{1-\eta}X_{v2}\right]+\sqrt{\eta}X_B+X_{\text{el}}\\&=T_tX_A+z_n\end{aligned}\tag{5-84}$$

其中，$X_{\text{el}}=X_{\text{ele}}/\sqrt{N_0}$，$T_t=\sqrt{\eta T}$；$z_n$为均值为 0，方差$\sigma_n^2=1+\eta\xi_0+\xi_{\text{el}}$的高斯变量，且$\xi_{\text{el}}=V_{\text{ele}}\langle 1/N_0\rangle$，$X_B=\sqrt{N_0}X_{Bs}=\sqrt{N_0}\times T_tX_A+z'_n$，其中$z'_n$仍然为均值为 0，方差$\sigma_{z'}^2=\langle N_0\rangle\left(1+\eta\xi_0+V_{\text{ele}}/\langle N_0\rangle\right)$的高斯变量。为了模拟从 Alice 到 Bob 的整个过程中发生的相位漂移，需要对上述方程进行如下修改：

$$X'_B=\sqrt{N_0}\times T_tX'_A+z'_n\tag{5-85}$$

$$X'_{Bs}=T_tX'_A+z_n\tag{5-86}$$

其中，$X'_A=A_M\cos(\theta_M+\Delta\theta)$，$A_M$和$\theta_M$分别为调制$X_A=A_M\cos\theta_M$的振幅和相位，$\Delta\theta$为相位漂移。

为了探测$\Delta\theta$，双方公开在稳定帧期间传输的一小部分数据，其中$\Delta\theta$变化很小，可以假定它不变；然后可以通过简单地检查所披露的数据之间的相关性估计$\Delta\theta$。这种方法已被证明对光纤信道[8]很有效，这里作者将其扩展到衰落信道（实现是一样的）。在计算相关性之前，Alice 用$\Delta\varphi$旋转数据，所以X_A表示为

$$X_A=A_M\cos(\theta_M+\Delta\varphi)\tag{5-87}$$

如果 Bob 的数据使用 SNU，则相关性为

$$\left\langle X'_{Bs}X_A\right\rangle=\sqrt{\eta}\langle\sqrt{T}\rangle V_A\cos(\Delta\theta-\Delta\varphi)\tag{5-88}$$

可以看到T的浮动特性在这个方程中消失了。因此，Alice 和 Bob 只需要从 0 到 2π 遍历$\Delta\varphi$，当$\left\langle X'_{Bs}X''_A\right\rangle$达到最大值时，就可以得到$\Delta\theta$的估计值$\Delta\tilde{\theta}$。然而，要做到这一点，将有一个先决条件，即信噪比被精确地监测或实时测量，因为 Bob 接收的 LO 功率随信道传输率波动。这不是一个容易的任务，将增加系统硬件和软件的复杂度。因此，有必要检查X'_B和X''_A之间的相关性是否也具有良好的性质，发现

$$\left\langle X'_BX''_A\right\rangle=\eta|\alpha_{\text{LO}}|\langle T\rangle V_A\cos(\Delta\theta-\Delta\varphi)\tag{5-89}$$

这意味着不需要将测量数据归一化到 SNU，从而免除了 SNU 的监测或测量。这里应该指出，$\Delta\theta$可以用两种等式来估计，即式（5-88）和式（5-89），可以根据特定的系统和工作条件选择其中之一。现在，通过将数据的相位转换到$\theta+\Delta\tilde{\theta}$，Alice 可以得到式（5-83）和式（5-84）中表示的线性关系。同时，所公开的数据也应被丢弃。

2. 相位补偿的有效性验证

为了验证相位补偿方案的可行性，作者对接收到的光信号进行直接检测，在上海交通大学闵行校区的城市环境下，通过一个150m的自由空间信道获得了真实的衰落信道透射率。如图5-11所示，在Alice的一侧，从1550nm的连续波激光器发出的光被可调光衰减器衰减，然后用一个焦距为100mm的准直器准直到自由空间信道。在Bob的一侧，到达的光束被一个孔径为35mm的10倍扩孔器捕获。随后，衰减的光束通过反射镜精确引导并耦合到单模光纤中。一个输入端口被阻塞的平衡的光电探测器（THORLABS PDB435C）测量耦合光的强度并用示波器进行数据采集。发射光强度由光功率计测量，并通过事先测量的光电探测器的响应曲线转换为电输出。最后，通过计算相对强度值就可以得到透射率。

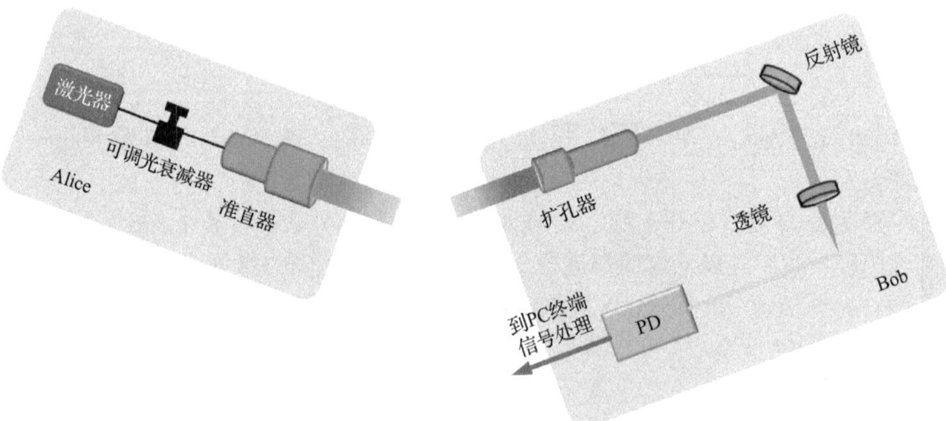

图 5-11 自由空间信道实验的实验设置[35]

在晴朗的夜晚测量了透射率分布，数据以200kHz的采样率记录10s。然后通过对数据进行快速傅里叶变换得到透过率数据的频谱，同时计算了光电探测器的电噪声频谱（按发射强度缩放）以进行比较。结果表明，透射率频谱主要为低频分量，其浮动基本在0.2kHz以下。

利用真实的透射率数据，作者根据式（5-85）和式（5-86）进行仿真。为了演示相位补偿的过程，考虑了Alice在记录的衰落信道上发送相位扫描信号（振幅仍然是瑞利分布的）。结果表明，无论是否归一化到SNU，补偿信号与接收信号的相位匹配良好。请注意，用于相位估计和收集的透射率数据的信号在仿真中具有相同的长度，但在实际情况下不应该期望有如此长的稳定帧，这里只是为了做一个清晰的演示。

3. 性能分析

$\Delta\theta$ 的不确定性，即 $\Delta\phi = \Delta\tilde{\theta} - \Delta\theta$，取决于信噪比（SNR）和在估计中使用的数据

N_{est}的大小。根据前面的分析，衰落信道的 X'_B 和 X'_{Bs} 的信噪比可以写为

$$\text{SNR}_B = \frac{\eta\langle T\rangle V_A}{1+\eta\xi_0+V_{\text{ele}}\langle 1/N_0\rangle} \tag{5-90}$$

以及

$$\text{SNR}_{Bs} = \frac{\eta\langle T^2\rangle V_A}{\langle T\rangle\left(1+\eta\xi_0+V_{\text{ele}}/\langle N_0\rangle\right)} \tag{5-91}$$

当然，对于一个固定的通道，上述方程简化为$\text{SNR}_B=\text{SNR}_{Bs}=\eta TV_A/\left(1+\eta\xi_0+\xi_{\text{el}}\right)$。小的 $\Delta\phi$ 可以通过高信噪比和大的 N_{est} 来实现，但这通常不是在实际情况下。量子信号在长距离传输或受到大气效应的影响后变得相当微弱，导致信噪比十分低。通过使用大的 N_{est} 来提高估计精度的代价是牺牲原始密钥，从而带来一种权衡。此外，当湍流引起的相位变化相对较慢且反馈带宽足够时，选择较大 N_{est} 是可行的，而在相位快速变化及反馈带宽较小时，较小的 N_{est} 更合适。因此，应努力提高信噪比，并选择合适的 N_{est} 值。$\Delta\theta$ 的不确定性会进一步引入过噪声

$$\xi_{\Delta\phi} = 2\langle T\rangle V_A\sigma_{\Delta\phi}^2 \tag{5-92}$$

其中，$\sigma_{\Delta\varphi}^2$ 是 $\Delta\phi$ 的方差。式（5-92）是根据文献[29]中给出的结果得到的。因此，这将影响最终的可获得密钥率。

5.2.9　动态偏振控制方法

在实际系统中，通常需要动态偏振控制，但在自由空间信道中发生的衰落可能会使其无法操作，从而导致最终密钥率为零。2020 年，Wang 等[36]（曾贵华团队）提出了一种自由空间 CVQKD 的动态偏振控制方案。他们首先对其方案应用于实践的可行性进行了数值分析，然后在一个长度为 150m 的自由空间衰落信道上进行实验证明了该方案，并量化了实验系统的性能。研究结果表明，其对自由空间 CVQKD 的方案适用性较强。

1. 动态偏振控制方案描述

考虑信号光和 LO 信号光通过时分和偏振复用后在衰落信道一起传输。为了在接收端有效地解复用，他们提出了一种对信道透射率浮动具有鲁棒性的动态偏振控制方案，如图 5-12 所示。在光信号被望远镜收集后，信号和 LO 通过一个动态偏振控制器（dynamic polarization controller，DPC）改变它们的偏振态，使它们可以被偏振分束器（polarization beam splitter，PBS）分开。使用两个分束器（BS）来分离部分入射光，随后进行直接检测。对两个光电探测器（photoelectric detector，PD）的输出进行除法运算，以产生对 DPC 的反馈信号。

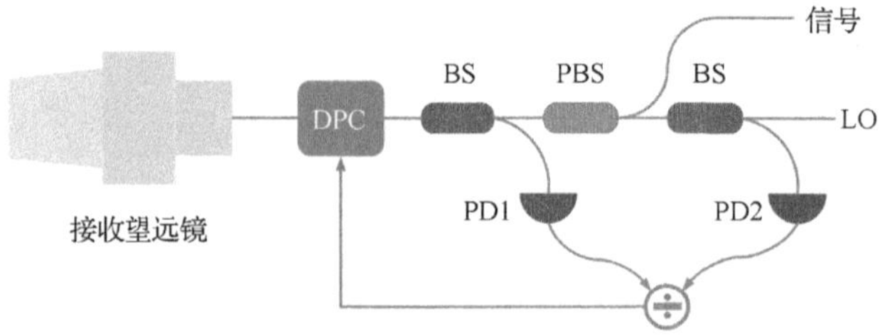

DPC——动态偏振控制器；BS——分束器；PD——光电探测器；PBS——偏振分束器。

图 5-12 动态偏振控制方案的示意图[36]

考虑到 Alice 发送的光具有任意的偏振状态 $\boldsymbol{E}_A=\left(E_{0x}\mathrm{e}^{i\phi_x},E_{0y}\mathrm{e}^{i\phi_y}\right)^{\mathrm{T}}$，其中 E_{0x} 和 E_{0y} 是振幅，ϕ_x 和 ϕ_y 是相位，PD1 和 PD2 的输入场可以表示为

$$\boldsymbol{E}_1=\sqrt{R_1T}\mathrm{e}^{i\Delta\varphi}J_{\mathrm{DPC}}\boldsymbol{E}_A \tag{5-93}$$

$$E_2=\sqrt{R_2T_{\mathrm{PBS}}\left(1-R_1\right)T}\mathrm{e}^{i\Delta\varphi}J_{\mathrm{PBS}}J_{\mathrm{DPC}}E_A \tag{5-94}$$

它们的强度之比可以表示为

$$\frac{I_2}{I_1}=\frac{R_2T_{\mathrm{PBS}}\left(1-R_1\right)}{R_1}\frac{I_{e2}}{I_{e1}} \tag{5-95}$$

其中，† 表示共轭转置，m 表示 $1,2,e1,e2$；$E_{e1}=J_{\mathrm{DPC}}E_A$；$E_{e2}=J_{\mathrm{PBS}}J_{\mathrm{DPC}}E_A$。这里，$T$ 是信道透射率，$\Delta\varphi$ 是相移，R_1 是第一个 BS 的反射率，R_2 为第二个 BS 的反射率，T_{PBS} 是 PBS 的透射率（插入损耗）；$\boldsymbol{J}_{\mathrm{DPC}}$ 和 $\boldsymbol{J}_{\mathrm{PBS}}$ 分别是 DPC 和 PBS 的 Jones 矩阵。有趣的是，通过采用除法运算来消除信道衰落引起的强度波动，从而使 DPC 能够在不受衰落约束的情况下工作。通过最大化 I_2/I_1，偏振解复用得以顺利地进行，分离后的信号可以通过零差或外差检测来检测。此外，PD1 和 PD2 的检测结果不仅仅用于偏振控制的反馈信号，还可用于监测信道波动和产生时钟的信号。

DPC 可以通过多种方式构建，如光纤挤压器、$LiNbO_3$ 和液晶。不失一般性，这里考虑 DPC 由 3 个光纤挤压器组成，其中两个光纤挤压器夹住与它们成 45° 的第三个光纤挤压器。因此，DPC 可以用下式建模，即

$$\boldsymbol{J}_{\mathrm{DPC}}=\boldsymbol{J}_{0^\circ}\left(\gamma_3\right)\times\boldsymbol{J}_{45^\circ}\left(\gamma_2\right)\times\boldsymbol{J}_{0^\circ}\left(\gamma_1\right) \tag{5-96}$$

其中，$\boldsymbol{J}_{0^\circ}\left(\gamma_j\right)=\mathrm{diag}\left(\mathrm{e}^{i\gamma_j/2},\mathrm{e}^{-i\gamma_j/2}\right)$，$\boldsymbol{J}_{45^\circ}\left(\gamma_j\right)=\begin{bmatrix}\cos\left(\gamma_j/2\right) & i\sin\left(\gamma_j/2\right)\\ i\sin\left(\gamma_j/2\right) & \cos\left(\gamma_j/2\right)\end{bmatrix}$，$\gamma_j$ 为延迟，$j=1,2,3$。由于关注的是 PBS 中的一个输出端口，因此当它的光轴的倾角为 θ_{PBS} 时，它的矩阵可以写为

$$\boldsymbol{J}_{\mathrm{PBS}}=\begin{bmatrix}\cos^2\theta_{\mathrm{PBS}} & \sin\theta_{\mathrm{PBS}}\cos\theta_{\mathrm{PBS}}\\ \sin\theta_{\mathrm{PBS}}\cos\theta_{\mathrm{PBS}} & \sin^2\theta_{\mathrm{PBS}}\end{bmatrix} \tag{5-97}$$

2. 数值仿真分析

前面提到，I_2 / I_1 应该要最大化。这通常需要优化算法，如模拟退火（simulated annealing，SA）、遗传算法（genetic algorithm，GA）、粒子群优化（particle swarm optimization，PSO）和单粒子优化（single partice optimization，SPO）。这些算法通过迭代更新一个潜在的解来搜索最优值。所有这些算法都可以应用于所提出的方案（当然，也可以使用其他算法，这里以这些为例），并通过实验数据测试了它们的性能。由于等式（5-95）的第一项可以视为一个常数，因此实际中只需要计算 I_{e2} / I_{e1}。假设 E_A 在庞加莱空间上随机移动（在迭代每一步进行更新），具有归一化的功率和正态分布的变量 ψ_{S21} 和 χ_{S321}，其中，$2\psi_{S21} = \arctan S_2 / S_1$，$2\chi_{S321} = \arctan S_3 / \sqrt{S_1^2 + S_2^2}$；$S_1$、$S_2$ 和 S_3 是 Stokes 参数。根据文献[36]中的仿真结果，PSO 具有良好的收敛性，但在初始阶段有很强的反弹性；这是由于一些粒子在接近全局最优时，彼此相距遥远，因此通常需要 DPC 的快速响应。虽然 SPO 没有显示出如此好的收敛性，但它有一个寻找全局最优值的相对温和过程。因此，实际的 DPC 可以进行级联控制（即在开始运行 SPO，然后运行 PSO；PSO 的初始状态是 SPO 的最后状态）。文献[36]中的仿真结果说明级联控制可以得到一个较为稳定的偏振补偿控制过程。

3. 实验验证

为了量化偏振控制系统的性能，将偏振隔离度（polarization isolation，PI）R_{PI} 定义为 PBS 输入处的光功率与 PD3 检测到的光功率之比。结果显示，尽管信道损耗在浮动，但经过该算法的早期搜索过程，PI 保持较高的值且相对稳定。良好的偏振控制可以有效地限制光泄露可能产生的过噪声：

$$\xi_{\text{leak}} = 2\frac{n_A}{R_{\text{AM}}}\langle T\rangle\left\langle\frac{1}{R_{\text{PI}}}\right\rangle \tag{5-98}$$

其中，n_A 为 Alice 发送的 LO 的平均光子数；R_{AM} 为 Alice 端振幅调制器的消光比。实验结果表明，文献[36]所提出的动态偏振控制方法能够达到 40dB 左右的偏振隔离度。

5.2.10 其他自由空间中的 CVQKD

限于篇幅，这里仅简单介绍部分针对自由空间 CVQKD 其他方面的研究成果。

1. 自由空间的 CV-MDI QKD

CV-MDI QKD 是一种很好的解决检测器缺陷的方案。事实上，CV-MDI QKD 的部署非常灵活，更接近和适用于战场。然而，到目前为止，关于 CV-MDI QKD 在大气中传播的研究却很少。基于卫星的 CV-MDI QKD 方案已经有研究者进行了分析[37-38]。在大气中，除了大气湍流的影响外，雨和雾是影响大气 CV-MDI QKD 协议实施的关键天气因素。

在雨雾环境中，雨滴和雾滴对光的吸收和散射的消光效应是影响光量子透射的主要因素。因此，Zhang 等[39]根据 Mie 散射理论和光束漂移模型，研究了雨和雾对 CV-MDI QKD 协议的影响。他们建立和仿真研究了雨滴直径、雾滴半径与协议密钥率的关系，为 CV-MDI QKD 协议在雨雾大气环境中的正常运行提供了理论依据。此外，当光束到达接收器时，会在望远镜接收平面上发生偏移和展宽，这也会导致信号衰减。因此他们还研究了这种衰减对 CV-MDI QKD 的影响。

2. 基于压缩态协议的自由空间 CVQKD

2020 年，Derkach[40]研究了具有信道衰落的自由空间 CVQKD 压缩态协议，并分析了该协议相比相干态协议对实际缺陷的适用性和鲁棒性。考虑到信道浮动和额外的固定损耗，以及其他实际缺陷，如有限的后处理效率，他们的结果证明了在现实的自由空间 CVQKD 中压缩信号态具有积极作用。压缩对浮动信道下的 CVQKD 有帮助，但应该优化给定条件，以及用于编码信息的调制方式。他们通过基于光束漂移大气信道模型来验证所得的结果。此外，他们还利用开放获取的湍流观测结果，证实了基于真实大气信道特性的压缩态协议的优势，表明使用压缩信号能够延长 CVQKD 协议的安全距离，而且这种优势对有限数据量的有限码长效应和压缩信号态的杂质效应是稳定的。

3. 轨道角动量自由空间 CVQKD 参数估计

理论上，轨道角动量（orbital angular momentum，OAM）本征态的数目是无限的。因此，OAM 复用技术可以大大提高传输速率。与光纤信道相比，自由空间信道由于受到大气湍流的影响，随时间的波动是随机的。因此自由空间的信道估计是必要的。2020 年，Jin 等[41]（郭迎团队）研究了基于 OAM 的连续变量量子密钥分发（CVQKD）的参数估计，基于多随机相位屏大气信道模型模拟大气信道的透射率分布，他们重点研究了大气湍流对透射率和过噪声的影响。通过比较单链路和多路复用情况下的密钥率，评估了估计参数准确性对 CVQKD 系统性能的影响。仿真结果表明，估计参数的取值会影响密钥率。

4. 太赫兹波段 CVQKD 的室内信道建模

在室内场景下的 CVQKD 可以为实际的高速率短距离通信提供安全的无线接入。2020 年，He 等[42]（郭迎团队）建立了一个室内信道模型来证明在太赫兹（THz）波段 CVQKD 的可行性。他们采用主动和被动态制备方案来演示涉及多路径传播的室内 CVQKD 系统的性能。他们获得了以频率、水蒸气密度、天线增益、反射损耗和周围环境本身为特征的信道透射率。基于光线追踪的数值模拟结果表明，多路径传播会降低室内 CVQKD 系统的性能。主动和被动态制备方案在 410GHz 频率的最大传输距离为 2m，且可以利用高增益天线来对抗多路径传播，使得最大传输距离能够分别扩展到 35m 和 20m。

5. 自由空间被动态制备 CVQKD

近年来，基于被动态制备的方案，一种新的集成方法，可以模拟 GMCS CVQKD 而不需要主动的高斯调制。在这个方案中，Alice 使用热源制备量子态，并将其分成两部分。她保留其中一部分进行外差检测，同时通过光纤通道将另一部分衰减后发送给 Bob。一方面，Alice 舍弃了振幅和相位调制器，用分束器、光衰减器和零差探测器代替。这种方法可以在芯片规模的实现中降低成本和片上损耗并缩短制造时间。另一方面，热源的固有场波动使得被动态制备（passive-state preparation，PSP）和 GMCS 协议难以区分，使得二者在理论上是等价的。2020 年，研究者在实验室环境中进行了基于 PSP 的 CVQKD 的实验研究[43]。实验中，Alice 和 Bob 之间的模式失配因子是通过将量子信道的透射率设为 1 来估计的，而这个失配因子需要事先确定。然而，这种假设在实践中不太可能实现。特别对于大气信道，透射率还是浮动的。因此，2021 年，Zhong 等[44]（郭迎团队）讨论了大气信道中基于 PSP 的 CVQKD 的可行性，并提出了基于 PSP 的 CVQKD 在大气信道上的参数表征方法，他们的研究证明了自由空间被动态 CVQKD 的可行性。

6. 自由空间一维调制 CVQKD

被动态制备方案不需要对量子态进行振幅和相位调制，能够很大程度上简化系统的复杂度。在这里讨论的一维调制方案则只需调制相空间中的一个正则分量，从一定程度上也简化了系统的复杂度。2019 年，Shen 等[45]利用单个零差探测器完成了城市环境下自由空间信道中一维调制 CVQKD 的实验验证。基于偏振自由度上的相干态的高斯调制，他们在 10kHz 的重复频率下获得了 460m 的安全传输距离。在协商效率为 0.95 条件下，安全密钥率为 0.152kbit/s。

5.3　天地 CVQKD

基于卫星的 CVQKD 由于其潜在的全球规模而受到广泛的关注。自由空间大气信道的 CVQKD 虽然具有无须铺设特定信道通道的特性，但是由于整个量子信号都在大气中传输，大气湍流对信号的影响十分明显，使得大气量子信道中进行 CVQKD 的距离比较短。地球表面的球面地形也使得地表附近的自由空间 CVQKD 即使没有大气的存在也难以远距离传输。基于卫星的 CVQKD 则可以突破上述限制，其突破将为 CVQKD 的全球组网打下坚实的基础。下面对基于卫星的天地 CVQKD 进行介绍，限于篇幅，这里主要介绍 TLO 方案[46]，基于卫星的 LLO CVQKD 方案读者可以参考文献[25]。

2020 年，Zuo 等[46]将椭圆光束模型应用于星地量子信号，同时考虑雾等天气的影响，详细分析了卫星介导情况下星地信道对 TLO CVQKD 系统的影响[46]。

5.3.1　系统描述

这里首先介绍高斯调制 QKD 协议，同时分析卫星介导链路的大气参数。为了方便安全分析，考虑基于等效纠缠的 CVQKD 协议。

1）卫星介导的 CVQKD

图 5-13 说明了卫星介导的 CVQKD 协议的 EB 方案[46]。Alice 首先通过一个平衡分束器（作为纠缠源）准备了一个 EPR 态。然后，她对剩余模式 A 执行外差检测，并通过衰落大气信道将模式 B 发送给 Bob。当模式 B 通过透射率 T 波动且信道过噪声为 ξ_0 的衰落信道时，初始量子态演化为一种混合态，其协方差矩阵表示可由式（5-2）确定。最后，Bob 对到达模式 B_1 进行正交测量（零差检测或外差检测）并通过经典的信息协商和隐私放大与 Alice 共享密钥。信道透射率波动对 CVQKD 的影响在 5.2.1 节已经详细讨论，这里不再赘述。

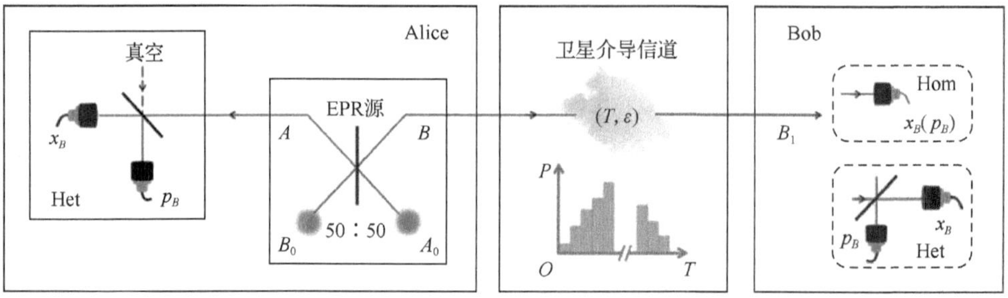

图 5-13 基于卫星信道的高斯调制 QKD 的 EB 方案

2）大气参数

为了描述大气效应，需要一个合理的基于大气参数的关联模型。对于卫星介导的链路，中心大气参数是折射率结构常数 $C_n^2(h)$，一般认为遵循 Hufnagle-Valley 模型，即式（4-25）。事实上，海平面上方 20km 内的大气层包含了 95%的大气影响。基于以上事实，将连续卫星介导的链路等同于分段线性链路（见图 5-13），以减少复杂性。在等效链接中，$C_n^2(h)$ 在距地面的前 20km 变换为常数 C_n^2，而在 20km 以上的空间等于零。因此，有

$$C_n^2(h)_{\text{down}} = C_n^2\varepsilon_{\text{H}}\left(h-H_0\right),\quad C_n^2(h)_{\text{up}} = C_n^2\varepsilon_{\text{H}}\left(H_0-h\right) \tag{5-99}$$

其中，ε_{H} 为 Heaviside 阶跃函数，$H_0=20\text{km}$ 内为大气影响突出的那一层的高度，常量 C_n^2 由

$$C_n^2 = \frac{1}{H_0}\int_0^{\infty} C_n^2(h)\mathrm{d}h \tag{5-100}$$

给出，其中 $C_n^2(h)$ 由式（4-25）确定。由于 LEO 卫星高度 H 远高于 H_0，对于实际的卫星介导系统这是一个合理的等效。

除了 $C_n^2(h)$，为了揭示前向散射的影响，将散射粒子的平均数量 $\bar{n}_s$（每单位体积）考虑进去。由于前向散射的主要来源是水滴，对绝对湿度垂直剖面 $C_{\text{hum}}^{\text{abs}}(h)$ 进行了类似的近似，于是等效的湿度为

$$C_{\text{hum}}^{\text{equ}} = \frac{1}{H_0 C_{\text{hum}}^{\text{abs}}(0)}\int_0^{\infty} C_{\text{hum}}^{\text{abs}}(h)\mathrm{d}h \tag{5-101}$$

最后，在等效信道中，$\bar{n}_s$ 可以根据文献[46]中正常信道的值乘以 $C_{\text{hum}}^{\text{abs}}$ 进行缩放。C_n^2 和 $\bar{n}_s$ 在各条件下的值如表 5-5 所示。基于上述参数，可以研究大气对卫星介导的 CVQKD 系统的影响。

表 5-5　等效大气参数[46]

条件	C_n^2 / $\text{m}^{-2/3}$	$\bar{n}_s$ / m^{-3}
晴夜	1.12×10^{-16}	0.61
雾夜	1.1×10^{-15}	6.1
晴天	1.64×10^{-16}	0.01

5.3.2　大气的影响

下面用表 5-5 中的等效大气参数展示大气对卫星介导的 CVQKD 的影响。分析主要围绕 3 个方面展开：透射率、光纤耦合和过噪声。

1）透射率 I：吸收和逆向散射

大气对透射率的影响主要来自 3 个因素：吸收、散射（包括前向散射和后向散射）和湍流。吸收和后向散射只会造成信号能量损失，而前向散射和湍流会使到达的光束产生畸变，从而影响透射率。这里首先考虑前一种情况，后一种情况将在后文介绍。实际上，吸收和后向散射的能量损失可以用消光因子来表示。对于等效的卫星介导链路，消光因子有以下形式：

$$\tau_{\text{ext}}(Z)=\exp\left[-\beta_{\text{e}}\sec(Z)\right] \tag{5-102}$$

其中，常数 β_{e} 为 0.7。请注意，上行链路和下行链路之间的消光因子没有不同。

2）透射率 II：湍流和前向散射

湍流和前向散射通过使到达的光束畸变来影响透射率。总的来说，这两个因素导致光束漂移和能量在垂直于光轴的截面上的重新分布（光束的展宽和变形）。椭圆光束模型证明了以上这些因素，如图 5-14 所示。在 4.3.3 节中，对椭圆光束模型扩展到星地链路进行了详细介绍，这里不再详述。注意，这里的分析主要考虑雾的散射。

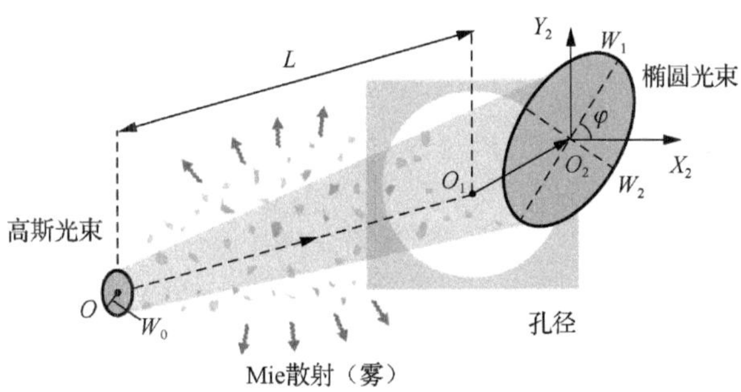

O——初始光束的波束中心位置；O_1——接收望远镜的光束中心位置；O_2——到达光束的中心位置；W_1、W_2——椭圆光束的两个半轴。

图 5-14　椭圆波束模型[46]

图 5-14 展示了扩展到星地链路后椭圆光束模型的仿真。蒙特卡罗仿真法的模拟次数设为 10000 次。在这里，需要用方程（5-102）中的消光因子 τ_{ext} 乘以原始结果，得到总透射率。由于关注大气对 CVQKD 的影响，在上行和下行链路均选择了仪器引入的瞄准误差 $\theta_{tr} = 0.4\mu rad$。需要注意的是，由于大气误差的差异，上行和下行链路的总指向误差（包括瞄准误差和大气引入的误差）有所不同。在附图 4 中，$\langle T\rangle$ 表示平均衰减，$Var(\sqrt{T})$（即 $\langle T\rangle-\langle\sqrt{T}\rangle^2$）与信道波动强度有关。我们发现上行链路的透射率比下行链路的透射率差。系统仿真参数如表 5-6[46]所示。

表 5-6 系统仿真参数[46]

参数	描述	值
H	卫星高度	100～800km
Z	天顶角	0°～60°
a_r	接收望远镜半径	1m
λ	波长	800nm
$f/2a$	焦距	1
d_{cor}	纤芯直径	10μm
W_0	初始光束半径	80mm
β	协商效率	0.95
V_A	调制方差	2SNU
θ_{tr}	瞄准误差	0.4μrad

图 5-15 演示了上行链路和下行链路之间差异的物理机制。随机提取了上行和下行链路中与光束漂移和能量再分配有关的部分模拟参数（$Z_1 = Z_2 = 0°$，每高度 100 点）。对于光束漂移参数，落在圈内的点表示光束质心在望远镜内。对于能量再分配参数，点到 W_0 之间的距离为光束展宽，距离虚线的距离为光束变形。发现上行和下行的透射率差异主要是由于上行的能量再分配随着卫星高度的增加而迅速上升，而下行的上升速度相对较慢。

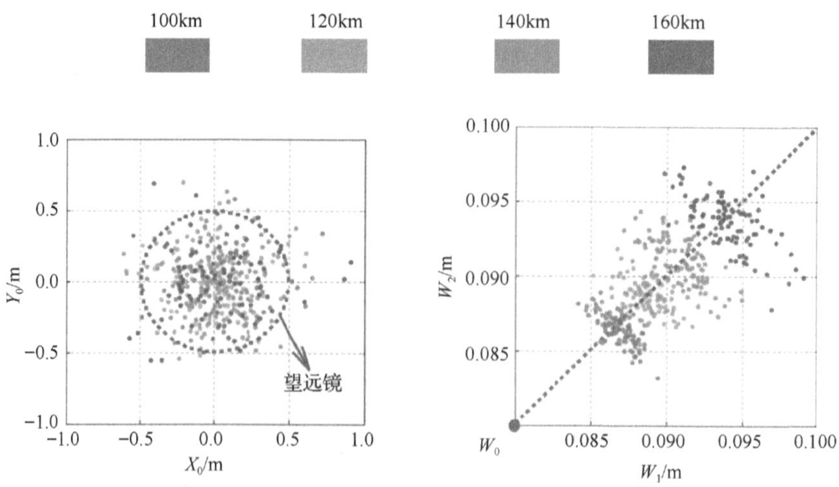

（a）下行波束游荡参数

（b）下行能量再分配参数

图 5-15 到达光束的参数

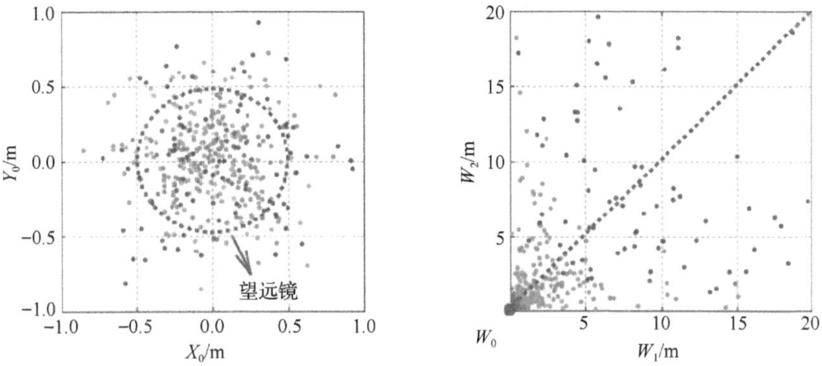

（c）上行波束游荡参数　　（d）上行能量再分配参数

图 5-15（续）

除大气参数外，系统参数 a_r 和 W_0 也对湍流受冲击的透射率有影响。

3）透射率 III：脉冲展宽

在星地 CVQKD 中，考虑一个初始半宽 t_0 的窄带高斯脉冲来携带信息，因为弱量子态的能量在窄带脉冲中更集中。然而，接收器将接收到一个延迟的高斯脉冲，脉冲半宽为 t_1（见图 5-16），这主要是由于源自到达时间波动的脉冲漂移。这将会导致透射率降低，透射率的平均值由式（5-19）给出。具体来说，t_1 可以由到达脉冲的平均强度 $\langle I\rangle$ 来导出，即式（5-17）。不同于水平链路，在卫星链路中，式（5-17）中的参数 e_1 遵循

$$e_1=\frac{0.391\times\left[1+0.171\left(l_0/L_0\right)^2-0.287\left(l_0/L_0\right)^{5/3}\right]}{c^2}\times\sec(Z)\int_0^H C_n^2(h)\left[L_0(h)\right]^{5/3}\mathrm{d}h\quad,\tag{5-103}$$

其中，$L_0(h)$ 是湍流外尺度，具有以下形式：

$$L_0(h)=\frac{5}{1+((h-7500)/2500)^2}\tag{5-104}$$

发现 e_1 仅与大气参数和天顶角有关，与光束参数和系统参数无关。注意，式（5-103）不适用于较大的天顶角值。当天顶角 Z 接近 90° 时，e_1 将简化为 $0.391\times C_n^2 L L_0^{-5/3}/c^2$，此时可以看作水平传播而不是倾斜传播。

图 5-17 显示了脉冲展宽引起的透射率降低情况[46]。请注意上行链路和下行链路之间的脉冲展宽没有什么不同。这里设 L_0=5m（最大值）得到最坏情况；l_0/L_0 根据设置为 0.005。结果表明，晴夜和雾夜的透射率降低仅在 t_0 足够小（$t_0<10^{-13}$）时比较明显，这与 5.2.2 节的结论类似。对于 GHz 重复频率以下的 CVQKD 系统，后续分析中忽略时域脉冲展宽的影响。

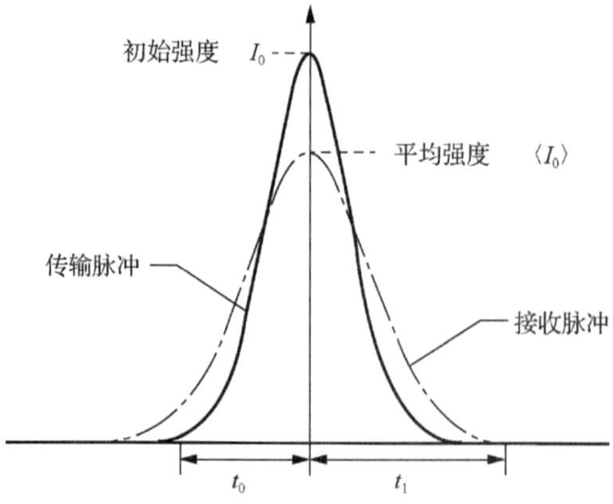

t_0——发射脉冲半宽；t_1——接收脉冲半宽。

图 5-16　脉冲展宽原理图

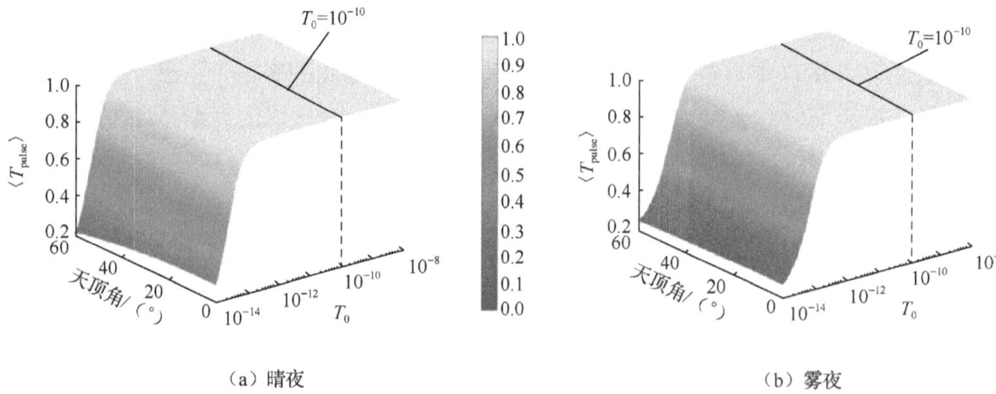

图 5-17　脉冲展宽对透射率的影响[46]

注：采用 $T_0=10^{-10}$ 进行安全分析。

4）光纤耦合：到达角波动

在实际应用中，波前畸变引起的到达角波动会在接收端探测时引入空间光束与光纤之间的耦合问题。由图 5-18 可知，光束在接收透镜内随机抖动，最终导致焦点在光纤端面处随机分布。如果焦点在终端之外，沟通就会中断。中断概率与到达角的关系 β_a 由式（5-20）给定。

对于星地链路，$\langle\beta_a^2\rangle$ 与 $C_n^2(h)$ 有关。对于下行链路，它遵从

$$\langle\beta_a^2\rangle_{\rm dovn} \cong 2.91\sec(Z_1)\times(2a_r)^{-1/3}\int_0^H C_n^2(h)\mathrm{d}h \tag{5-105}$$

对于上行链路，

$$\langle\beta_a^2\rangle_{\rm up} \cong 2.91\left(\mu_{1u}+0.62\mu_{2u}\Lambda^{1/6}\right)\sec(Z_2)\times(2a_r)^{-1/3} \tag{5-106}$$

其中

$$\mu_{1u}=\int_0^H C_n^2(h)\left(\Theta+\bar{\Theta}\cdot\frac{h}{H}\right)^{5/3}\mathrm{d}h \tag{5-107}$$

$$\mu_{2u}=\int_0^H C_n^2(h)\left(1-\frac{h}{H}\right)^{5/3}\mathrm{d}h \tag{5-108}$$

Θ、Λ和$\bar{\Theta}$分别由式（4-52）和式（4-53）给出。由$\langle\beta_a^2\rangle$的表达式可知，大孔径光圈可以有效地减小$\langle\beta_a^2\rangle$。

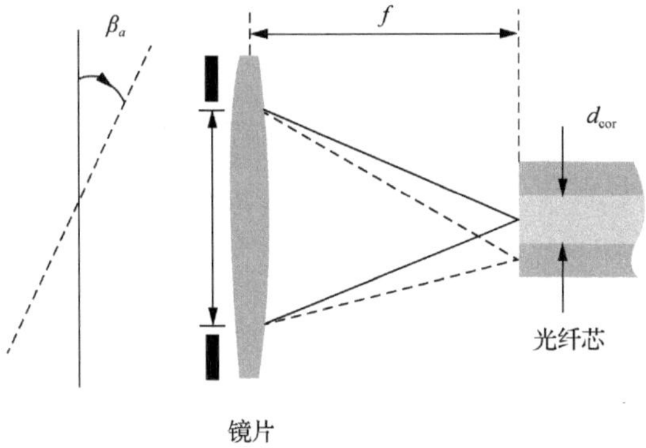

β_a——到达角；f——焦距；d_{cor}——光纤直径。

图 5-18　光纤耦合与到达角浮动[46]

注：成功耦合（实线）；不成功耦合（虚线）。

到达角浮动的影响如图 5-19 所示。我们发现，下行链路$\langle\beta_a^2\rangle$的数量级为 2～3μrad，而在上行链路中该值小于 2μrad。

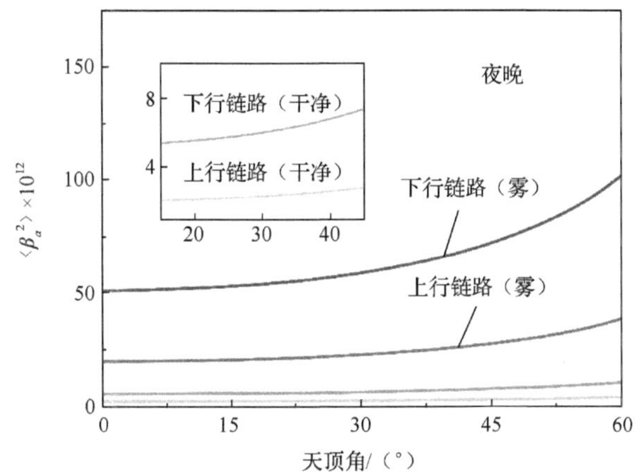

图 5-19　到达角波动与天顶角的关系[46]

附图 5 显示了相应的中断概率。由于下行链路对应的曲面位于上行链路之上，下行链路光纤耦合问题比上行面光纤耦合问题更为严重。注意，中断概率也取决于接收望远镜的焦距。中断概率随焦距的增大而增大，这对接收器望远镜系统的构建具有指导意义。

5）过噪声：到达时间波动

与基于水平大气量子信道的 CVQKD 类似，在星地链路的 TLO 方案中，脉冲的到达时间浮动将导致信号脉冲和本振脉冲之间的时域失配，从而引入额外的过噪声。该噪声的确定与 5.2.2 节的分析类似，这里不再详述。图 5-20 给出了由于到达时间浮动引入的相位过噪声 $\xi_{\theta_{ta}}$，以及相应的 Rytov 方差的数值分析。我们发现，即使在强湍流，只要信号脉冲和 LO 之间的相关性足够强，$\xi_{\theta_{ta}}$ 也可以控制在一个可接受的范围内。在这种情况下，$\xi_{\theta_{ta}}$ 几乎不随天顶角的增大而增大。因此，可以在 5.3.3 节中假定 $\xi_{\theta_{ta}} \approx 0.0056\text{SNU}$。

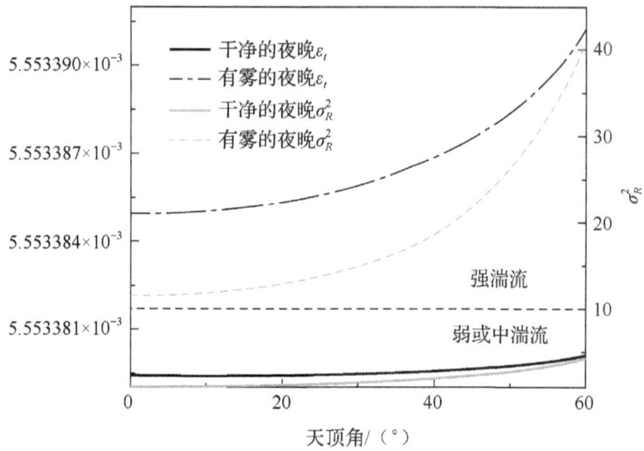

图 5-20 $\xi_{\theta_{ta}}$ 与天顶角的关系及相应的 Rytov 方差 σ_R^2 [46]

注：强湍流区与弱、中湍流区之间的边界（黑色虚线）为 $\sigma_R^2 = 10$ 。SNU 为散粒噪声单位。

6）背景噪声

与水平链路的大气量子信道 CVQKD 不同，星地链路将面临太阳光或者月光等背景光的干扰。因此，背景光中的太阳光子进入望远镜后会产生一个额外噪声 ξ_b，可表示为

$$\xi_b = N_{bg} - B_{filler} - \tau_{sam} \tag{5-109}$$

其中，N_{bg} 为增加的背景太阳光子数，τ_{sam} 为探测器有效采样周期。假设零差探测器带宽为 1GHz，则 $\tau_{sam} = 1\,\text{ns}$，$B_{filler}$ 为滤波带宽，由于 CVQKD 采用相干探测，则 LO 相当于一个良好的空间滤波器。因此 B_{filler} 的大小主要取决于产生 LO 的激光器。在这里，取 $B_{filler} = 0.01\,\text{nm}$。对于下行链路情况，增加的背景太阳光子数可以表示为

$$N_{bg}^{down} = \tau_{ext} H_b \Omega_{fov} \pi a_r^2 / h\nu \tag{5-110}$$

其中，H_b 为天空背景的亮度，单位为 $\text{Wm}^{-2}\text{sr}^{-1}\mu\text{m}^{-1}$；$\Omega_{fov}$ 接收望远镜光圈的视场，可以假设为 π 。H_b 与天气条件强烈关联，如在没有月亮的夜晚，明亮度通常为 $1.5\,\text{Wm}^{-2}\text{sr}^{-1}\mu\text{m}^{-1}$；而在晴朗的白天，明亮度可达到 $1.5\times10^5\,\text{Wm}^{-2}\text{sr}^{-1}\mu\text{m}^{-1}$，高于夜晚 5 个数量级。与直接光照的下行链路场景相反，上行链路中的接收器位于卫星上，其中背景光的主要来源是射向望远镜区域的反射太阳光。在白天，每秒每纳米带宽背景光子数为

$$N_{bg}^{ug,d}=a_E a_r^2 \Omega_{fov}^2 H_{sun} \tag{5-111}$$

其中，a_E 为地球反照率，$a_E=0.37$；H_{sun} 为太阳光谱辐照度。在夜间，噪声主要来自月亮反射的太阳光，因此

$$N_{bg}^{up,n}=\frac{a_E a_M R_M^2 a_r^2 \Omega_{fov}^2}{L_{moon}^2}H_{sun} \tag{5-112}$$

其中，a_M 为月球反照率，$a_M=0.12$；R_M 为月球半径，$R_M=1738\text{km}$；L_{moon} 为地月距离，$L_{moon}=384400\text{km}$。请注意，在夜间情况下，地球黑体辐射和人类光也会带来背景噪声。但与太阳光反射相比，它们的影响很小，可以忽略不计。

图 5-21 显示了望远镜在下行和上行链路采集的光子数作为望远镜视场的函数。波长设为 800nm，因此 $H_{sun}=4.61\times10^{-18}$ 光子 $\text{s}^{-1}\text{nm}^{-1}\text{m}^{-2}$。需要注意的是，根据不同的实际范围，下行和上行链路的视场仿真范围也不同。可以发现，望远镜越大，接收器接收到的背景噪声就越大。此外，自适应光学（adaptive optics，AO）作为空间滤波器可以降低背景光引起的过噪声，而在轨卫星光信号的光谱滤波由于多普勒效应而无效。但是，在实际工作中，对于经过 AO 波前校正后的量子光描述，整个浮动透射率的椭圆光束模型将没有太大的必要，因为一个好的 AO 可以使透射率的浮动分量变小。在这种情况下，主要应该考虑由散射和吸收引起的确定性衰减。

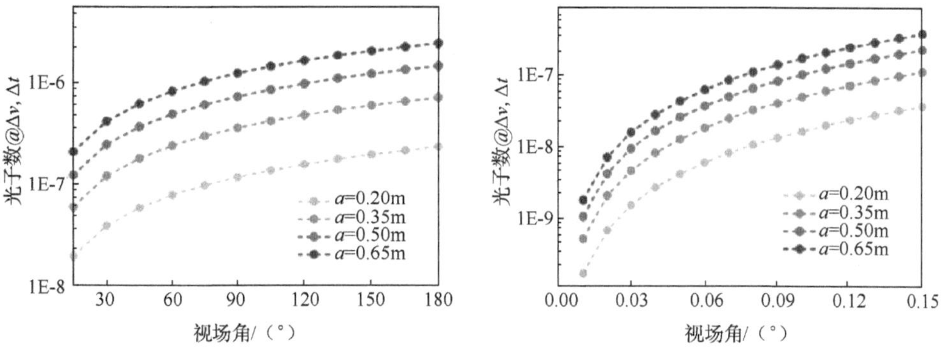

图 5-21 用不同的望远镜孔径在夜间被望远镜接收的光子数[46]

注：所有仿真均在 $B_{filter}=0.01\text{nm}$ 和 $\tau_{sam}=1\text{ns}$ 下进行。

5.3.3 安全性分析

下面对卫星介导的 CVQKD 进行渐近安全性分析。系统仿真参数如表 5-6 所示。这里考虑探测器为理想的，并采用反向协商。假设窃听者可以控制纠缠源，针对集体攻击的密钥率由 Devetak-Winter 公式给出[47]，考虑到达角浮动引起的通信中断，渐近密钥率的计算由式（5-42）确定。这里，Alice 和 Bob 的互信息 I_{AB} 由式（5-9）给出。Bob 和 Eve 之间的 Holevo 界由式（5-10）确定。

至于过噪声，除了 $\xi_{\theta_{ta}}$，还有太阳背景光中的光子进入望远镜，这将引入额外的过

噪声ξ_b。最后，总的过噪声为

$$\xi_{tot} = \xi_0 + \xi_{\theta_{ta}} + \xi_b \tag{5-113}$$

其中，$\xi_0 = 0.01$SNU，为高斯调制 CVQKD 系统的原始过噪声。根据前面的分析，将夜间总过噪声设置为 0.0056SNU。

附图 6 演示了密钥率随天顶角的变化情况。我们发现下行链路通信比上行链路通信更加可靠。对于 $H = 100$km，下行链路可容忍的天顶角在 60° 以上；而在上行链路场景中，可容忍的天顶角下降到 $Z\in[0°, 33°]$。随着 H 的增长，这两种链路之间的差距变得更加明显。下行链路在 $H = 800$km 处允许天顶角比上行链路在 $H = 120$km 处允许的天顶角大。因此，上行链路通信时卫星只能定位在低空轨道上。此外，上行链路 CVQKD 无法在雾夜提供安全密钥。

有趣的是，晴天夜晚 100km 上行链路的最大密钥率（0.1806bit/pulse）高于下行链路的最大密钥率（0.1489bit/pulse）。这有点违反直觉，因为下行链路的透射率更好。这种现象与通信中断有关。在附图 7 中，绘制了受到和不受到达角波动造成通信中断的密钥率。不考虑中断时，下行密钥率高于上行密钥率。但是，如果包含中断，当天顶角较小时，下行密钥率低于上行密钥率。随着天顶角的增大，上行链路透射率迅速降低，当天顶角超过 19° 时，上行链路的密钥率低于下行链路。

5.4 星间 CVQKD

近年来，有不少研究人员一直在研究基于卫星的 QKD 方案，以扩大地面站之间可进行 QKD 的范围，这项工作也已经取得了部分实验成果。除了大型（大于 500kg）的量子卫星部署[48]，其他工作表明，低成本的微型卫星（10～50kg）技术可能是全球规模的量子通信的关键促成因素[49]。后一种模式的基本思想是发射许多低成本的微型卫星，这些卫星在太空中形成一个 QKD 网络，可以在任何一点与地面收发器连接。微型卫星之间的直接连接，可以有效避免阻碍地面-卫星连接的大气湍流和吸收。

目前，自由空间 CVQKD 的主要研究热点是基于大气信道和星地信道的研究，在卫星之间进行 CVQKD 的研究还不多见，但也有研究者针对卫星间的太赫兹波段的 CVQKD 进行了详细的讨论，证明了这种方案的可行性。

2019 年，Wang 等[50]探索了使用太赫兹频率实现在 LEO 微型卫星之间的量子通信。他们的研究表明，太赫兹 CVQKD 在微卫星环境下的部署是可行的，但其安全性分析是基于无限数据长度的渐近安全性。为了进一步推动对太赫兹频率卫星 CVQKD 的实际部署，需要考虑实际有限码长情况下的可组合安全性。文献[51]根据发送方和接收方所经历的损耗和噪声将安全分为 3 个不同的信任级别，并基于这些信任级别分析了太赫兹波段内卫星间 CVQKD 的可组合有限码长安全。他们还验证了在最差信任水平下远距离卫星间 THz-CVQKD 的可行性。

5.4.1　卫星间 THz-CVQKD 和三种不同信任级别

三种不同信任级别下的 THz-CVQKD 系统示意图如图 5-22 所示。这里考虑在太赫兹波段发射器（Alice）和接收器（Bob）之间的高斯调制热态（Gaussian-modulated thermal-state，GMTS）协议[52]。

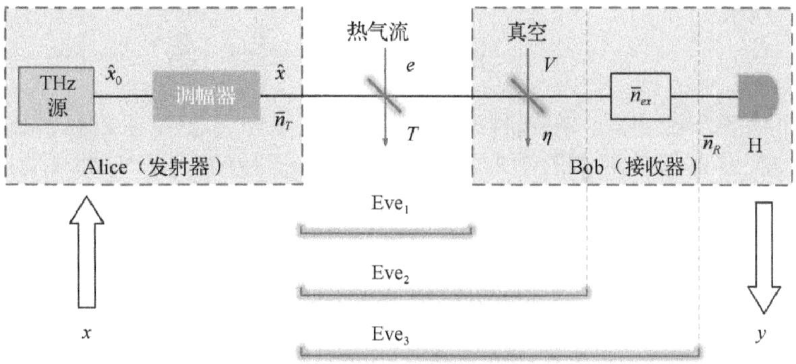

H——零差/外差探测器。

图 5-22　三种不同信任级别的 THz-CVQKD 系统结构框图[52]

协议的详细过程如下所示。

在 Alice 端，使用太赫兹（THz）源在模式 $\hat{x}_0$ 中产生热态，然后在 $\hat{x}_0$ 上对正则分量 q 和 p 执行高斯调制，得到信号模式 $\hat{x}=\hat{q}$ 或 $\hat{p}$ 。模式 $\hat{x}$ 可以由下式得到：

$$\hat{x}=x_a+\hat{x}_0 \tag{5-114}$$

其中，$x_a=q$ 或 p 表示编码信息的实变量，$\hat{x}_0$ 表示与热模态相关的量子噪声。模态 $\hat{x}$ 的总体方差为

$$V=V_A+V_0 \tag{5-115}$$

这里，$V_0=2\bar{n}_{\text{th}}+1$，为散粒噪声；$\bar{n}_{\text{th}}$ 为热态的平均光子数。一般而言，散粒噪声 V_0 表示为 $V_0=1+\rho_{\text{th}}$，其中 $\rho_{\text{th}}=0$ 是相干态的情况，而 $\rho_{\text{th}}>0$ 是热态的情况。

信号模式 $\hat{x}$ 通过 Eve 控制的有损耗和噪声信道发送。信道可以用透射率 T 和平均光子数 $\bar{n}_c$ 来表征，其方差 $W_E=2\bar{n}_c+1$。请注意，在不同的信任级别下，对 $\bar{n}_c$ 的估计与环境热噪声 $\bar{n}_E$ 是相关的。基于对 Eve 的不同假设，这里对实际应用场景建立了三种不同的信任级别模型。如图 5-22 所示，窃听者为 Eve1、Eve2、Eve3。具体情况如下。

（1）可信损耗和可信噪声（trusted-loss and trusted-noise，TLTN）探测器。假设 Eve 无法控制 Bob 的接收端，只能攻击外部信道。在这种情况下，Bob 的接收端内损耗和噪声被认为是可信的。因此，认为 Eve 的集体高斯攻击是利用透射率为 T 的环境分束器（BS）进行的一次纯化，注入光子的数量 $\bar{n}_{c1}$ 可以看作 Eve 的双模压缩真空（TMSV）态的一部分，即

$$\bar{n}_{c1}=\frac{\bar{n}_E}{1-T} \tag{5-116}$$

（2）可信噪声（trusted-noise，TN）探测器。在这种更一般的情况下，进一步假设Eve可以被动地从Bob的接收端收集泄露的信息，但无法主动控制内部噪声。因此，可以认为接收端的噪声是可信的，这是对探测器的电噪声经常作出的一种可行的假设。在这种情况下，Bob的探测效率η和信道透射率T将成为Eve的环境BS的透射率$T_{\text{tot}}=T\eta$。注入光子的数量$\bar{n}_{c2}$可以由下式得到：

$$\bar{n}_{c2}=\frac{\eta\bar{n}_E}{1-T_{\text{tot}}} \tag{5-117}$$

（3）不可信噪声探测器。在这种悲观的情况下，Eve不仅可以收集泄露的信息，而且可以主动控制Bob接收端中的额外光子$\bar{n}_{ex}$。因此，额外的光子$\bar{n}_{ex}$将变得不可信。Eve实际上执行一个主动的侧信道攻击并且注入光子$\bar{n}_{c3}$为

$$\bar{n}_{c3}=\frac{\eta\bar{n}_E+\bar{n}_{ex}}{1-T_{\text{tot}}} \tag{5-118}$$

在Bob端，他对接收到的量子信号进行零差或外差探测。Bob的设置可以通过探测效率η和额外的噪声方差（相位误差、电噪声等）$V_{ex}=2\bar{n}_{ex}$来表征，其中$\bar{n}_{ex}$表示设置不完善导致的等效光子数。

从整体上看，可以利用经典的输入输出关系来描述Alice和Bob之间的通信场景。在零差协议和外差协议中，Alice输入信号x，经信道传输后，Bob恢复信号y。Alice处的初始平均光子$\bar{n}_T$被一个总体因子$T_{\text{tot}}=T\eta$衰减，因此Bob探测器观测到的总平均光子$\bar{n}_R$可以表示为

$$\bar{n}_R=T_{\text{tot}}\bar{n}_T+\bar{n} \tag{5-119}$$

其中，$\bar{n}=\eta\bar{n}_E+\bar{n}_{ex}$是由各种不完美源产生的总过噪声相关的平均光子。对于Bob的探测器，它将随机执行零差检测，测量正则分量$\hat{q}$或$\hat{p}$；或者执行外差检测，同时测量正则分量$\hat{q}$和$\hat{p}$。在这两种情况下，Bob都可以恢复Alice的输入x对应的结果y。输入x和输出y的关系由下式得到：

$$y=\sqrt{T_{\text{tot}}}x+t \tag{5-120}$$

式中，t是总噪声变量，可表示为

$$\xi_{\text{tot}}=\sqrt{\eta(1-T)}\hat{x}_c+\sqrt{T_{\text{tot}}}\hat{x}_0+\sqrt{1-\eta}\hat{x}_v+t_{ex}+t_{\text{det}} \tag{5-121}$$

其中，$\hat{x}_c$是热损耗模式c的湮灭算符，方差为W_E；$\hat{x}_v$是Bob设备中真空模式的湮灭算符，t_{ex}是Bob设备的过噪声变量，方差为V_{ex}；t_{det}是方差为$V_{\text{det}}-1$的额外高斯变量，其中零差$V_{\text{det}}=1$，外差$V_{\text{det}}=2$。总噪声方差可以由下式得到：

$$\begin{aligned}V_t&=\eta(1-T)W+T_{\text{tot}}V_0+1-\eta+V_{ex}+V_{\text{det}}-1\\&=1-T_{\text{tot}}+2\bar{n}+T_{\text{tot}}V_0+V_{\text{det}}-1\\&=2\bar{n}+T_{\text{tot}}(V_0-1)+V_{\text{det}}\end{aligned} \tag{5-122}$$

这里，定义了等效噪声：

$$\frac{V_t}{T_{\mathrm{tot}}}=\xi_{\mathrm{tot}}+V_0-1+\frac{V_{\mathrm{det}}}{T_{\mathrm{tot}}} \tag{5-123}$$

其中，$\xi_{\mathrm{tot}}=\dfrac{2\overline{n}}{T_{\mathrm{tot}}}$ 表示总多余过噪声，可以分解为

$$\xi_{\mathrm{tot}}=\frac{2\eta\overline{n}_E}{T_{\mathrm{tot}}}+\frac{2\overline{n}_{\mathrm{ex}}}{T_{\mathrm{tot}}}=\xi_{\mathrm{ch}}+\xi_{\mathrm{ex}} \tag{5-124}$$

其中，ξ_{ch} 表示与热背景相关的信道过噪声，ξ_{ex} 表示与 Bob 接收器相关的过噪声。

5.4.2 THz-CVQKD 卫星间链路噪声分析

1. 环境热噪声

对于图 5-22 描述的量子通信场景，根据 4.4 节中的卫星间信道模型，信道透射率 T 主要由自由空间衍射决定，环境热噪声 $\overline{n}_E$ 需要根据天空亮度做细致评估。然后，在信任水平 $i=1,2,3$ 的情况下，可以自然地假设标准安全，其中 Eve 的影响是由具有不同输入热光子数量 $\overline{n}_{c_i}$ 的等效分束器定义的。$\overline{n}_E$ 的估计值受天空亮度 H_λ^{sky} 和 Bob 接收器的特性影响。假设接收器拥有一个带光谱滤波 Δ_λ 和带宽 W_d 的探测器，且接收端有一个屏蔽装置使视野不会直接暴露在明亮的光源下。那么 Bob 接收到的每个模式的平均环境热光子数可以表示为

$$\overline{n}_E=\frac{\pi\lambda\Lambda_R}{ch}H_\lambda^{\mathrm{sky}} \tag{5-125}$$

其中，

$$\Lambda_R:=\frac{\Delta_\lambda\Omega_{\mathrm{fov}}a_R^2}{W_d} \tag{5-126}$$

$$\Delta_\lambda=\frac{\lambda^2\Delta_\nu}{c} \tag{5-127}$$

Ω_{fov} 为接收视场角，Δ_ν 为滤波器带宽，c 为光在真空中的传播速度。这里设定对于晴夜 H_λ^{sky} 的典型值为 $1.5\times10^{-6}\,\mathrm{Wm^{-2}nm^{-1}sr^{-1}}$。远程卫星通信场景下，典型的视场角为 $\Omega_{\mathrm{fov}}\simeq10^{-10}\,\mathrm{sr}$。

2. 本振光和接收器噪声

在 CVQKD 中，有两种技术可以实现相位参考，一种是 TLO，另一种是 LLO。Bob 接收器中与热噪声相关的平均光子数可以表示为

$$\overline{n}_{ex}=\overline{n}_{\mathrm{phase}}+\overline{n}_e+\overline{n}_r \tag{5-128}$$

其中，$\overline{n}_{\mathrm{phase}}$ 为 LO 相位噪声产生的平均光子数，$\overline{n}_e$ 为探测器电噪声相关的平均光子数，$\overline{n}_r$ 为其他缺陷产生的噪声（此处忽略）对应的平均光子数。

一般来说，对$\bar{n}_{ex}$的估计与所选的 LO 直接相关。对于 TLO，相位噪声可以忽略，但由于 TLO 在传输过程中被衰减，探测器的电噪声将会较大。相反，对于 LLO，由于此时 LO 的强度与信道透射率无关，探测器的电噪声较低。然而，由于 Bob 接收器中旋转坐标系的不完全恢复，会产生非零相位噪声。LLO 相位噪声的平均光子数可以由下式得到

$$\bar{n}_{\text{phase}}^{\text{LLO}} = \frac{\pi T_{\text{tot}} V_A W_{\text{line}}}{C} \tag{5-129}$$

其中，W_{line}为激光器的线宽，C为系统时钟。探测器电噪声的估计严格依赖 LO 类型，其对应的平均光子数为

$$\bar{n}_e = \frac{V_{\text{det}} \text{NEP}^2 W_d \Delta t_{\text{LO}}}{2hf P_{\text{LO}}^{\text{det}}} \tag{5-130}$$

其中，NEP 为探测器噪声等效功率，Δt_{LO}为 LO 脉冲持续时间，$P_{\text{LO}}^{\text{det}}$为检测时的 LO 功率。然后，可以引入表达式

$$\xi_{\text{el}} = \frac{V_{\text{det}} \text{NEP}^2 W_d \Delta t_{\text{LO}}}{2hf P_{\text{LO}}} \tag{5-131}$$

由于对于 TLO 有$P_{\text{LO}}^{\text{det}} = T_{\text{tot}} P_{\text{LO}}$，对于 LLO 有$P_{\text{LO}}^{\text{det}} = P_{\text{LO}}$，$\bar{n}_e^{\text{TLO}}$和$\bar{n}_e^{\text{LLO}}$的表达式可以表示为

$$\bar{n}_e^{\text{TLO}} = \frac{\xi_{\text{el}}}{T_{\text{tot}}}, \quad \bar{n}_e^{\text{LLO}} = \xi_{\text{el}} \tag{5-132}$$

因此，接收器中热噪声的总光子数可以由下式得到：

$$\bar{n}_{ex}^{\text{TLO}} = \frac{\xi_{\text{el}}}{T_{\text{tot}}}, \quad \bar{n}_{ex}^{\text{LLO}} = \xi_{\text{el}} + \frac{\pi T_{\text{tot}} V_A W_{\text{line}}}{C} \tag{5-133}$$

5.4.3 密钥率计算

本节将根据前面描述的三个信任级别，分别分析 THz-CVQKD 的渐近 SKR 和可组合的有限码长 SKR。

1. 基于 TLTN 检测器的渐近密钥率

如 5.4.1 节所述，假设 Eve 只能攻击外部信道，这使得接收器的噪声和损耗是可信的。在这种情况下，BS 在 Eve 攻击中的透射率为 T，输入的热光子为$\bar{n}_{c_1} = \dfrac{\bar{n}_E}{1-T}$。考虑反向协商，基于 TLTN 检测器的渐近密钥率由第 3 章的式（3-49）确定。互信息I_{AB}可以写为

$$I_{AB} = \frac{V_{\text{det}}}{2}\log_2(1+\text{SNR}) = \frac{V_{\text{det}}}{2}\log_2\left(1+\frac{T_{\text{tot}} V_A}{V_t}\right) \tag{5-134}$$

其中，$\mathrm{SNR}=\frac{T_{\mathrm{tot}}V_A}{V_t}$ 为信噪比。计算 Holevo 界 χ_{BE} 的表达式需要知道相应协方差矩阵 $\boldsymbol{\gamma}_E$ 和 $\boldsymbol{\gamma}_{(E|B)}$ 的辛特征值。为了计算式（5-31）中的辛特征值，需要导出协方差矩阵 $\boldsymbol{\gamma}_E$ 和 $\boldsymbol{\gamma}_{(E|B)}$。它们可以通过如下方法得到。首先，$\boldsymbol{\gamma}_E$ 可以计算为

$$\boldsymbol{\gamma}_E=\begin{bmatrix}\left([1-T]V+TW_E\right)\cdot I & \sqrt{T\left(W_E^2-1\right)}\cdot\sigma_z\\ \sqrt{T\left(W_E^2-1\right)}\cdot\sigma_z & W_E^2\cdot I\end{bmatrix} \tag{5-135}$$

因此，

$$\boldsymbol{\gamma}_{(E|B)}^{\mathrm{hom}}=\boldsymbol{\gamma}_E-\frac{1}{V_B}\boldsymbol{D}\boldsymbol{X}^{\mathrm{hom}}\boldsymbol{D}^{\mathrm{T}} \tag{5-136}$$

$$\boldsymbol{\gamma}_{(E|B)}^{\mathrm{hom}}=\boldsymbol{\gamma}_E-\frac{1}{V_B+1}\boldsymbol{D}\boldsymbol{D}^{\mathrm{T}} \tag{5-137}$$

其中，

$$\boldsymbol{D}=\begin{bmatrix}\sqrt{T_{\mathrm{tot}}(1-T)}\left(W_E-V\right)\cdot I\\ \sqrt{\eta(1-T)\left(W_E^2-1\right)}\cdot\sigma_z\end{bmatrix} \tag{5-138}$$

$$V_B=T_{\mathrm{tot}}(V-1)+2\bar{n}+1 \tag{5-139}$$

$$\boldsymbol{X}^{\mathrm{hom}}=\begin{bmatrix}1 & 0\\ 0 & 0\end{bmatrix} \tag{5-140}$$

用辛对角化计算 $\boldsymbol{\gamma}_E$ 和 $\boldsymbol{\gamma}_{(E|B)}$ 的辛特征值是很容易的。得到辛特征值后就可以计算 Holevo 界 χ_{BE} 了。

2. 基于 TN 探测器的渐近密钥率

在 TN 探测器的情况下，Eve 可以从 Bob 的接收器收集泄露信息，Bob 的接收器实际上被进行了被动的侧信道攻击。此时，反向协商的渐近 SKR 与基于 TLTN 的情况一致，Holevo 界 χ_{BE} 的计算需要简单修改。此时，

$$\boldsymbol{\gamma}_E=\begin{bmatrix}\left([1-T_{\mathrm{tot}}]V+T_{\mathrm{tot}}W_E\right)\cdot I & \sqrt{T_{\mathrm{tot}}\left(W_E^2-1\right)}\cdot\sigma_z\\ \sqrt{T_{\mathrm{tot}}\left(W_E^2-1\right)}\cdot Z & W_E^2\cdot I\end{bmatrix} \tag{5-141}$$

$$\boldsymbol{\gamma}_{(E|B)}^{\mathrm{hom}}=\boldsymbol{\gamma}_E-\frac{1}{V_B}\boldsymbol{C}\boldsymbol{\Pi}\boldsymbol{C}^{\mathrm{T}} \tag{5-142}$$

$$\boldsymbol{\gamma}_{(E|B)}^{\mathrm{hom}}=\boldsymbol{\gamma}_E-\frac{1}{V_B+1}\boldsymbol{C}\boldsymbol{C}^{\mathrm{T}} \tag{5-143}$$

其中，

$$C=\begin{bmatrix}\sqrt{T_{\text{tot}}(1-T)}(W_E-V)\cdot I\\ \sqrt{\eta(1-T)(W_E^2-1)}\cdot\sigma_z\end{bmatrix} \tag{5-144}$$

3. 基于UN探测器的渐近密钥率

在这种情况下，由于 Eve 可以主动控制接收器中额外的光子 $\bar{n}_{ex}$，$\bar{n}_{ex}$ 变成不可信的，导致所有的过噪声现在都被认为是不可信的。此时，W_E 的表达式为

$$W_E=2\bar{n}_{c3}+1 \tag{5-145}$$

其余表达式和计算步骤与基于 TN 探测器的渐近 SKR 相同。然而，在最坏情况下，Eve 被假设拥有态 ρ_{AB} 的纯化，其协方差矩阵为

$$\gamma_{AB}=\begin{bmatrix}V\cdot I & \sqrt{T_{\text{tot}}(V^2-1)}\cdot\sigma_z\\ \sqrt{T_{\text{tot}}(V^2-1)}\cdot\sigma_z & [(1-T_{\text{tot}})W+T_{\text{tot}}V]\cdot I\end{bmatrix} \tag{5-146}$$

因此，总态 $\rho_{\text{tot}}=\rho_{ABE}$ 是纯态，即 $S_E=S_{AB}$（S 代表冯·诺依曼熵）。类似地，$S_{(A|B)}$ 的计算取决于 Bob 是否执行零差或外差（秩 1）测量。由于该测量是在纯态中投影纯态，因此 $\rho_{AE|B}$ 是纯态。这意味着条件熵 $S_{(E|B)}=S_{(A|B)}$。因此，Holevo 界 χ_{BE} 可以简化为

$$\chi_{BE}=S_E-S_{(E|B)}=S_{AB}-S_{(A|B)} \tag{5-147}$$

为了计算 χ_{BE} 的值，需要推导出 S_{AB} 和 $S_{(E|B)}$ 对应的协方差矩阵。前者由式（5-146）给出，后者表示为

$$\gamma_{(E|B)}^{\text{hom}}=\gamma_A-\frac{1}{V_B}HX^{\text{hom}}H^{\text{T}}=\begin{bmatrix}V-\dfrac{V^2}{V_B} & 0\\ 0 & V\end{bmatrix} \tag{5-148}$$

$$\gamma_{(E|B)}^{\text{hom}}=\gamma_A-\frac{1}{V_B+1}HH^{\text{T}}=\left[V-\frac{V^2-1}{V_B+1}\right]\cdot I \tag{5-149}$$

其中，$\gamma_A=V\cdot I$，$H=\left(\sqrt{T_{\text{tot}}(V^2-1)}\right)\cdot\sigma_z$。

4. 可组合的有限大小的密钥率

反向协商下的可组合有限码长 SKR 由下式给出[27]：

$$R_{\text{comp}}\geqslant\frac{np}{N}\left[R_{\varepsilon_{\text{PE}}}-\frac{\Delta_{\text{AEP}}\left(\varepsilon_s^2p/3,|\mathcal{H}|\right)}{\sqrt{n}}+\frac{\Theta_f}{n}\right] \tag{5-150}$$

其中，N 为传输的量子信号总数。n 为通过纠错和保密增强来共享密钥的量子信号个数。p 是纠错成功的概率（p 小于 1）。p 的值取决于协商效率 β、SNR 和 ε-正确性 ε_{cor}（与发送方和接收方被修正字符串的残差概率有关）。$R_{\varepsilon_{\text{PE}}}$ 表示有限码长的 SKR。

$\Delta_{\text{AEP}}(\varepsilon_s,|\mathcal{H}|)$和$\Theta_f$的表达式由下式给出：

$$\Delta_{\text{AEP}}(\varepsilon_s,|\mathcal{H}|) := 4\log_2(2\sqrt{|\mathcal{H}|}+1)\sqrt{\log_2(2/\varepsilon_s^2)} \tag{5-151}$$

$$\Theta_f := \log_2\left[p\left(1-\varepsilon_s^2/3\right)\right]+2\log_2\sqrt{2}\varepsilon_h \tag{5-152}$$

其中，参数$|\mathcal{H}|$表示发送方和接收方的正则分量编码和输出（连续变量）经过模数转换后的有效字母表的大小，这里通常采用5bit数字化，即$|\mathcal{H}|=2^5=32$。保密增强过程采用保密参数$\varepsilon_{\text{sec}}=\varepsilon_s+\varepsilon_h$来量化误差，其中$\varepsilon_s$表示平滑参数，$\varepsilon_h$表示哈希参数。注意，将参数的值设置为$\varepsilon_s=\varepsilon_h=\varepsilon_{\text{PE}}=10^{-10}$，$p=0.9$，并且$n=N/2$。所有这些参数共同给定了总体安全参数$\varepsilon=2p\varepsilon_{\text{PE}}+\varepsilon_{\text{cor}}+\varepsilon_{\text{sec}}$。

5.4.4 性能分析

附图8显示了对于三种不同的信任级别，可组合的有限码长SKR作为频率和传输距离的函数关系。可以看到，随着频率的增加，最大传输距离急剧增加。假设卫星之间的传输距离至少为200km，由附图8（a）和（c）可以看出，在UN探测器情况下，传输距离为200km时，外差协议频率需要达到26.7THz，零差协议频率需要达到17.4THz。因此，有必要将传统的太赫兹频率（0.1～10THz）扩展到更高的频段（中红外和远红外波段）来研究该系统的性能。但对于实际的星间通信系统，频率越高，波束半径越小。换句话说，高频系统需要一个高精度的ATP子系统来与接收端通信。

从附图8还可以看出，在一定距离内，外差协议的SKR比零差协议高，但零差协议的最大传输距离比外差协议长。这是因为随着透射率的降低，外差协议引入了更多的接收器噪声（ξ_{ex}）。与UN探测器相比，TLTN和TN探测器的SKR和传输距离都有了明显的提高，进一步增加了在通信系统中的实用性。两种协议在TLTN和TN探测器情况下的最大传输距离均可超过1000km。有趣的是，从附图8（b）和附图8（d）中可以发现，在最坏的情况下（UN探测器），外差协议的最大传输距离接近600km，零差协议的最大传输距离接近800km。研究结果有力地支持了不同信任水平下星间太赫兹量子通信的可行性。

5.5 水下CVQKD

水下通信是现代通信中重要的一个领域，如水下无限传感器网络（underwater wireless sensor network，UWSN），通常用于水下环境监控、资源开采和近海探索，不管在学术上或者是工业上都属于热点研究问题。在过去，水下通信主要以声通信为主，声通信的带宽低而且传播时延较高。其通信质量经常受到噪声、多径效应和多普勒效应的影响，导致误码率和丢包率都比较高。现代的水下光通信（underwater wireless optical communication，UWOC）具有高带宽、低时延的优点，已经逐渐替代水下声通信技术。而且，水下光通信的安全性比声通信要高，因为加载数据的信号光通常都非常窄。目前，对水下光通信技术的研究主要集中在提高传输带宽和传输距离上，而没有意识到水下光通信存在的安全问题。在实际的水下光通信系统中，由于信号光源发射的光束不可避免地存在一定的发散角度，即使这个角度很小，随着通信距离的增加和水下光学散射的影响，光束半径都将变得越来越大。因此，窃听者可以在光传播的过程中拦截一部分信号并进行测量。建立安全的水下光通信可以通过结合量子密钥分发技术和水下光通信技术实现。量子密钥分发技术的理论安全性已经得到严格证明，并且通过大量实验验证了协议的实际可行性。考虑到水下通信信道属于自由空间，容易受环境杂光的影响，并且从融合经典光通信系统的角度出发，CVQKD 方案在水下安全光通信中有其独特的优势。连续变量方案采用的零差探测器可作为天然滤波器滤除大部分杂光，降低杂光对信号光的干扰。

由于水下光学衰减，水下光学通信距离较短，通常在百米级范围。而且在量子密钥分发系统中，量子信号光更加微弱，其通信距离十分有限。这主要由水下光学衰减特性决定，因此通过技术手段来实现远距离的水下点对点量子通信会面临非常大的挑战。

5.5.1 固定衰减模型下的高斯调制协议

虽然水下信道与大气信道一样存在湍流等影响量子信号传输的因素，但是从一个简单的角度来初步分析水下 CVQKD 的性能也能为实际的部署提供一定的参考。因此首先来了解将水下信道看作固定衰减信道时，水下 CVQKD 的可行性及其性能。

1. 水下光学衰减

下面介绍水下光通信的衰减特性，并在随后将水下光通信信道作为量子信道并研究其安全通信距离。在计算水下 CVQKD 系统的渐近密钥率时，简化信道模型将信道看作高斯信道，即透射率不变，并忽略外部环境引入的噪声，这主要是基于零差探测器等同于天然滤波器可以滤除杂光。

在水下光通信中，光信号传播中的衰减主要受光学吸收和光学散射两个因素的影响。为了计算总衰减系数，需要引入吸收系数 a 和散射系数 b，采用基于叶绿素的模型，信道衰减可以用式（4-97）、式（4-99）、式（4-100）表示。

当光在清澈的海水中传输时，由于噪声散射的微粒较少，此时信道衰减主要来自吸收系数 a（水分子对光子的吸收）；而当光在相对浑浊的海水中传播时，散射系数起主要作用，光子与水中散射粒子相互作用后发生随机散射，从而使得部分光子无法到达探测器，或者由于多径效应而延迟到达接收器。光在水中传播存在一个透射率窗口，其波长为 450～550nm，称为蓝绿光，波长在窗口范围内的光的透射率较大。表 5-7 给出了波长为 520nm 激光在不同浑浊程度的海水中的吸收系数、散射系数和信道衰减系数，这些参数在计算水下量子信道透射率时会用到。

表 5-7　520nm 激光在不同浑浊程度的海水中的衰减系数

水类型	a	b	c
纯净海水	0.0405	0.0025	0.043
清澈海水	0.114	0.037	0.151
沿岸海水	0.179	0.219	0.398
浑浊港水	0.366	1.824	2.190

由于吸收和散射原因，水下光通信距离比光纤或者空气传输距离要小得多，但在空气对潜通信中并不一定需要非常长的通信距离。基于此假设，将水下信道看作线性信道，忽略由于环境光、海水温度变化等带来的影响。

2. 水下连续变量量子加密

量子加密由于其基于物理原理的无条件安全性与基于光学原理的可实现性，在水下光通信领域越来越受到关注。2017 年，金贤敏团队完成了全球首个水下量子通信实验，验证了水下量子加密的实际可行性。该实验主要验证光子偏振态是否可以在水中传输，包括单光子偏振态和纠缠光子对，属于离散变量量子密钥分发技术。关于 CVQKD 在水下光通信中的应用还未被广泛研究，然而由于连续变量加密方案中使用的零差探测器等价于一个天然滤波器，理论上，其在水下空间通信中更具优势。水下量子信道可以看作固定衰减系数的线性信道，基于此假设可以开展研究水下 CVQKD 能够达到的安全密钥率和安全通信距离。由于海水衰减系数与海水浑浊程度密切相关，这里将比较表 5-7 中 4 种不同类型的海水中 CVQKD 的安全性。

在有限码长效应的影响下，CVQKD 的安全密钥率可以由式（3-78）得到。表 5-8 列出了计算安全密钥率所需的参数，需要注意的是，在光纤通信的 CVQKD 方案中，信道的透射率通常通过 $T=10^{-\alpha L/10}$ 计算得到，其中，$\alpha=0.2\text{dB/km}$，表示光衰减系数；L 表示传播距离。在水下光通信中，量子信道的透射率通过 $T=\mathrm{e}^{-cL}$ 计算得到，其中 c 表示水中衰减系数。

表 5-8　水下 CVQKD 安全性仿真参数，所有方差、噪声都已归一化为散粒噪声单位

V_A	ξ_0	η	ξ_{el}	β	N	n	ϵ_{PE}
4	0.01	0.6	0.01	0.9	10^{10}	$10^{10}/2$	10^{-10}

注：V_A 表示 Alice 端的调制方差，ξ_0 为信道过噪声，η 和 ξ_{el} 分别表示探测器效率和电噪声，β 为协商效率，N 和 n 分别表示总光子数和用于建立密钥的光子数，ϵ_{PE} 表示密性放大失败概率。

基于以上参数，可以计算 CVQKD 在水下通信中的安全密钥率，如图 5-23 所示。在纯净海水、清澈海水、沿岸海水和浑浊港水 4 种不同的海水中，系统的安全密钥率随着传输距离的变化区别明显。从仿真结果可知，在纯净海水中，安全通信距离达到了最大值 80m，完全可以满足大部分空气对潜通信方案的距离要求。随着海水浑浊程度的增加，系统的安全性和安全距离急剧下降。例如，相比纯净海水总传输距离 80m，沿岸海水中的安全传输距离不到 20m，最差的情况下，浑浊港水中的安全传输距离只有数米。

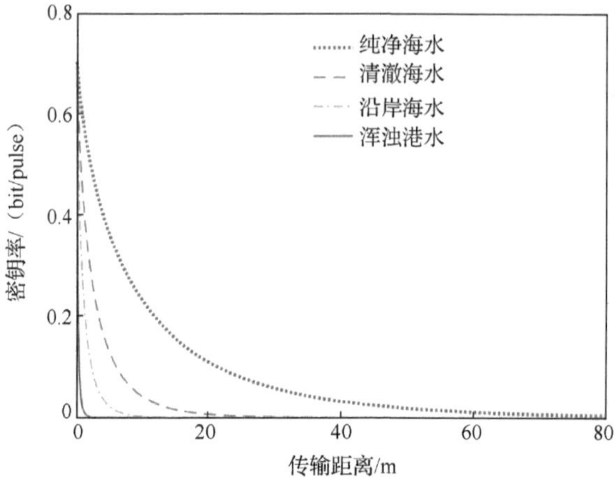

图 5-23 在不同浑浊程度的海水中 CVQKD 安全密钥率与传输距离的关系

5.5.2 基于水信道的离散调制 CVQKD 安全性分析

我们已经了解了固定衰减模型下的水下高斯调制 CVQKD 协议的可行性与性能，接下来继续探讨固定衰减模型下水下离散调制 CVQKD 协议的情况。在端对端水下连续变量量子密钥分发系统中有三种主要的通信链路，即直接链路、反馈链路和反射链路，如图 5-24 所示。直接链路是最常见的链路，在此链路中信号光从一侧发射而在另一侧接收。在这种链路结构中，必须确保发送器和接收器之间的准确定向，以便接收器可以检测到沿发送器方向传播的光束。反馈链路可以看作即插即用配置，其中发送方发出的信号光入射到反射镜（如法拉第反射镜）上，而接收方调制接收到的信号光，然后将量子信息加载到反射光上，并通过反向通道反馈给发送方。此处应注意，信号光在前向通道上的后向散射可能会干扰后向通道上的反射光信号，这可能会导致误码率（BER）的增加和信噪比（SNR）的降低。另外，由于光信号将两次通过海水通道，因此接收到的信号将受到额外的衰减。反射链路利用海面的反射来传输信息，以防信号光不能沿直线传播。在这种配置中，发射器以大于临界角的入射角将光束投射到海面，导致其经历全反射。接收器应使面向海面的方向大致平行于反射光，以确保正确接收信号。这种结构易受海面波动的影响。

Ruan 等[53]（郭迎团队）详细分析了端对端水下连续变量量子密钥分发的直接链路结构[53]。已有研究表明，离散调制比高斯调制更适合远距离通信，因为即使在较低的

SNR 情况下，密钥生成率也相对较高。到目前为止，不同类型的离散调制 CVQKD 方案已经被研究了，包括四态协议、八态协议、十六态协议等。在文献[54]中，作者考虑将这种调制方案引入水下 CVQKD 系统中。

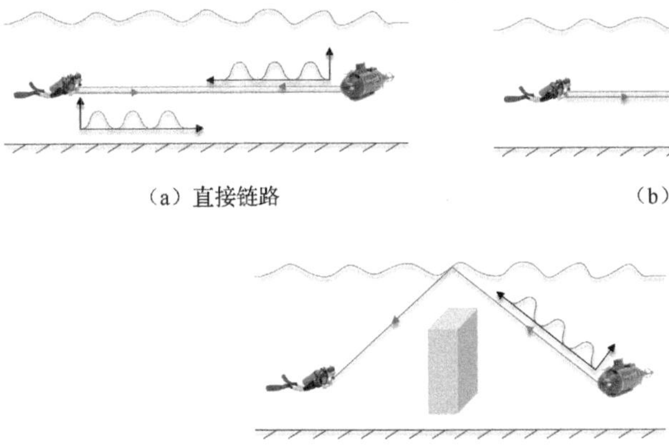

（a）直接链路　（b）反馈链路

（c）反射链路

图 5-24　三种点对点水下 CVQKD 系统链路模型[53]

基于 3.1.3 节关于离散调制 CVQKD 的高斯近似安全性分析，可以分析在 4 种典型海水类型中四态和八态水下 CVQKD 协议在零差检测和外差检测时的系统性能。对于水下 CVQKD 协议，其性能主要受三个参数的影响，即信道透射率 T_{sea}、过噪声 ε 和 Alice 端的调制方差 V_A。因此，可以从这三个方面分析协议的性能。附图 9 和附图 10 分别显示了在不同类型的海水中水下四态和八态协议的密钥率和传输距离之间的函数关系。在此，零差检测和外差检测都考虑到了。显然，随着海水复杂性的增加，密钥率和传输距离急剧下降，特别是当以浑浊港水作为量子信道时，密钥的安全传输距离小于 3m。这个结果是意料之中的，主要原因是海水的复杂性增加了光的衰减，从而降低了信号光在海水信道中的透射率。这表明信道透射率对系统的性能有很大的影响。此外，通过比较协议在零差和外差检测条件下的性能，发现它们之间几乎没有差异，这与相对较小的调制方差有关。对比附图 9 和附图 10，还可以发现四态协议明显优于八态协议。在八态协议下，纯海水中密钥的安全传输距离增加最明显，增加了约 30m。同时，在相同的传输距离下，八态协议的密钥率也会增加。

5.5.3　基于辐射传递方程的蒙特卡罗模型

利用 Beer（比尔）定律来模拟海水的衰减效应有两个隐含的假设，即收发器是完全对齐的和所有的散射光子都丢失了。但是这并不完全符合实际情况，可能严重低估了接收到的光功率，因为一些散射光子在散射多次后仍能到达接收器，并贡献于最终接收功率[53]。因此，Mao 等[55]（郭迎团队）提出了一种利用蒙特卡罗仿真法的水下 CVQKD 性能评价方法，模拟了水中发射光子的运动轨迹。具体地，他们考虑两个主要领域：不同水域通道的透射率和不同接收孔径和视场决定的检测效率。此外，他们还考虑了光源参数，如光束宽度和最大光束扩散，来评估水下 CVQKD 系统的密钥率。仿真结果表明，系统的密钥率与简单利用 Beer 定律计算的密钥率有明显的不同。通过综合考虑基于蒙特卡罗仿真法的实际系统参数，他们提出的基于蒙特卡罗仿真法的模型提供了一种可行的估计方法。

1. 基于蒙特卡罗仿真法的信道参数特征分析

图 5-25 是水下链路上的 GMCS CVQKD 系统的原理示意图。在该系统中，脉冲在海水中的传播受到的影响由两个主要因素决定：吸收和散射。吸收依赖水的折射率，导致光的能量损失，而散射改变了光子的方向，导致脉冲展宽。吸收和散射都与水的浊度以及水中颗粒的类型有关。这两个过程的总体影响可以由光束消光系数 c 描述，根据文献[56]中提出的生物光学模型，以叶绿素浓度 C（$\text{mg}\cdot\text{m}^{-3}$）作为自由参数，可以计算 c 的值。

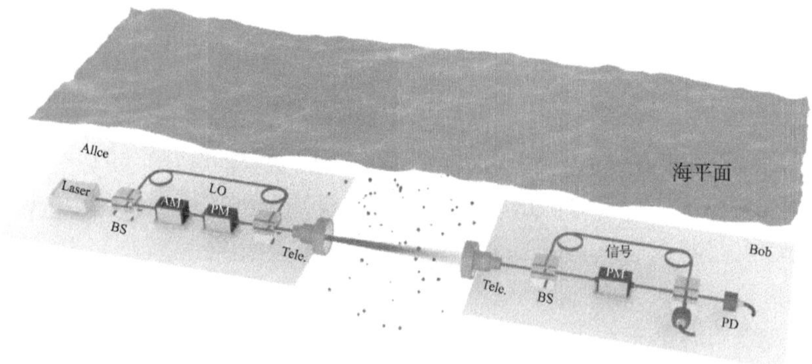

AM——振幅调制器；PM——相位调制器；Tele.——望远镜；BS——分束器；PD——光电二极管；LO——本振光。

图 5-25　一个水下 CVQKD 系统的示意图[55]

注：发送方 Alice 将由激光二极管产生的相干光脉冲分离为弱信号脉冲和强 LO 脉冲，然后利用振幅调制器和相位调制器对脉冲加载关键信息，LO 脉冲被延迟线延迟，以便与信号脉冲一起传输。这些脉冲通过海水传输后，就会到达 Bob 的望远镜上。Bob 首先使用分束器将 LO 和信号脉冲分离，然后利用 LO 随机测量四次性质，利用零差检测信号态的相位参考。利用 Bob 中的相位调制器，通过对 LO 施加π/2 相移来随机选择求交。Alice 和 Bob 之间的暗点表示水的成分，如浮游植物、悬浮的沉积物和碎屑，以及彩色的溶解的有机物。

光在介质中的传播行为用辐射传输方程（radiative transfer equation，RTE）来描述，可以写为

$$\frac{\mathrm{d}L(z,\theta,\phi,\lambda)}{\mathrm{d}r}=-c(\lambda)L(z,\theta,\phi,\lambda)+L^E+L^I \tag{5-153}$$

其中，$L(z,\theta,\phi,\lambda)$ 表示以 $\text{Wm}^{-2}\text{sr}^{-1}\text{nm}^{-1}$ 为单位的某一点处的光辐射，z 为点到发射器的距离，$r=z/\cos\theta$ 表示到源的径向距离，θ 和 ϕ 分别为极角和方位角。方程中的第一项解释了光束中光子的湮灭，第二项和第三项表示弹性散射和非弹性散射过程。非弹性散射的影响通常被忽略，因为它在 RTE 的解中贡献相对较低。以前的许多工作也忽略了弹性散射的贡献，并考虑了一个直线传播，用简单的 Beer 定律来描述 RTE，如 5.5.1 节

中所描述的模型。然而，在这种模型中，接收到的光功率可能被严重低估，因为它假设所有经历散射的光子都丢失了。在实践中，散射光子可能仍有很大一部分被接收到，特别是当水散射系数很高时。

蒙特卡罗仿真法是一种严格而灵活的水下光传播建模方法，已在许多水下光通信研究中被采用。蒙特卡罗仿真法的主要功能是基于已知的个体分量建立复杂概率密度函数模型，为研究不同水类型下的信道、链路距离、链接几何形状和收发器参数的特性提供了一种可行方法。该方法根据吸收和散射的概率来追踪大量光子的轨迹，从而得到RTE的一个解。光子跟踪的蒙特卡罗仿真的主要过程包括初始化、光子传播和光子接收。

（1）初始化。如图5-26所示，仿真的几何关系由一个笛卡儿坐标系定义，其中一组光子被假定在x/y平面上发射，并沿着z轴传播。每个光子由它的位置(x, y, z)和方向μ_x、μ_y、μ_z决定，其中$\mu_x=\cos\theta_x$，$\mu_y=\cos\theta_y$，$\mu_z=\cos\theta_z$。θ_x、θ_y、θ_z分别是光子的方向矢量和x、y、z轴的夹角。每个光子的初始权重被定义为1，以记录它们的功率损失。每个光子的初始位置根据$\mathcal{U}[0,W_0]$生成，其中W_0表示光束宽度，$\mathcal{U}[a,b]$表示a和b之间的均匀分布。每个光子的初始方向根据$\mathcal{U}\left[-\theta_{0,\max},\theta_{0,\max}\right]$生成$\theta_0$，$\mathcal{U}[0,2\pi]$生成$\varphi_0$，其中$\theta_{0,\max}$表示最大初始散度角，$\theta_0$表示初始天顶角，$\varphi_0$表示初始方位角。因此，一个光子的初始方向可以表示为

$$\begin{cases}\mu_x = \sin\theta_0\cos\varphi_0 \\ \mu_y = \sin\theta_0\sin\varphi_0 \\ \mu_z = \cos\theta_0\end{cases} \tag{5-154}$$

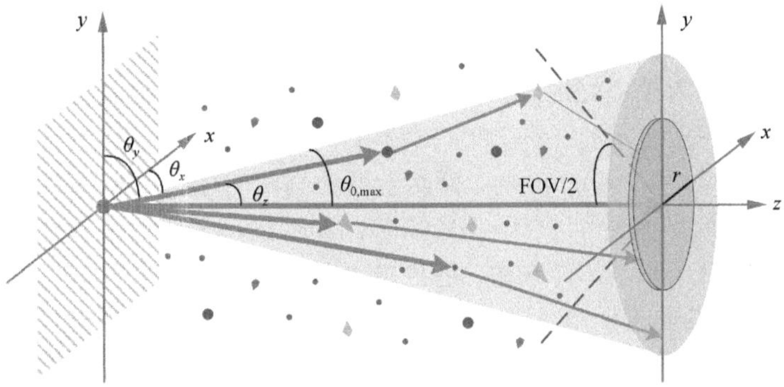

θ_x、θ_y、θ_z——光子的方向向量和x、y、z轴之间的夹角；$\theta_{0,\max}$——光束的最大初始发散角；FOV——接收器的视场。

图5-26 显示收发器的几何形状和光子在海水中的运动轨迹的示意图[55]

（2）光子传播。透射光子在与水中的粒子相互作用之前传播的随机距离为δ。每个光子的δ值根据$\delta=-\log(\chi_\delta)/c$进行选择，其中$\chi_\delta$是一个具有均匀分布$\mathcal{U}[0,1]$的随机变量。此外，当与粒子相互作用时，一部分光子的权重被损耗掉，新的权重$W_{\text{post}} = W_{\text{pre}}(1-a/c)$。与粒子相互作用后，光子的传播方向被改变，通过重新产生天顶角θ和方位角φ确定新的方向。这里认为角度φ是分布为$\mathcal{U}[0,2\pi]$的随机变量，天顶角θ基于

Henyey-Greenstein 模型产生。Henyey-Greenstein 模型是海水中散射光子轨迹常用的散射相位函数。

（3）光子接收。上面（2）中提到的所有步骤被不断循环执行，直到光子到达接收平面或光子权重太小且可以忽略不计。接收器被定义在 x-y 平面且垂直于光轴。请注意，只有到达接收光圈孔径内且入射角小于接收光圈半视场角的光子才被认为是被接收到的，否则被认为是丢失的。

经过上述过程，可以得到到达接收平面的光子和成功接收的光子的权值，以及这些光子与接收平面相交时的笛卡儿坐标和入射角度。

在仿真中，作者考虑的是一个标准的水下点对点链路，具有理想的均匀和各项同性的海水且没有洋流和湍流。如果考虑由水的折射率、温度、盐度和压力的变化所引起的水湍流，实际的水下光通道可能会更加复杂。然而，在深海中，盐度和温度变化非常小，由水湍流引起的信道衰落可以忽略不计。同样，在深海中也没有由气泡、鱼或大的悬浮颗粒造成的信道阻塞。光的波长假定为 λ = 520nm，因为波长为 450～550nm 的光在海水中具有相对较低的衰减特性。蒙特卡罗仿真法本质上是一种统计方法，其结果依赖大量光子的计算，因此它们在每个实验中产生 10^6 个光子，并重复每个实验至少 10^3 次，以获得可靠的结果。

2. 水下 CVQKD 的性能分析

基于上面的参数分析水下 CVQKD 系统的性能。密钥率计算方法参照第 3 章。在仿真中，上面提到的固定参数被设置为 V_A=20、β=0.95、ε=0.01、η=0.6 和 $\xi_{\mathrm{el}}=0.01$，这对应于 CVQKD 部署的标准现实假设。附图 11（a）比较了根据 Beer 定律和蒙特卡罗仿真法计算的参数在不同类型海水下的密钥率。由于 Beer 定律的情况只考虑透射率而不考虑其他参数的影响，为了更好地比较这两种方法，在蒙特卡罗仿真情况下，这里分析了两种情况：一种考虑接收器孔径和 FOV 的影响，另一种不考虑接收器孔径和 FOV 的影响并设 $\eta_r=1$。可以发现，当 $\eta_r=1$ 时，蒙特卡罗仿真法的密钥率和传输距离都高于 Beer 定律；而当考虑接收器孔径和 FOV 的影响时，其密钥率和传输距离显著缩短。特别是在纯净海水、清澈海水和沿岸海水中，考虑接收器参数的蒙特卡罗仿真法计算出的密钥率略小于 Beer 定律下的密钥率，但传输距离仍比 Beer 定律下的传输距离长。然而，在浑浊的港口水域中，结果非常不同。可以看到，用蒙特卡罗仿真法计算出的海港水的密钥率明显低于 Beer 定律。这是因为浑浊的沿岸水域的 η_r 值非常小，几乎所有到达接收平面的光子都无法被成功探测到。附图 11（b）比较了当接收器孔径和 FOV 分别设置为 2 英寸和 180°时，不同波束宽度 W_{bw} 和最大波束散度 $\theta_{0,\max}$ 的密钥率。结果发现，密钥率和传输距离对光束宽度的影响较小，但对最大初始发散角的影响较大，这与光强分布的结果相对应。较大的最大光束发散角使到达接收平面的光束发散更大，从而导致 η_r 值减小。

上述分析表明，简单 Beer 定律和蒙特卡罗仿真估计的性能存在显著差异，因为后者综合考虑了关于散射光子和系统收发器的参数的贡献。蒙特卡罗仿真法是研究水下通道特性的一种灵活而有效的方法。然而，由蒙特卡罗仿真法模拟得到的结果和实际的实现之间仍然存在差异。首先，这里只考虑了一个在深海中进行的完美对准的连接，没有收发器失调、水湍流和海面反射，这可能会影响系统的一致性。其次，蒙特卡罗仿真法尽管具有较高的灵活性和精确的求解方案，但也存在随机统计误差和仿真效率低的问题。这只是一个不能完全等于真实性能的模拟。因此，这种差异值得进一步的研究和实验验证。

5.6　大气对水 CVQKD

前面讨论水下 CVQKD 的可行性与性能，结果表明，水下 CVQKD 的安全传输距离比较短，只有几十米到百米量级。然而，短距离的水下光通信系统依然可以应用在一些特殊场景中，如跨媒介传输的空气对潜通信。在空气对潜方案中，量子信号可以在大气中进行远距离传输，然后穿过水面与水下设备建立连接。因此即使两个相距很远的水下设备，也可以通过大气中的中转设备来实现远距离安全光通信。目前，针对跨媒介 CVQKD 的研究成果较少，然而随着现代光通信、水下光通信和量子光通信的发展，跨媒介的量子密钥分发将在量子通信领域占据重要地位。中南大学郭迎团队在跨媒介 CVQKD 方面有一些深入的研究，接下来将详细介绍视距通信的空气对潜 CVQKD，其他如纠缠源居中的空气对水跨媒介 CVQKD 读者可参考文献[57]。

2018 年，Xie 等[57]（郭迎团队）采用蒙特卡罗仿真法研究了空气对潜 CVQKD 方案的安全性。在分析中，考虑了连续光在海水中的光学衰减与海面波纹（roughness）两个因素。结果表明虽然系统安全密钥率随着风速的增大而急剧下降，但最大安全通信距离却不会受到明显影响。与短距离的水下光通信不同的是，空气对潜方案在跨媒介 CVQKD 上迈出了重要的一步，为远距离地对潜、卫星对潜等方案打下了基础。

1. 水下衰减与海面风生波纹模型

鉴于水下 CVQKD 的安全距离比较短，这里将水下信道简化为高斯信道，即透射率固定。因此，水下的衰减可以由式（4-97）、式（4-99）、式（4-100）确定。这里仍然考虑表 5-7 中的 4 种不同海水。

由于海面上方海风的存在，海面上有非常多的不稳定波纹。在海洋环境中，由表面风生波纹引起的海水运动是观测到的变化最快的因素。4.6.1 节描述的 CM 模型是目前海面波纹模型中运用最广泛的一种，这里也将运用该模型来分析海面对空气对潜 CVQKD 的影响。

2. 空气对潜 CVQKD 安全性分析

风生波纹引起的光束偏离将直接影响接收端探测的效率，用η_{def}来表示接收到的光子数与发射的总光子数的比例。在上一个光强度分布仿真的基础上，统计被半径为a的接收器所接收的光子总数与发射总光子数10^6的比例，即可求得η_{def}的值。在图 5-27 中，展示了探测效率η_{def}与风速和水深的关系。从结果可以看出，不管是增加风速还是水深，探测效率都会急剧下降。例如，当风速为 3m/s 时，水深 20m 处的探测效率约为 0.43，而在水深 80m 处探测效率下降到了 0.05。从风速变化的影响上看，在水深 20m 处，当风速从 3m/s 增加到 12m/s 时，探测效率从 0.43 降低到 0.18。

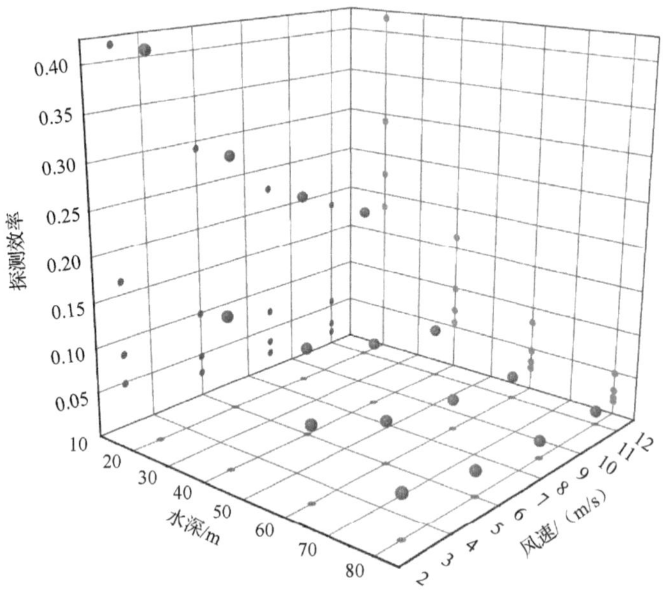

图 5-27 探测效率与风速和水深的关系[57]

注：风速分别设置为 3m/s、6m/s、9m/s 和 12m/s，水深设置为 20m、40m、60m 和 80m。用于蒙特卡罗仿真的总光子数为 10^6 个，光接收器半径 a_r 设置为 1m。

对于空气信道，在第 4 章中对大气湍流信道模型进行了详细分析，在空气对潜方案中，这里主要考虑光束漂移和光束展宽影响下的信道模型。与光纤信道不同，在大气湍流影响下，光信号在空气中传输的透射率是一个时刻变化的随机变量。幸运的是，在光束漂移信道模型中，基于光束半径W和光束偏离距离的方差σ_{bw}^2可以将空气信道描述为负对数威布尔分布。

在负对数威布尔模型中，光束偏离距离服从方差为δ^2的莱斯分布。与本章分析的大气湍流信道类似，把空气中的量子信道分成多个子信道，并使用子信道透射率均值$\langle T^{\text{air}}\rangle$和$\langle\sqrt{T^{\text{air}}}\rangle$来组成 CVQKD 系统量子态的协方差矩阵。矩阵形式由式（5-2）给出，基于此协方差矩阵和表 5-8 给出的参数，很容易计算出空气对潜 CVQKD 系统的安全密钥率，具体推导过程如图 5-28 所示。已经知道，Alice 发射的光子中有一部分由于波纹引起的光束偏离而无法被 Bob 接收。因此，空气对潜信道的透射率可以用 $T'=\eta_{\text{def}}T\langle T^{\text{air}}\rangle$ 来描述，代入式（5-2）可以得到

$$\gamma_{\text{AB}}=\begin{bmatrix} V\mathbb{I} & \langle\sqrt{T^{\text{air}}}\rangle\sqrt{\eta_{\text{def}}T(V^2-1)}\sigma_z \\ \langle\sqrt{T^{\text{air}}}\rangle\sqrt{\eta_{\text{def}}T(V^2-1)}\sigma_z & T'(V+\chi_{\text{ch}})\mathbb{I} \end{bmatrix} \tag{5-155}$$

其中，$\chi_{\text{ch}}=1/T-1+\xi$，表示信道额外噪声。

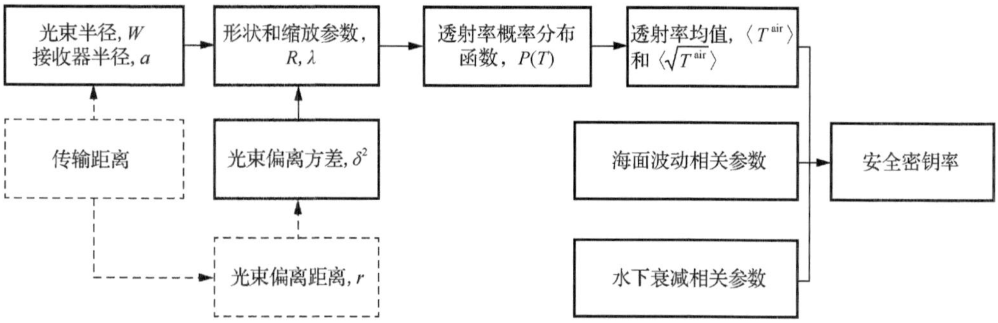

图 5-28 空气对潜 CVQKD 安全密钥率推导过程[57]

注：光束在空气中的传输距离会潜在影响到达接收器的光束半径 W 以及偏离距离 r_0，从而影响接收端光束的形状和缩放系数（R 和 λ），这两个系数决定了光束偏离距离的概率密度函数 $P(T)$，而服从分布 $P(T)$ 透射率均值 $\langle T^{\text{air}}\rangle$ 和 $\langle\sqrt{T^{\text{air}}}\rangle$ 是用来描述空气信道的 CVQKD 系统。最终结合海面波纹和水下 CVQKD 的相关参数计算出安全密钥率。

附图 12 展示了在有限长效应下的空气对潜 CVQKD 安全密钥率与风速和水下传输距离的关系。计算过程中假设光束的半径为 $W=0.5$（归一化到接收器半径 $a=1$），光束偏离的莱斯分布方差 $\sigma_{\text{bw}}^2=0.5$，风速从 3m/s 至 12m/s，光在水下传输距离从 20m 至 80m。在仿真过程中发现只有在前三种浑浊程度的海水中才能有效产生安全密钥，即纯净海水、清澈海水和沿岸海水。与水下光通信相比（见图 5-23），基于风生波纹海面的空气对潜 CVQKD 的密钥率更低，然而它们传输距离的差距并不大。例如，在图 5-23 中，纯净海水下水下传输距离为 20m 时，密钥率约为 0.1bit/pulse，在附图 12 中，密钥率减小到了 0.023bit/pulse，但其安全通信距离仍然在 80m 左右。这意味着即使有波动海面的存在，空气对潜 CVQKD 在实际应用中仍然是可行的，结合卫星通信技术，将有可能建立一个全球范围的水下通信网络。

5.7 卫星对潜 CVQKD

随着卫星量子通信技术的发展和成熟，结合基于卫星的量子密钥分发技术，两个远距离的水下设备可以通过卫星来共享安全密钥，这意味着有可能实现全球范围的对潜量子通信网络，从而间接解决光在水下传输距离短的限制。

2018 年，郭迎团队提出并分析了 CVQKD 在直接视距通信的卫星对潜信道中的实现方案，介绍了卫星对潜量子信道参数估计方法，主要包括信道的透射率和过噪声[58]。在分析中考虑了大气湍流、水面波纹、卫星天顶角、风速、水下设备深度等因素对系统性能的影响。基于所提出的分析方法采用蒙特卡罗仿真模拟了近地轨道的卫星与水下设备通信场景，信号光波长为 550nm，重复频率为 1MHz。在白天和夜晚环境下，比较了参数估计对 CVQKD 系统安全密钥率的影响。分析结果证明了卫星对潜 CVQKD 通信的理论可行性，提供了一种全球水下安全通信网络。

1. 卫星对潜连续变量量子分发方案设计

前面分析并证明了水下量子通信的安全性和可行性，其通信距离非常有限，不适合应用在远距离的水下通信系统中。然而，这种百米级范围的水下光通信系统仍然可以在某些特殊的应用中发挥重要的作用。例如，量子密钥可以从空中设备发送至水下设备以达到安全通信的目的，这种情形下，数据可以在自由空间进行远距离的传输而只需要在水中传输大约百米。在经典光通信领域，卫星对潜通信方案通常通过在水面建立中继接收点，如通过浮标接收卫星发射的光信号再转发至水下设备，或者水下设备一部分露出水面进行信号接收。在这些方案中，实际只涉及光信号在大气自由空间中的传输，不存在跨媒介。而且，这些方案存在难以解决的弊端，比如浮标的位置无法固定，这会严重影响接收效率。因此，研究卫星对潜的跨媒介量子加密通信方案是全球对潜安全通信网络领域中重要的一步。

图 5-29（a）描述了卫星对潜 CVQKD 方案。在卫星端（即 Alice 端），密钥信息通过电光调制器调制成高斯量子态。量子态通过两种介质的传输后到达水下接收设备，这两种介质分别是大气和海水。除这两种介质以外，海面波纹也会影响光信号的传输。水下设备端（即 Bob 端），信号光首先经过一个自适应光学系统进行相位偏移修正，随后进行探测。需要注意的是，零差探测器所需要的相位参考本振光在本地产生，而不是由 Alice 发送过来。为了使卫星对潜通信链路中的衰减最小化，需要在大气透射率窗口（约为 800nm）和海水透射率窗口（450～550nm）折中确定信号光的波长。

图 5-29（b）展示了不同波长的光在大气和水下传播的透射率（衰减）变化。其中，大气透射率的仿真数据来自 MODTRAN 大气传输模型软件包，在仿真中置为深海环境水面至海拔 20km 范围得到的结果；光信号在水下的衰减采用式（4-108）、式（4-120）和式（4-121）计算得到；比较两个传播媒介的结果，折中选择波长为 550nm 的信号光来作为卫星对潜 CVQKD 的光源。

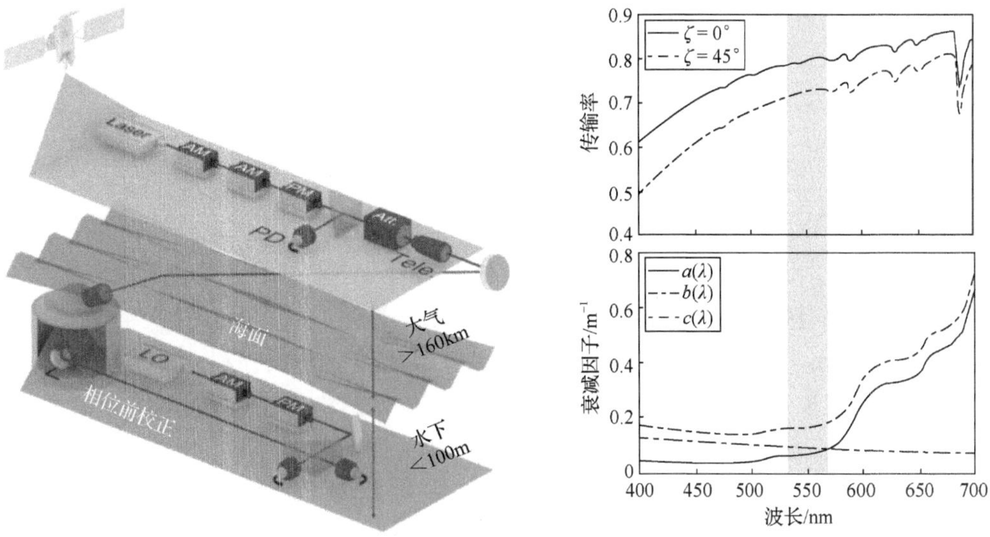

（a）　　　　　　　　　　（b）

AM——电光强度调制器；PM——电光相位调制器；PD——光电探测器；Tele.——准直望远镜；Att.——光衰减器；LO——本振光；ζ——卫星天顶角。

图 5-29　不同波长的光在大气和水下传播的透射率变化[58]

注：（a）卫星对潜 CVQKD 方案。调制后的量子光信号依次在大气、海面和海水中传输，最终到达接收端。Bob 端的零差探测器采用本地本振方案。（b）上、下图分别表示大气透射率和海水衰减系数与光信号波长的关系，两者都是由光学吸收和散射引起的。

2. 卫星对潜量子信道分析

1）大气量子信道

在卫星对潜通信中，量子态首先要在卫星至海面的大气自由空间中传输。卫星到地面基站的量子通信（离散变量方案）可行性已经在理论和实验上得到了验证。在星地量子通信中，光信号主要受大气湍流的影响，此外，还需要考虑光束展宽、光束游走等因素对接收端接收效率的影响。如果系统运行在白天，则需要考虑杂光产生的噪声。需要特别注意的是，卫星到海面的信道与卫星到地面的信道略有不同，主要与近海面（近地）的大气折射率和风速有关。

在大气自由空间光通信系统中，大气湍流是影响光信号传输的主要因素，并造成光束漂移和光束展宽。值得注意的是，比光束尺寸更大的湍流漩涡引起光束游走，而更小尺寸的则会引起光束展宽。最终导致接收端收到的光信号强度发生随机抖动，一般可以通过闪烁指数（scintillation index）来描述这种现象。在夜晚看见的闪烁的星星也是基于相同的原理，星光受大气湍流的影响发生强度变化。目前，多个应用于星地光通信系统中的闪烁指数模型被提出。在卫星天顶角较大的情况下，可以定义卫星到海面信道的闪烁指数为

$$\sigma_I^2 = \exp\left[\frac{0.49\sigma_R^2}{(1+1.11\sigma_R^{12/5})^{7/6}} + \frac{0.51\sigma_R^2}{(1+0.69\sigma_R^{12/5})^{5/6}}\right] - 1 \tag{5-156}$$

其中，星地链路中 Rytov 方差σ_R^2为

$$\sigma_R^2 = 2.25k^{7/6}\sec^{11/6}(Z)\int_{h_0}^{H} C_n^2(h)(h-h_0)^{5/6}\mathrm{d}h \tag{5-157}$$

其中，$H = h_0 + L\cos Z$ 表示卫星的高度，在卫星对潜通信中 $h_0 = 0$，L 表示光信号传输距离，Z 为天顶角，$C_n^2(h)$ 表示折射率结构常数。其中 $C_n^2(h)$ 应用最广泛的为 Hufnagel-Valley（HV）模型，由式（4-25）给出。附图 13（a）展示了大气折射结构参数 C_n^2 分别在 0km、1km、10km 和 20km 高度处，其值与风速变化和标量 $C_n^2(0)$ 的关系。在卫星对潜信道模型中，$C_n^2(0)$ 表示近海面大气折射率结构参数。根据气象研究和预测（weather research and forecasting，WRF）模型结果，近海面大气的折射率结构参数主要在 10^{-15} 至 10^{-13} 之间变化。近海面风速的变化可以通过 ECMWF Re-Analysis（ERA-Interim）数据集得到，风速变化范围主要在 0m/s 至 26m/s 之间。从仿真的结果可以看出，在海面 1km 以上的大气中，近海面的折射率结构参数 $C_n^2(0)$ 影响很小。当海拔上升到 10km 以上后，风速是大气折射率结构参数的主要影响因素。此外，当海拔高于 10km 时，其折射率结构参数值非常小，这意味着在海拔高于 10km 的大气中，可以忽略大气湍流的影响。

为了计算卫星对潜信道中大气闪烁指数，取 $C_n^2(0)$ 值为 WRF 模型估计均值，即 $C_n^2(0) = 9.6\times10^{-14}\mathrm{m}^{-2/3}$，并且取 ERA-Interim 数据集中最常见的风速 6m/s。根据这两个参数，在附图 13（b）计算了海面大气闪烁指数。从计算结果可以看出，当卫星海拔高于 10km 时，闪烁指数主要受卫星天顶角的影响。根据地球半径、卫星海拔，以及它们之间的几何关系，在指定高度的轨道上，最大天顶角可以通过 $Z_{\max} = \arcsin[R_\oplus/(R_\oplus + H)]$ 计算得到，其中 $R_\oplus$ 表示地球半径。在海拔 $H = 200\text{km}$ 处，最大天顶角约为 76°。因此，在分析卫星对潜 CVQKD 方案时，需要将 $Z > 60°$ 的情况考虑进来。

除了闪烁带来的负面影响，大气湍流是另一个影响量子信号的重要因素。第 4 章已经提到了很多星地链路中的信道模型。这里的分析采用椭圆光束模型。卫星对潜信道主要受到从微弱到中等（weak-to-moderate）尺度的湍流影响。在不考虑天气条件的情况下，这里使用表 4-3 所示弱湍流情形下的统计参数值。

附图 14 中展示了利用蒙特卡罗仿真法的大气透过率概率密度分布。图中的虚线为固定轨道上能达到的最大天顶角，仿真结果展现了卫星在近地轨道 200km、400km、600km 和 800km 时，卫星天顶角对大气信道透射率 T_{air} 的影响。从图中可以明显看出，对于特定的轨道，随着天顶角的增加，信道透射率也随之减小并分布在更小的范围内。此外，当卫星天顶角相同时，随着轨道高度的增加，大气信道透射率值分布范围也在减小。在仿真过程中，光束初始半径 W_0 和接收器半径 a 分别设置为 6cm 和 1m。

2）海面波纹对卫星对潜通信影响

在卫星对潜 CVQKD 中，海面是影响系统性能的一个重要因素，海面的波纹将使传

输的光信号发生偏转和折射。在短距离的空气对潜方案中，这种影响并不明显，随着信号发送端的海拔增高，其天顶角也随之增大，这时光束小幅度的偏大将对接收效率产生较大影响。4.6.3 节已经对海面波纹的影响进行了详细分析，这里将使用前面分析的结果。

3）水下通信透射率分析

在水下光通信中，光学吸收和光学散射是影响光信号传输的两个主要因素。光学吸收引起光强度的衰减，而光学散射则引起光束偏离和展宽。因此，在 4.1.2 节中引入了衰减系数 a 和散射系数 b 来计算水下光通信的衰减系数。由于在卫星对潜 CVQKD 中，光信号在水下传播距离较短，因此可以将其视为透射率不变的线性信道。而且，卫星对潜通信通常应用于远洋海水中，在讨论海水光学衰减时主要关注波长为 550nm 的光信号在远洋海水中的衰减系数。在已知衰减系数 c 的情况下，水下光通信信道透射率可以通过 $T_{\text{sea}}=10^{-c/10}$ 计算得到，其中 c 的值在图 5-29（b）中已经计算得到。需要注意的是，T_{sea} 与光在水下传输的距离有关，其单位为 m^{-1}。最终计算出海水透射率 $T_{\text{sea}}=0.9625$，这与 550nm 光在海水透过率测量的实验结果 0.933 十分接近。

3. 信道噪声分析

前文已经分析了大气、海面与海水各自对卫星对潜 CVQKD 信道衰减的影响，然而描述量子信道除了估计其衰减之外还需要估计噪声的影响。接下来讨论卫星对潜光通信链路中杂光的影响，以及白天和夜晚噪声的变化。

1）过噪声极限

在卫星对潜 CVQKD 系统中，有多个因素会增加系统噪声，包括激光器、调制器、背景光和探测器。首先需要考虑光在真空卫星对潜信道中传输时，其固有的最大过噪声，称为过噪声极限（excess noise limit，ENL）。可以假设光在真空中传输时，其光强分布近似高斯分布，则真空信道可以看作线性信道。在附图 15（a）中，描述了光从卫星发送到水下设备的理想信道模型，光信号在真空中传输而不受大气湍流和海面波纹的影响。接收端测量到的光强度可以通过累加以下光强度比率得到：

$$\frac{I(r,L)}{I_0}=\frac{W_0^2}{W^2}\exp\left(-\frac{2r^2}{W^2}\right) \tag{5-158}$$

其中，W_0 为光束初始半径；W 为光束在接收端的衍射半径，对于准直光束，其表达式为

$$W=W_0\sqrt{1+\frac{2L}{kW_0^2}} \tag{5-159}$$

其中，k 表示波数。这里的传输距离 L 包含了两段距离，分别为海拔 H 和水深 D，这两段距离通过公式 $L=H\sec(Z)+D\sec(\theta_r)$（$\theta_r$ 为光进入海水时的折射角）累加成总距离。在实际方案中，由于水深相比卫星海报高度而言非常小，一般忽略不计。将 r 在$[0,a_r]$（$a_r=1\,\text{m}$）中积分可以得到真空信道衰减

$$R_e = \frac{P(a_r, L)}{P_0} = 1 - \exp\left(-\frac{2a_r^2}{W^2}\right) \tag{5-160}$$

从实际系统实现方面考虑，高斯调制量子态的 CVQKD 系统的初始过噪声 ξ_0 约为 0.01SNU。初始的过噪声经过真空信道的衰减，就可以通过 $\xi_{\text{limit}} = \xi_0 R_e$ 计算出信道的过噪声极限 ENL 的值。在附图 15（b）中，可以看出过噪声极限随着卫星天顶角的增大和海拔的增加而减小。这是因为不管是增大卫星天顶角，或者增加卫星高度，抑或两者一起增加，都会使光信号传播距离变长，因而 R_e 会减小，最终导致过噪声极限减小。在计算结果中可以找到最小的过噪声极限仅仅只有 0.00046SNU，而最大的过噪声极限接近 0.01SNU，几乎为系统的原始过噪声大小。

2）大气信道噪声

除了系统存在的固有过噪声极限，由于来自大气和海水的背景噪声的影响，实际卫星对潜系统的过噪声要大于过噪声极限。下面分别研究大气和海水中的背景光对系统噪声的影响。为了独立分析来自大气的背景光噪声，可以假设在海面存在一个虚拟的光接收器并将接收的光信号完美转发至水下接收设备。因此，虚拟接收器的噪声可以通过以下公式计算：

$$P_{\text{air}} = H_b \times \Omega_{\text{fov}} \times \pi a_0^2 \times B_{\text{filter}} \tag{5-161}$$

其中，H_b 表示明亮度，单位 $\text{Wm}^{-2}\text{sr}^{-1}\mu\text{m}^{-1}$；$\Omega_{\text{fov}} = \pi$ 和 $a_0 = 1\text{m}$ 分别表示视场角度和虚拟光接收器半径；B_{filter} 表示滤波器带宽。其中，参数 H_b 主要受到天气的影响，参数视场角度 Ω_{fov} 则主要与海面波纹的倾斜程度有关。

在实际 CVQKD 系统中，大部分的背景光在零差探测器中与本振光干涉的过程中被过滤。只有与本振光模匹配的光子可以和本振光发生干涉并影响探测器的测量结果。因此，B_{filter} 的值主要取决于用于产生本振光的激光器。通常可以设置本振光源的输出误差为 0.01nm，即 $B_{\text{filter}} = 0.01\text{nm}$。根据以上参数，在附图 15（c）中计算了在不同明亮度和视场角度下背景光噪声的变化，结果表明，随着亮度和视场角的增加，海面虚拟光接收器的噪声也在增加。

3）水下信道噪声

类似地，水下的背景光噪声大部分来自大气，将近 95%的太阳光穿过海面后被海水吸收。因此，水下背景噪声可以估计为

$$P_{\text{sea}} = L_{\text{sol}} \times \Omega_{\text{fov}} \times \pi a_r^2 \times B_{\text{filter}} \tag{5-162}$$

其中，太阳辐射强度 L_{sol} 表示为

$$L_{\text{sol}} = \frac{H_b R_{\text{ref}} L_{\text{fac}} \exp(-cD_{\text{w}})}{\pi} \tag{5-163}$$

其中，$R_{\text{ref}} = 1.25\%$，表示水下反射比；H_b 表示光照下行辐射强度；$L_{\text{fac}} = 1$，表示水下辐射噪声方向相关系数；$c = 0.166\text{m}^{-1}$，表示远洋海水的衰减系数；D_{w} 表示接收器深度。在附图 15（d）中，对水下背景光噪声在不同的深度和光照下行辐射量下的变化情况进行了仿真研究。结果表明，随着接收器深度的增加，水下背景噪声呈指数下降趋势。此

外，还发现当水深大于 50m 以后，水下背景光噪声非常小，通常可以忽略不计。

4）信道总过噪声

上文分析的大气和水下的背景光所引起的噪声，都可以视为加性噪声，因此，卫星对潜 CVQKD 信道的总过噪声可以表示为

$$\xi_{\text{total}} = \xi_{\text{limit}} + \tau_{\text{sam}} \times \frac{P_{\text{air}}\exp(-c(\lambda)D_{\text{w}}) + P_{\text{sea}}}{h\nu} \tag{5-164}$$

这里 h 表示普朗克常量而不是海拔高度，ν 表示噪声光子的频率。τ_{sam} 表示零差探测器的有效采样周期，其决定了在一个采样周期内有多少个光子被探测器接收。根据实际实验系统，可以采用采样频率为 1GHz 的零差探测器，则 $\tau_{\text{sam}} = 1\text{ns}$。

为了确保卫星对潜 CVQKD 具有足够的安全性，需要考虑最坏情况下系统的过噪声，也就是卫星处于最大天顶角且视场角度 $\Omega_{\text{fov}} = \pi$。在图 5-30 中，对卫星对潜 CVQKD 在白天和夜晚的信道过噪声表现进行了仿真研究。可以明显看出在水深 20m 时，白天的信道过噪声要高于过噪声极限。随着深度的增加，信道过噪声下降并接近过噪声极限。这是因为噪声光子在水下传播时会被吸收，随着深度增加，被吸收的噪声光子也会增加。相比白天，夜晚由于光照极低，背景噪声影响较小，信道总过噪声接近过噪声极限。

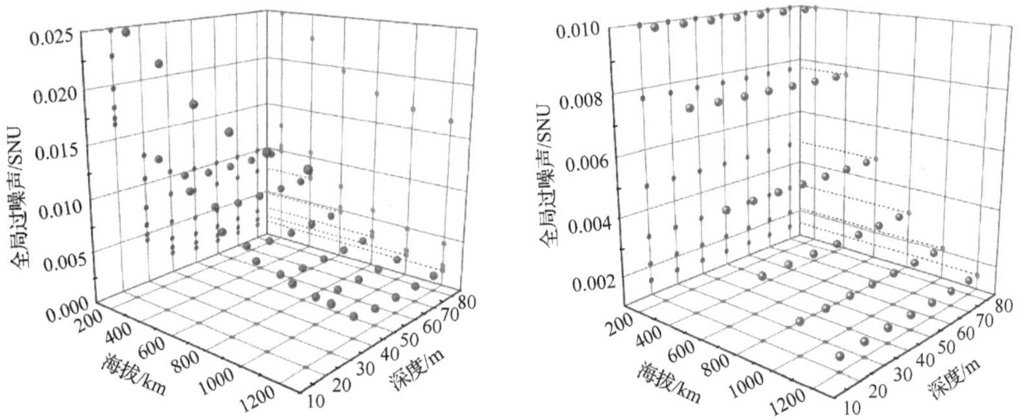

（a）白天光照环境下的结果　　（b）夜晚光照环境下的结果

图 5-30　在最坏情况下信道过噪声与卫星海拔和水下接收器深度的关系[58]

注：其中包括在 6 个不同的海拔（从 200km 至 1200km，每隔 200km 取一个海拔）和 7 个不同的深度（从 20m 至 80m，每隔 10m 取一个深度）的信道噪声。在 xOz 平面的虚线表示相应海拔下的过噪声极限 ENL。

4. 系统安全性分析

上文分析了卫星对潜 CVQKD 信道的透射率和过噪声，接下来讨论该系统的安全性。图 5-31 描绘了卫星对潜 CVQKD 系统的高斯调制纠缠态理论模型，在理论分析中制备测量模型和纠缠模型是等价的。在理论纠缠模型中，Alice 首先调制方差为 V_A 的初始双模压缩量子态并测量其中一个模（即模 A），同时，另一个模（即模 B_0）经过大气、

海面和海水后最终被水下接收端 Bob 收到。χ 表示背景光引起的信道总过噪声。Bob 通过零差探测器随机测量量子态的 X 分量或 P 分量，探测器的效率为 η_B，电噪声为 ξ_{el}。

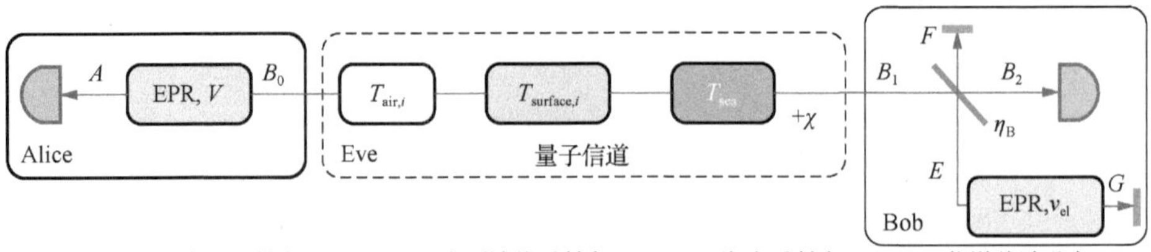

$T_{air,i}$——大气透射率；$T_{surface,i}$——海面波纹透射率；T_{sea}——海水透射率；χ_t——信道总过噪声；η_B——零差探测器效率；ξ_{el}——零差探测器电噪声。

图 5-31 高斯调制卫星对潜 CVQKD 等价理论纠缠模型[58]

需要特别注意的是，卫星对潜量子信道中，大气信道和光经过波动海面时，其透射率会随机抖动，根据之前的分析，最终到达 Bob 端的量子态为非高斯混合态。可以将信道分为若干独立发生概率的子信道，最终量子态 Wigner 函数可以累加通过每个概率子信道后的量子态 Wigner 函数得到。最终，Alice 和 Bob 的协方差矩阵可以通过信道透射率分布的两个参数来确定，即透射率均值和透射率根方的均值。因此，模 AB_1 的协方差矩阵可以表示为

$$\gamma_{AB_1}=\begin{bmatrix} V\mathbb{I} & T_C\sqrt{V^2-1}\sigma_z \\ T_C\sqrt{V^2-1}\sigma_z & (T_BV+1-T_B+\chi_t)\mathbb{I} \end{bmatrix} \tag{5-165}$$

协方差矩阵中的元素表示为

$$\begin{cases} V=V_A+1 \\ T_C=\sqrt{T_{sea}^D}\langle\sqrt{T_{air}}\rangle\langle\sqrt{T_{surface}}\rangle \\ T_B=T_{sea}^D\langle T_{air}\rangle\langle T_{surface}\rangle \end{cases} \tag{5-166}$$

从量子态 AB_1 的协方差矩阵可以看出，抖动的信道可以等价于一个透射率为 T_C^2，抖动引起的过噪声 $\xi_f=\mathrm{Var}(T_C)(V-1)$ 的量子信道，其中 $\mathrm{Var}(T_C)=T_B-T_C^2$。在水下接收端 Bob 处，量子态的方差变成了 $T_C^2(V-1)+\xi_f+\chi_t+1$。因此可以将信道透射率抖动考虑为一个与高斯量子态相互独立的过噪声。

考虑有限长效应下，卫星对潜 CVQKD 系统的安全性，其密钥率可以通过式（3-78）求得，其中 Alice 和 Bob 的互信息量在反向协商中可以写为

$$I_{AB}=\frac{1}{2}\log_2\left(\frac{T_BV+1-T_B+\chi_t}{T_BV+1-T_B-T_C^2V+T_C^2/V+\chi_t}\right) \tag{5-167}$$

为了计算系统密钥率，首先要估计均值 $\langle\sqrt{T_{air}}\rangle$、$\langle\sqrt{T_{surface}}\rangle$、$\langle T_{air}\rangle$ 和 $\langle T_{surface}\rangle$。在之前的蒙特卡罗仿真中已经计算了这些透射率的分布，通过对 10^6 的离散数据求期望值可以得到这些均值的近似值：

$$\begin{cases}\langle T_m\rangle = \sum_{i=0}^{10^6} p_{m,i} T_{m,i} \\ \langle \sqrt{T_m}\rangle = \sum_{i=0}^{10^6} p_{m,i} \sqrt{T_{m,i}}\end{cases} \tag{5-168}$$

其中，$m = [\text{air}, \text{surface}]$。水下透射率与深度 D_{w} 有关，可以通过 $T_{\text{sea}}^{D_{\text{w}}} = \exp[(1 - T_{\text{sea}})D_{\text{w}}]$ 计算得到。噪声方面，在已知卫星高度和水下接收设备深度的情况下，将信道过噪声设置为最大值进行密钥率分析。并且，由于白天和夜晚的光照区别明显，信道噪声区别较大，因此对这两种情况都进行讨论。表 5-9 中列出了计算卫星对潜 CVQKD 需要的参数，参数值的设置主要参考目前已经发表的实验方案。根据这些参数，在附图 16 中研究了在不考虑海面波纹（即风速 $v = 0\,\text{m/s}$，$\eta_{\text{deflection}} = 1$）的情况下，系统密钥码率与卫星高度和接收端深度的变化关系，其中密钥码率通过 $R = f_{\text{rep}} K$ 计算得到。首先，从附图 16 的结果看出，当卫星轨道高度在 200km 至 400km 之间时，通信双方可以在白天分发密钥，随着高度的提升，密钥率将逐渐下降并最终降为 0；其次，对比系统在白天和夜晚的运行性能，不难发现系统在夜晚能够达到的密钥率要比白天大，原因是这两种情况下光照条件不同引起信道过噪声不相同，虽然零差探测器可以过滤大部分杂光，但仍有部分模式匹配的杂光会增加系统噪声；最后，对比卫星处于不同高度的密钥率结果，可知随着卫星高度及接收器深度的增加，安全密钥码率以很快的速度减小并最终为 0。这种现象的主要原因是大气透过率和水下透过率分别随着高度和深度的增加而减小。例如，卫星处于 200km 轨道时其夜晚能够达到的最大密钥率为 0.22Mbit/s，而在 800km 的轨道上只有约为 0.03Mbit/s 的最大密钥率。

表 5-9　卫星对潜 CVQKD 密钥率仿真参数设置，其中方差和噪声都已经归一化到散粒噪声单位[58]

参数	取值	描述
H	200～800km	卫星海拔
D_{w}	20～80m	水下接收器深度
Z	0°～76°	卫星天顶角
$c(\lambda)$	0.166m^{-1}	海水衰减系数
a_r	1m	接收器半径
V_A	4	调制方差
ξ_0	0.01	初始化过噪声
β	90%	密钥协商效率
η_{B}	0.6	探测器效率
ξ_{el}	0.01	探测器电噪声
N	10^{10}	总光子数
n	$10^{10}/2$	用于建立密钥的光子数
f_{ref}	1MHz	重复频率
$\bar{\epsilon}$，ϵ_{PE}	10^{-10}	密性放大相关参数

考虑到海面波纹会对卫星对潜 CVQKD 系统安全性产生较大影响，我们还对风速不为零的情况，基于 CM 模型的系统性能进行了研究。如附图 17 所示，假设卫星处于近地轨道 200km 处，描述了不同风速下系统安全密钥率。可以明显看出随着风速的增加，系统的安全性急剧下降。即使系统运行在夜晚，也只有在风速为 3m/s 和 6m/s 的情况下通信双方才能够建立密钥。这就意味着，为了确保卫星对潜 CVQKD 系统运行的安全性，通信双方 Alice 和 Bob 需要对环境进行监控，尤其是光照程度，然后选择在合适的光照条件下进行密钥分发。注意，在密钥率仿真过程中还计算了风速为 9m/s 和 12m/s 的情形，发现系统无法建立密钥，因此图中并没有展示。

5.8 自由空间 CVQKD 的攻击与防御

信道透射率的浮动对自由空间 CVQKD 系统实际安全性的影响值得人们关注，已有研究指出自由空间信道存在和光纤信道不一样的安全性问题，如纠缠提纯攻击[59]、波长攻击和失败通信等。下面简要介绍其中的一些安全性问题。

5.8.1 大气湍流信道中 CVQKD 的纠缠提纯攻击

2017 年，郭迎团队提出在大气湍流环境中，高斯态不可避免地受到消相干的影响，这将使传输的纠缠态衰退。因此窃听者可以通过对信道中的非高斯混合态进行纠缠提纯操作，从而实施截取重发攻击，称为提纯攻击（entanglement-distillation attack）[59]。在提纯攻击下，Eve 可以影响合法通信双方的参数估计，并最终窃取密钥信息而不被发现。

1. 非高斯量子信道安全性

量子密钥分发协议可以让合法通信双方共享相同的安全密钥，即使信道中存在窃听者，系统的理论安全性仍然可以被证明。然而，量子密钥分发实际系统的安全性并不能完全达到理论无条件绝对安全，这主要是密钥系统实现方案本身存在缺陷、系统器件的不完美等因素。近年来，如何缩小量子密钥分发实际安全性和理论安全性之间的距离成为迫切需要解决的问题，不断有新的实际漏洞和攻击方式被提出，包括仿造态攻击、相位重印攻击、基于本振光的攻击等。同时，也有相应的改进方案被提出，如诱骗态协议（decoy state protocol）、设备无关协议（device-independent protocol）和测量设备无关协议（measurement-device-independent protocol）等。实际上，这些安全漏洞的研究主要集中在信号源制备、调制和检测的过程中，第三方窃听者利用这些安全漏洞来窃取部分密钥信息，降低系统安全性。

然而，另一个在实际 CVQKD 中存在的安全漏洞来自协议对量子信道的高斯性假设。在一般的 CVQKD 系统中，Alice 将离散的密钥信息通过高斯调制编码在光场的正交分量中，并且通过一个高斯量子信道发送给 Bob 端。信道的高斯性基于假设信道只存在固定的衰减系数和加性噪声影响。基于此假设，在分析 CVQKD 方案安全性时，一般认为高斯联合攻击为最优攻击方式，信道的衰减等同于在发送端和接收端之间放置一个固定透过率的光束分束器，这种假设适用于衰减相对恒定的信道，如光纤信道。但在实际环境中，存在信道透射率不恒定而且实时随机抖动的情形，如在大气湍流影响下的自由空间量子信道，传输的高斯态由于信道的非高斯性将会衰减为非高斯混合态。因此，基于信道高斯假设的高斯最优攻击并不一定成立，与其他基于器件不完美造成的漏洞不同，这种安全漏洞由信道特性引起，并导致合法通信双方对系统安全性作出错误估计。在高斯信道 CVQKD 方案中，由于信道存在额定衰减，如光纤信道，其通信距离很难突破 200km，因此自由空间 CVQKD 是一个可选的远距离实现方案。近年来的卫星量子通信技术的飞速发展也表明由非高斯信道引起的安全性漏洞的研究将会越来越重要。

2. 纠缠态连续变量量子密钥分发与提纯攻击

在自由空间 CVQKD 方案中，由于大气湍流的影响，量子信道的实际透射率并不稳定，而是时刻处于随机变化的状态，因此传输的高斯态衰变为非高斯混合态。在信道模型分析中，将大气湍流量子信道分成若干子信道，每个子信道由其存在概率和透过率来描述。

1）大气湍流信道及提纯攻击

图 5-32 展示了基于大气湍流信道的 CVQKD 方案，图中还描述了大气湍流信道模型和提纯攻击方案。在双模压缩态 CVQKD 协议中，首先，Alice 制备两个压缩态（S_1 和 S_2，其方差分别为V_S和V_A）并通过一个 50∶50 的光束分束器对两个压缩态进行干涉；接着，Alice 测量输出模中的一个（即模 A），另一个输出模（模 B_0）通过大气湍流信道发送至 Bob，该信道用透射率 T_i 和过噪声 ε 来描述；在 Bob 端，考虑到探测器的电噪声 v_{el} 和探测效率 η，实际的零差探测操作可以等同于在一个完美零差探测器之前将信号量子态与方差为 v_{el} 的 EPR 态（即 EPR_B）通过透射率为 η 的分束器，其中 η 等效于探测器的探测效率。

考虑到信道透过率波动的随机性，大气湍流信道可以分成 N 个不同的子信道。每一个子信道都有自己的不变的衰减率。换句话说，信道的透射率为 T_i（$0\leqslant T_i\leqslant 1$）的概率为 p_i。已经知道，高斯量子态经过波动的信道后会退变为非高斯混合态，因此，Eve 可以通过纠缠度提纯操作来提高纠缠度，从而降低自身操作产生的额外噪声，使得 Eve 有能力窃取密钥信息并不被发现。

Eve 可行的攻击方案如图 5-32 所示，主要分为以下步骤。

（1）Eve 利用透射率为 T_e 的分束器将光束 B_1 分离，透射和反射的光都经过一个半波片后被零差探测器检测。

（2）探测结果输入至数据处理单元，用于后选择和提取经典信息。

（3）Eve 通过一个完美的电光调制器制备伪造量子态并发送给 Bob。

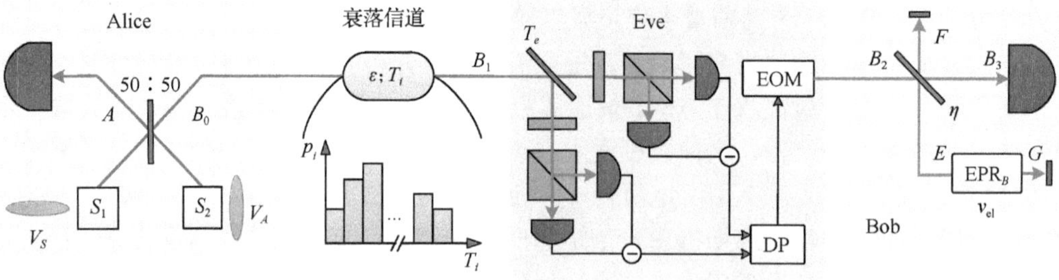

DP——数据处理单元；EOM——电光调制器。

图 5-32 基于双模压缩态 CVQKD 协议的提纯攻击方案

注：Alice 制备的量子态通过大气湍流信道发送到 Bob，信道变化通过透射率 T_i 及其概率 p_i 来描述。

由于采用的是自由空间的截取重发攻击方式，在短距离的 CVQKD 方案中，Eve 是比较容易被直接观测到的。因此，我们认为这种攻击方式更适用于长距离的 CVQKD 系统，如星地通信、地面量子中继网络，如图 5-33 所示，在这些方案中 Alice 和 Bob 通过简单的直接观测方式并不能发现 Eve 的存在。

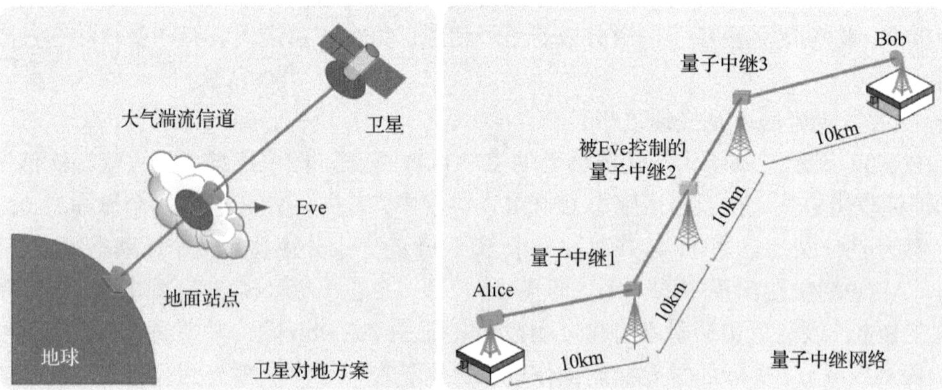

图 5-33 在星地通信与量子中继网络中基于截取重发方案的提纯攻击

2）大气湍流下的双模压缩态纠缠度提纯

在图 5-32 中，系统初始双模压缩态用 AB_0 表示，这个初始压缩态的协方差矩阵可以写作式（3-16）的形式。对于一个透射率为 T_i 的第 i 个子信道，初始态经过 BS 操作后发送到量子信道，此时量子态 $AB_{1,i}$ 协方差矩阵为

$$\boldsymbol{\gamma}_{AB_1,i} = (\boldsymbol{Y}_i^{\mathrm{BS}})^{\mathrm{T}}(\boldsymbol{\gamma}_{AB_0} \oplus \boldsymbol{\gamma}_v)\boldsymbol{Y}_i^{\mathrm{BS}} \tag{5-169}$$

其中，$\boldsymbol{\gamma}_v$ 表示真空态的协方差矩阵；矩阵 $\boldsymbol{Y}_i^{\mathrm{BS}}$ 描述了第 i 个子信道，写作

$$\boldsymbol{Y}_i^{\mathrm{BS}} = \mathbb{I} \oplus \boldsymbol{\gamma}_i^{\mathrm{BS}} \tag{5-170}$$

其中，

$$\boldsymbol{\gamma}_i^{\mathrm{BS}}=\begin{bmatrix}\sqrt{T_i}\mathbb{I} & \sqrt{1-T_i}\mathbb{I}\\ -\sqrt{1-T_i}\mathbb{I} & \sqrt{T_i}\mathbb{I}\end{bmatrix} \tag{5-171}$$

将式（5-170）和式（5-171）代入式（5-169），可以得到

$$\boldsymbol{\gamma}_{AB_1,i}=\begin{bmatrix}V_{AX} & 0 & C_{X,i} & 0\\ 0 & V_{B_1X,i} & 0 & C_{P,i}\\ C_{X,i} & 0 & V_{AP} & 0\\ 0 & C_{P,i} & 0 & V_{B_1P,i}\end{bmatrix} \tag{5-172}$$

其中，

$$\begin{cases}V_{AX}=V_{AP}=\dfrac{1}{2}(V_{As}+V_S)\\[2mm] V_{B_1X,i}=V_{B_1P,i}=\dfrac{1}{2}T_i(V_{As}+V_S)+1-T_i+T_i\epsilon\\[2mm] C_{X,i}=-C_{P,i}=\dfrac{1}{2}\sqrt{T_i}(V_{As}-V_S)\end{cases} \tag{5-173}$$

经过透射率随机变化的信道后，混合态也可以通过 Wigner 函数描述：

$$W(X,P)=\sum_i^N p_iW_i(X,P) \tag{5-174}$$

其中

$$W_i(X,P)=\frac{\exp\left(-\dfrac{1}{2}X_i^{\mathrm{T}}V_{X,i}^{-1}X_i-\dfrac{1}{2}P_i^{\mathrm{T}}V_{P,i}^{-1}P_i\right)}{4\pi^2\sqrt{\det\boldsymbol{V}_{X,i}\det\boldsymbol{V}_{P,i}}} \tag{5-175}$$

其中，正交分量 $X=(x_A,x_{B_1})$， $P=(p_A,p_{B_1})$，矩阵 $\boldsymbol{V}_{X,i}$ 和 $\boldsymbol{V}_{P,i}$ 可以写成

$$\boldsymbol{V}_{X,i}=\begin{bmatrix}V_{AX} & C_{X,i}\\ C_{X,i} & V_{B_1X,i}\end{bmatrix},\quad \boldsymbol{V}_{P,i}=\begin{bmatrix}V_{AP} & C_{P,i}\\ C_{P,i} & V_{B_1P,i}\end{bmatrix} \tag{5-176}$$

从 Wigner 函数中，可以推导出正交分量的二阶距形式

$$\begin{aligned}\langle\hat{X},\hat{P}\rangle&=\int W(x_A,x_{B_1},p_A,p_{B_1})xp\mathrm{d}x\\ &=\sum_i^N p_i\int W_i(x_A,x_{B_1},p_A,p_{B_1})xp\mathrm{d}x\\ &=\sum_i^N p_i\langle\hat{X},\hat{P}\rangle_i\end{aligned} \tag{5-177}$$

因为初始压缩真空态的均值为 0，其方差大小主要取决于其二阶矩。通过式（5-177）可以发现式（5-172）中的方差都只是透射率参数 T_i 和 $\sqrt{T_i}$ 的线性组合。因此，可以采用它们的期望值 $\langle T\rangle$ 和 $\langle\sqrt{T}\rangle$ 分别来替换 T_i 和 $\sqrt{T_i}$ 。这两个期望值分别通过以下公式计算得到：

$$\langle T\rangle=\sum_i^N p_iT_i \tag{5-178}$$

$$\langle\sqrt{T}\rangle=\sum_{i}^{N}p_i\sqrt{T_i} \tag{5-179}$$

现在来考虑基于量子信道中传输的量子态（即协方差矩阵$\boldsymbol{\gamma}_{AB_1,i}$）的提纯操作。为了实现提纯，Eve 将光束$B_1$中的一部分通过分束器分离出来，分束器的透射率为$T_b$。Eve 测量这部分光场的一个确定的正交分量（如$\hat{X}_t$），称之为 Tap 测量。基于测量结果，量子态$B_1$剩下的光束（反射光束）基于一个阈值$x_{\text{th}}$来选择测量或者丢弃。更详细地说，如果 Tap 测量结果大于阈值x_{th}，就保留剩下的量子态，否则剩下的量子态将被丢弃。经过提纯后，Wigner 函数变为

$$W(x_{B_2},p_{B_2})=\frac{1}{P_S}\sum_{i=1}^{N}p_iP_{S,i}W_i(x_{B_2},p_{B_2}) \tag{5-180}$$

其中，P_S表示混合态提纯成功率。P_S的值通过公式

$$P_S=\sum_{i}^{N}p_iP_{S,i} \tag{5-181}$$

计算得到。其中，$P_{S,i}$表示对混合态中第i个成分提纯成功的概率，表示为

$$P_{S,i}=\frac{1}{2}\text{erfc}\left[\frac{x_{\text{th}}}{\sqrt{2V_{TX,i}}}\right] \tag{5-182}$$

其中，

$$\text{erfc}(x)=\frac{2}{\sqrt{\pi}}\int_x^{\infty}\text{e}^{-t^2}\text{d}t \tag{5-183}$$

$V_{TX,i}$表示 Tap 测量结果的方差，可以通过公式

$$V_{TX,i}=R_eV_{B_1X,i}+T_b \tag{5-184}$$

计算得到。经过对正交分量x_t的 Tap 测量后，其压缩正交分量的概率分布服从

$$P(x_{B_2})=\frac{1}{P_S}\sum_{i=1}^{N}p_iP_{S,i}P_i(x_{B_2}) \tag{5-185}$$

其中，$P_i(x_{B_2})$是第i个高斯分布的概率分布函数，其均值为 0，方差为

$$V_{B_2X,i}=T_bV_{B_1X,i}+R_b \tag{5-186}$$

提纯后，压缩态AB_2只与相关方差、协方差的二阶矩有关，其协方差矩阵可以表示为

$$\boldsymbol{\gamma}_{AB_2}=\begin{bmatrix}V_{AX}&0&C'_X&0\\0&V_{B_2X}&0&C'_P\\C'_X&0&V_{AP}&0\\0&C'_P&0&V_{B_2P}\end{bmatrix} \tag{5-187}$$

其中各元素的值通过以下公式得到：

$$\begin{cases} V_{B_2X} = V_{B_2P} = \dfrac{1}{P_S}\sum_{i=1}^{N} p_i P_{S,i}(T_e V_{B_1X,i} + R_e) \\ C'_X = -C'_P = \dfrac{\sqrt{T_e}}{P_S}\sum_{i=1}^{N} p_i P_{S,i} C_{X,i} \end{cases} \tag{5-188}$$

在上述非高斯的情形下，如果 Alice 和 Bob 把信道时刻变化的透射率看作恒定不变，在参数估计中将会发生错误，导致系统安全性下降。

下面来看看该攻击对大气湍流信道中 CVQKD 系统的安全性的影响，系统安全密钥率计算参考文献[59]和文献[60]和本书的第 3 章的内容。

3. 实际大气湍流模型

接下来给出随机阻塞模型和光束游走模型，在纠缠提纯攻击下的安全性。仿真参数如表 5-10 所示。

表 5-10 CVQKD 密钥率仿真相关参数，其中方差和噪声都已归一化为散粒噪声单位[59]

V_S	过噪声 ϵ	探测效率 η	电噪声 ξ_{el}	协商效率 β	接收孔径 a	发射孔径 W
1/10	0.005	0.6	0.05	0.9	1m	0.5m

1）随机阻塞信道模型分析

首先分析一种简单的透射率变化模型，即 4.2.2 节中提到的随机阻塞信道模型。信道的透射率只有两种情况：一种是纠缠态完美传输至 Bob 端（$T_1=1$），另一种是量子态被完全阻塞，无法传输至 Bob（$T_2=0$）。前者发生的概率为 p_1，后者发生的概率为 $p_2=1-p_1$。图 5-34 列出了信道模型相关的仿真结果。其中，在图 5-34（a）中，可以看出透射率 T_f 随着 p_1 的增加而增加并最终实现完美传输 $T_f=1$。波动引起额外噪声 ϵ_f 则在 $p_1=0.5$ 时达到最大值 0.5（归一化到散粒噪声单位）。

在随机阻塞信道中，利用已知的参数透射率 T_f 和额外噪声 ϵ_f 可以分别简化为 $T_f=p_1^2$ 和 $\epsilon_f=(p_1-p_1^2)(V-1+\epsilon)$。因此可以计算出大气湍流信道和高斯信道的密钥率，在图 5-34（b）中比较了这两种信道在相同参数下的密钥率。结果表明，如果把被扰动信道的透射率看作常数，那么其安全性将会被高估，这个漏洞将被 Eve 用来实施提纯攻击。在图 5-34（c）和图 5-34（d）中，描述了提纯成功率对安全密钥率估计的影响，两组结果分别假设 $p_1=0.2$ 和 $p_1=0.8$。从图中可以看出，只要提纯的成功率足够大，密钥率将减为 0，这意味着如果 Alice 和 Bob 不对漏洞采取手段，Eve 将有能力在不被察觉的情况下窃取部分密钥信息。最后，根据图 5-32 中提出的纠缠度提纯攻击方案，Eve 可以控制透射率 T_e 和后选择过程的阈值 x_{th}。假设 $p_1=0.2$ 和 $p_1=0.8$，图 5-34（e）和图 5-34（f）展示了这两个参数对系统安全全性的影响。从结果可以看出，Eve 通过合理设置 T_e 和 x_{th} 的大小，将系统运行在不安全的状态，而不被检测到攻击状态。

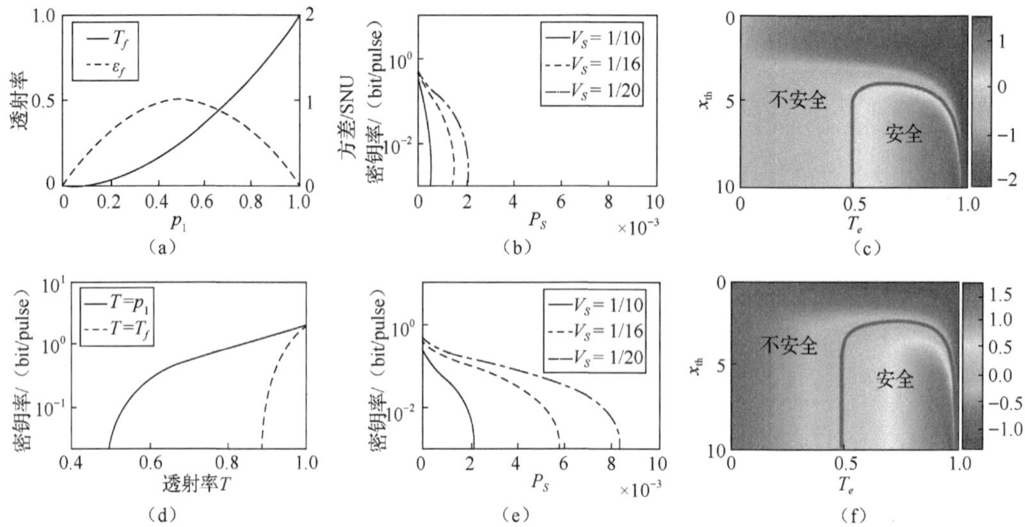

图 5-34 随机阻塞信道模型仿真[59]

注：(a) 表示等效透射率 T_f 和额外噪声 ϵ_f 随着发生完美传输的概率的变化关系；(d) 表示透射率不变信道与随机阻塞信道 CVQKD 密钥率；(b) 和 (e) 表示在不同的压缩态方差下，CVQKD 安全性与 Eve 提纯成功率之间的关系；(c) 和 (f) 表示安全密钥率与 T_b 和 x_{th} 之间的关系，这两个参数变化可被 Eve 控制，图中描述的曲线表示系统安全与不安全之间的界限（曲线外密钥率小于零）。图中的仿真结果，(b) 和 (c) 基于 $p_1=0.2$，(e) 和 (f) 基于 $p_1=0.8$。

2）光束漂移信道模型分析

在实际的自由空间信道中，造成透射率波动的原因非常复杂。光束漂移（beam wandering）是其中一个重要因素，主要由大气湍流、不稳定光源等因素引起。关于光束漂移信道模型可以回顾 4.2.3 节。

为了简化安全性分析过程，从连续变化的透射率中选择若干离散值并进行归一化处理。例如，从$[0,T_0]$中均匀选取 100 个值，其安全性仿真结果在图 5-35 中给出。由于$d=0$，信道的透射率波动主要依赖于方差σ_{bw}^2。图 5-35（a）展示了等效透射率T_f'与噪声ϵ_f'及方差σ_{bw}^2的关系。与随机阻塞信道模型不同，透射率T_f'并不是在[0, 1]内变化，而是随着δ^2增大而减小并最终趋于一个大于零的常数。同时，噪声ϵ_f'也逐渐增加并到达一个最大值后保持不变。这是由于不管光束偏离的方差多大，总有一定的概率 Bob 可以接收到信号，所以透射率不会降为 0。在图 5-35（b）中，CVQKD 系统在光束游走模型信道的安全性要低于高斯信道（透射率为常数），这与随机阻塞信道模型的仿真结果相似。在 Eve 实施纠缠度提纯攻击下，图 5-35（c）和图 5-35（d）展示了系统安全密钥率与 Eve 提纯成功率的关系。结果表明，系统安全性能随着 Eve 提纯成功率的增大而降低。最后，为了研究纠缠度提纯攻击的有效性，分析了 Eve 可控参数T_b和x_{th}对系统安全性的影响，从图 5-35（e）和图 5-35（f）可以看出，在光束游走信道模型中，Eve 仍然可以通过调节T_b和x_{th}来使系统安全性下降，从而窃取密钥信息。由于光束游走信道模型与方差σ_{bw}^2有关，分别在图 5-35（c）和图 5-35（e）的仿真中设置$\sigma_{\text{bw}}^2=0.3$，在图 5-35（d）和

图 5-35（f）的仿真中设置 $\sigma_{\mathrm{bw}}^2=1.5$。从这几组仿真结果中，很容易看出当光束偏离距离在较小的范围内变化时（即 σ_{bw}^2 更小），系统可以获得更高的安全性。从图 5-35（a）的仿真结果来解释这种现象，在图 5-35（a）中可以发现，当 σ_{bw}^2 减小时，信道的透射率 T_f' 将增大而噪声 ϵ_f' 将减小，因此系统的安全性更高。

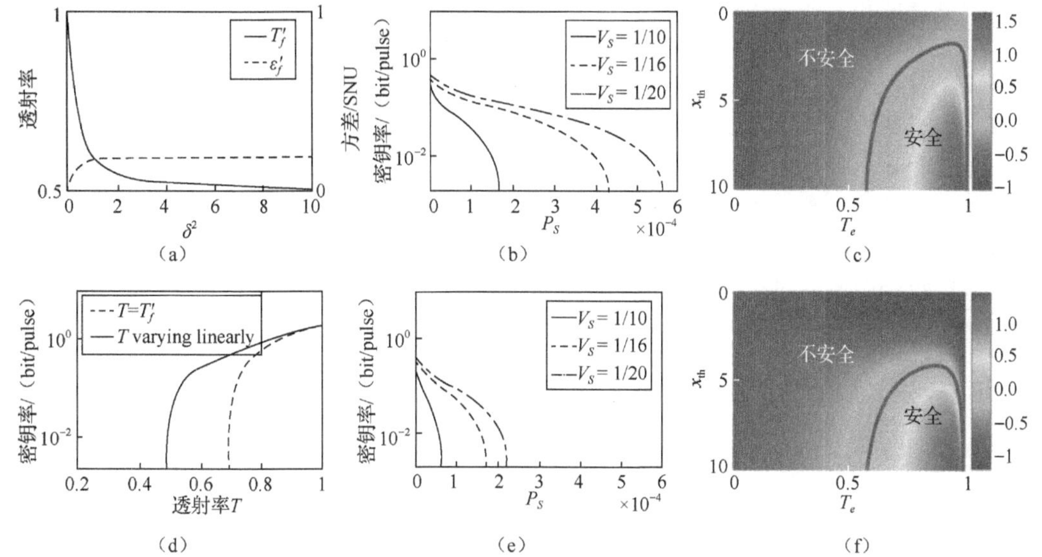

图 5-35　光束游走信道模型仿真结果[59]

注：（a）表示等效透射率 T_f 与噪声 ϵ_f 与方差 σ_{bw}^2 的关系；（d）表示透射率不变信道与光束游走模型信道 CVQKD 密钥率；（b）和（e）表示在不同的压缩态方差下，CVQKD 安全性与 Eve 提纯成功率之间的关系；（c）和（f）表示安全密钥率与 T_b 和 x_{th} 之间的关系。图中的仿真结果，（b）和（c）基于 $\sigma_{\mathrm{bw}}^2=0.3$，（e）和（f）基于 $\sigma_{\mathrm{bw}}^2=1.5$。

5.8.2　大气 CVQKD 的波长攻击

在文献[61]和文献[62]中，作者提出使用外差探测器 CVQKD 协议的波长攻击。它假设 Eve 能控制 Bob 端波长依赖分束器的透射率通过开关波长的假状态。由 Bob 测量的过噪声被控制的比理论上可忍受的安全性证明阈值更小，因此，合法双方不会发现 Eve 的存在。在文献[63]中，另一种提高校准波长的攻击在实际零差探测器 CVQKD 系统中已经被系统地研究，在校准攻击中它能使实时散粒噪声测量的对策无效。Eve 能通过控制假状态的强度和波长使估计的过噪声接近 0。理论上，Eve 能在不被发现的情况下获得所有的密钥，尽管它们有对本振光强度监控。

需要注意的是，上述提出的波长攻击方案仅限于全光纤 CVQKD 系统的情况，它的衰减系数通常被假设为常数。然而，与光纤通道比较，大气通道环境是不稳定的，由于它的湍流效应，传输是实时随机波动的。作为 CVQKD 关键的一步，参数估计方式提供给合法通信方分析 Eve 干扰的一种简明指示。它通常将基于光纤的 CVQKD 系统的通道透射率假设为一个定值。上述参数估计的假设在实际的大气 CVQKD 系统中是不恰当的，这可能会使在无噪声光纤方案中必须满足的方程失效。所以，以往的参数估计结果不能被直接应用。换言之，在实际的大气 CVQKD 系统中，透射率的不稳定性可能对参数估计产生重要影响，从而影响波长攻击的可行性。所以，这些攻击方案对大气 CVQKD 系统的有效性和功能性是模糊的，需要进一步的研究。

基于上述问题，Tan[64]（郭迎团队）提出了湍流大气 CVQKD 系统的两种波长攻击方案，并基于大气信道参数估计方法对这两种方法进行了阐述。为了证明这些攻击的可行性，他们具体地讨论了这些攻击中必须满足的标准。最后，他们准确地计算了约束条件，得出 Eve 总是能够通过调整条件参数的状态成功实现攻击方案。此外，他们还讨论了针对大气波长攻击的策略。基于大气 CVQKD 中的参数估计方法，Eve 可以使估计的散粒噪声水平看起来正常，估计的过噪声低于真实值。因此，在没有被发现的情况下，对攻击参数轻微地操纵会导致对可实现的安全密钥率和安全透射距离的过高估计，它将使最初认为安全的通信变得不安全。

1. 在大气通道中的参数估计

简单回顾一下大气信道中 CVQKD 的参数估计。对于透射率浮动的大气信道，假设用椭圆光束模型来模拟大气透射率的分布。则通过蒙特卡罗仿真，会得到 N 个透射率的仿真值 $\tilde{T}_i$（$i=1,2,\cdots,N$），那么对应的透射率可以通过这些值被直观地看到。那么，透射率的平均值能够通过下式计算：

$$\langle T\rangle \approx \tau_{\text{ext}}\frac{1}{N}\sum_{i=1}^{N}\tilde{T}_i \tag{5-189}$$

$$\langle T^2\rangle \approx \tau_{\text{ext}}^2\frac{1}{N}\sum_{i=1}^{N}\tilde{T}_i^2 \tag{5-190}$$

根据 5.2.6 节的参数估计方法，以及式（5-58）和式（5-60），再假定 $\langle \varepsilon T\rangle=\varepsilon\langle T\rangle$，信道透射率和过噪声的估计可以表示为

$$\hat{T}=\frac{\hat{T}_t^2}{\eta}=[\langle\sqrt{T}\rangle]^2,\quad \hat{\varepsilon}=\frac{V_A\langle T\rangle+\varepsilon\langle T\rangle-V_A[\langle\sqrt{T}\rangle]^2}{[\langle\sqrt{T}\rangle]^2} \tag{5-191}$$

从式（5-191）可以得出，当信道透射率 T 是一个常数，被估计的 $\hat{T}$ 值就等于理想的 T 值。然而，因为大气信道透射率不断快速浮动，估计的参数与实际值之间将会有很明显的差距。

2. 光纤信道的波长攻击

在把波长攻击引入光纤 CVQKD 系统之前，先简单地回顾一下本振光的校准攻击。本振光校准攻击的原理是改变本振光脉冲的形状，通过在本振光脉冲开始时引入衰减或者延迟触发，导致检测响应坡度减小[65]。如果 Alice 和 Bob 仍采用原来的校准方式，它们就会高估散粒噪声，从而导致过噪声被低估，这就是校准攻击的原理。为了对抗本振

光校准攻击，文献[65]提出了基于实时测量散粒噪声的防御对策。

然而，在实际光学设备中有一些不完美的特性。这些不可避免的物理缺陷将会被Eve利用，从而威胁CVQKD系统的安全性。例如，在实际的CVQKD系统中一个重要部分：熔融双锥形（beam splitting，BS），具有低插入损耗、优良指向性和低生产成本等特点。它在有限的带宽下工作，并在特定的中心波长上具有良好的性能。FBT BS的耦合效率（也称为透射率）与波长密切相关，一旦偏离中心波长，它就会随波长周期性地改变。FBT BS的波长依赖能被用于波长攻击，使上述本振光校准攻击对策无效[61-62]。

具体地，现在考虑两个不同中心波长$\lambda_0=1310\,\mathrm{nm}$和$\lambda_0=1310\,\mathrm{nm}$的双波长FBT BS。FBT BS的波长$\lambda$和透射率值$T_{\mathrm{BS}}$的关系由下式表示：

$$T_{\mathrm{BS}}=F^2\sin^2\left(\frac{C\lambda^{2.5}\Delta\omega}{F}\right)\in T_{\mathrm{BS}}(\lambda) \tag{5-192}$$

其中，F^2为功率耦合的比例，$C\lambda^{2.5}$为耦合系数，$\Delta\omega$为热源宽度。为了方便分析，设$F=1$。对于中心波长$\lambda_0=1310\mathrm{nm}$和$\lambda_0=1310\mathrm{nm}$，有$T_{\mathrm{BS}}(\lambda_0)=\sin^2\left(\frac{C\Delta\omega}{F}\lambda_0^{2.5}\right)=0.5$，所以$\frac{C\Delta\omega}{F}=\frac{\arcsin\sqrt{0.5}}{\lambda_0^{2.5}}$。可以很容易地得到另一个在中心波长周围的波长与透射率的关系：

$$T_{\mathrm{BS}}(\lambda)=\sin^2\left(\frac{\arcsin\sqrt{0.5}}{\lambda_0^{2.5}}\lambda^{2.5}\right) \tag{5-193}$$

这样从理论上可以计算50∶50双波长FBT BS的透射率。对于中心波长$\lambda_0=1310\mathrm{nm}$和$\lambda_0=1310\mathrm{nm}$，透射率和波长的关系分别如表5-11与表5-12所示。

表5-11 50∶50双波长FBT BS在不同波长处的透射率（中心波长为1310nm）[64]

λ/nm	1295	1295.9	1296.3	1297.5	1298.4	1299.6
T_{BS}	0.47772	0.47904	0.47963	0.48140	0.48273	0.48451
λ/nm	1300.3	1301.2	1302.5	1303.7	1304.1	1305
T_{BS}	0.48554	0.48688	0.48881	0.49059	0.49119	0.49253
λ/nm	1305.8	1306.5	1307	1308.1	1309.5	1310
T_{BS}	0.49372	0.49476	0.49551	0.49716	0.49925	0.5
λ/nm	1310.7	1311.6	1312.4	1313.4	1314.3	1315.5
T_{BS}	0.50105	0.50240	0.50360	0.50511	0.50646	0.50827
λ/nm	1316.3	1317.1	1318	1318.8	1319.2	1320
T_{BS}	0.50948	0.51068	0.50204	0.51325	0.51386	0.51507
λ/nm	1321.5	1322.3	1323.5	3124.7	1325.8	1326.4
T_{BS}	0.51735	0.51856	0.52039	0.52221	0.52389	0.52480

表 5-12 50∶50 双波长 FBT BS 在不同波长处的透射率（中心波长为 1550nm）[64]

λ/nm	1535	1535.9	1536.3	1537.5	1538.4	1539.6
T_{BS}	0.48114	0.48226	0.48276	0.48426	0.48539	0.48689
λ/nm	1540.3	1541.2	1542.5	1543.7	1544.1	1545
T_{BS}	0.48777	0.48890	0.49053	0.49204	0.49255	0.49368
λ/nm	1545.8	1546.5	1547	1548.1	1549.5	1550
T_{BS}	0.49469	0.49557	0.49621	0.49759	0.49937	0.5
λ/nm	1550.7	1551.6	1552.4	1553.4	1554.3	1555.5
T_{BS}	0.50089	0.50203	0.50304	0.50431	0.50546	0.50699
λ/nm	1556.3	1557.1	1558	1558.8	1559.2	1560
T_{BS}	0.50800	0.50902	0.51017	0.51119	0.51209	0.51273
λ/nm	1561.5	1562.3	1563.5	1564.7	1565.8	1566.4
T_{BS}	0.51465	0.51567	0.51721	0.51875	0.52016	0.52093

Eve 可以在实际 CVQKD 系统执行中利用这个弱点进行波长攻击。首先，Eve 截取 Alice 发送的信号光脉冲和本振光光脉冲，对信号和本振光的正则分量 X_E 和 P_E 进行外差检测。然后，Eve 用波长可调谐激光器产生并重新发送两个相干态脉冲，此时波长偏离中心波长。Eve 可以通过控制伪造信号态的波长来控制测量结果，使其偏离正常值。理论上，只要 Eve 选择合适的波长和参数来满足攻击方程，就可以在不被合法通信方发现的情况下窃取所有的密钥信息。

然而，上述提出的波长攻击方案适用于无噪光纤 CVQKD 系统，在参数估计方法中，光纤衰减系数通常假定为一个常数，通道透射率通常假定为一个固定值，然而在实际大气 CVQKD 系统中，透射率是实时随机波动的。这会使估计的参数产生较大偏差，从而使攻击方案中必须满足的方程失效。因此，大气 CVQKD 系统中波长攻击的成功准则有待进一步研究。在接下来的分析中，将在参数估计方法的框架下分析大气波长攻击的有效性和可行性。

3. 大气信道中的攻击策略

GMCS CVQKD 在大气信道上的波长攻击如图 5-36 所示。Alice 首先从方差为 $V_A N_0$、均值为零的高斯分布中随机选择正则分量值 X_A 和 P_A。激光二极管发出的光脉冲通过 BS 按 1∶99 分为弱信号脉冲和强本振光脉冲。然后，由 AM 和 PM 将微弱信号调制成相干态。为了避免干扰，在到达浮动的大气信道之前，信号及本振光在时域上分离并通过 PBS 调制成正交偏振态。Eve 截取信号光和本振光，然后通过外差探测器测量信号态的 $\hat{X}$ 和 $\hat{P}$ 正则分量，分别记为 X_E 和 P_E。根据测量结果，Eve 制备和发送四个额外的光脉冲$\{F^{s}, F^{lo}\}$和$\{P^{s}, P^{lo}\}$给 Bob。当这些脉冲到达 Bob 端时，它们需要通过一个 10∶90 BS，其中 10%的光强度被发送到检测器 D_{test} 用于时钟触发。随后，用 PBS 将信号态$\{F^{s}, P^{s}\}$和本振光态$\{F^{lo}, P^{lo}\}$分离到信号光路和本振光光路中。此外，在信号光路中，Bob 通过一个 AM 对一些随机选择的脉冲进行强衰减来实时测量散粒噪声，以抵抗本振光校准攻击。最后，Bob 测量正则分量 $\hat{X}$ 或 $\hat{P}$。多次重复这个过程后，最终的密钥通过反向协商得到。

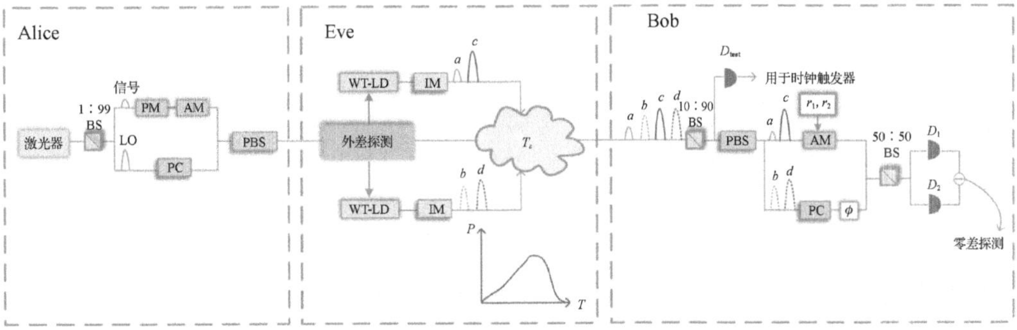

BS——分束器；PM——相位调制器；AM——振幅调制器；PC——偏振控制器；PBC——偏振分束器；WT-LD——波长可调谐激光器；IM——强度调制器；ϕ——相位调制$\phi=0$或者$\phi=\pi/2$；D——探测器。a, b, c, d——F^s, F^{lo}, P^s, P^{lo}。

图 5-36　通过零差探测的大气 CVQKD 波长攻击方案示意图[64]

值得注意的是，因为$\{P^s, P^{lo}\}$的波长偏离中心波长，50∶50 FBT BS 的透射率将偏离 0.5。利用 FBT BS 的波长依赖特性，波长$\{P^s, P^{lo}\}$随机从下面两组等概率参数中选择（表 5-11 和表 5-12 给出细节）：

$$\begin{cases} \text{parameter1}: \lambda_1^s = 1298.4\ \text{nm}, T_1^s = 0.48273; \\ \qquad\qquad\quad \lambda_1^{lo} = 1536.3\ \text{nm}, T_1^{lo} = 0.48276 \\ \text{parameter2}: \lambda_2^s = 1321.5\ \text{nm}, T_2^s = 0.51735; \\ \qquad\qquad\quad \lambda_2^{lo} = 1563.5\ \text{nm}, T_2^{lo} = 0.51721 \end{cases} \tag{5-194}$$

其中，$\lambda_j^i\,(i = \text{s, lo}; j = 1, 2)$是波长，$T_j^i$为 50∶50 FBT BS 在不同波长下的传输。在D_1和D_2之间的不平衡分布的光脉冲会导致差分电流，与光强成比例。P^s和P^{lo}的光强分别被定义为I^s和I^{lo}。

当 Bob 用强衰减去测量散粒噪声（$r_1 \approx 0$）时，I^s衰减很大，因此差分电流主要由I^{lo}贡献。I^{lo}额外的贡献被记录为D_j^{lo}，$D_j^{lo} \simeq \eta_j^{lo}\left[T_j^{lo} I_j^{lo} - (1 - T_j^{lo}) I_j^{lo}\right] \equiv \eta_j^{lo}(2T_j^{lo} - 1) I_j^{lo}$，其中$\eta_j^{lo}$为不同波长下的探测效率。如果$\{P^s, P^{lo}\}$只有一组波长参数，如$\{\lambda_1^s, \lambda_1^{lo}\}$，则差分电流的方差可记为$\langle (D_1^{lo})^2 \rangle - \langle D_1^{lo} \rangle^2 = 0$。为了使差分电流的方差显著大于零而又保持平均值为零，$\{P^s, P^{lo}\}$的波长应该被随机地选取在两个等概率的参数中。如式（5-194）所示，达到零平均值最简单实现的方法是选择合适的波长λ_j^{lo}（$j = 1,2$）使得透射率$T_2^{lo} \approx 1 - T_1^{lo}$，然后选择合适的$I_j^{lo}$来保证$D_1^{lo} = -D_2^{lo}$。

相比之下，如果 Bob 没有应用衰减去测量信号状态（$r_2 \approx 1$），则差分电流由I^s和I^{lo}共同贡献，实际上是相互抵消的。I^s的额外共享为$(1 - 2T_j^s)\eta_j^s I_j^s \equiv D_j^s$。Eve 以相同的概率选择合适的$\lambda_j^s$和$I_j^s$来确保$D_1^s = -D_2^s$。为了便于分析，我们将上述定义的额外贡献归结为

$$\begin{cases} D_1^{s} \equiv \left(1-2T_1^{s}\right)\eta_1^{s} I_1^{s} \\ D_1^{lo} \equiv \left(2T_1^{lo}-1\right)\eta_1^{lo} I_1^{lo} \\ D_2^{s} \equiv \left(1-2T_2^{s}\right)\eta_2^{s} I_2^{s} \\ D_2^{lo} \equiv \left(2T_2^{lo}-1\right)\eta_2^{lo} I_2^{lo} \end{cases} \tag{5-195}$$

定义 $D_1^{s}=-D_1^{lo}=D_2^{s}=-D_2^{lo}\equiv D$。为了使攻击有效，应该选择适当的光强$\{I^{s}, I^{lo}\}$来补偿散粒噪声和过噪声的测量。

简言之，通过引入不同波长的$\{P^{s}, P^{lo}\}$，当选择 $r_2\approx1$ 来测量信号态时，差分电流响应值接近 0。当 Bob 选择 $r_1\approx1$ 去测量散粒噪声时，非零差分电流响应值与$\{F^{s}, F^{lo}\}$的测量结果叠加。因此，总响应值将增加到正常散噪方差值 N_0。如果 Bob 不监测本振光的强度，Eve 实现完全截取-重发波长攻击，人们称之为攻击方案 A。如果 Bob 监测本振光的强度，Eve 实现校准波长攻击，则称之为攻击方案 B。然而，在实际的大气 CVQKD 系统中，估计参数与理想值之间存在一些明显的偏差。接下来，为了与前面的符号区分，我们将估计的通道透过率记为$\hat{\eta}_{ch}$，BS 透过率记为 T。

1）攻击方案 A

在这种情况下，Eve 实现了完全的截取-重发波长攻击，实现步骤如下。

第一步：根据外差测量结果和参数估计结果，Eve 制备了假的信号态 F^{s}，幅值为$\sqrt{N}\alpha_E=\sqrt{N}\hat{\eta}_{ch}(X_E+iP_E)/2$和假本振光状态 F^{lo}，幅值为$\alpha_{lo}/\sqrt{N}$，其中 N 为大于 1 的实数。F^{s} 和 F^{lo} 分别被调制到与原始信号状态和原始本振光状态相同的偏振。

第二步：Eve 准备了两个额外的光脉冲 P^{s} 和 P^{lo}。从式（5-194）中的两组等概率参数中随机地选择波长$\{P^{s}, P^{lo}\}$，然后分别调制到与原始信号状态和原始本振光态相同的偏振方向。如图 5-36 所示，P^{s} 和 F^{s} 一起发送到上边的路径，P^{lo} 和 F^{lo} 一起发送到下边的路径。

对于$\{P^{s}, P^{lo}\}$，Bob 最后测量的方差是$\eta\hat{\eta}_{ch}(V_A+2)N_0+N_0/N+\eta\eta_{ch\varepsilon}N_0+\xi_{el}N_0$。由于 F^{lo} 衰减为 $1/N$ 倍，真实的散粒噪声为 N_0/N 适当。ε 是在以 N_0 为单位下的过噪声，$N_0\equiv\eta\alpha_{lo}^2$ 是基于校准关系的散粒噪声方差。估计的过噪声等于$[2+(1/N-1)\eta\hat{\eta}_{ch}+\varepsilon]N_0$。通过给估计的通道透射率一个合适的 N，当 N_0 仍然被设置为 SNU 时，由 Bob 估计的过噪声将会接近 0。例如，选择具体的值，如ε=0.1，η=0.5 和 N=2.105。很显然被 Bob 估计的过噪声是$(2.1-1.0499/\hat{\eta}_{ch})N_0$，当$\hat{\eta}_{ch}$等于 0.5 时它接近 0。

然而，Bob 只要实时测量散粒噪声，就可以立即调节参数来对抗这类攻击。Eve 应该改进自己的攻击策略，避免被合法双方察觉。因此下面提出攻击方案 B。

2）攻击方案 B

在这种情况下，Bob 实时监测本振光的强度，Eve 采用本振光校准攻击和波长攻击相结合的策略，实现步骤如下。

第一步：基于外差探测器的测量结果和参数估计，Eve 分别制备与原始信号态和原始本振光态振幅相同的 F^{s} 和 F^{lo}。结合本振光校准攻击，通过引入一个衰减或延迟触发器，Eve 修改本振光脉冲的形状。因此，测量方差减少到真值（$\gamma<1$）的 γ 倍。

第二步：Eve 准备了两个额外的光脉冲$\{P^{s}, P^{lo}\}$，并将它们与 F^{s} 和 F^{lo} 一起发送给 Bob，就像攻击方案 A 一样。

正如所见，当$\{P^{s}, P^{lo}\}$将散粒噪声的测量结果修正到正常范围时，$\{F^{s}, F^{lo}\}$实现本振光校准攻击。下面在参数估计方法框架下，分析大气透射率的任意变化对波长攻击可行性的影响。

4. 大气信道中的成功攻击准则

下面讨论在基于大气 GMCS CVQKD 协议中，上述攻击方案中估计的参数。从大气通道中的参数估计中，能获得 Alice 端和 Bob 端的$\langle\hat{x}\rangle$和$\langle\hat{y}\rangle$，以及 Alice 和 Bob 的协方差$\langle\hat{x}\hat{y}\rangle$（假设 x 和 y 为中心变量，即$\langle\hat{x}\rangle=\langle\hat{y}\rangle=0$）：

$$\begin{cases}\langle\hat{x}^2\rangle=V_A N_0\\ \langle\hat{y}^2\rangle=\eta\hat{\eta}_{\mathrm{ch}}\left(V_A+\varepsilon\right)N_0+N_0+v_{\mathrm{el}}N_0\\ \langle\hat{x}\hat{y}\rangle=\sqrt{\eta\hat{\eta}_{\mathrm{ch}}}V_A N_0\end{cases}\tag{5-196}$$

其中，$\hat{\eta}_{\mathrm{ch}}$是大气通道估计透射率，V_AN_0是调制方差，εN_0是过噪声，$v_{\mathrm{el}}N_0$是电噪声（都以 SNU 表示），η 是零差探测器效率。注意 η 和 v_{el} 在参数估计之前都要被校准。

为了方便分析，设$\eta_j^i=\eta=0.5$（i=s, lo; j=1, 2），本振光光强 $I_{lo}=1\times10^8$（以光电子数为单位表示）。$N_0=\eta I_{lo}$是校准的散粒噪声。对于散粒噪声的估计，Bob 设 $r_1=0.001$，而测量信号态时设 $r_2=1$，它们分别对应方差$\langle\hat{y}\rangle_1$和$\langle\hat{y}\rangle_2$：

$$\begin{cases}\langle\hat{y}\rangle_1\text{：}\ V_{s1}=r_1\eta\hat{\eta}_{\mathrm{ch}}\left(V_A+\varepsilon\right)N_0+N_0+v_{\mathrm{el}}N_0\\ \langle\hat{y}\rangle_2\text{：}\ V_{s2}=r_2\eta\hat{\eta}_{\mathrm{ch}}\left(V_A+\varepsilon\right)N_0+N_0+v_{\mathrm{el}}N_0\end{cases}\tag{5-197}$$

根据式（5-197），能够推导出散粒噪声估计值$\hat{N}_0$和过噪声估计值$\hat{\varepsilon}$：

$$\begin{cases}\hat{N}_0=\left[\dfrac{r_2V_{s1}-r_1V_{s2}}{r_2-r_1}\right]\Big/\left(1+v_{\mathrm{el}}\right)\\ \hat{\varepsilon}=\left[\dfrac{V_{s2}-V_{s1}}{\left(r_2-r_1\right)\eta\hat{\eta}_{\mathrm{ch}}}-V_A\hat{N}_0\right]\Big/\hat{N}_0\end{cases}\tag{5-198}$$

根据估计的散粒噪声、过噪声和信道透射率，Alice 和 Bob 可以生成最终的密钥率。为了实现完全的安全突破，当 Eve 已经完全获取安全密钥时，Alice 和 Bob 仍接受已经泄露的密钥信息。鉴于上述原因，这些方案下成功的攻击应满足参数估计的一系列要求。

（1）对于任何估计的大气透射率，估计的散粒噪声均应满足$\hat{N}_0=N_0$。

（2）特别地，估计的过噪声应该满足$\hat{\varepsilon}\leqslant\varepsilon$，并且可以任意接近于零，但仍保持为正。

换句话说，如果估计的过噪声低于原始的过噪声，Alice 和 Bob 就认为 CVQKD 协议是安全的。当 $\hat{\varepsilon}$ 尽可能接近零时，Eve 就可以在不被合法通信方发现的情况下获取所有最终的密钥信息。另外，需要考虑大气 GMCS CVQKD 协议中两种攻击方案 $\hat{N}_0$ 和 $\hat{\varepsilon}$ 的数值范围。

1）攻击方案 A

Bob 端的全部差分电流 $\hat{\delta i}_{\text{tot}}$ 能由 $\hat{\delta i}_{\text{part1}}$ 和 $\hat{\delta i}_{\text{part2}}$ 的总和表示，它们由攻击方案的第一步和第二步产生。记 $\hat{\delta i}_{\text{tot},m}=\hat{\delta i}_{\text{part1},m}+\hat{\delta i}_{\text{part2},m}$，其中 $m=\{1,2\}$ 表示衰减比率 r_m。$\hat{\delta i}_{\text{part1},m}$ 的方差可以写为如下形式：

$$\begin{aligned}V_{\text{part1},m}^{A}&=\left\langle\left(\hat{\delta i}_{\text{part 1},m}\right)^{2}\right\rangle-\left\langle\hat{\delta i}_{\text{part 1},m}\right\rangle^{2}\\&=\eta\frac{\alpha_{\text{LO}}^{2}}{N}\left[r_m\eta\hat{\eta}_{\text{ch}}N\left(V_A+2\right)+1\right]+r_m\eta\hat{\eta}_{\text{ch}}\varepsilon N_0+v_{\text{el}}N_0\\&=r_m\eta\hat{\eta}_{\text{ch}}\left(V_A+2+\varepsilon\right)N_0+\frac{N_0}{N}+v_{\text{el}}N_0\end{aligned}\tag{5-199}$$

方差 $\hat{\delta i}_{\text{part2}}$ 可以表示为

$$V_{\text{part2},m}^{A}=\left(1-r_m\right)^{2}D^{2}+\eta\left\langle I_j^{\text{lo}}\right\rangle+\eta r_m^{2}\left\langle I_j^{\text{s}}\right\rangle\tag{5-200}$$

这里

$$\begin{aligned}\eta\left\langle I_j^{\text{lo}}\right\rangle&=\frac{\eta}{2}I_1^{\text{lo}}+\frac{\eta}{2}I_2^{\text{lo}}=\frac{\eta}{2}\frac{D_1^{\text{lo}}}{\eta\left(2T_1^{\text{lo}}-1\right)}+\frac{\eta}{2}\frac{D_2^{\text{lo}}}{\eta\left(2T_2^{\text{lo}}-1\right)}\\&=29.028D\end{aligned}\tag{5-201}$$

$$\begin{aligned}\eta r_m^{2}\left\langle I_j^{\text{lo}}\right\rangle&=r_m^{2}\frac{\eta}{2}I_1^{\text{s}}+\frac{\eta}{2}I_2^{\text{s}}=r_m^{2}\left[\frac{\eta}{2}\frac{D_1^{\text{s}}}{\eta\left(1-2T_1^{\text{s}}\right)}+\frac{\eta}{2}\frac{D_2^{\text{s}}}{\eta\left(1-2T_2^{\text{s}}\right)}\right]\\&=28.885r_m^{2}D\end{aligned}\tag{5-202}$$

基于式（5-194）和式（5-195），I_j^{lo} 和 I_j^{s} 能够根据实际的 D_j^{s} 和 D_j^{i}（i=s,lo; j=1,2）计算得到。所以式（5-200）可以改写为

$$V_{\text{part2},m}^{A}=\left(1-r_m\right)^{2}D^{2}+\left(29.028+28.885r_m^{2}\right)D\tag{5-203}$$

因此，总的方差可以表示为

$$\begin{aligned}V_{s,m}^{A}&=V_{\text{part1},m}^{A}+V_{\text{part2},m}^{A}\\&=r_m\eta\hat{\eta}_{\text{ch}}\left(V_A+2+\varepsilon\right)N_0+\frac{N_0}{N}+v_{\text{el}}N_0\\&\quad+\left(1-r_m\right)^{2}D^{2}+\left(29.028+28.885r_m^{2}\right)D\end{aligned}\tag{5-204}$$

用式（5-204）替代式（5-198），在攻击方案 A 下估计的散粒噪声和估计的过噪声可被表示为

$$\begin{cases}\hat{N}_0=\dfrac{\left(\dfrac{1}{N}+v_{\rm el}\right)N_0+\left(1-r_1r_2\right)D^2+\left(29.028-28.885r_1r_2\right)D}{1+v_{\rm el}}\\ \hat{\varepsilon}=\left[(2+\varepsilon)N_0+V_A\left(N_0-\hat{N}_0\right)+\dfrac{\left(r_1+r_2-2\right)D^2}{\eta\hat{\eta}_{\rm ch}}+\dfrac{28.885\left(r_1+r_2\right)D}{\eta\hat{\eta}_{\rm ch}}\right]\Big/\hat{N}_0\end{cases} \tag{5-205}$$

为了将实际 CVQKD 系统中的典型参数考虑进去，假设 $N_0=5\times10^8$，$\varepsilon=0.1$，$v_{\rm el}=0.01$。基于式（5-205），采用形式化和数值方法对前面提到的约束条件进行研究，它们能够描述为

$$\begin{cases}5\times10^7\left(1-\dfrac{1}{N}\right)=0.999D^2+28.999D\\ -1.05\times10^8\times\hat{\eta}_{\rm ch}<-1.998D^2+57.828D\leqslant-1\times10^8\times\hat{\eta}_{\rm ch}\end{cases} \tag{5-206}$$

为了方便分析，能进一步获得一组可行的 D 和 N：

$$\begin{cases}N=5\times10^7/\left(5\times10^7-0.999D^2-28.999D\right)\\ 14.47+7.07\times10^3\times\sqrt{\hat{\eta}_{\rm ch}}<D\leqslant14.47+7.25\times10^3\times\sqrt{\hat{\eta}_{\rm ch}}\end{cases} \tag{5-207}$$

理论上，来自 $I^{\rm s}$ 和 $I^{\rm lo}$ 的差分电流能够被完全补偿。然而，实际上相干态的光电子服从泊松分布，这导致测量光强的统计波动。光强波动方差 $\langle\Delta I^2\rangle$ 等于光强值的平方根 $\sqrt{I}$，来自 $I^{\rm s}$ 和 $I^{\rm lo}$ 的差分电流将不会被限制为 0。在文献[64]中，作者证明只要虚假态的光强比真实的本振光低两个等级，过噪声值将低于可容忍阈值，甚至低于正常值。换句话说，将最大 $I^{\rm s}$ 和 $I^{\rm lo}$ 限制在 $10^6\leqslant10^{-2}\eta\alpha_{\rm LO}^2$，使得光强统计波动干扰的影响限制在一个合理的范围。改限制需要的条件是 $D_1^{\rm s}=-D_1^{\rm lo}=D_2^{\rm s}=-D_2^{\rm lo}\equiv D\leqslant17210$。从上面的分析中，可以总结出，即使在大气信道中存在一些明显的透射率浮动，Eve 仍可以操控 $I^{\rm s}$ 和 $I^{\rm lo}$ 得到一个合适的 $D\leqslant17210$，它对应可行值中的 $N>1$。因此，估计的过噪声会被严重低估，甚至可以通过改变 $I^{\rm s}$ 和 $I^{\rm lo}$ 的值使它任意接近于零，这将引入一个严重的安全漏洞。

2）攻击方案 B

在这个攻击方案中，Eve 通过衰减或延迟触发器致使探测器响应斜率减小。实际的散粒噪声需设置为 γN_0（$\gamma<1$）。$\hat{\delta i}_{\rm part1}$ 的方差能够由攻击方案 A 描述的相同方法推导：

$$V_{{\rm part1},m}^B=\gamma\left[r_m\eta\hat{\eta}_{\rm ch}'\left(V_A+2+\varepsilon\right)+1\right]N_0+v_{\rm el}N_0 \tag{5-208}$$

其中，γ 和 $\hat{\eta}_{\rm ch}'$ 由 Eve 控制，它们应该满足攻击方案成功准则 $\gamma\hat{\eta}_{\rm ch}'=\hat{\eta}_{\rm ch}$。方差 $V_{{\rm part2},m}^B$ 和等式（5-203）中的方差 $V_{{\rm part2},m}^A$ 相同，所以总的方差可以表示为

$$\begin{aligned}V_{s,m}^B&=V_{{\rm part1},m}^B+V_{{\rm part2},m}^B\\&=\gamma\left[r_m\eta\hat{\eta}_{\rm ch}'\left(V_A+2+\varepsilon\right)+1\right]N_0+v_{\rm el}N_0\\&\quad+\left(1-r_m\right)^2D^2+\left(29.028+28.885r_m^2\right)D\end{aligned} \tag{5-209}$$

所以，用式（5-209）替换式（5-198），在攻击方案 B 中估计的散粒噪声可表示为

$$\hat{N}_0=\frac{\left(\gamma+v_{\rm el}\right)N_0+\left(1-r_1r_2\right)D^2+\left(29.028-28.885r_1r_2\right)D}{1+v_{\rm el}} \tag{5-210}$$

过噪声的估计与方程（5-205）相同。

此外，正如本节讨论的，可以推导出攻击方案 B 的成功准则：

$$\begin{cases}\gamma=\left(5\times10^{7}-0.999D^{2}-28.999D\right)/\left(5\times10^{7}\right)\\ 14.47+7.07\times10^{3}\times\sqrt{\hat{\eta}_{\text{ch}}}<D\leqslant14.47+7.25\times10^{3}\times\sqrt{\hat{\eta}_{\text{ch}}}\end{cases}\tag{5-211}$$

在不同的透射率估计 $\hat{\eta}_{\text{ch}}$ 下，通过在可行值中选择合适的 D 和 γ，Eve 可以成功地实现攻击。同时，Eve 可以使估计的过噪声在正常范围内任意地接近于零。此外，估计的散粒噪声值校准到了真实值，即 $\hat{N}_0=N_0$，从而使散粒噪声实时监测的对策无效。Eve 可以获得所有的密钥信息，通信不再安全。

5. 仿真结果

为了满足攻击方案中估计的散粒噪声 $\hat{N}_0=N_0$ 和过噪声 $\hat{\varepsilon}$ 任意地低于真值的成功准则，在给定的估计透射率 $\hat{\eta}_{\text{ch}}$ 下，Eve 应控制 I^{s} 和 I^{lo} 的波长和强度。在进行性能分析前，随机选取 3 个大气湍流通道的估计透射率 $\hat{\eta}_{\text{ch}}$，计算相应参数并记录在表 5-13 中。

表 5-13 在不同的 $\hat{\eta}_{\text{ch}}$ 和 $\hat{\varepsilon}$ 下满足攻击准则的参数值[64]

$\hat{\eta}_{\text{ch}}$	$\hat{\varepsilon}$	D	I_1^{s}	I_1^{lo}	I_2^{s}	I_2^{lo}	攻击方案 A	攻击方案 B
							N	γ
0.88	0.1	6.643	3.846	3.853	3.829	3.859	8.732	0.115
	0.06	6.709	3.885	3.891	3.867	3.898	10.320	0.097
	0.03	6.758	3.913	3.920	3.895	3.927	11.951	0.084
	0.01	6.790	3.932	3.939	3.914	3.946	13.359	0.075
0.69	0.1	5.879	3.404	3.409	3.388	3.416	3.267	0.306
	0.06	5.937	3.438	3.444	3.422	3.450	3.421	0.292
	0.03	5.980	3.463	3.496	3.447	3.475	3.547	0.282
	0.01	6.009	3.480	3.486	3.464	3.492	3.636	0.275
0.47	0.1	4.883	2.827	2.832	2.814	2.837	1.920	0.521
	0.06	4.931	2.855	2.860	2.842	2.865	1.956	0.511
	0.03	4.967	2.876	2.881	2.863	2.886	1.984	0.504
	0.01	4.991	2.890	2.895	2.877	2.900	2.002	0.499

注：估计的过噪声 $\hat{\varepsilon}$ 的单位为 SNU，额外贡献 D 以 10^3 光电子数为单位，光强 I_1^{s}，I_1^{lo}，I_2^{s}，I_2^{lo} 以 10^5 光电子数为单位。

正如所见，在大气湍流信道中，有了随机估计透射率 $\hat{\eta}_{\text{ch}}$ 和任意小的估计过噪声 $\hat{\varepsilon}$ 中，Eve 总是可以选择一个对于攻击方案 A 合适的 N（$N>1$）和对于攻击方案 B 合适的 γ（$\gamma<1$）。然后 Eve 选择合理的光强 I_1^{s}，I_1^{lo}，I_2^{s}，I_2^{lo} 来满足攻击准则以实现一个成功的攻击，这些光强要比 I_{lo} 小三个量级。因此，Alice 和 Bob 总是高估安全密钥率并且认为结果是安全的，即使 Eve 已经完全破坏了安全性而没有被 Alice 和 Bob 发现。

为了估计密钥率，首先用蒙特卡罗仿真法模拟在大气湍流信道中水平链路的透射率分布 $\langle\eta_{\text{ch}}\rangle$ 和 $\langle\sqrt{\eta_{\text{ch}}}\rangle$，然后用参数估计法获得 $\langle\hat{\eta}_{\text{ch}}\rangle$ 和 $\langle\sqrt{\hat{\eta}_{\text{ch}}}\rangle$。密钥率分析需要的参数都

列在表 5-14 中。渐近密钥的计算方法可参照 5.2.2 节。

表 5-14　最终密钥率分析所需的参数（所有方差和噪声的单位都为 SNU）[64]

参数	描述	值
W_0	初始光束半径	80mm
a	接收望远镜半径	110mm
λ	波长	1550nm
f	接收透镜焦距	220mm
d_{cor}	光纤直径	4.5μm
C_n^2	折射率结构常数	$2.12\times10^{-15}\,\mathrm{m}^{-2/3}$
v_{el}	电噪声	0.01
η	探测器效率	0.5
β	协商效率	0.90
V_A	调制方差	16

图 5-37 表示了在不同估计的过噪声 $\hat{\varepsilon}$ 情况下，密钥率与透射率距离的关系。模拟夏天的大气湍流信道透射率（$C_n^2=2.12\times10^{-15}\mathrm{m}^{-2/3}$）。仿真结果表明如果 Eve 开始波长攻击，系统的安全界限就会被高估。没有在图 5-37 中给出真实密钥率，因为当 $\hat{\varepsilon}=\varepsilon$ 时，它们与紫色点划线是相同的。正如所看到的，可以通过有效选择条件参数值使 $\hat{\varepsilon}$ 减小，所以密钥率和传输距离在 CVQKD 中被进一步高估。这意味着 Alice 和 Bob 可能不会发现 Eve 的攻击。所以，如果缺少具体的对策，它可能严重威胁大气 GMCS CVQKD 协议的安全。

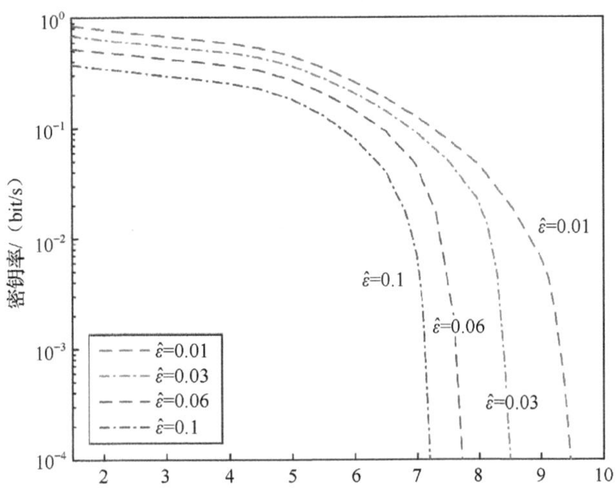

图 5-37　大气衰减信道中不同估计过噪声 $\hat{\varepsilon}$ 下可实现的密钥率[64]

注：这里模拟夏季大气湍流信道的透射率（$C_n^2=2.12\times10^{-15}\mathrm{m}^{-2/3}$）。横轴表示通信距离，通过式（5-191）可得到相应的估计透射率 $\hat{\eta}_{ch}$。

大气波长攻击的要点是 Eve 调整 I_1^{s}、I_1^{lo}、I_2^{s}、I_2^{lo} 使合法双方低估过噪声。在前面的数值分析中，假设 $\hat{\varepsilon}$ 能够比真实值任意低甚至接近 0。为了确认这一假设，根据表 5-2 中相应的 C_n^2 仿真了不同季节的大气透射率，然后通过图 5-38 描述 $\hat{\varepsilon}$ 和 χ_{BE} 的关系。仿真结果表明，尽管大气环境季节性变化，χ_{BE} 总是随 $\hat{\varepsilon}$ 增加。特别是，当 $\hat{\varepsilon}$ 的值在不同季节无限接近 0 时，χ_{BE} 的值大于 0，这表明 Eve 能够成功地进行攻击和获得最终的密钥信息。总而言之，如果这些条件参数根据攻击准则的相应值调整，Eve 总是可以在不被发现的情况下获得密钥信息。

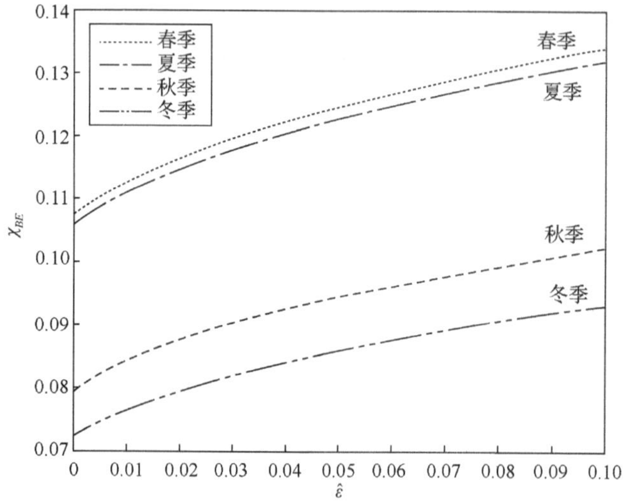

图 5-38 不同季节信道透射率下 $\hat{\varepsilon}$ 与 χ_{BE} 的关系[64]

对抗大气波长攻击的对策是在 Bob 探测前用一些高质量的波长滤波器。然而，实际的波长滤波器对于任何具体的波长都有一个衰减上限；因此 Eve 可以通过增加光强来抵消这种影响。为了完全抵抗这些攻击，波长滤波器和本振强度的实时监测需要一起加入实际系统中。

5.9 自由空间 CVQKD 的性能增强技术

由于透射率浮动的影响，自由空间的 CVQKD 性能目前并不十分理想，因此很多研究者提出了能够增强系统性能的方法和技术，如非高斯操作、自适应光学、信号放大、机器学习、复用技术和后处理优化等。下面简单介绍其中一些方法的技术细节及其提升效果。

5.9.1 光量子催化技术

量子操作已经被证明能够提升纠缠态的纠缠度，因此也可以利用量子操作来提升

CVQKD 的性能，如减光子[66-67]、量子剪切[68-69]和量子催化操作[70-71]等。这些技术已经被证明可以提升基于光纤信道的 CVQKD 系统的性能，当然同样能够在自由空间 CVQKD 系统中发挥作用，如基于减光子[72-74]和量子催化[75-76]的自由空间 CVQKD 方案。接下来，我们将以量子催化操作为例来给出非高斯操作为自由空间 CVQKD 系统带来的增益，以及这样的系统存在的缺陷。

基于量子卫星的自由空间 CVQKD 因其有潜力构建全球化的量子安全网络而受到广泛关注。伴随这种应用而来的是大气影响，尤其是大气中的光学湍流影响。湍流影响给量子光信号的传输效率带来了极大的限制，尤其是在地面站到卫星的上行链路场景中，给上行链路 CVQKD 造成了极大的挑战。为此，Xu 等[75]（郭迎团队）提出了一种基于无噪衰减（noiseless attenuation，NA）操作的上行链路 CVQKD 方案，该方案利用零光子催化（zero-photon catalysis，ZPC）实现量子信号源的无噪衰减，以提高地星上行链路 CVQKD 的性能。

1. *方案介绍*

基于 NA 操作的上行链路 CVQKD 协议如图 5-39 所示，在量子信号从地面站发射之前对其进行 NA 操作以提高系统性能。首先，Alice 通过一个 50∶50 的分束器和两个单模压缩态生成了一个 TMSV 态作为纠缠源；然后，Alice 保留 TMSV 态的模 A 进行外差检测，同时发送另一模 B 给 Bob。注意，如果对模 A 进行外差检测，则模 B 会投影为一个相干态，因此，CVQKD 的 EB 协议和 PM 协议具有等价性。在通过不安全的上行链路之前，对模 B 进行一个 NA 操作。在穿过上行链路的过程中，由于信道的随机衰落，所以初始量子态变换成了混态，其组成取决于随机透射率 T 和信道过噪声。最后，通过实现正交测量、数据协商和保密增强，Alice 和 Bob 可以共享一串安全密钥。

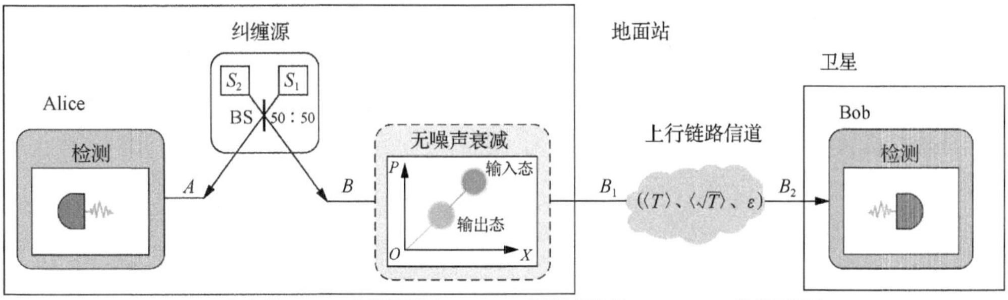

BS——分束器；T——信道透射率；ε——信道过噪声；S_1、S_2——单模压缩态。

图 5-39 基于 NA 操作的上行链路 CVQKD 的 EB 方案

2. *零光子催化*

NA 操作可以通过采用 ZPC 来实现，其结构如图 5-40 所示。输入的真空态 $|0\rangle$ 作为辅助模在不对称分束器的帮助下与 Alice 传输过来的模 B 进行分束器干涉（分束器透射率表示为 T_A）；随后，光子数分辨探测器在辅助模的输出端进行探测，探测结果为 $|n\rangle$。

当 n=0 时，这个操作过程称为零光子催化。这种操作并不是每次都能成功，而是存在一个成功概率。ZPC 操作的成功概率为

$$P=\frac{2}{1+T_A+(1-T_A)V} \tag{5-212}$$

其中，V 为模 B 的方差。

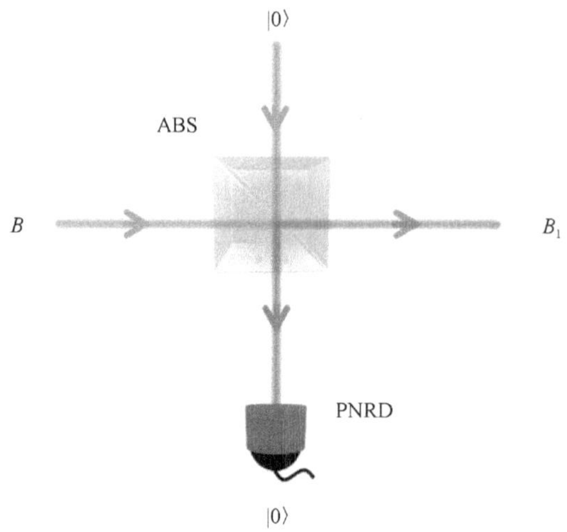

ABS——不对称分束器；PNRD——光子数分辨探测器；$|0\rangle$——零光子真空态。

图 5-40 ZPC 操作示意图

3. 安全性分析

下面给出并讨论基于 NA 操作的上行链路 CVQKD 方案的仿真实验结果。这里仅考虑 Bob 执行零差检测和反向协商的情况，其他情形可以得到类似的结论。本节所有的仿真参数列在表 5-15 中。这里对渐近码长和有限码长的情形都进行了讨论。注意，这里假设 CVQKD 系统能进行完美的零差探测，即量子探测效率为 1，探测器的电噪声为 0；同时，选定系统的运行环境是晴朗的夜晚，无雨水和大雾的干扰。

表 5-15 仿真参数

参数符号	取值	意义
Z	0°～60°	天顶角
a	1m	接收端望远镜半径
$f/2r_0$	1	焦比
d_{cor}	10μm	光纤直径
λ	800nm	波长
W_0	80mm	初始光束半径
C_n^2	$1.12\times10^{-16}\text{m}^{-2/3}$	大气折射率常数
$\bar{n}_s$	0.61m^{-3}	散射粒子平均数

续表

参数符号	取值	意义
V_A	4SNU	调制方差
β	95%	协商效率
ε	0.01SNU	初始过噪声

1）渐近密钥率分析

在获取接收量子态的协方差矩阵后，可以计算渐近和码长情况下的安全密钥率。注意，由于使用 ZPC 来实现 NA 操作，因此需要将 ZPC 操作的成功概率考虑到最终的密钥率计算中。因此，基于 NA 操作的 CVQKD 协议的安全密钥率为

$$K_A(\langle T\rangle,\langle\sqrt{T}\rangle,\epsilon)=P\times P_{\text{int}}\times(\beta I_{AB}-\chi_{BE}) \tag{5-213}$$

这里 P 的值已在式（5-212）中给出。密钥率的具体计算可以参考文献[75]。

下面给出协议的安全密钥率进行数值仿真。图 5-41 展示了基于 NA 操作的上行链路 CVQKD 安全密钥率与天顶角的关系。图 5-41 中，对每个天顶角情形都进行了衰减系数优化，即图中的密钥率均是在系统取到最优衰减系数下计算得到的值。这里同样给出了引入单光子催化（single-photon catalysis，SPC）操作的 CVQKD 协议安全密钥并进行了系数优化（SPC 操作下的密钥率计算参考文献[76]）。注意，只需将图 5-40 中的$|0\rangle$改为$|1\rangle$即可获得 SPC 操作的示意图。换句话说，在 ABS 的辅助模端口输入单光子态，当对应输出端口的 PNRD 检测到单光子态即代表单光子催化成功。事实上，单光子操作在一定的条件下也可以看作一个衰减操作。分析图 5-41 发现，加入 NA 操作之后，上行链路的性能相较于原始方案有了明显的提升。通信可允许的天顶角明显扩大。其中，在卫星海拔为 100km 的情形下，最大可允许天顶角扩大了 6°，而在卫星海拔为 120km 的情形下，最大可允许天顶角扩大了 8°。在实际应用中，更大的可允许天顶角意味着在单次通信周期中，系统有更长的有效通信时间，因此能传输更多的密钥率，这在实际的通信过程中极具实用价值。此外，通过对比 ZPC 方案和 SPC 方案发现，虽然 SPC 方案也能提升系统性能，扩大通信的天顶角，但是其提升幅度没有 ZPC 方案大，这展示了 ZPC 方案的优越性。值得注意的是，发现在小天顶角的情况下，无论是 ZPC 方案还是 SPC 方案都无法提升系统的安全密钥率。这时，三者的密钥率曲线出现了重合的情况，也可以理解为在这种情况下，最优的催化方案就是 $T_A=1$、不进行催化的情况。换句话说，这两种方案可以使系统能在更大的天顶角下运行，但是无法提升系统的最大密钥率。两者的优越性只有在卫星与地面站的天顶角大于一定的阈值之后才会体现出来。由于更大的天顶角实际上代表着更强的湍流影响，因此也可以说，只有在湍流强度达到一定程度的情况下，基于 NA 操作的方案才会体现出优越性。

2）有限码长效应下密钥率分析

在上述渐近码长的情况下，安全性分析的前提是假设数据的长度是无限的，而这在实践中是不可能的。没有任何系统能在一定的时间内传递无限的信息，因此渐近码长情况下的分析只能用来进行机理和趋势分析，并不能表示实际系统的情况。因此，在安全性分析中考虑有限码长效应是很有必要的。在有限码长的情形下，需要分出一部分测量数据来进行参数估计，具体地，进行信道透射率和过噪声的估计。由于部分数据要用于

参数估计，则相应的产生密钥的数据会减少，系统的安全密钥率就会降低。虽然得到的安全密钥率降低了，但毫无疑问，考虑有限码长效应的分析更加贴合实际情形。

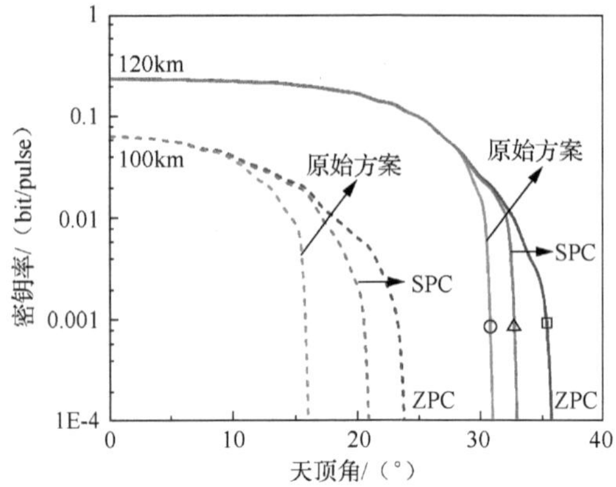

图 5-41　基于 NA 操作的上行链路 CVQKD 安全密钥率与天顶角的关系

注：—□—、—△—、—○—分别代表 ZPC 方案、SPC 方案和原始方案。虚线和实线分别代表卫星高度为 100km 和 120km。

有限码长密钥率的计算可参考文献[75]。图 5-42 展示了在考虑有限码长的情况下，CVQKD 系统的安全密钥率和天顶角的关系。该仿真中，衰减系数在每个天顶角下都取到了最优。参数$\bar{\epsilon}$、ϵ_{PE}、ϵ_{PA}都设置为10^{-10}，一半的数据被用来进行参数估计（$r=0.5$）。注意，这个数据比例可以进一步优化，但是这种优化不在本章内容的考虑范围之内。我们发现 Alice 和 Bob 交换的数据量越小，有限长效应就越明显，这是因为总的数据量越小，用于参数估计的数据量也越小，参数估计的准确度也会受到影响。此外，我们发现当总的数据量为10^6时，系统所能达到的密钥率与其他几种情况有巨大的差距，尤其是在卫星海拔为 120km 时这种情况更加明显，系统已无法完成安全通信。随着总的数据量不断增大，更多的数据被用来进行参数估计，因此系统所能达到的密钥率更加逼近渐近码长的情形。

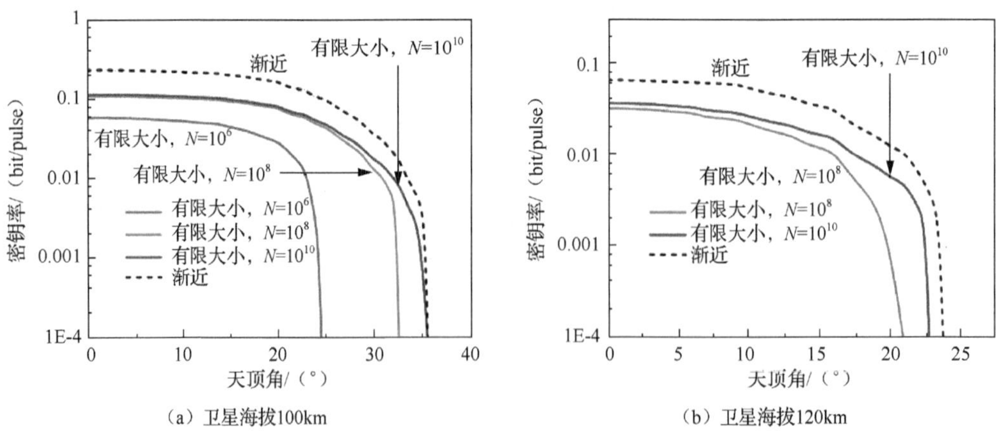

图 5-42　有限码长效应下 CVQKD 系统的安全密钥率和天顶角的关系

5.9.2 自适应光学技术

自适应光学系统能够有效抑制接收方所接收的激光载波信号中由大气湍流所引起的波前像差，很好地弥补了相干自由空间光通信方案的这一缺陷。实际上，自适应光学已经被广泛应用于许多领域，如大气通信和自由空间激光传输、人类视网膜成像及天文观测等。带有自适应光学的相干自由空间光通信技术正得到飞速发展，如基于大气补偿技术的相干自由空间光通信链路容量和大气相位补偿对光外差探测的影响已被广泛研究。但由于波前振幅的抖动，自适应光学系统的补偿性能受到限制，因而降低了接收方外差探测的性能。之后，一方面研究人员对相干自由空间光通信信道模型在海上条件下的性能进行了研究，并采用二进制相移键控调制方法研究其误码率性能；另一方面，考虑到振幅抖动和波前像差的影响，利用泽尼克（Zernike）模型提升相干自由空间光通信系统在弱 Kolmogorov 湍流模型中的误码率性能。并且，也分析了经自适应光学校正后相干自由空间光通信的混合效率和误码率的性能改善。这表明大气湍流所引起的波前像差可以由自适应光学系统进行有效补偿。

基于此，Wang 等[77]（郭迎团队）提出了一种自适应光学自由空间 CVQKD 方案，即在自由空间 CVQKD 方案接收端部署一种自适应光学装置（adaptive optics unit）来抑制由高阶波前像差引起的信号光波前畸变。得益于此种自适应光学装置，自由空间信道中的高阶波前像差得到校正，因此有效提高了接收端零差探测的混合效率，从而提升了自由空间 CVQKD 的性能。实际上，该自适应光学装置的闭环控制带宽，以及大气相干长度，对自由空间 CVQKD 性能的提升具有十分重要的影响。因此，文献[78]分别研究在不同的闭环控制带宽，以及不同的大气相干长度条件下，对自由空间 CVQKD 方案性能的影响。同时，在研究中主要考虑三种重要且常用的信道湍流模型，即光束游走模型、随机阻塞模型和对数正态分布模型。此外，为了使研究结果更符合实际，在研究中也考虑了自适应光学装置所产生的附加噪声对方案性能的影响。

1. 自适应光学自由空间 CVQKD 方案

图 5-43 展示了自适应自由空间 CVQKD 方案。不失一般性，图中 Alice 端所示的已调制的纠缠态可设定为常用的双模压缩态。Alice 与 Bob 共享一对纠缠的双模压缩态，其中一个输出模设为模 A，另一个输出模设为模 B_0，两者的方差均为 V。其密钥率的计算可以参照 5.2.1 节。

本方案所引入的自适应光学装置主要由三部分构成，即波前校正器（wavefront corrector）、波前控制器（wavefront controller）和波前传感器（wavefront sensor）。该装置的工作周期可分为如下三个步骤：首先，波前传感器对信号光束 B_1 的波前像差进行测量并以此作为反馈信号；其次，波前控制器根据所得到的反馈信号控制波前校正器；最后，波前校正器对波前进行校正。因此，上述的自适应光学装置可以补偿大气湍流导致的波前畸变，从而提升信号光束 B_1 的质量，校正后的信号光束设为 B_2。Bob 对信号光束 B_2 执行光学相干探测操作，用所获得的测量结果来表征信道并估计信道过噪声。

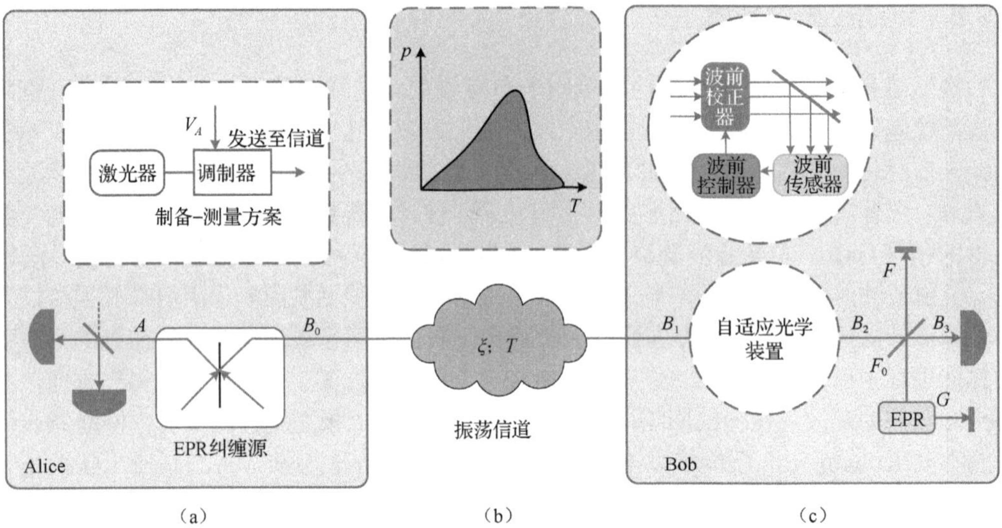

图 5-43 自适应自由空间 CVQKD 方案

注：（a）与纠缠模型等价的制备-测量模型；（b）大气湍流信道；（c）自适应光学装置的组成结构。

2. 自适应光学自由空间 CVQKD 方案的相干探测

图 5-44 展示了自适应自由空间 CVQKD 的相干探测（零差探测）方案。该相干探测方案将所接收到的经自适应光学装置补偿的信号光与本振光进行相干合成。假定本振激光是平面波并且经过自适应光学装置的信号光强度是均匀的。因此 Bob 所接收到的信号光与本振光两者光场的数学分布可分别表示为

$$E_S = N_S \exp\left[i\left(2\pi f_S t + \theta_S\right)\right] \tag{5-214}$$

以及

$$E_{\mathrm{LO}} = N_{\mathrm{LO}} \exp\left[i\left(2\pi f_{\mathrm{LO}} t + \theta_{\mathrm{LO}}\right)\right] \tag{5-215}$$

其中，N_S 与 N_{LO} 分别表示信号光与本振光的强度，f_S 与 f_{LO} 分别表示信号光与本振光的频率，θ_S 与 θ_{LO} 则分别表示信号光与本振光的相位。

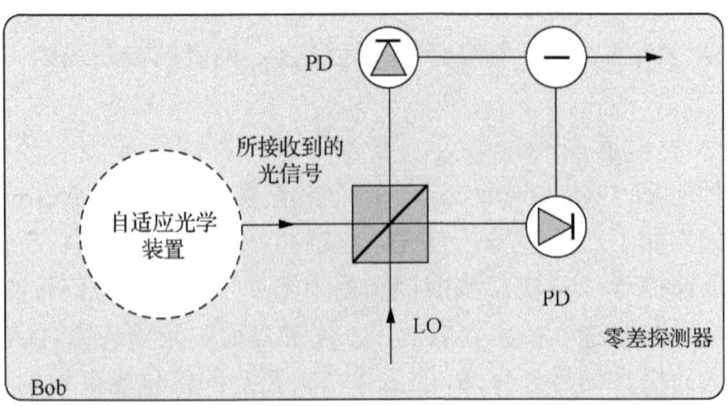

图 5-44 自适应自由空间 CVQKD 的相干探测（零差探测）方案

根据相干探测理论，探测器入射的总光功率可以表示为

$$P = \int_U (E_S + E_{\mathrm{LO}})(E_S + E_{\mathrm{LO}})^* \mathrm{d}U \tag{5-216}$$

根据式（5-214）与式（5-215），上式可以进一步写为

$$P = \int_U N_{\mathrm{LO}}^2 + N_S^2 + 2N_{\mathrm{LO}} N_S \cos(2\pi\Delta f + \Delta\theta) \mathrm{d}U \tag{5-217}$$

其中，$\Delta f = f_S - f_{\mathrm{LO}}$，$\Delta\theta = \theta_S - \theta_{\mathrm{LO}}$，并且 U 表示接收器孔径的面积。值得一提的是，如果 Bob 执行的是零差探测，则 $\Delta f = 0$；如果 Bob 执行的是外差探测，则 $\Delta f \neq 0$。此外，信号光与本振光的相位差 $\Delta\theta$ 可以写为

$$\Delta\theta = \theta(q) + \theta(t) \tag{5-218}$$

其中，$\theta(q)$ 表示由大气湍流引起的非含时相差，$\theta(t)$ 表示信号光的调制相位，可以认为该调制相位与空间坐标无关。因此，零差探测的混合效率可以写为

$$\gamma_{\mathrm{hom}} = \frac{\left[\int_U N_S N_{\mathrm{LO}} \cos(\Delta\theta) \mathrm{d}U\right]^2}{\int_U N_S^2 \mathrm{d}U \int_U N_{\mathrm{LO}}^2 \mathrm{d}U}, \tag{5-219}$$

接下来，通过考虑高阶波前像差来推导本方案中零差探测的混合效率。首先给出格林伍德（Greenwood）频率的表达式

$$f_G = \left[0.10247\left(\frac{2\pi}{\lambda}\right)^2 \sec Z \int_0^H C_n^2(z) V(z)^{\frac{5}{3}} \mathrm{d}z\right]^{\frac{3}{5}} \tag{5-220}$$

其中，Z 表示天顶角，$V(z)$表示速度，H 表示传输距离。当信号光与本振光在相干平面上服从均匀分布时，本方案中 Bob 执行的零差探测的混合效率（mixing efficiency）γ_h 可写为

$$\gamma_h = \left[\frac{1}{U}\int_U \cos(\Delta\theta) \mathrm{d}U\right]^2 \tag{5-221}$$

如果残余像差的均方根小于 1rad，则式（5-221）可重写为泰勒级数展开式，即

$$\gamma_h = \left\{\frac{1}{U}\int_U \left[1 - \frac{\theta^2(q)}{2}\right] \mathrm{d}U\right\}^2 = \left(1 - \frac{\varpi_h^2}{2}\right)^2 \tag{5-222}$$

其中，ϖ_h 表示信号光高阶波前像差的均方根。

当经过自适应光学装置校正后，信号光高阶波前像差的均方根可写成

$$\varpi_h = \sqrt{\left[\varepsilon_F\left(\frac{l}{\rho_0}\right)^{\frac{5}{3}} + \rho_c\left(\frac{f_G}{f_C}\right)^{\frac{5}{3}}\right]} \tag{5-223}$$

其中，ε_F 表示拟合误差系数，l 表示接收天线入射光瞳上执行器的等效距离，ρ_0 表示大气相干长度，f_C 表示闭环控制带宽，ρ_c 为常数。特别地，$\rho_c = 1$ 表示平面。结合式（5-222）与式（5-223），γ_h 可重写为

$$\gamma_h=\left\{1-\left[\varepsilon_F\left(\frac{l}{\rho_0}\right)^{\frac{5}{3}}+\rho_c\left(\frac{f_G}{f_C}\right)^{\frac{5}{3}}\right]/2\right\}^2 \tag{5-224}$$

由于受大气湍流所引起的高阶波前像差的影响，原始的自由空间 CVQKD 方案其混合效率非常低。为了使混合效率 γ_h 有相当程度的提高，根据式（5-222），可以通过选择合适的基于实验所得的参数值，并将这些参数值赋予特定的参数变量（如 f_C 与 ρ_0）。Bob 端零差探测的混合效率越高意味着自由空间 CVQKD 方案的密钥率越高。换言之，这里所提出的自适应自由空间 CVQKD 方案相比于原始的自由空间 CVQKD 方案，其改进机制主要是通过对某些可调参数（如 f_C 与 ρ_0）选择合适的实验值，利用自适应光学装置补偿高阶波前像差，最终达到提高方案密钥率的目的。

3. 基于实际大气湍流模型的方案性能分析

文献[78]基于三种重要且常用的实际大气湍流模型来进行所提出方案的性能分析。这里给出基于光束漂移模型的分析结果，其他两种模型的结果类似，方案密钥率都能够有所提高。

4.2.3 节中介绍过光束漂移信道模型，基于该模型，附图 18 展示了在考虑波前传感器所引入的附加噪声 χ_ω 的情况下，自适应自由空间 CVQKD 方案密钥率与闭环控制带宽 f_C 及大气相干长度 ρ_0 的关系。在附图 18（a）与附图 18（c）中，方差 $\sigma_{\mathrm{bw}}^2=0.1$，附加噪声 χ_ω 分别为 0 与 0.5；而在附图 18（b）与附图 18（d）中，方差 $\sigma_{\mathrm{bw}}^2=0.4$，附加噪声 χ_ω 分别为 0 与 0.5。从图中可以发现密钥率随着 ρ_0 的减小而降低，然而增大闭环控制带宽 f_C 可以部分补偿由于 ρ_0 减小所带来的对方案性能的负面影响。此外，光束偏移方差 σ_{bw}^2 与附加噪声 χ_ω 越小，方案的性能也越好。

接下来，将自适应方案与原始自由空间 CVQKD 方案进行比较，如图 5-45 和图 5-46 所示，其中自适应光学装置附加噪声 $\chi_\omega=0.65$。实际上，这里所运用的自适应光学装置其闭环控制带宽 f_C 可以通过控制采样频率来进行调节。因此在图 5-45 中将 f_C 作为可调参数来与原始方案进行比较。此处，格林伍德频率 f_G 与大气相干长度 ρ_0 的值分别取自适应光学实验中的标准值，即 $f_G=160\mathrm{Hz}$，$\rho_0=0.1\mathrm{m}$。可调参数 f_C 取 3 个不同的值，分别为 80Hz、120Hz 及 160Hz。需要指出的是，上述数据主要来源于自适应光学装置实验所得到的实验数据。由图 5-45 可观察到，本章所提出的方案其密钥率要显著高于原始方案密钥率。换言之，经自适应光学装置校正后，自由空间 CVQKD 方案性能得到明显提升。此外，可以通过调节参数 f_C 的值来进一步提高本方案的密钥率，即在一定的范围内，f_C 的值越大所获取的密钥率越高。

在图 5-46 中，格林伍德频率 $f_G=100\mathrm{Hz}$，闭环控制带宽 $f_C=120\mathrm{Hz}$。参数 ρ_0 取 3 个不同的值，即 0.2m、0.1m 与 0.07m。同样，这些数据来源于文献[78]和文献[79]所得到的实验数据。相比原始方案，自适应自由空间 CVQKD 方案密钥率更高。当 ρ_0 的值在合理的范围内增大时，所获得的密钥率也进一步提高。值得一提的是，实验中可以通过调整自适应光学装置中的相屏位置来获得不同的 ρ_0 值[78]。

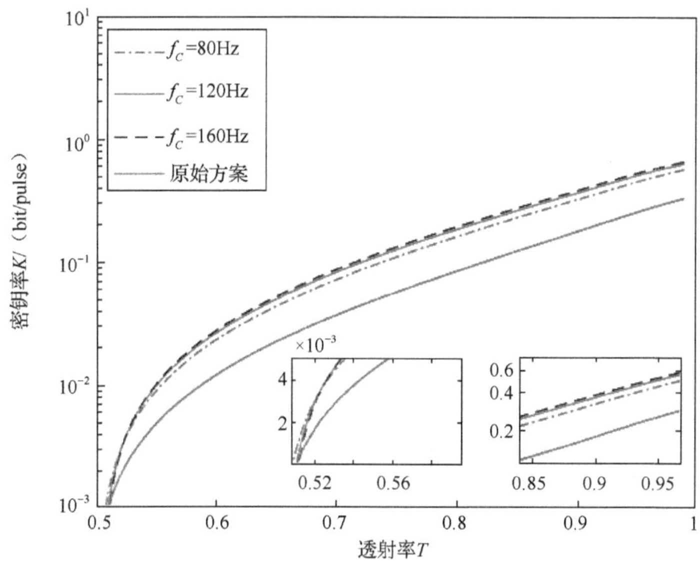

图 5-45 不同闭环控制带宽 f_C 下自适应自由空间 CVQKD 方案密钥率与透过率 T 的关系

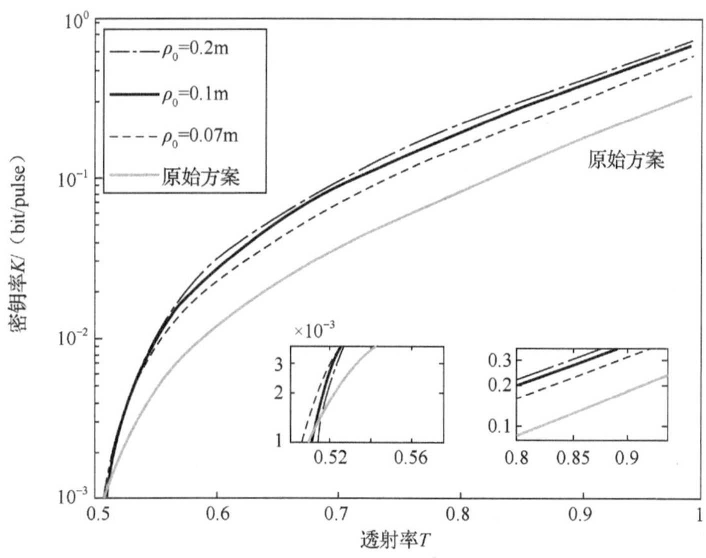

图 5-46 不同大气相干长度 ρ_0 下自适应自由空间 CVQKD 方案密钥率与透射率 T 的关系

根据上述仿真结果，接下来讨论本章所提出的方案的最优性。由附图 18、图 5-45 和图 5-46 可知，参数 f_C 与 ρ_0 对方案性能的提高有着非常重要的作用。附图 18、图 5-45 分别表明相比于原始自由空间 CVQKD 方案，适当提高 f_C 与 ρ_0 的值可以进一步提高方案的密钥率。附图 18 表明密钥率前期会随着 f_C 与 ρ_0 的增大而提高，但最后会达到一个最大值。值得一提的是，本方案密钥率的最优值会随着光束漂移方差 σ_{bw}^2 的不同而不同。因此可以通过适当提高 f_C 与 ρ_0 的值来获得最优密钥率。此外，从图 5-45 和图 5-46 可以发现，密钥率曲线终止在透射率 $T = 0.5$ 的位置上。这样的结果符合预期，主要原因是大气湍流信道中的透射率是实时随机变化的，而光纤信道中的透射率为定值，量子信息在大气湍流信道中的损耗量要显著大于光纤信道。

需要指出的是，对于在原始自由空间 CVQKD 方案中所执行的相干探测，其混合效率并非为定值，由于大气湍流的影响，它处于波动的状态，其值主要受格林伍德频率 f_G 的影响，因此很难得到确切的实际值。为了解决这一问题，可以利用混合效率的均值代替实际值来研究原始方案的性能。在上述仿真中，为了使对比结果更加准确，采用文献[79]中实验所得到的数据用于仿真。例如，在图 5-45 中，$f_G = 160\text{Hz}$ 并且原始方案中混合效率的均值取 $\gamma_h = 0.18$；在图 5-46 中，$f_G = 100\text{Hz}$ 并且原始方案中混合效率的均值取 $\gamma_h = 0.17$。上述所取的混合效率的均值约等于实际值。

5.9.3 基于 LDPC 码的后处理改进技术

自由空间量子系统实际应用的一个主要挑战是信道的信噪比相对较低，并且对大气扰动很敏感。大气信道具有消光和各种湍流效应等降低密钥率的负面特性。一般在协商过程中使用低密度奇偶校验（low-density parity-check，LDPC）码来处理信息交互。然而，LDPC 码需要从一系列码中选择，其中码率在低信噪比空间链路中是需要考虑的。2020 年，Guo 等[80]（郭迎团队）提出采用累加-重复-累加码来提高码的译码阈值。他们的研究发现，扩展码的多边特性有利于提高短码和中码的性能。数值计算结果表明，他们的方法提高了自由空间 CVQKD 的协调效率。

研究适合于大气波动信道下连续变量量子密钥分发的纠错码类型尤为重要。一般来说，较高的协商效率可以提高密钥率和安全传输距离，这是高速率 CVQKD 的主要考虑因素。然而，考虑到低信噪比的自由空间链路的编码速率，LDPC 编码类型需要从一系列码字中选择适用于自由空间通信的类型。LDPC 码主要有随机构造和结构化构造两种形式，基于结构化构造的码字具有更低的错误平台和编码复杂度。

对于给定的块长度，采用结构可扩展的准循环 LDPC（quasi-cyclic LDPC，QC-LDPC）码[81]，其性能随着有限域大小的增加而越来越好。同时为了便于硬件实现，结构化的校验矩阵比随机构造的校验矩阵译码时降低了复杂度。这里采用二进制 QC-LDPC 码，其将数据存储在其基矩阵中，可以降低内存。同时其准循环性便于编码与实现，曲线更接近容量极限，可应用于大气波动损耗信道。

要保证 QKD 系统密钥安全传输，可通过计算安全密钥率的边界实现。假设 Eve 持有 Alice 和 Bob 的信息，在密钥提取过程中，理论上的安全密钥率 K_{th} 可以定义为

$$K_{\text{th}} = I(X|Y) - S(X:E) = H(X|Z) - H(X|Y) \tag{5-225}$$

式中，Alice 和 Bob 的连续变量信息序列表示为 x 和 y，Eve 窃听到的 x 和 y 的量子态表示为 E。其中，$I(X|Y)$表示 x 和 y 产生的 Shannon 互信息量，$S(X:E)$表示 x 和 E 产生的量子互信息量。在密钥提取的情况下，条件 von Neumann 熵可以转化为条件信息熵。在 Bennett 的安全分析理论中，认为泄露信息的那部分是估计出来的。因此公式可以用另一种表现形式，即 $H(X|Z)$ 表示 Eve 信息不确定的状态，$H(X|Y)$表示

协商需要的最小信息量。式（5-225）认为系统能够将 $I(X|Y)$全部接收转化为安全密钥，实际上的系统并不是完美的。定义实际系统的安全密钥率为 K_{re}，其中 $K_{re}<K_{th}$。在实际场景中，真实密钥率表示为

$$K_{re}=\beta I(X|Y)-S(X:E) \tag{5-226}$$

其中，β表示协商效率，它描述了从连续变量串中提取信息的能力。同样，根据式（5-226）协商效率的现实意义还包括信道编码码率与信道容量的利用率，表示为

$$\beta=\frac{R}{C}=\frac{R}{0.5\cdot\log_2(1+\mathrm{SNR})} \tag{5-227}$$

其中，R 表示纠错码码率，SNR 表示信道收敛信噪比，其中 R 和 SNR 与选取的纠错码性质有关。从协商效率表达公式可以看出，协商效率β 越高，表明能从连续变量序列中获取更多的信息，越接近香农极限。采用不同的协商方法和纠错码都会影响协商效率，协商效率对传输距离和系统安全码率都有重要影响。

在浮动信道下进行协商，需要权衡协商效率，传输距离和生成密钥之间的关系。由于纠错码一般以分组码形式出现，将原始序列分成多个块的码字进行纠错，每块长度与码字码长相同。当译码失败时丢弃成块码字，定义误帧率（frame error rate，FER）表示纠错失败数据块数占总密钥数据块数的比例，应该减小丢失整块数据的比例。在实际中，由于已知错误的译码帧数不能用于生成密钥，因此对渐近密钥率 K_{re} 有影响。

对于 LDPC 的仿真实验，首先采用码率为 1/2 的二进制 QC-LDPC 码，其中码长 n 为 1600，最大迭代次数为 50 次，循环扩展矩阵行重为 8，列重为 4，循环扩展因子 q 为 200 时，帧数分别为 20、50 和 100，使用 LLR-BP 译码算法，利用 MATLAB 进行信道编码仿真，分析不同译码帧数下的误码性能，如图 5-47 所示。

图 5-47 中固定码率不变，通过选取不同的帧数分析，对于不同译码帧数的 QC-LDPC 译码的性能，在信噪比取值较小时差别不大，基本重合。随着信噪比增大，当误码率为 10^{-3} 时，对于特定码长，选择合适的块帧数取值范围，可以获得较好性能。

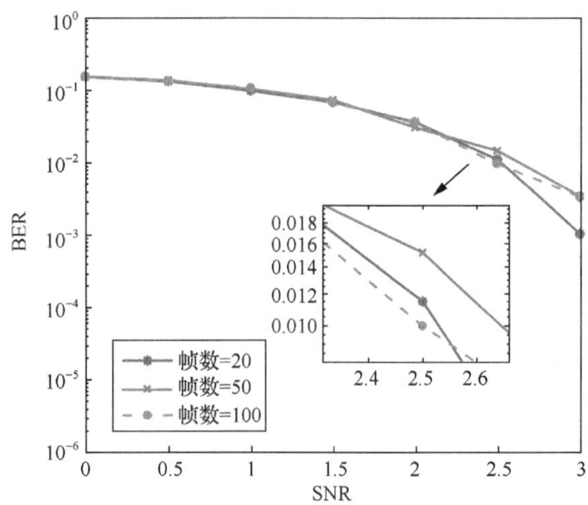

图 5-47　不同帧数下 QC-LDPC 码的性能比较

选取码率为 1/5 的 QC-LDPC 码，最大迭代次数为 100，帧数为 50，循环扩展矩阵行重为 12，列重为 6，循环扩展因子 q 为 162、324、402，得到（972，1944）、（1944，3888）和（2412，4824）的 LDPC 码。分析其译码性能，如图 5-48 所示。

图 5-48 中固定码率不变，通过选取不同的循环矩阵扩展因子分析，对于不同扩展因子的 QC-LDPC 译码的性能，在 SNR 较小时差别不大。随着 SNR 增大，扩展因子 q=402 比 q=324 及 q=162 译码性能提升。

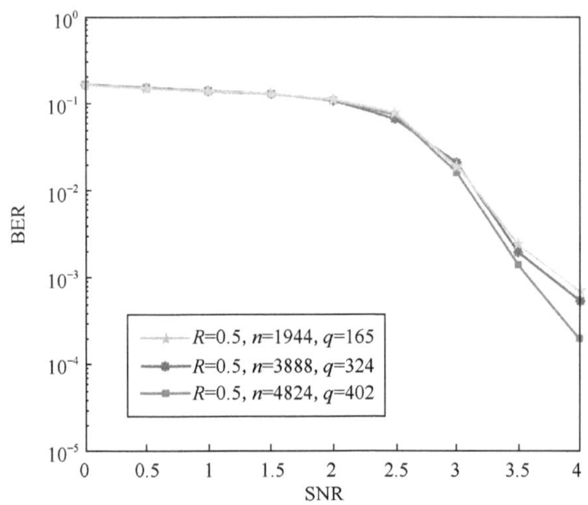

图 5-48 不同扩展因子下 QC- LDPC 码的性能比较

选取码率 R=0.5 的情况下，根据式（5-227）关系，结合协商算法，可以得到信噪比和协商效率的关系。当码率固定时，考虑与信道相对应的信噪比，可以取值到此时的协商效率。

设置码率和协商效率后，根据前面分析的基于大气信道的 CVQKD 模型，可以得到大气浮动信道下 CV-QKD 方案的生成密钥率关系，如图 5-49 和图 5-50 所示。这里主要考虑大气衰落因素造成的波动信道，大气衰落因素与距离成线性关系的情况，在较低信噪比情况下使用 LDPC 编码技术可获得较高的协商效率。

图 5-50 显示了八态离散调制协议下的大气波动信道在不同天气影响下，协商效率与传输距离的关系。可以看出，随着协商效率的提高，不同天气条件下的 CVQKD 传输距离都有所提高。此时，信噪比被认为是虚拟 BIAWGN 信道的信噪比，然后通过不同信噪比和码率得到协商效率，假如量子信道的物理参数是固定的，使得生成密钥率仅由 LDPC 解码协商算法的选取和协商效率决定。结果表明，在较低信噪比情况下，使用 QC-LDPC 码可以在大气波动信道下使传输距离有所提高。

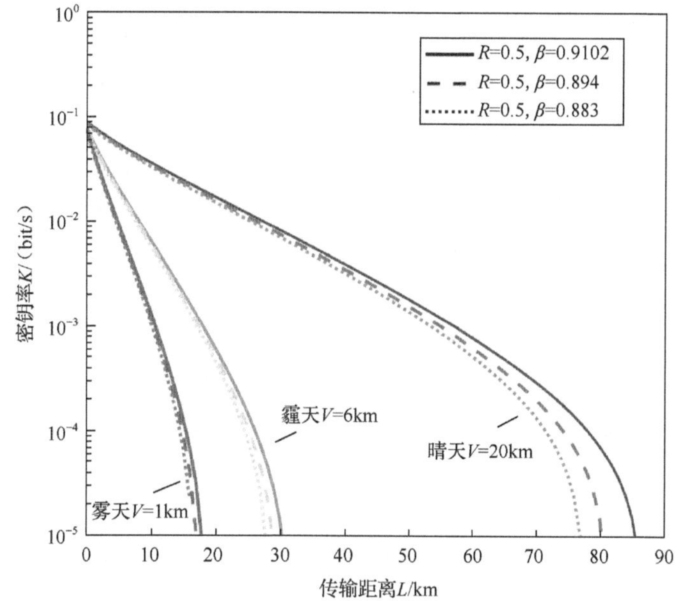

图 5-49　大气浮动信道下生成密钥率和传输距离的关系（四态协议）

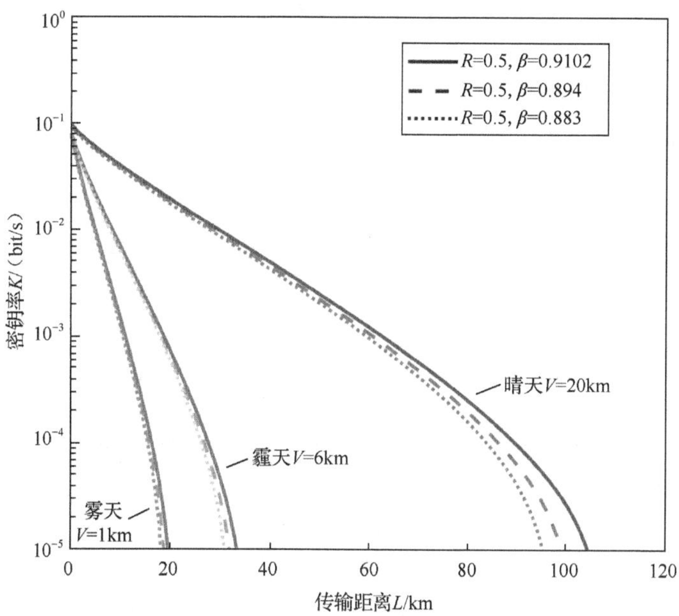

图 5-50　大气浮动信道下生成密钥率和传输距离的关系（八态协议）

5.9.4　基于 BPNN 的参数优化技术

机器学习为解决许多领域的问题提供了有力的工具，如参数估计、基于先前输入数据的输出预测、数据排序和模式识别。近年来，机器学习技术已广泛应用于相干光通信和 QKD 系统中。对于参数优化，也已经在 MDI DVQKD[82]中的机器学习中完成。因此，机器学习方法为大气湍流通道中 CVQKD 的参数优化提供了一个思路。2019 年，Su 等[83]（郭迎团队）提出了一种使用反向传播人工神经网络（back-propagation neural network，BPNN）的大气通道参数优化方法。在参数优化中，BPNN 主要用于预测优化后的参数，而不是搜索优化后的参数。他们将 BPNN 用到 CVQKD 中，从而将调制方差调整到最优值，以确保系统的安全性和性能最优。数值计算结果表明，该方案能有效地提高密钥率。

1. 基于 BPNN 的 CVQKD 方案

与光纤通道不同，大气通道的透光率是非线性的。影响透光率的因素不仅包括距离，还包括气候条件。为了实现最大密钥率传输，在 Alice 端选择合适的调制方差非常重要。BPNN 可应用于该系统，以快速、准确地预测最合适的调制方差 V_A。为简单起见，将上述关系转换为

$$\vec{u}=\left(L,\sigma_R^2,\langle T\rangle\right),\ \vec{v}=\left(V_A\right) \tag{5-228}$$

其中，密钥率 K 是 V_A 的函数，即 $K=f(\vec{v})$。调制方差优化可以看作是搜索 $\overrightarrow{v_{\text{opt}}}$ 来最大化 K：

$$\overrightarrow{v_{\text{opt}}}=\operatorname{argmax}\vec{v}\in V[K=f(\vec{v})] \tag{5-229}$$

一开始，作者生成了一个包含 3 个神经元的输入层。它们分别接收距离 L、Rytov 参数 σ_R^2 和透射率均值 $\langle T\rangle$ 作为输入。对于输入参数，L 是 Alice 和 Bob 之间的距离，Rytov 参数 σ_R^2 主要依赖折射率结构参数 C_n^2。透射率均值 $\langle T\rangle$ 与大气湍流有关。然后，强化一个由 8 个神经元组成的隐藏层来连接输入层。最后，只设置一个神经元的输出层，输出调制方差 V_A。

BPNN 的训练数据产生过程如下。首先，作者编写了一个随机抽样输入数据空间的程序来随机选择 $\vec{u}$ 的组合（他们从 $L=0\sim11$，$\sigma_R^2=0\sim20$，$\langle T\rangle=0\sim1$ 中生成 1000 组数据），并使用本地搜索算法（local search algorithm，LSA）计算相应的最优参数 $\vec{v}$ 和密钥率。

下一步是训练 BPNN。他们将上述所有 $\vec{u}$ 和 $\vec{v}$ 记录为训练数据集 U 和 V。然后，他们引入了用于预测 V_A 的 BPNN。首先，从 $\overrightarrow{v_{\text{opt}}}$ 中提取 V_A，并制作一个标签数据集 V_1。然后，将数据集 U 放入 BPNN 中，根据 BPNN 输出与标签数据集 V_1 输出的差值，使用反向传播算法（back propagation algorithm，BPA）调整网络连接权值。神经网络一旦经过训练，就可以直接根据任意输入量找到最优参数和关键速率，大大加快了参数优化过程。

下面详细介绍 BPNN 的工作原理。BPNN 是目前应用最基本也是最广泛的神经网络，如图 5-51 所示。其输出结果采用前向传播，误差采用反向传播。前馈神经网络指神经元的层次排列，由输入层、隐藏层和输出层组成。该神经网络的每一层神经元只接收来自前一层神经元的输入，后一层对前一层没有信号反馈。每一层都在一定程度上转换输入数据，然后将结果作为下一层的输入，直到最终的结果。在训练过程中，反向传播用于调整网络权值和阈值，需要进行监督。当网络没有得到良好的训练时，输出必定与人们想要的不同。然后，将得到一个偏差和一层前向的偏差，一层一层向前最终得到误差 $\delta^{(i)}$。该误差就是反馈。反馈用于求偏导数，通常用于梯度下降。然后，采用梯度

下降法获得损失函数的最小值，从而尽可能地减少期望与输出之间的误差。

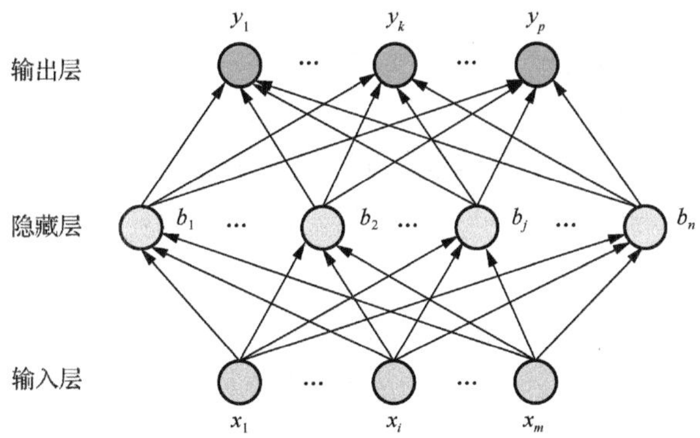

图 5-51　BPNN 的基本结构

反向传播神经网络算法的流程图如 5-52 所示，大致可分为以下 5 个步骤。

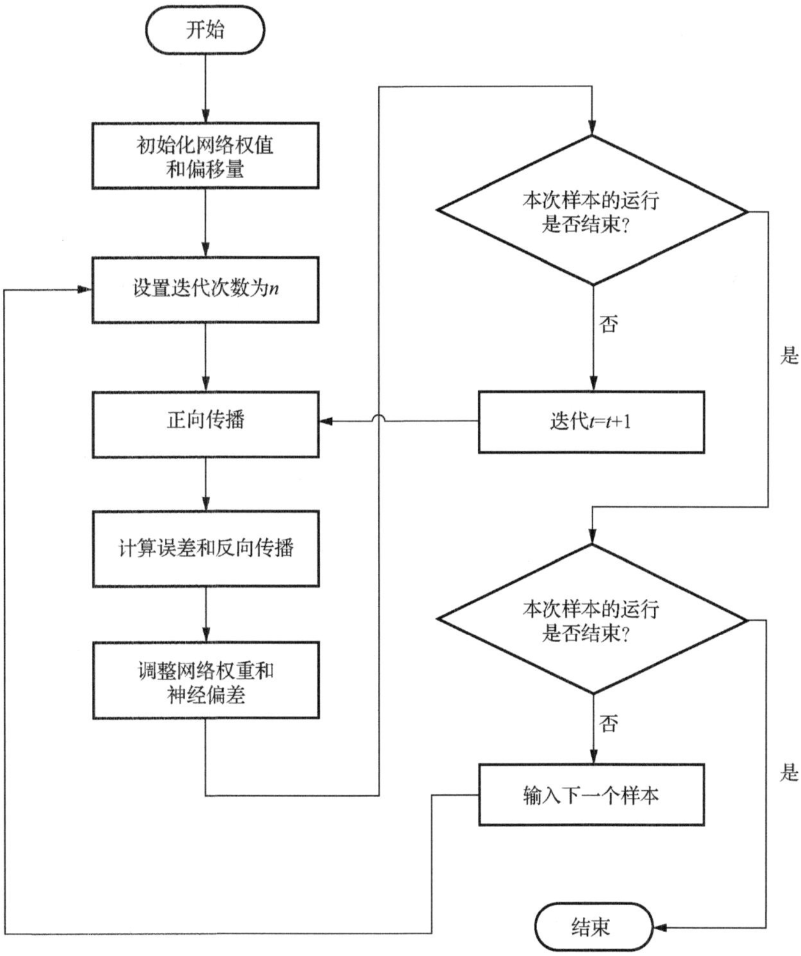

图 5-52　反向传播神经网络算法流程图

（1）初始化网络权值和偏移量。经过训练后，不同神经元之间的连接权值（网络权值）是不同的。因此，在初始化阶段，给每个网络连接权值一个小的随机数（通常是-1.0～1.0 或-0.5～0.5），每个神经元都有一个偏差（偏差可以视为每个神经元的权重），它也会被初始化为一个随机数。

（2）正向传播。输入一个训练模型，并计算出每个神经元的输出结果。每个神经元都计算出其输入的线性组合。隐藏层中各神经元激活值的计算公式为

$$\alpha_j = \sum_{i=1}^{m} v_{ij} x_i \tag{5-230}$$

然后，隐藏层中第 j 个神经元的输出值为 $f\left(\alpha_j - \gamma_j\right)$，其中 $f(x) = 1/(1+\mathrm{e}^{-x})$。在输出层中，接收到的第 k 个神经元的输入值为

$$\beta_k = \sum_{j=1}^{n} w_{jk} b_j \tag{5-231}$$

最后，输出层中第 k 个神经元的最终输出为

$$y_k = f\left(\beta_k - \theta_k\right) \tag{5-232}$$

（3）计算误差和反向传播。这个阶段是算法的学习过程。在学习过程中，我们希望算法的输出能够最大限度地与实际值保持一致。当输出值和实值不同时，不可避免地会出现误差。误差越小，该算法的预测效果越好。显然，输入数据是已知的，而变量只是那些会影响输出的连接权重。

对于训练样本(x_h, y_h)，假设神经网络的输出为 $\hat{y}_h = \left(\hat{y}_1^h, \hat{y}_2^h, \cdots, \hat{y}_p^h\right)$，则训练实例$(x_h, y_h)$中的均方误差可以表示为

$$E_h = \frac{1}{2}\sum_{k=1}^{p}\left(\hat{y}_k^h - y_k^h\right)^2 \tag{5-233}$$

BP 算法基于梯度下降策略，根据目标的负梯度方向调整参数。在学习速率为 η_{learn} 的情况下，对于均方误差 E_h，有

$$\Delta w_{jk} = -\eta_{\text{learn}} \frac{\partial E_h}{\partial w_{jk}} = \eta_{\text{learn}} g_k bj \tag{5-234}$$

其中，

$$g_k = \hat{y}_k^h\left(1 - \hat{y}_k^h\right)\left(y_k^h - \hat{y}_k^h\right) \tag{5-235}$$

同样，也可以得到 $\Delta\theta_k$、Δv_{ij} 和 $\Delta\gamma_j$：

$$\begin{cases} \Delta\theta_k = -\eta_{\text{learn}} g_k \\ \Delta v_{ij} = \eta_{\text{learn}} e_j x_i \\ \Delta\gamma_j = -\eta_{\text{learn}} e_j \end{cases} \tag{5-236}$$

其中，

$$e_j = -\frac{\partial E_h}{\partial \alpha_j} = bj\left(1-b_j\right)\sum_{k=1}^{p} w_{jk} g_k \tag{5-237}$$

（4）调整连接权重和阈值。在此阶段，根据隐藏层神经元的误差来调整连接权值和阈值。

（5）训练结束。对于每个样本，如果它的误差小于设置的阈值或已经达到了迭代的次数，那么就结束训练。否则，从（2）开始继续训练。

训练完成后，使用训练网络随机抽取三组数据，结果记录在表 5-16 中。从表 5-16 中可以看出，预测的参数和对应的密钥率与 LSA 获得的最优值非常接近，BPNN 预测的参数达到最优密钥率的 99.99%。如图 5-53 所示，作者通过扫描 0～11km 的距离来比较 BPNN 预测参数和优化参数。与传统的 LSA 相比，BPNN 在预测调制方差的最优值方面表现得非常好，并达到了一个非常近似的密钥率水平。

表 5-16　最优及反向传播神经网络（BPNN）预测参数

方法	L	σ_R^2	$\langle T\rangle$	C_n^2	V_A	K
最优的	2km	3.3269	0.8597	2×10^{-15}	0.70	0.2550
BPNN	2km	3.3269	0.8597	2×10^{-15}	0.6975	0.2556
最优的	4km	8.2922	0.3859	2×10^{-15}	0.1160	0.0388
BPNN	4km	8.2922	0.3859	2×10^{-15}	0.1161	0.0388

注：调制方差 V_A 为 BPNN 预测参数，密钥率 K 由应用 BPNN 预测的 V_A 生成。参数 L、σ_R^2、$\langle T\rangle$ 和 C_n^2 为系统条件参数。此外，C_n^2 和 σ_R^2 可以通过公式 $\sigma_R^2 =1.23\, C_n^2\, k^{(7/6)}L^{(11/9)}$进行转换，因此输入维数为 3 而不是 4。

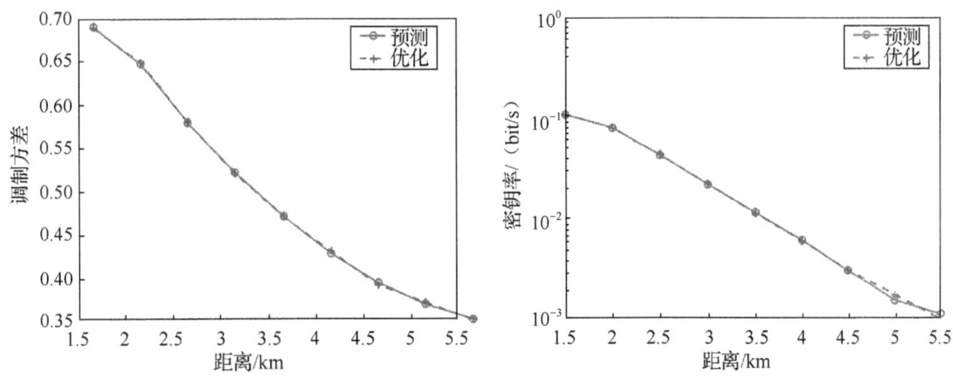

（a）BPNN预测和优化的调制方差V_A的比较　（b）使用BPNN预测的参数生成的密钥率和最优密钥率的比较

图 5-53　通过扫描 0～11km 的距离来比较 BPMN 预测参数和优化参数

注：过噪声设置为 0.01，探测器效率 $\eta = 0.6$，电噪声 $\xi_{\mathrm{el}} = 0.01$。

2. 性能分析

作者采用蒙特卡罗仿真法计算了密钥率。由相位波动引起的噪声还不能进行精确的补偿，并且在采用多种有效的补偿方法后，很难评估实际的相位过噪声[5]。因此，他们暂时忽略了相位过噪声。然而，作者仍然研究在不同固定的过噪声水平（0.01 和 0.03）下可以达到的密钥率。

过噪声为 0.01 时的密钥率如图 5-54（a）所示。使用 BPNN 的系统密钥率略高于 LSA。过噪声为 0.03 时的密钥率如图 5-54（b）所示。与图 5-54（a）相比，图 5-54（b）所能达到的传输距离明显缩短。

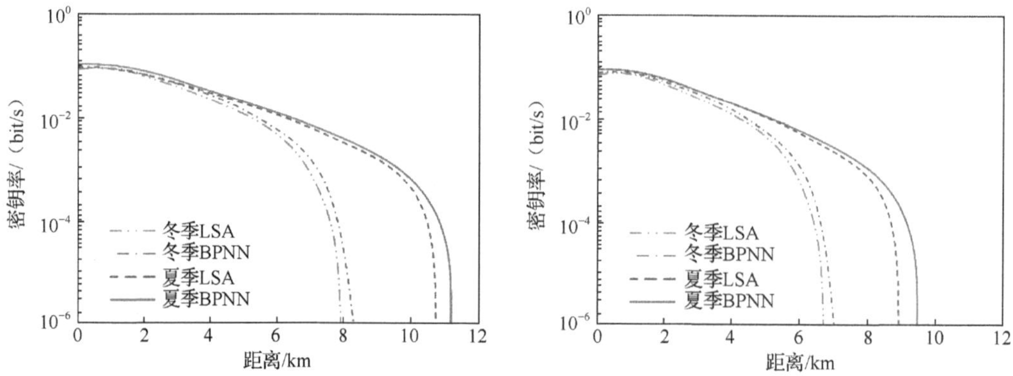

（a）过噪声0.01　（b）过噪声0.03

图 5-54　在夏季和冬季，基于 LSA 和 BPNN 的密钥率与距离的函数关系

这里性能分析指出了几点关键的方面。首先，基于 BPNN 的 CVQKD 系统提供了更高的可实现密钥率和更有效的参数优化。其次，透射率浮动对密钥率将产生负面影响。因此，在实际实验中应重视光束的漂移、展宽和变形的影响。最后，由于过噪声的影响很大，相位过噪声将远大于 0.03，需要采用有效方法来获得相位过噪声以提高密钥率。

5.9.5　正交频分复用技术

利用复用技术来提升通信容量在经典通信中有着广泛的运用，如时分复用、偏振复用、波分复用、频分复用、空分复用和轨道角动量复用等。事实上，已经有不少研究者将这些复用技术借鉴到 CVQKD 中，并证明了该方法的有效性。在自由空间 CVQKD 中，复用技术也已经被证明能够提升总体密钥率，如频分复用[84]和多维复用技术[85]。接下来，将详细介绍 2019 年 Zhao 等[84]（郭迎团队）提出的基于正交频分复用（orthogonal frequency division multiplexing，OFDM）的星地 CVQKD。

1. 基于 OFDM 的 CVQKD 的描述

根据文献[84]，子信道专用于 CV 子载波的传输，角域利用高斯 CV 子载波的相空间角来构建高斯子信道的物理模型；此外，文献[84]已经证明了在多载波 CVQKD 方案中，子载波域是子载波级传输的自然表示。

在 FSO 链路中，基于 OFDM 的 CVQKD 系统描述如下。首先，CVQKD 编码器产生的量子信号，携带信息编码的关键位。所产生的光脉冲被馈入 OFDM 编码器进行多路复用。如图 5-55（a）所示，经过 16-QAM 映射和串行-并行（serial to paralled，S/P）转换操作后，传输数据转换为并行数据流。随后，将并行传输数据流分发到正交子载波，实现并行传输。然后，利用快速傅里叶反变换（IFFT）、循环前缀（cyclic prefix，CP）和并行-串行（P/S）转换形成并行数据。然后通过数模转换器（DAC），将 OFDM 信号间接调制到合适的中频 f_{LO_1} 上。当然，最后一步是通过发射天线（transmitting antenna，TA）发射信号。

在 Bob 侧，接收到的信号被分为两路，以保证本振光与信号光之间的耦合问题。其中，一条光路被认为是 LO，另一条光路被认为是信号光。光纤光栅具有波长选择性好、对非线性效应不敏感、对偏振不敏感等优点。因此，选择 FG 提供更大的调谐频率范围，这也有一个好处，即可根据发射信号的频率变化改变可调谐频率，以确保更好的频率稳定性的 LO。系统中还使用了光纤放大器，以保证系统光信号的光放大器具有足够的功率，从而使系统光信号的光放大器能够采用相干检测方法。外差混频器（HM）工作后，通过光带通滤波器（OBPF）对高频分量进行过滤。然后利用光电检测器（PD）获取输出响应电流，再从低通滤波器（LPF）中提取有用数据。最后，从 CVQKD 译码处理中恢复原始信号。

2. 安全性分析

具体安全性分析与密钥率计算可以参考文献[84]，安全性主要基于高斯集体攻击。密钥率的仿真结果如附图 19（a）所示，其中运用了关系式 $R = f_{\mathrm{rep}}K$，该式中 f_{rep}=1MHz 表示量子系统的重复频率，K 代表单位为 bit/pulse 的密钥率。这里信道模型采用椭圆光束模型[84]。与单通道 CVQKD 系统相比，OFDM 型 CVQKD 系统的最终密钥比特率有了显著提高。特别是子信道越多，密钥比特率越高。一个显著的事实是密钥比特率是总有效子信道的一个增函数。因此，我们定义了多通道增益 G 来表示密钥比特率的提高。该参数表示为 $G=R/S_1=f_{\mathrm{rep}}K/S1$，其中 S_1 表示单通道 CVQKD 中的密钥比特率。如附图 19（b）所示，多通道增益是传输距离的递减函数，其中多通道增益的仿真结果与密钥率一致。

除调制方案和攻击方案外，串扰噪声是影响多载波 CVQKD 安全性的另一个关键因素。在基于 OFDM 的 CVQKD 系统中，串扰是可以发生在相邻子信道之间的多载波传输中的附加噪声。串扰噪声可能是由一个不完美的子信道分离和子信道滤波过程造成的。由于信道间的串扰，一些相邻信道的信息可能会泄露，从而对接收端产生噪声[84]。图 5-56 描述了调制中的信道间串扰的影响。

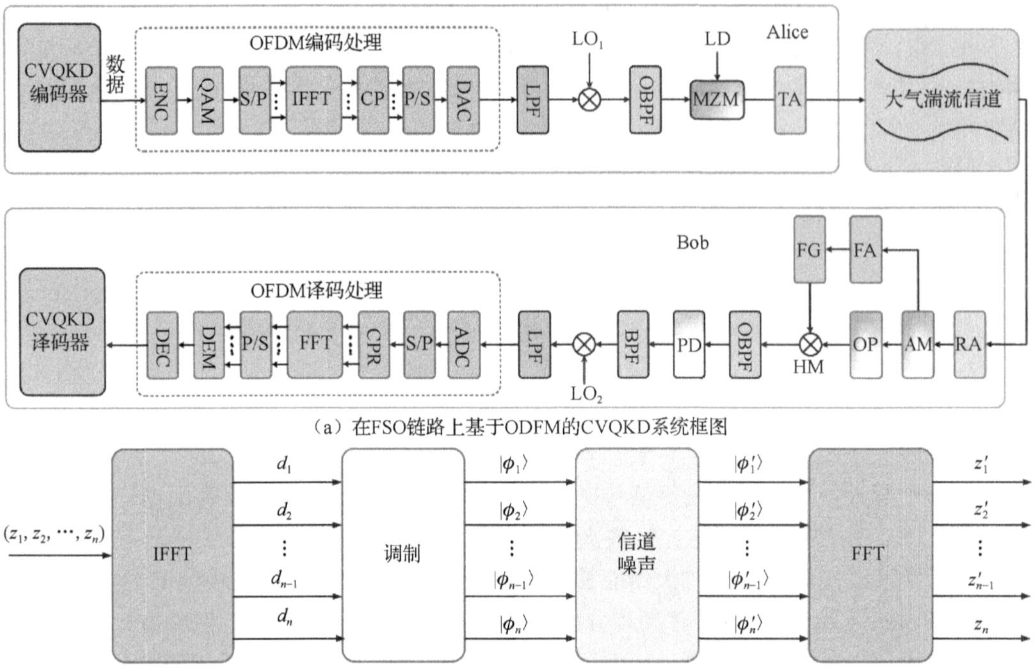

（a）在FSO链路上基于ODFM的CVQKD系统框图

（b）调制方案

ENC——编码器；QAM——正交调幅；S / P——串行-并行转换；IFFT——快速反傅里叶变换；CP——循环前缀；P / S——并行-串行转换；DAC——数模转换器；LPF——低通滤波器；OBPF——光学带通滤波器；LD——激光二极管；MZM——马赫-曾德尔干涉仪；TA——发射天线；RA——接收天线；HM——外差式探测器；点——放大器；OP——光学处理器；FA——光纤放大器；FG——光纤光栅；PD——光电探测器；BPF——带通滤波器；FFT——快速傅里叶变换；CPR——循环前缀去除；DEM——解调；DEC——译码器。

图 5-55　FSO 链路上基于 OFDM 的 CVQKD 系统框图及具体调制方案[84]

注：Alice 产生一个 n 维随机向量 z，然后用 F^{-1} 进行反傅里叶变换。由此产生的向量 $\boldsymbol{d}$ 编码调制的副载波四项。在译码过程中，Bob 对 n 个子载波应用 F 的傅里叶变换来恢复 Alice 的有噪原始变量。

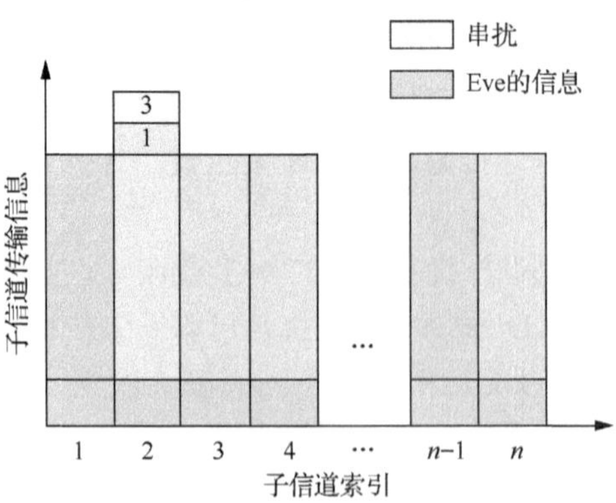

图 5-56　子信道间串扰噪声的影响

参 考 文 献

[1] Wang J Y, Yang B, Liao S K, et al. Direct and full-scale experimental verifications towards ground–satellite quantum key distribution[J]. Nature Photonics, 2013, 7(5): 387-393.

[2] Usenko V C, Heim B, Peuntinger C, et al. Entanglement of Gaussian states and the applicability to quantum key distribution over fading channels[J]. New Journal of Physics, 2012, 14(9): 093048.

[3] Dong R, Lassen M, Heersink J, et al. Continuous-variable entanglement distillation of non-Gaussian mixed states[J]. Physical Review A, 2010, 82(1): 012312.

[4] García P R. Quantum information with optical continuous variables: from Bell tests to key distribution[D]. Brussels: Free University of Brussels, 2007.

[5] Wang S, Huang P, Wang T, et al. Atmospheric effects on continuous-variable quantum key distribution[J]. New Journal of Physics, 2018, 20(8): 083037.

[6] Chen C, Yang H, Lou Y, et al. Temporal broadening of optical pulses propagating through non-Kolmogorov turbulence[J]. Optics Express, 2012, 20(7): 7749-7757.

[7] Chen C, Yang H, Tong S, et al. Characterization of temporal pulse broadening for horizontal propagation in strong anisotropic atmospheric turbulence[J]. Optics Express, 2015, 23(4): 4814-4828.

[8] Huang D, Huang P, Lin D, et al. Long-distance continuous-variable quantum key distribution by controlling excess noise[J]. Scientific Reports, 2016, 6(1): 19201.

[9] Günthner K, Khan I, Elser D, et al. Quantum-limited measurements of optical signals from a geostationary satellite[J]. Optica, 2017, 4(6): 611-616.

[10] Leverrier A, García P R, Renner R, et al. Security of continuous-variable quantum key distribution against general attacks[J]. Physical Review Letters, 2013, 110(3): 030502.

[11] Leverrier A. Security of continuous-variable quantum key distribution via a Gaussian de Finetti reduction[J]. Physical Review Letters, 2017, 118(20): 200501.

[12] Wang Y, Wu X, Zhang L, et al. Performance improvement of free-space continuous-variable quantum key distribution with an adaptive optics unit[J]. Quantum Information Processing, 2019, 18(8): 251.

[13] Chai G, Huang P, Cao Z, et al. Suppressing excess noise for atmospheric continuous-variable quantum key distribution via adaptive optics approach[J]. New Journal Physics, 2020, 22(10): 103009.

[14] Zhang S J, Ma H X, Wang X, et al. Temperature effects on atmospheric continuous-variable quantum key distribution[J]. Chinese Physics B, 2019, 28(8): 080304.

[15] Wang S, Huang P, Wang T, et al. Feasibility of all-day quantum communication with coherent detection[J]. Physical Review Applied, 2019, 12(2): 024041.

[16] Elser D, Bartley T, Heim B, et al. Feasibility of free space quantum key distribution with coherent polarization states[J]. New Journal of Physics, 2009, 11(4): 045014.

[17] Wang S, Huang P, Wang T, et al. Feasibility of continuous-variable quantum key distribution through fog[J]. Optics Letters, 2021, 46(23): 5858-5861.

[18] Kruse P W, McGlauchlin L D, McQuistan R B. Elements of infrared technology: Generation, transmission and detection[M]. New York: Wiley Press, 1962.

[19] Kim I I, McArthur B, Korevaar J E. Comparison of laser beam propagation at 785 nm and 1550 nm in fog and haze for optical wireless communications[C]//Conference on Optical wireless communications. Boston, MA, United States, 2001, 4214: 26-37.

[20] Maher C a N, Hervé S, Frederique De F. Fog attenuation prediction for optical and infrared waves[J]. Optical Engineering, 2004, 43(2): 319-329.

[21] Leverrier A, Grosshans F, Grangier P. Finite-size analysis of a continuous-variable quantum key distribution[J]. Physical Review A, 2010, 81(6): 062343.

[22] Jouguet P, Kunz-Jacques S, Diamanti E, et al. Analysis of imperfections in practical continuous-variable quantum key distribution[J]. Physical Review A, 2012, 86(3): 032309.

[23] Hosseinidehaj N, Walk N, Ralph T C. Composable finite-size effects in free-space continuous-variable quantum-key-distribution systems[J]. Physical Review A, 2021, 103(1): 012605.

[24] Ruppert L, Peuntinger C, Heim B, et al. Fading channel estimation for free-space continuous-variable secure quantum communication[J]. New Journal of Physics, 2019, 21(12): 123036.

[25] Dequal D, Trigo Vidarte L, Roman Rodriguez V, et al. Feasibility of satellite-to-ground continuous-variable quantum key distribution[J]. npj Quantum Information, 2021, 7(1): 3.

[26] Ruppert L, Usenko V C, Filip R. Long-distance continuous-variable quantum key distribution with efficient channel estimation[J]. Physical Review A, 2014, 90(6): 062310.

[27] Pirandola S. Limits and security of free-space quantum communications[J]. Physical Review Research, 2021, 3(1): 013279.

[28] Zhong H, Ye W, Zuo Z, et al. Kalman filter-enabled parameter estimation for simultaneous quantum key distribution and classical communication scheme over a satellite-mediated link[J]. Optics Express 2022, 30(4): 5981-6002.

[29] Furrer F, Franz T, Berta M, et al. Continuous variable quantum key distribution: finite-key analysis of composable security against coherent attacks[J]. Physical Review Letters, 2012, 109(10): 100502.

[30] Leverrier A. Composable security proof for continuous-variable quantum key distribution with coherent states[J]. Physical Review Letters, 2015, 114(7): 070501.

[31] Lupo C, Ottaviani C, Papanastasiou P, et al. Continuous-variable measurement-device-independent quantum key distribution: Composable security against coherent attacks[J]. Physical Review A, 2018, 97(5): 052327.

[32] Chen Z, Zhang Y, Wang G, et al. Composable security analysis of continuous-variable measurement-device-independent quantum key distribution with squeezed states for coherent attacks[J]. Physical Review A, 2018, 98(1): 012314.

[33] Ghorai S, Diamanti E, Leverrier A. Composable security of two-way continuous-variable quantum key distribution without active symmetrization[J]. Physical Review A, 2019, 99(1): 012311.

[34] Hosseinidehaj N, Walk N, Ralph T C. Composable finite-size effects in free-space continuous-variable quantum-key-distribution systems[J]. Physical Review A, 2021, 103(1): 012605.

[35] Wang S, Huang P, Liu M, et al. Phase compensation for free-space continuous-variable quantum key distribution[J]. Optics Express, 2020, 28(8): 10737-10745.

[36] Wang S, Huang P, Wang T, et al. Dynamic polarization control for free-space continuous-variable quantum key distribution[J]. Optics Letters, 2020, 45(21): 5921-5924.

[37] Hosseinidehaj N, Malaney R. Gaussian entanglement distribution via satellite[J]. Physical Review A, 2015, 91(2): 022304.

[38] Hosseinidehaj N, Malaney R. CV-MDI quantum key distribution via satellite[J]. Quantum Information and Computation 2017, 17(5&6): 361-379.

[39] Zhang S J, Xiao C, Zhou C, et al. Performance analysis of continuous-variable measurementdevice-independent quantum key distribution under diverse weather conditions[J]. Chinese Physics B, 2020, 29(2): 020301.

[40] Derkach I, Usenko V C, Filip R. Squeezing-enhanced quantum key distribution over atmospheric channels[J]. New Journal of Physics, 2020, 22（5): 053006.

[41] Jin D, Guo Y, Wang Y, et al. Parameter estimation of orbital angular momentum based continuous-variable quantum key distribution[J]. Journal of Applied Physics, 2020, 127(21): 213102.

[42] He Y, Mao Y, Huang D, et al. Indoor channel modeling for continuous variable quantum key distribution in the terahertz band[J]. Optics Express, 2020, 28(22): 32386-32402.

[43] Qi B, Gunther H, Evans P G, et al. Experimental passive-state preparation for continuous-variable quantum communications[J]. Physical Review Applied, 2020, 13(5): 054065.

[44] Zhong H, Wu X, Deng M, et al. Passive-state preparation for continuous variable quantum key distribution in atmospheric channel[J]. Quantum Information Processing, 2021, 20(8): 258.

[45] Shen S Y, Dai M W, Zheng X T, et al. Free-space continuous-variable quantum key distribution of unidimensional Gaussian modulation using polarized coherent states in an urban environment[J]. Physical Review A, 2019, 100(1): 012325.

[46] Zuo Z Y, Wang Y, Huang D, et al. Atmospheric effects on satellite-mediated continuous-variable quantum key distribution[J]. Journal of Physics A: Mathematical and Theoretical, 2020, 53(46): 465302.

[47] Weedbrook C, Pirandola S, García P R, et al. Gaussian quantum information[J]. Review of Modern Physics, 2012, 84(2): 621-669.

[48] Liao S K, Cai W Q, Liu W Y, et al. Satellite-to-ground quantum key distribution[J]. Nature, 2017, 549(7670): 43-47.

[49] Takenaka H, Carrasco-Casado A, Fujiwara M, et al. Satellite-to-ground quantum-limited communication using a 50kg-class microsatellite[J]. Nature Photonics, 2017, 11(8): 502-508.

[50] Wang Z, Malaney R, Green J. Inter-satellite quantum key distribution at Terahertz frequencies[C]// ICC 2019—2019 IEEE International Conference on Communications (ICC). Shanghai, China, 2019: 1-7.

[51] Liu C, Zhu C, Nie M, et al. Composable security for inter-satellite continuous-variable quantum key distribution in the terahertz band[J]. Optics Express, 2022, 30(9): 14798-14816.

[52] Weedbrook C, Pirandola S, Ralph T C. Continuous-variable quantum key distribution using thermal states[J]. Physical Review A, 2012, 86(2): 022318.

[53] Ruan X, Zhang H, Zhao W, et al. Security analysis of discrete-modulated continuous-variable quantum key distribution over seawater channel[J]. Applied Sciences, 2019, 9(22): 4956.

[54] Zeng Z, Fu S, Zhang H, et al. A survey of underwater optical wireless communications[J]. IEEE Communications Surveys & Tutorials, 2017, 19(1): 204-238.

[55] Mao Y, Wu X, Huang W, et al. Monte Carlo-based performance analysis for underwater continuous-variable quantum Key distribution[J]. Applied Sciences, 2020, 10(17): 5744.

[56] Haltrin V I. Chlorophyll-based model of seawater optical properties[J]. Applied Optics, 1999, 38(33): 6826-6832.

[57] Xie C L, Guo Y, Wang Y J, et al. Security simulation of continuous-variable quantum key distribution over air-to-water channel using Monte Carlo method[J]. Chinese Physics Letters, 2018, 35(9): 090302.

[58] Guo Y, Xie C, Huang P, et al. Channel-parameter estimation for satellite-to-submarine continuous-variable quantum key distribution[J]. Physical Review A, 2018, 97（5): 052326.

[59] Guo Y, Xie C, Liao Q, et al. Entanglement-distillation attack on continuous-variable quantum key distribution in a turbulent atmospheric channel[J]. Physical Review A, 2017, 96(2): 022320.

[60] Fossier S, Diamanti E, Debuisschert T, et al. Improvement of continuous-variable quantum key distribution systems by using optical preamplifiers[J]. Journal of Physics B: Atomic Molecular and Optical Physics, 2009, 42(11): 114014.

[61] Ma X C, Sun S H, Jiang M S, et al. Wavelength attack on practical continuous-variable quantum-key-distribution system with a heterodyne protocol[J]. Physical Review A, 2013, 87（5): 052309.

[62] Huang J Z, Weedbrook C, Yin Z Q, et al. Quantum hacking of a continuous-variable quantum-key-distribution system using a wavelength attack[J]. Physical Review A, 2013, 87(6): 062329.

[63] Huang J Z, Kunz J S, Jouguet P, et al. Quantum hacking on quantum key distribution using homodyne detection[J]. Physical Review A, 2014, 89(3): 032304.

[64] Tan X, Guo Y, Zhang L, et al. Wavelength attack on atmospheric continuous-variable quantum key distribution[J]. Physical Review A, 2021, 103(1): 012417.

[65] Jouguet P, Kunz J S, Diamanti E. Preventing calibration attacks on the local oscillator in continuous-variable quantum key distribution[J]. Physical Review A, 2013, 87(6): 062313.

[66] Huang P, He G, Fang J, et al. Performance improvement of continuous-variable quantum key distribution via photon subtraction[J]. Physical Review A, 2013, 87(1): 012317.

[67] Li Z, Zhang Y, Wang X, et al. Non-Gaussian postselection and virtual photon subtraction in continuous-variable quantum key distribution[J]. Physical Review A, 2016, 93(1): 012310.

[68] Ghalaii M, Ottaviani C, Kumar R, et al. Long-distance continuous-variable quantum key distribution with quantum scissors[J]. IEEE Journal of Selected Topics in Quantum Electronics, 2020, 26(3): 1-12.

[69] Ghalaii M, Ottaviani C, Kumar R, et al. Discrete-modulation continuous-variable quantum key distribution enhanced by quantum scissors[J]. IEEE Journal of Selected Areas Communications, 2020, 38(3): 506-516.

[70] Guo Y, Ye W, Zhong H, et al. Continuous-variable quantum key distribution with non-Gaussian quantum catalysis[J]. Physical Review A, 2019, 99(3): 032327.

[71] Ye W, Zhong H, Liao Q, et al. Improvement of self-referenced continuous-variable quantum key distribution with quantum photon catalysis[J]. Optics Express, 2019, 27(12): 17186-17198.

[72] Hosseinidehaj N, Malaney R. CV-QKD with Gaussian and non-Gaussian entangled states over satellite-based channels[C]// 2016 IEEE Global Communications Conference (GLOBECOM). Washington, DC, USA, 2016: 1-7.

[73] He M, Malaney R, Green J. Quantum communications via satellite with photon subtraction[C]// 2018 IEEE Globecom Workshops (GC Wkshps). Abu Dhabi, United Arab Emirates, 2018: 1-6.

[74] He M, Malaney R, Green J. Photonic engineering for CV-QKD over earth-satellite channels[C]// ICC 2019—2019 IEEE International Conference on Communications (ICC). Shanghai, China, 2019: 1-7.

[75] Xu S, Li Y, Wang Y, et al. Noiseless attenuation for continuous-variable quantum key distribution over ground-satellite uplink[J]. Applied Sciences, 2021, 11(23): 11289.

[76] Zuo Z Y, Wang Y J, Mao Y, et al. Quantum catalysis-assisted attenuation for improving free-space continuous-variable quantum key distribution[J]. Journal of Physics B: Atomic, Molecular and Optical Physics, 2020, 53(18): 185501.

[77] Wang Y, Wu X, Zhang L, et al. Performance improvement of free-space continuous-variable quantum key distribution with an adaptive optics unit[J]. Quantum Information Processing, 2019, 18(8): 251.

[78] Liu W, Yao K, Huang D, et al. Performance evaluation of coherent free space optical communications with a double-stage fast-steering-mirror adaptive optics system depending on the greenwood frequency[J]. Optics Express, 2016, 24(12): 13288-13302.

[79] Cao J, Zhao X, Liu W, et al. Performance analysis of a coherent free space optical communication system based on experiment[J]. Optics Express, 2017, 25(13): 15299-15312.

[80] Guo Y, Wang X, Xie C, et al. Free-space continuous-variable quantum key distribution in atmospheric channels based on low-density parity-check codes[J]. Laser Physical Letters, 2020, 17(4): 045203.

[81] Jiang X Q, Huang P, Huang D, et al. Secret information reconciliation based on punctured low-density parity-check codes for continuous-variable quantum key distribution[J]. Physical Review A, 2017, 95(2): 022318.

[82] Liu H, Wang W, Wei K, et al. Experimental demonstration of high-rate measurement-device-independent quantum key distribution over asymmetric channels[J]. Physical Review Letters, 2019, 122(16): 160501.

[83] Su Y, Guo Y, Huang D. Parameter optimization based BPNN of atmosphere continuous-variable quantum key distribution[J]. Entropy, 2019, 21(9): 908.

[84] Zhao W, Liao Q, Huang D, et al. Performance analysis of the satellite-to-ground continuous-variable quantum key distribution with orthogonal frequency division multiplexed modulation[J]. Quantum Information Processing, 2019, 18(1): 39.

[85] Zheng Q, Djordjevic I B. Four-dimensionally multiplexed eight-state continuous-variable quantum key distribution over turbulent channels[J]. IEEE Photonics Journal, 2017, 9(6): 1-8.

第 6 章　自由空间量子隐形传态技术

与自由空间 CVQKD 相比，自由空间信道下的量子隐形传态（CVQT）技术的发展则要慢了许多。一个主要原因在于 CVQT 对损耗很敏感，使得保持高保真度情况下隐形传态的距离比较近，严重限制了 CVQT 的发展。其次，相比基于相干态的 CVQKD，CVQT 需要制备高质量的纠缠源，而在现实的情况下，纠缠源的制备比较困难，这使得很多研究者不具备通过实验研究 CVQT 的条件。目前，自由空间的 CVQT 还处在理论探索阶段，离实用化还有很长的一段路要走。然而，CVQT 是基于 CV 的全球量子通信网络组成的核心技术之一，自由空间 CVQT 的研究具有十分重要的意义。

6.1　大气 CVQT

基于大气量子信道的 CVQT 技术是量子通信网络不可或缺的部分，大气量子信道对 CVQT 系统保真度的影响，以及如何最大限度降低衰落的影响，是人们最先需要关注的。理论分析表明，基于大气量子信道的 CVQT 是可行的，这为后续 CVQT 的实用化提供了理论依据。

6.1.1　纠缠源在发送端的 CVQT

1. 基于光束漂移模型的相干态 CVQT

基于光束漂移大气信道模型，2017 年，Zhang 等[1]研究了在无噪水平大气信道中进行相干态 CVQT 的可行性。他们考虑了纠缠源居于发送端的最一般的 CVQT 协议，如图 6-1 所示。为了方便分析，假设隐形传态的增益为 1，这意味着模 B 的位移是 $\beta = x_C + \mathrm{i}p_A$。设输入相干态的密度矩阵为 $\boldsymbol{\rho}_C = |\alpha\rangle\langle\alpha|$。50∶50 分束器耦合和随后的零差测量可以等效于光模 A 上的广义外差测量，即

$$\Pi_A(\beta) = \frac{1}{\pi} D(\beta)\boldsymbol{\rho}^{\mathrm{T}}\boldsymbol{D}^{\dagger}(\beta) \tag{6-1}$$

其中，$D(\beta)=\exp(\beta a^{\dagger}-\beta^{*}a)$ 为光位移算符。假定 A-B 模的纠缠态为一个任意的密度矩阵为 $\tilde{\boldsymbol{\rho}}_{AB}$ 的纠缠态。共轭零差测量探测得到(x_C, p_A)的概率分布为 $P(\beta)=\mathrm{Tr}\left[\left(\Pi_A(\beta)\otimes I\right)\tilde{\boldsymbol{\rho}}_{AB}\right]$。零差测量之后的模 B 的态为

$$\boldsymbol{\rho}_B=\frac{1}{P(\beta)}\mathrm{Tr}_A\left[\left(\Pi_A\otimes I\right)\tilde{\boldsymbol{\rho}}_{AB}\right] \tag{6-2}$$

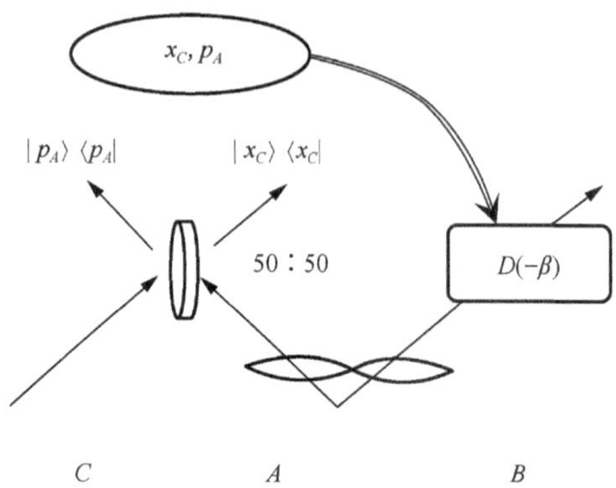

图 6-1 相干态 CVQT 的示意图

注：模 A 和模 B 组成 CV 双模纠缠态，模 C 是待隐形传输的相干态。模 A 与模 C 在一个 50∶50 的分束器处相干混合后，生成的态进行零差测量后得到 x_C 和 p_A。最后，对模 B 进行一个正则分量的位移 $D(-\beta)$（根据零差测量的结果）完成 CVQT。

当最后的正则分量位移（根据零差测量结果(x_C, p_A)）作用于光模 B 后，最终的输出态为

$$\boldsymbol{\rho}_B(\beta)=D(\beta)\boldsymbol{\rho}_B D^{\dagger}(\beta) \tag{6-3}$$

根据 3.2 节中的讨论，输出态与输入态之间的相似度用保真度来描述，它可以表示为

$$F(\beta)=\left\langle\alpha\middle|\boldsymbol{\rho}_B(\beta)\middle|\alpha\right\rangle \tag{6-4}$$

由于测量结果(x_C, p_A)是概率的且具有概率分布 $P(\beta)$，则最终的平均保真度为

$$\begin{aligned}F&=\int \mathrm{d}^2\beta P(\beta)F(\beta)\\&=\frac{1}{\pi}\int \mathrm{Tr}\left[\tilde{\boldsymbol{\rho}}_{AB}D(\beta)\boldsymbol{\rho}_C^{\mathrm{T}}D^{\dagger}(\beta)\otimes D(\beta)|\alpha\rangle\langle\alpha|D^{\dagger}(\beta)\right]\mathrm{d}^2\beta\\&=\mathrm{Tr}\left[\tilde{\boldsymbol{\rho}}_{AB}O_F\right]\end{aligned} \tag{6-5}$$

其中，$O_F=\frac{1}{\pi}\int D(\beta)\otimes D(\beta)\left(\boldsymbol{\rho}_C^{\mathrm{T}}\otimes|\alpha\rangle\langle\alpha|\right)D^{\dagger}(\beta)\otimes D^{\dagger}(\beta)\mathrm{d}^2\beta$。利用关系式 $\int \mathrm{d}^2\gamma\exp\left[-s|\gamma|^2\right]\gamma^{n}\gamma^{*m}=\left(\pi n!/s^{n+1}\right)\delta_{nm}$，可以得到

$$O_F=\sum_{K=0}^{\infty}\sum_{i,j=0}^{K}\frac{1}{2^{K+1}}\sqrt{\begin{bmatrix}K\\i\end{bmatrix}\begin{bmatrix}K\\j\end{bmatrix}}|i,j\rangle\langle K-i,K-j| \tag{6-6}$$

基于上面的分析，得到对于密度矩阵为 $\tilde{\boldsymbol{\rho}}_{AB}$ 的任意 CV 双模纠缠态平均保真度估计

的明确计算公式。对于纯的双模压缩真空态 $\tilde{\boldsymbol{\rho}}_{AB}=|\psi_{\text{TMVS}}\rangle\langle\psi_{\text{TMVS}}|$，其中 $\psi_{\text{TMVS}}=\cosh^{-1}s\sum_{n=0}^{\infty}\tanh^{n}(s)|n\rangle|n\rangle$，其平均保真度为

$$F=(1+\tanh(s))/2 \tag{6-7}$$

考虑纯的双模压缩真空态，由于模 B 要经过大气信道才能传输到接收端 Bob，因此需要考虑大气信道透射率带来的影响。将大气信道等效为一个透射率和大气透射率 T 相等的分束器，并假设该分束器的另一个输入口的真空输入态 $|0\rangle_D$ 为模 D。那么该分束器耦合模 B 和模 D 后的输出态为

$$|\psi_{ABD}\rangle=I\otimes U_{BD}\left(|\psi_{\text{TMSS}}\rangle\langle\psi_{\text{TMSS}}|\otimes|0\rangle\langle 0|\right)U_{BD}^{\dagger} \tag{6-8}$$

其中，$U_{BD}(T)=\exp[\arctan\sqrt{(1-T)/T}(a_B a_D^{\dagger}-a_B^{\dagger}a_D)]$。因此，当模 B 经过固定的单边损耗后，模 A 和模 B 之间的双边态变为

$$\boldsymbol{\rho}_{AB}(T)=\text{Tr}_D[|\psi_{ABD}\rangle\langle\psi_{ABD}|] \tag{6-9}$$

然而，大气信道由于湍流的影响，其透射率 T 是一个浮动的变量，服从某个概率分布。对于水平大气信道中的弱湍流情况，光束漂移模型能够较好地模拟大气的透射率浮动分布，因此作者采用了光束漂移模。通过该大气信道模型，可以得到一个透射率 T 的概率分布函数 $\mathcal{P}(T)$，则最后模 B 穿过大气信道后的平均双模纠缠态表示为

$$\boldsymbol{\rho}_{AB}=\int\boldsymbol{\rho}_{AB}(T)\mathcal{P}(T)\text{d}T \tag{6-10}$$

在光束漂移模型中，需要给定一些关键的参数：接收光圈孔径半径 a、光束初始半径 W_0、光波长 λ、折射率结构常数 C_n^2，大气相干长度 ρ_0，和光束传输距离 L。这样，光束漂移方差 $\sigma_{\text{BW}}^2=1.305C_n^2(2W_0)^{-1/3}L^3$，在接收平面处的光束半径 $W=\sqrt{W_0^2+2(L\lambda/\pi\rho_0)^2}$，大气相干长度 $\rho_0=\left[0.5476(2\pi/\lambda)^2C_n^2L\right]^{-3/5}$。

取 $a=W_0=0.1\text{m}$，波长 $\lambda=850\text{nm}$，$L=10\text{km}$，$C_n^2=10^{-15}\text{m}^{-2/3}$，原始压缩参数 $s=0.5$，并将穿过大气信道后的双模纠缠态 $\boldsymbol{\rho}_{AB}$ 在 Fock 态基中截断到 $\bar{D}=6$ 维子空间，文献[1]对基于相干态的 CVQT 保真度随距离的关系进行了数值仿真，结果显示保真度从 0.7310 下降到 10km 处的 0.5115，说明在大气信道中，理想的无损耗情况能达到的保真度有 0.7310，而即使经过 10km 距离的传输，保真度也能突破经典极限的 0.5，体现了量子优势。当然，为了提升保真度，可以增大接收孔径半径 a_r 的大小。作者的数值结果显示，当 a_r 达到 2m 时，保真度能够达到 0.704，但是仍达不到无损情况时的保真度。

2. 基于椭圆光束模型的相干态 CVQT

为了将大气湍流引起的光束漂移、波前失真和光束变形等因素也考虑进去，Hofmann 等[2]基于椭圆光束大气信道模型分析了纠缠源居于发送端的无噪大气 CVQT。运用特征函数，作者计算了固定透射率下有损信道的基于相干态的 BK CVQT 协议的保真度，即 3.2.1 节中的式（3-124）。考虑大气衰落信道透射率的浮动，则平均保真度计算为

$$\bar{F}(\zeta)=\int_0^1 \mathrm{d}T_B F\left(\zeta,\mathcal{T}_A,\mathcal{T}_B\right)\mathcal{P}\left(\mathcal{T}_B\right) \tag{6-11}$$

其中，ζ 为 EPR 态的压缩参数，$\mathcal{T}_A=1$，模 A 和模 B 分别为发送给 Alice 和 Bob 的 EPR 态的两个模式，$\mathcal{P}\left(\mathcal{T}_B\right)$ 为大气信道的透射系数概率分布。概率分布 $\mathcal{P}\left(\mathcal{T}_B\right)$ 通过 4.2.4 节中的方法得到，其中文献[2]中的参数设置如下：光波长 $\lambda=809\text{nm}$、初始光束半径 $W_0=20\text{mm}$、传输距离 $L=1.6\text{km}$、常规消光 $\tau_{\text{ext}}=0.7$（1.5dB）、接收光圈孔径半径 $a_r=0.04\text{m}$、大气折射率结构常数 $C_n^2=(0.5, 1.5, 7)\times10^{-14}\text{m}^{-2/3}$。基于上述参数设置，文献[2]数值仿真了平均保真度随压缩参数的变化关系，如图 6-2 所示。发现存在一个最优的有限压缩参数值使得平均保真度达到最大，这个最优的压缩参数和最大平均保真度与平均透射率有关。平均透射率越大，可能的最大保真度就越大，但是需要一个更大的压缩参数值。

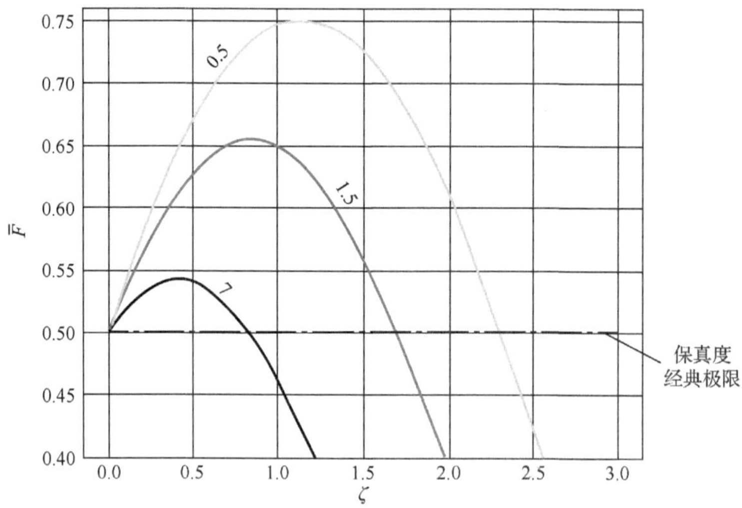

图 6-2 不同折射率结构常数下平均保真度 $\bar{F}$ 随压缩参数的变化情况[2]

3. 不同天气条件下的 CVQT

2022 年，Xu 等[3]（郭迎团队）分析了不同天气情况对大气 CVQT 的影响。同时，由于信道不可避免地会增加噪声，作者将噪声的影响也考虑进去了。

考虑 Bob 制备了理想的 EPR 源，其双模记为模 A 和模 B。该 EPR 态的特征函数及相应的协方差矩阵如 3.1.2 节中式（3-15）和式（3-16）所示。Bob 将模 A 发送给 Alice，自己则将保留的模 B 与输入的相干态进行 Bell 测量。当模 A 经过带噪声的大气信道到达 Alice 端后，模 A 与模 B 之间的双边纠缠态的协方差矩阵将变为

$$\boldsymbol{V}(\zeta;T,\epsilon)=\begin{bmatrix} A\mathbb{I} & C\boldsymbol{Z} \\ C\boldsymbol{Z} & B\mathbb{I} \end{bmatrix} \tag{6-12}$$

其中，$A=T\cosh(2\zeta)+1-T+\epsilon$，$B=\cosh(2\zeta)$，$C=\sqrt{T}\sinh(2\zeta)$，$\zeta$ 为压缩参数，$\boldsymbol{Z}=[0,-1;-1,0]$。这里 T 为信道透射率，ϵ 为信道增加的噪声（归一到信道输入端且单位为 SNU）。基于此，传送相干态的保真度为

$$F = \frac{2}{3 - T + (T+1)\cosh(2\zeta) - 2\sqrt{T}\sinh(2\zeta) + \epsilon} \tag{6-13}$$

为了突出天气的影响，文献[3]将大气信道看作透射率固定的信道，重点分析不同天气下的 CVQT 的性能。光子在大气中传播一定距离后，水平链路的透射率可以表示为 4.1.1 节中式（4-2）所示的形式。根据文献[2]和文献[3]，总衰减中大气吸收和瑞利散射系数 $\alpha_{\text{sca}}^{\text{mol}}(\lambda) = k\lambda^{-4}$ 引起的衰减可以忽略不计。因此，可以近似地认为总的消光系数为

$$\alpha(\lambda) \approx \alpha_{\text{sca}}^{\text{aer}}(\lambda) = \left(\frac{3.91}{L_{\text{visi}}}\right)\left(\frac{0.55}{\lambda}\right)^{p_{\text{size}}} \tag{6-14}$$

其中，L_{visi} 为大气可见度，p_{size} 为与可见度相关的散射的尺寸分布系数。根据式（4-2）和式（6-14），在图 6-3 显示了波长和传输距离对透射率的影响。图 6-4 显示了波长和可见度对消光系数的影响。从图 6-3 可看到，在大的波长范围内能见度好，则衰减系数较小；而在较长波长下，可见度较差时，衰减系数仍然较小。对于良好的可见度，不同波长的信号衰减逐渐趋于一致。但是，当量子态在湍流信道中行进时，衰减会受极端天气（如暴雨、雾霾）的影响，导致保真度下降。保真度的降低不仅与天气条件有关，还与信号的波长和传输距离有关。

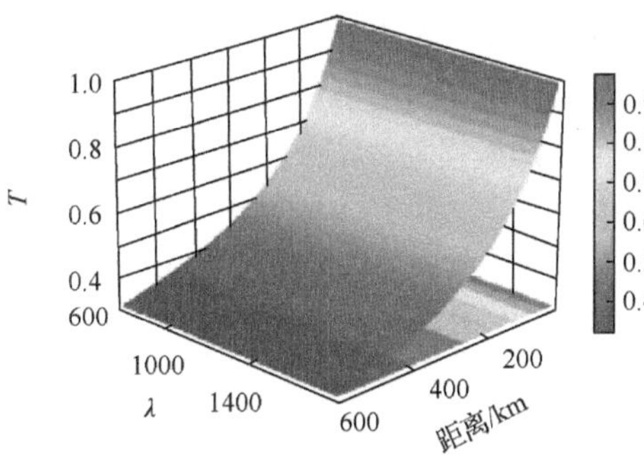

图 6-3　波长和传输距离对透射率的影响

注：可见度 $L_{\text{visi}} = 6\text{km}$，$p_{\text{size}} = 1.3$。

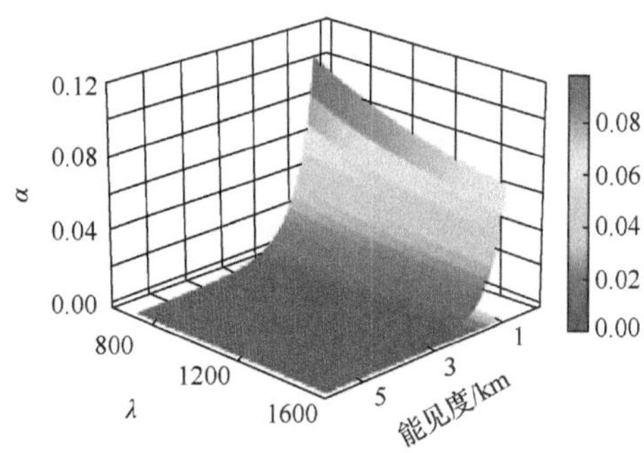

图 6-4　波长和可见度对消光系数的影响

注：可见度 $L_{\text{visi}} = 5\text{km}$，$p_{\text{size}}$ 由式（4-6）确定。

1）雪的影响

雪天的大气可见度与雪的类型及下雪的强度有关。在干雪条件下，能见度和下雪强度之间的关系为

$$L_{\text{visi}} = \frac{1.4076\,poq\Gamma(z+x+h+m+1)\Lambda^{b-z-x-h}}{2aS\Gamma(b+m+1)} \tag{6-15}$$

其中，S 为下雪强度，m 为形状因子，Λ 为尺度参数，a、b 为截面积参数，p、x 为体积参数，o、z 为密度参数，q、h 为最终速度参数。图 6-5 显示了干雪强度和波长对消光系数的影响。从图 6-5 可以看出，下雪强度越大，消光系数越大。固定下雪强度时，波长越长，消光系数越小。

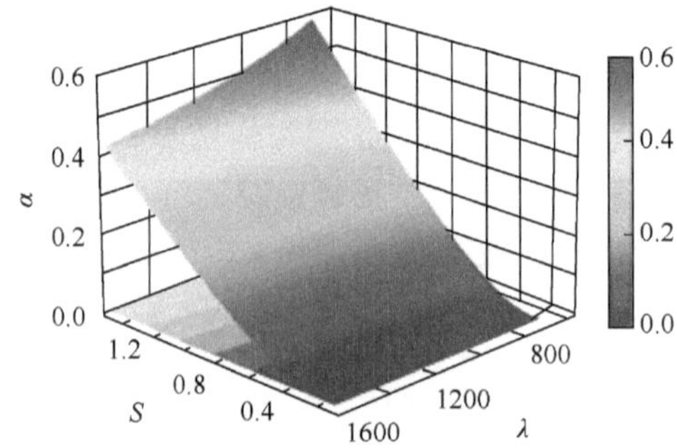

图 6-5　干雪强度和波长对消光系数的影响

注：$a=\pi/4$，$b=20$，$p=\pi/6$，$x=30$，$o=0.072$，$z=-1$，$h=0.2$。

2）雨的影响

雨滴在下落过程中受表面张力、气压和水滴内部静压差的影响。雨珠对大气衰减和能见度也有影响。在不考虑其他大气颗粒物影响的情况下，降雨强度与能见度的关系为

$$U_{\mathrm{v}}=\frac{13.75\Gamma(m+5)}{R\Lambda^{2}\Gamma(m+3)} \tag{6-16}$$

其中，R 是降雨强度，m 是形状因子，Λ 为尺度因子。图 6-6 给出了下雨强度和波长对消光系数的影响。从图 6-6 可以看出，消光系数随下雨强度的增加而增大，不同于下雪时的情况，在能见度较低时，消光系数随能见度的降低缓慢增大。

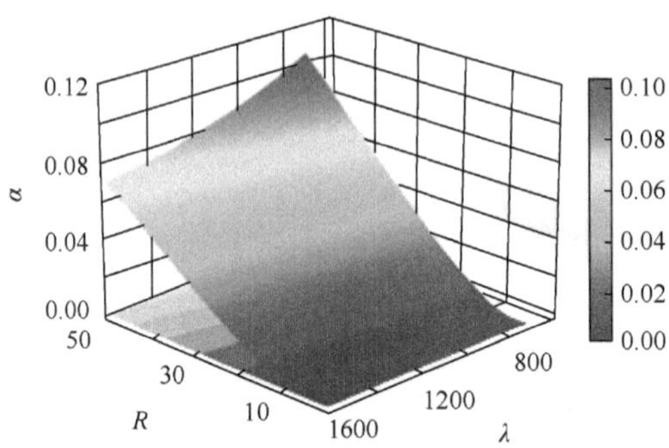

图 6-6　下雨强度和波长对消光系数的影响

3）雾霾的影响

环境的恶化会导致雾霾天气的出现，不可避免地会影响大气的消光系数。如果将雾霾视为规则的球体，雾霾密度和能见度之间的关系为

$$L_{\mathrm{visi}}=\left(\frac{15.29}{\sum\pi D_{\mathrm{w}}^{2}Q_{\mathrm{w}}}\right)\frac{1}{N_{\mathrm{haze}}} \tag{6-17}$$

其中，D_{w} 为雾霾粒子的直径，N_{haze} 为雾霾粒子浓度，Q_{w} 为消光度。图 6-7 给出了雾霾浓度和波长对消光系数的影响。从图 6-7 中可以看出，雾霾浓度越大，则消光系数越大，消光系数随波长的增大而减小。

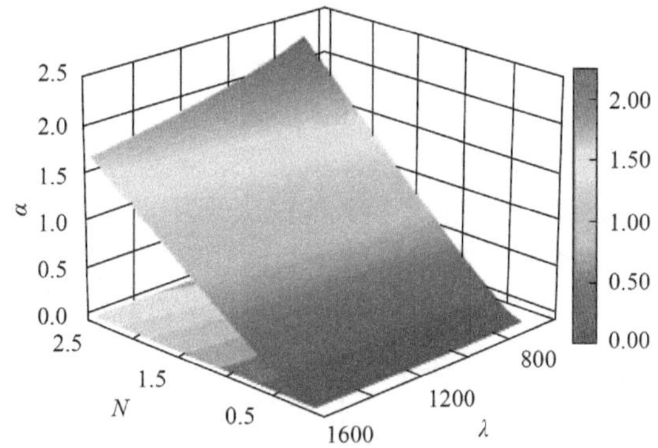

图 6-7　雾霾浓度和波长对消光系数的影响

4）性能分析

作者从保真度和传输距离两方面仿真了 CVQT 的性能，如图 6-8 所示。图 6-8（a）选择了 3 个具有代表性的波长，分别为 1550nm、755nm 和 450nm。结果显示，保真度在短距离内衰减速率更大，而更大的波长有利于长距离的 CVQT。从图 6-8（b）中可以看出，保真度会随降雪量的增加而降低，参数 *s*、*m* 和 *l* 代表天气的严重程度。当降雪量为 *l* 时，保真度迅速降低，表明恶劣天气不利于量子隐形传态传输。在图 6-8（c）中，作者考虑了雪、雨、霾强度对保真度和传输距离的影响。我们发现降雨对性能的影响较小，而雪和雾霾对性能的影响较大。无论天气状况如何，恶劣的天气状况都会造成很大的影响。如果希望获得更高的保真度和更长的传输距离，就需要在良好的环境和天气条件下进行。

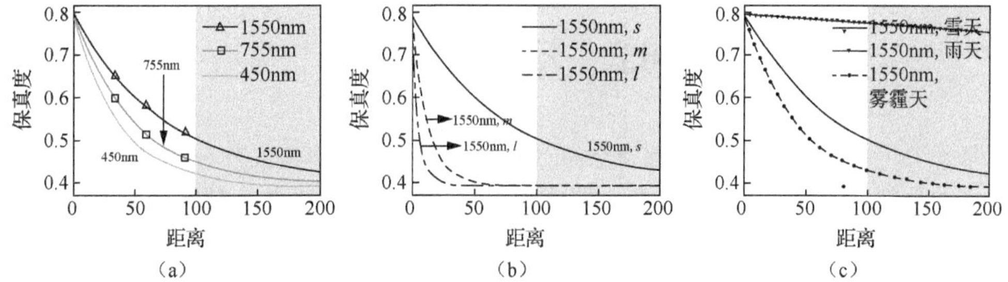

图 6-8　从保真度和传输距离方面仿真 CVQT 的性能

注：（a）雪天时不同波长下保真度随传输距离的变化情况。（b）1550nm 波长下雪的强度 *s*、*m* 和 *l* 对保真度随距离变化的影响。（c）波长为 1550nm 时，雪、雨和雾霾天气下保真度随距离变化的比较。

6.1.2　纠缠源居中的 CVQT

文献[2]不仅讨论了纠缠源居于发送端的情况，还讨论了纠缠源居中的情况，即发送给 Alice 和 Bob 的纠缠源的两个模都经过大气信道的情况。在这种情况下，需要同时考虑模 *A* 和模 *B* 在信道上的衰减(假设双模纠缠源中模 *A* 发送给 Alice,模 *B* 发送给 Bob)。

首先考虑模 *A* 与模 *B* 的损耗相等的情形,这种特定情形可以先测量其中一个信道的透射率，然后通过人为的衰减另一个信道来使透射率相等，即式（3-80）中的 $\mathcal{T}_A = \mathcal{T}_B$。

对于具有浮动透射率的大气信道，这种人为的衰减需要根据实际的透射率变化在 Alice 端和 Bob 端交替进行。根据 6.1.1 节中的参数设置，文献[2]数值计算了平均保真度随压缩参数的变化关系，如图 6-9 所示。由图 6-3 可得，一个更大折射率结构常数导致透射率的均值降低，从而使得平均保真度的整体值更低。此外，不同于纠缠源居于发送端的情形，对称信道的平均保真度将随压缩参数的增大而不断增加，最后趋于一个饱和值，不会出现低于 0.5 的情况。而且，在大压缩参数情形下，对称信道的平均保真度要高于纠缠源居于发送端的情形，说明在强压缩的情况下，对称信道的性能更优。

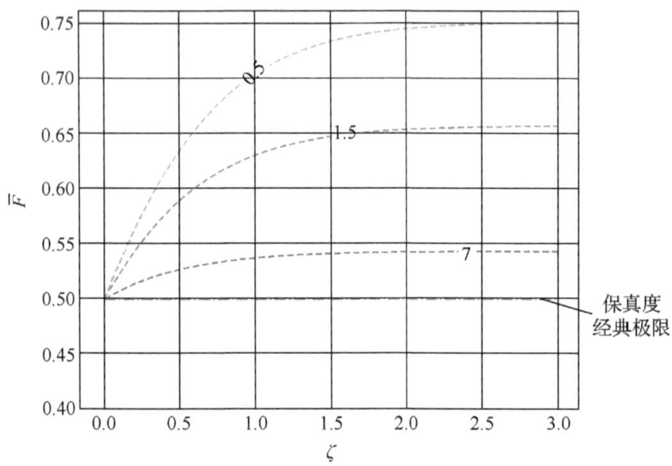

图 6-9 不同折射率结构常数下平均保真度 $\bar{F}$ 随压缩参数的变化情况

6.2 天地 CVQT

基于卫星的天地 CVQT 是部署全球量子通信网络的重要组成部分，它可以很好地突破地域的限制，使得全球量子通信组网成为可能。虽然基于离散变量的星地量子隐形传态已经取得成功[4]，但是目前基于卫星的 CVQT 研究还相对较少。我们相信在基于离散变量的星地量子隐形传态实验的基础上，不久的将来 CVQT 也将成为现实。

6.2.1 基于下行光传输链路的上行 CVQT

根据前面对 CVQKD 的研究结果，我们知道在基于卫星的量子通信过程中，由于上行链路在量子信号传输的开始就受到大气湍流的影响，因此下行链路的系统性能一般要比上行链路要好。为了更好地将量子态从地面隐形传送到卫星，最近，Zuo 等[5]（郭迎团队）在研究上行链路的 CVQT 中提出利用下行链路的优势来完成量子态的上行传送。该方法很好地避开了上行链路光传输的不利因素，利用下行的光传输链路巧妙地完成了量子态的上行隐形传态。

通过下行链路来完成地到星的 CVQT 的方案如图 6-10 所示。虽然目的是将一个位置态从地面隐形传送到卫星，但是作者并没有如通常的做法那样将 EPR 源的一个模式从地面发送到卫星。相反，作者将 EPR 源放置到卫星上，将 EPR 态的其中一个模从卫星发送到地面站来与位置的输入态进行 CV Bell 态测量，地面站得到测量结果后再将它们通过上行的经典信道发送给卫星，最后卫星根据收到的经典信息完成对 EPR 态的另一个模式的位移操作，从而完成从地面到卫星的上行量子隐形传态过程。

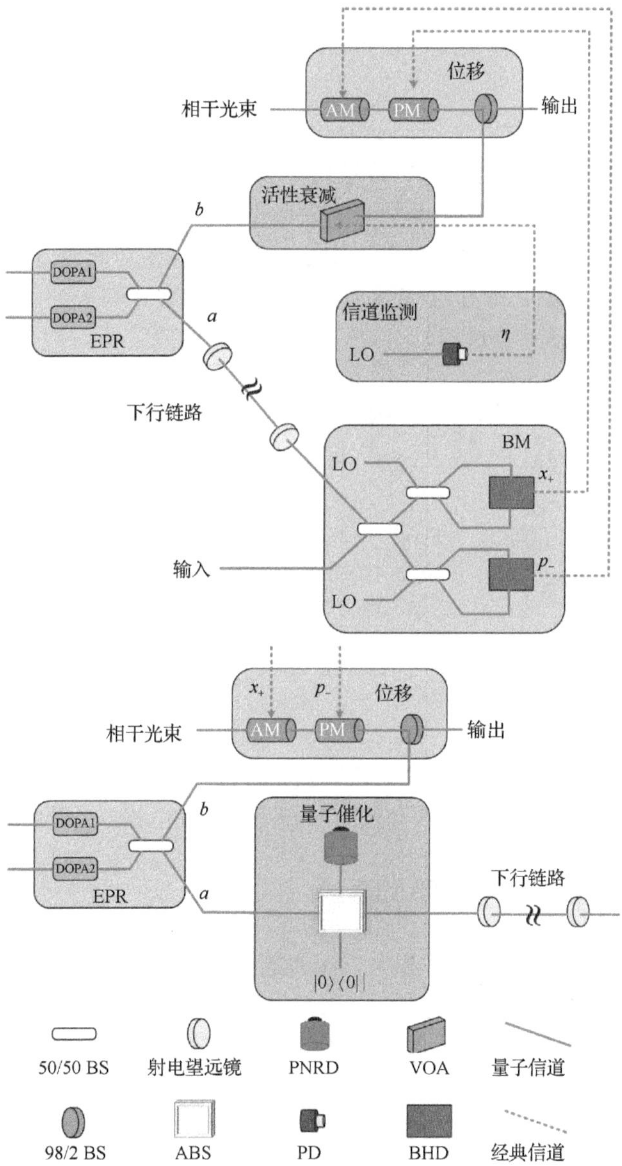

AM——振幅调制器；PM——相位调制器；LO——本振光；VOA——可调光衰减器；ABS——非对称分束器；BS——分束器；PD——光电探测器；BHD——平衡零差探测器。

图 6-10　基于下行链路地到卫星的 CVQT

为了检验该方法的可行性，需要计算该方案的保真度。当隐形传态的是相干态时，在固定信道透射率的情况下，保真度的计算公式如 6.1.1 节中的式（6-13）所示。由于星地下行链路的传输要穿过大气层，因此其透射率 T 是浮动的且其变化服从某一概率分布 $\mathcal{P}(T)$。因此，需要根据概率分布 $\mathcal{P}(T)$ 计算一个平均的保真度，即

$$F_{\text{ave}} = \int_0^1 \mathrm{d}TF\mathcal{P}(T) \tag{6-18}$$

其中，F 为透射率固定时的保真度，由式（6-13）给定，$\mathcal{P}(T)$ 根据星地椭圆光束信道模型得到。

基于上面的讨论，作者给出了白天和夜晚不同卫星高度下平均保真度随天顶角的变化关系，如图 6-11 所示，其中作者还将背景光引入的噪声也考虑进来。首先，从图 6-11（a）中可以看出，晴朗夜晚的平均保真度都高于经典极限，展现了作者提出的方案的有效性。在晴天，对于 100km、300km 和 500km 高度，当天顶角分别低于 53°、49° 和 35° 时，平均保真度高于经典极限，即在这些天顶角范围内，方案是有效的。其次，对于压缩参数没有优化的图 6-11（b），可以看到，压缩参数的优化能够很好地提升系统的性能。

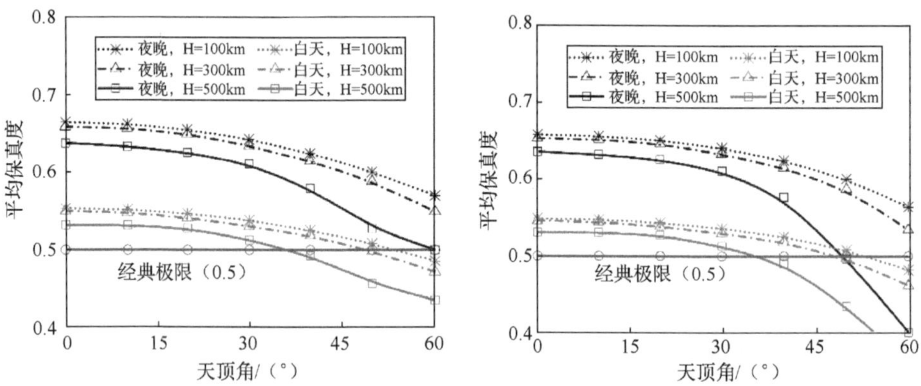

（a）压缩参数优化的结果　　（b）压缩参数未优化的结果

图 6-11　平均保真度随天顶角的变化情况

6.2.2　机器学习辅助的星地 CVQT

自由空间信道受到衍射、折射和大气湍流的影响，使得透射光束随机漂移和展宽，从而导致透射率波动。在这种情况下，对未知情况的预测能力就成为一个值得考虑的问题。2022 年，Xu 等[6]（郭迎团队）提出了一种基于机器学习的卫星–地面信道 CVQT 预测方法。将 k-最近邻（k-nearest neighbor，KNN）算法和决策树（decision tree，DT）算法相结合的预测算法应用于压缩参数和卫星高度的预测。数值分析表明，在所允许的误差范围内，所预测的参数在一定情况下能够反映实际的推导和计算结果。此外，他们还将预测算法应用于参数受透射率波动影响的情况。结果表明，在考虑天顶角、湍流强度和波长的情况下，ML 辅助预测结果与实际数据一致。在不增加系统复杂度的前提下，证明了该方法具有较高的识别精度。

图 6-12 为基于机器学习辅助的星地自由空间 CVQT。该方案中的 CVQT 协议部分与 6.2.1 节中的协议相同，主要区别在于后期的数据处理部分，即通过机器学习算法来预测压缩参数和卫星高度等参数，并将预测的参数值与传统的公式计算值比较。同时，他们还分析了不同天顶角、湍流强度和波长下的系统保真度预测值与实际值之间的吻合程度。他们的结果表明 KNN 算法具有较大的误差，而决策树算法具有很好的预测精度。

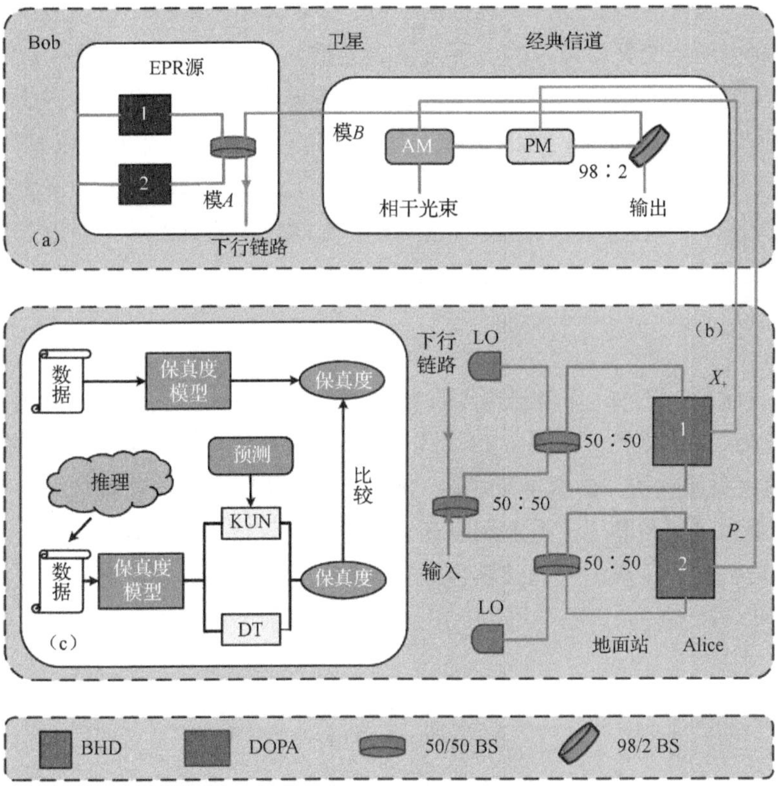

DOPA——简并光参量放大器；BS——分束器；PM——相位调制器；AM——振幅调制器；LO——本振光；BHD——平衡分束器。

图 6-12　基于机器学习辅助的星地自由空间 CVQT

注：（a）BK 协议中 Bob 的操作。（b）BK 协议中 Alice 的操作。（c）ML 辅助的保真度预测过程。

1. KNN 算法

KNN 算法是一种强大的非参数分类器，在预测未知样本时，它将低样本相似度的未知样本分配给 k 个最近邻。类 $Y=\{\boldsymbol{x}_n \in R^d\}_{n=1}^{N}$ 中的大多数代表 d 维特征空间中包含的 N 个训练样本的训练集。定义 $\boldsymbol{x}$ 为一个未知查询样本并标记为 t。从集合 Y 中找到未知点 x 的 k 个最近邻并用集合 $\bar{Y}=\left\{\left(x_i^{\mathrm{NN}},t_i^{\mathrm{NN}}\right)\right\}_{i=1}^{k}$ 表示这 k 个近邻。查询点 x_i^{NN} 和它的近邻点

的距离用欧拉距离 $\mathrm{Dis}\left(x,x_i^{\mathrm{NN}}\right)$ 表示，即

$$\mathrm{Dis}\left(x,x_i^{\mathrm{NN}}\right)=\sqrt{\left(x-x_i^{\mathrm{NN}}\right)^{\mathrm{T}}\left(x-x_i^{\mathrm{NN}}\right)} \tag{6-19}$$

最后通过合并这 k 个最近邻样本来得到预测值。但是需要注意的是，k 是影响预测结果的核心参数。当 k 过小时，模型复杂度较大，近似误差减小但是泛化误差增大，模型表现为过拟合。当 k 过大时，模型复杂度将较小，近似误差增大但是泛化误差减小，模型表现为欠拟合。因此需要找到一个最优的 k 值。作者介绍了两种可以完成最优值寻找的方法，第一种方法为交叉验证，另一种方法为 k-维（k-dimentional，KD）树。交叉验证法会在给定 k 值之前一个接一个地尝试。它将数据集分成 k 个小部分，遍历所有指定的 k 个值，并针对每个部分训练 KNN 模型。将 k 个部分的精度相加并除以 k，得到不同 k 值下 KNN 模型的精度。最后比较模型在所有 k 值下的最终精度，其中最大精度对应最优 k 值。KD 树方法则先构建 KD 树，然后利用 KD 树快速找到 k 个最近邻进行决策以获得最优 k 值。

2. 参数预测

利用上述 KNN 算法，作者对压缩参数和卫星高度进行了预测，并将预测结果与用公式计算的结果进行比较，如图 6-13 所示。在图 6-13（a）中，透射率的值设置为 0.9 和 0.7，k 值也是最优值。仿真结果显示，KNN 算法能够很好地预测压缩参数与对应保真度之间的关系，但是和理论值之间有一点小的误差。同样地，在图 6-13（b）中，卫星高度与对应的传输距离之间的关系也能较好地预测，但是预测精度和 k 值的选取有很大关系。因此，在误差允许的范围内，机器学习在复杂公式下的参数估计上有一定的替代意义。

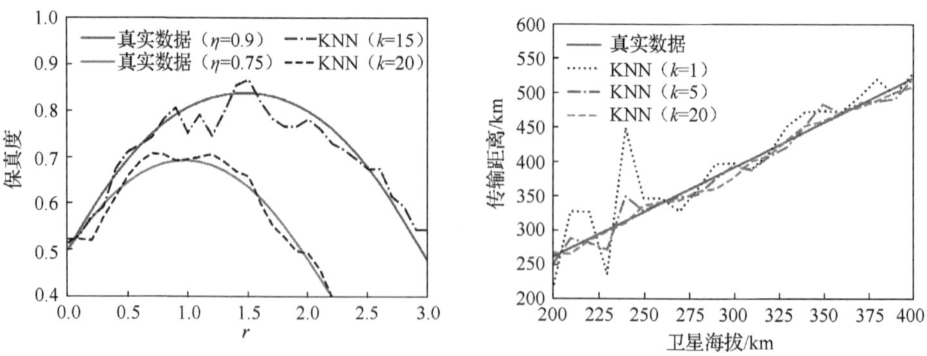

（a）压缩参数预测，天顶角=40°　　（b）卫星高度预测，天顶角=40°

图 6-13　基于 KNN 的 CVQT 参数预测

3. 性能分析

应用上述预测算法，作者对天顶角、湍流强度和波长进行了预测，为了进行性能分

析，作者还应用了 DT 算法来进行比较。注意，性能分析讨论的基础是光束在自由空间中会受到漂移的影响，从而引起透射率 T 的不确定性。CVQT 系统保真度的预测是基于参数不确定性的。

首先，我们来看天顶角与对应保真度的预测情况，如图 6-14 所示。当 $k=1$ 时，虽然测试集可以得到一个良好的拟合，但是与真实保真度之间存在较大的误差，结果表现为过拟合。因此，需要牺牲一部分拟合来获得一个更好的结果。当 $k=5$ 时，预测值与真实值之间差距缩小。当 $k=40$ 时，预测精度达到最大且预测的结果能够很好地反映真实情况。作为比较，作者还显示了 DT 算法的结果。同样地，树的深度也对预测结果的精度有重要影响。当深度为 3 时误差较大，深度增加后误差变小，当深度为 7 时，预测的保真度与天顶角之间的关系已经能够很好地反映真实情况了，说明 DT 算法也能够得到较好的预测结果。注意，在实际应用中，如果盲目分割数据样本，会导致 DT 算法过于复杂，难以提高预测精度。因此，应考虑以下因素停止分割。

（1）当一个节点的数据量小于指定的最小节点值时，停止分割。

（2）当数据复杂度不够时，不需要继续分割。

（3）当 DT 深度达到指定深度阈值时，停止分割。

（4）当所有特征属性用完后，停止分割。

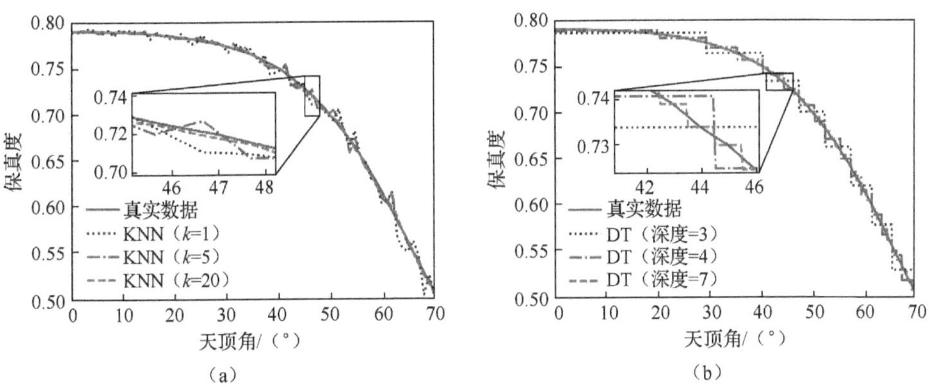

图 6-14　天顶角与对应保真度之间关系的预测

注：（a）基于 KNN 的保真度预测，其中 $k \in \{1,5,40\}$。（b）基于 DT 的保真度预测，树的深度为 3, 4, 7。波长设为 550nm，湍流强度设为 $9.6\times10^{-14}\text{m}^{-2/3}$。

随后，我们讨论湍流强度与对应保真度关系的预测，如图 6-15 所示。由于湍流强度范围值较小，作者将反映湍流强度的参数 C_n^2 设置为等间距的 12 个值。对于 KNN 算法，设 $k\in\{2,5,15\}$，最优预测效果为 $k=15$。对于 DT 算法，树的深度为 1, 2, 3，最优预测效果为深度 3。

最后，我们来看波长与对应保真度关系的预测，如图 6-16 所示。可以发现，波长与对应保真度的关系仍然可以通过 KNN 算法和 DT 算法很好地进行预测，只要选择合

适的 k 值或者树深度。在图 6-15（a）中，当波长在 500～1200nm 时，KNN 预测的曲线具有一定的波动性。在波长为 1200～1600nm 时，可以较好地反映保真度的降低，但存在波动误差。在图 6-15（b）中，DT 算法预测的优势在波长从 500nm 到 1200nm 处得到了充分的展示。遗憾的是，无法从中获得有效的信息，以预测未来的波长。

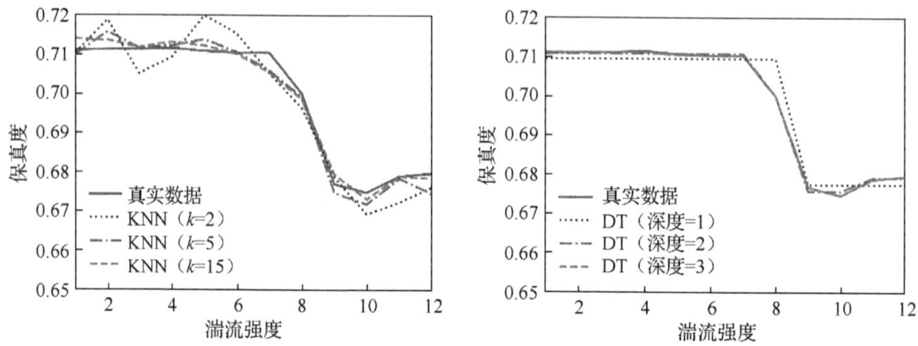

（a）　　（b）

图 6-15　湍流强度与对应保真度之间关系的预测

注：（a）基于 KNN 的保真度预测，其中 $k\in\{2,5,15\}$。（b）基于 DT 的保真度预测，树的深度为 1, 2, 3。波长设为 550nm，天顶角设为 50°。

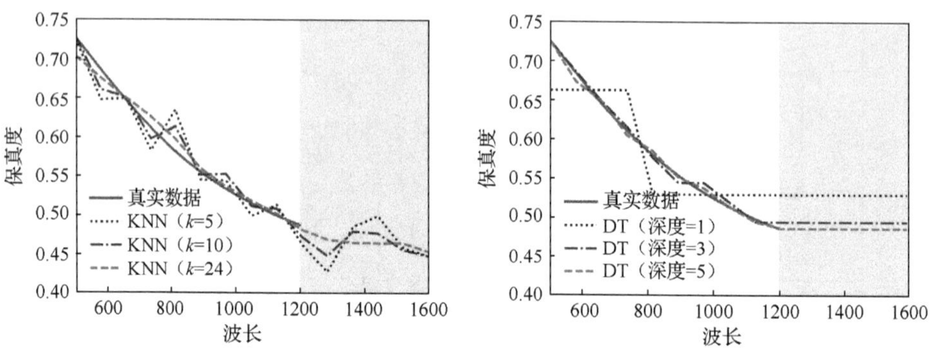

（a）　　（b）

图 6-16　波长与对应保真度之间关系的预测

注：（a）基于 KNN 的保真度预测，其中 $k\in\{5,10,24\}$。（b）基于 DT 的保真度预测，树的深度为 1, 3, 5。天顶角设为 50°，湍流强度设为 $9.6\times10^{-14}\mathrm{m}^{-2/3}$。

4. 评价指标

为了评价上述算法在保真度预测方面的性能，作者引入了评分 R^2。评分 R^2 可以表示为

$$R^2(z,\hat{z}) = 1 - \frac{\sum_{i=0}^{n-1}(z_i - \hat{z}_i)^2}{\sum_{i=0}^{n-1}(z_i - \overline{z})^2} \tag{6-20}$$

其中，z_i为第 i 个样本的真实值，$\hat{z}_i$为回归预测值，$\overline{z}$ 为真实值的均值。$\overline{z}$ 可以表示为

$$\overline{z} = \frac{1}{n}\sum_{i=1}^{n} z_i \tag{6-21}$$

其中，n 为回归数据的数目。R^2 越大则准确度越高。通过比较 KNN 算法和 DT 算法的最高预测精度，表 6-1 给出了基于 ML 的保真度预测性能。从表 6-1 中可以看出，考虑天顶角、湍流强度和波长等因素后，DT 算法的预测精度高于 KNN 算法。

表 6-1　保真度预测的最大精度

回归模型	评分（R^2）
KNN 算法-天顶角（$k=40$）	0.9994
DT 算法-天顶角（深度≥7）	0.9997
KNN 算法-C_n^2（$k=15$）	0.9801
DT 算法-C_n^2（深度≥3）	0.9996
KNN 算法-波长（$k=15$）	0.6929
DT 算法-波长（深度≥5）	0.7810

6.3　水下 CVQT

事实上，不管是站在民用还是军用的角度，将自由空间的量子隐形传态的可达空间扩展到水下都是很有必要的。这样，就可以在未来组建海陆空天一体化的全球量子通信网络。然而，目前基于水下信道的 CVQT 的研究则更少，还有待研究者的深入研究。

Wu 等[7]（郭迎团队）分析了基于无噪线性放大器（noiseless linear amplifier，NLA）的水平海水信道中的 CVQT。作者将传统的 BK CVQT 协议放到水平的海水信道中，并在接收端对 EPR 态的一个模进行位移操作前先对该模态进行无噪放大操作，以提高隐形传态的保真度，该方案如图 6-17 所示。整个方案的实时步骤与传统的 BK CVQT 协议基本相同，发送端 Alice 产生 EPR 纠缠态 $\rho_{A_0B_0}$ 和输入态 ρ_{in}，其中模 A_0 将与 Alice 制备的输入态进行 Bell 测量，模 B_0 发送给 Bob。接收端 Bob 在接收到量子态后先对态进行无噪放大，然后再执行位移操作。

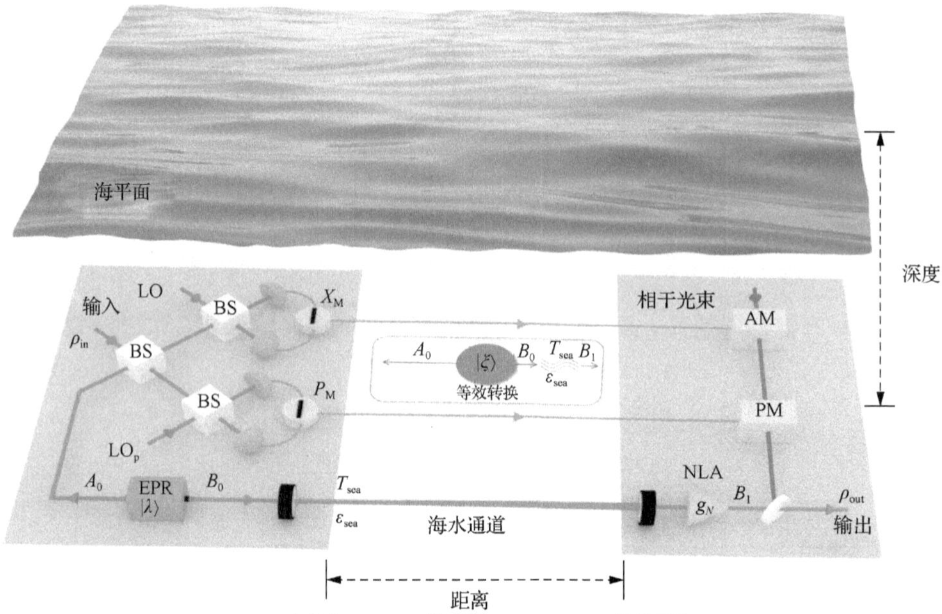

LO——本振光；BS——分束器；g_N——NLA 增益系数。

图 6-17 基于无噪线性放大器的水下 CVQT 方案

对于没有加无噪线性放大器的情况，传送相干态时协议的保真度可以表示为

$$\mathcal{F}=\frac{2}{2+a+b-2c} \tag{6-22}$$

其中，$a=T_1\left(V+\left(1-T_1\right)/T_1+\epsilon_1\right)$，$b=T_{sea}\left(V+\left(1-T_{sea}\right)/T_{sea}+\epsilon_{sea}\right)$，$c=\sqrt{T_1T_{sea}\left(V^2-1\right)}$。这里，$V=\left(1+\zeta_0^2\right)/\left(1-\zeta_0^2\right)$为 EPR 态的方差，$\zeta_0$为压缩参数，$T_{sea}$和$\epsilon_{sea}$为海水信道的透射率及信道增加的噪声，$T_1$和$\epsilon_1$为模$A_0$经过的信道的透射率及其增加的噪声。海水信道的透射率T_{sea}的确定可参照式（4-95），即基于叶绿素的海水信道模型。由于 EPR 源就在 Alice 端，因此有$T_1=1$和$\epsilon_1=0$。当在 Bob 端对其接收到的量子态先进行无噪放大后再进行位移操作，则此时的保真度需修改为

$$\mathcal{F}=\frac{2}{2+a_1+b_1-2c_1} \tag{6-23}$$

其中，$a_1=a$，$b_1=T_N\left(V_g+\left(1-T_N\right)/T_N+\epsilon_N\right)$，$c_1=\sqrt{T_1T_N\left(V_g^2-1\right)}$。这里，$V_g=\left(1+\zeta^2\right)/\left(1-\zeta^2\right)$，

$$\zeta=\zeta_0\sqrt{\frac{\left(g_N^2-1\right)\left(\epsilon_{sea}-2\right)T_{sea}-2}{\left(g_N^2-1\right)\epsilon_{sea}T_{sea}-2}} \tag{6-24}$$

$$T_N = \frac{g_N^2 T_{\text{sea}}}{\left(g_N^2 - 1\right) T_{\text{sea}} \left[\frac{1}{4}\left(g_N^2 - 1\right)\left(\epsilon_{\text{sea}} - 2\right)\epsilon_{\text{sea}} T_{\text{sea}} - \epsilon_{\text{sea}} + 1\right] + 1} \tag{6-25}$$

$$\epsilon_N = \epsilon_{\text{sea}} + \frac{1}{2}\left(g_N^2 - 1\right)\left(2 - \epsilon_{\text{sea}}\right)\epsilon_{\text{sea}} T_{\text{sea}} \tag{6-26}$$

其中，g_N 为 NLA 的增益系数。从物理的角度，参数 ζ 、T_N 和 ϵ_N 必须满足 $0 \leqslant \zeta < 1$，$0 \leqslant T_N \leqslant 1$，$\epsilon_N \geqslant 0$ 。为了满足这些条件，EPR 态的压缩参数 ζ_0 和 NLA 的增益系数 g_N 必须满足

$$0 \leqslant \zeta_0 < \sqrt{\frac{\left[\left(g_N^2 - 1\right)\left(\epsilon_{\text{sea}} - 2\right) T_{\text{sea}} - 2\right]}{\left[\left(g_N^2 - 1\right)\epsilon_{\text{sea}} T_{\text{sea}} - 2\right]}} \tag{6-27}$$

$$g_N^{\max} = \left\{\left(\epsilon_{\text{sea}}\left[T_{\text{sea}}\left(\epsilon_{\text{sea}} - 4\right) + 2\right] + 4\sqrt{\left[T_{\text{sea}}\left(\epsilon_{\text{sea}} - 2\right) + 2\right] / \epsilon_{\text{sea}}}\right.\right.$$
$$\left.\left. - 2\sqrt{\epsilon_{\text{sea}}\left[T_{\text{sea}}\left(\epsilon_{\text{sea}} - 2\right) + 2\right]} + 4T_{\text{sea}} - 4\right) / T_{\text{sea}}\left(\epsilon_{\text{sea}} - 2\right)^2\right\}^{1/2} \tag{6-28}$$

以及 $\epsilon_{\text{sea}} < 2$ 。根据上面的分析，文献[7]计算了 $g_N^{\max}$ 随距离的变化情况，结果表明，随着传输距离的增加，最大可达增益 $g_N^{\max}$ 也逐渐增大。

根据式（6-21），作者仿真了保真度随距离和深度的函数关系。为了突出 NLA 的性能提升作用，对不加 NLA 的情况也进行了计算，如图 6-18 所示。很明显，作者提出的基于 NLA 的 CVQT 方案能够有效地提升协议的保真度和最大传输距离，这种提升随着增益系数 g 的增加而增大。

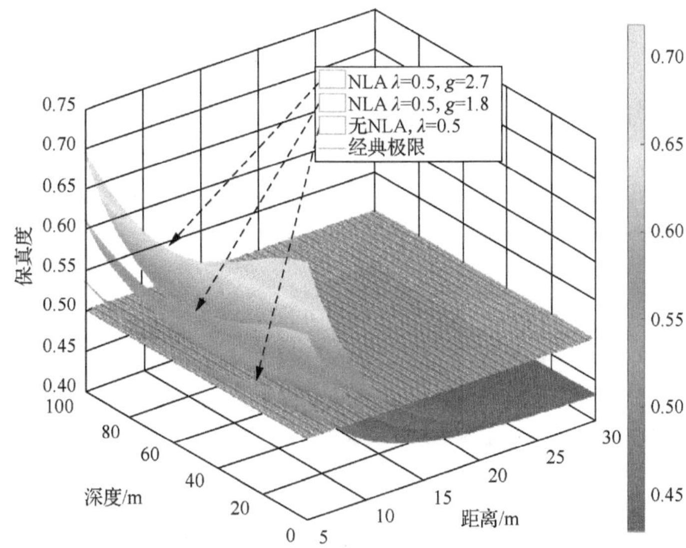

（a）

图 6-18 在有损噪声的水下信道中保真度与传输距离及海水深度的函数关系

注：(a) EPR 压缩参数 $\zeta_0 = 0.5$，NLA 增益系数 $g \in \{2.7, 1.8\}$ 。(b) EPR 压缩参数 $\zeta_0 = 0.7$，NLA 增益系数 $g \in \{2.0, 1.6\}$ 。

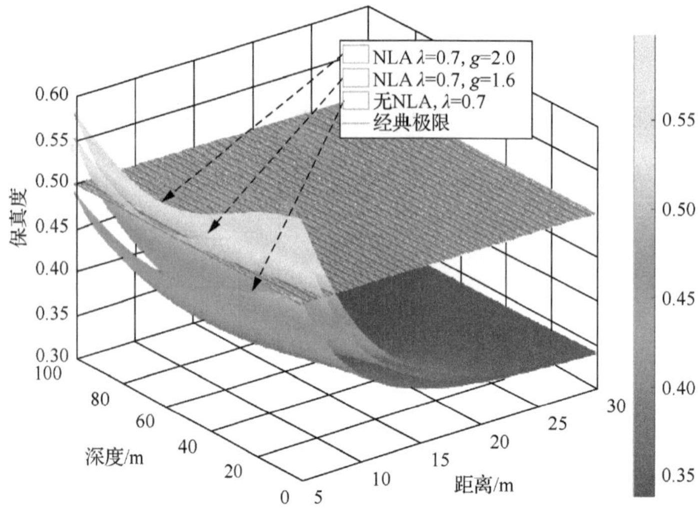

(b)

图 6-18（续）

对于给定的增益，保真度随传输距离的增加而减小，随深度的增加先减小后增大，因为海水衰减在深度 40～80m 处达到峰值。纠缠源对 NLA 性能的提高有一定的影响。对于较小的 ζ_0，改进更大。这是因为 ζ_0 越小，允许的增益越大，而 NLA 的增益越大，信道损耗补偿越明显。然而，NLA 的影响是概率成功，成功的概率与增益系数负相关。因此，选择的增益系数不能太大。

参考文献

[1] Zhang S L, Jin C H, Shi J H, et al. Continuous variable quantum teleportation in beam-wandering modeled atmosphere channel[J]. Chinese Physical Review, 2017, 34(4): 040302.

[2] Hofmann K, Semenov A A, Vogel W, et al. Quantum teleportation through atmospheric channels[J]. Physical Review, 2019, 94(12): 125104.

[3] Xu J Y, Xu X, Zuo Z, et al. Continuous variable quantum teleportation through turbulent channels[J]. Physical Review, 2022, 97(4): 045103.

[4] Ren J G, Xu P, Yong H L, et al. Ground-to-satellite quantum teleportation[J]. Nature, 2017, 549(7670): 70-73.

[5] Zuo Z Y, Wang Y J, Liao Q, et al. Overcoming the uplink limit of satellite-based quantum communication with deterministic quantum teleportation[J]. Physical Review A, 2021, 104(2): 022615.

[6] Xu J Y, Mao Y, Chen Y, et al. Machine learning assisted prediction for free-space continuous variable quantum teleportation[J]. IEEE Photonics Journal, 2022, 14(4): 1-7.

[7] Wu H, Liu X, Zhang H, et al. Performance analysis of continuous variable quantum teleportation with noiseless linear amplifier in seawater channel[J]. Symmetry, 2022, 14(5): 997.

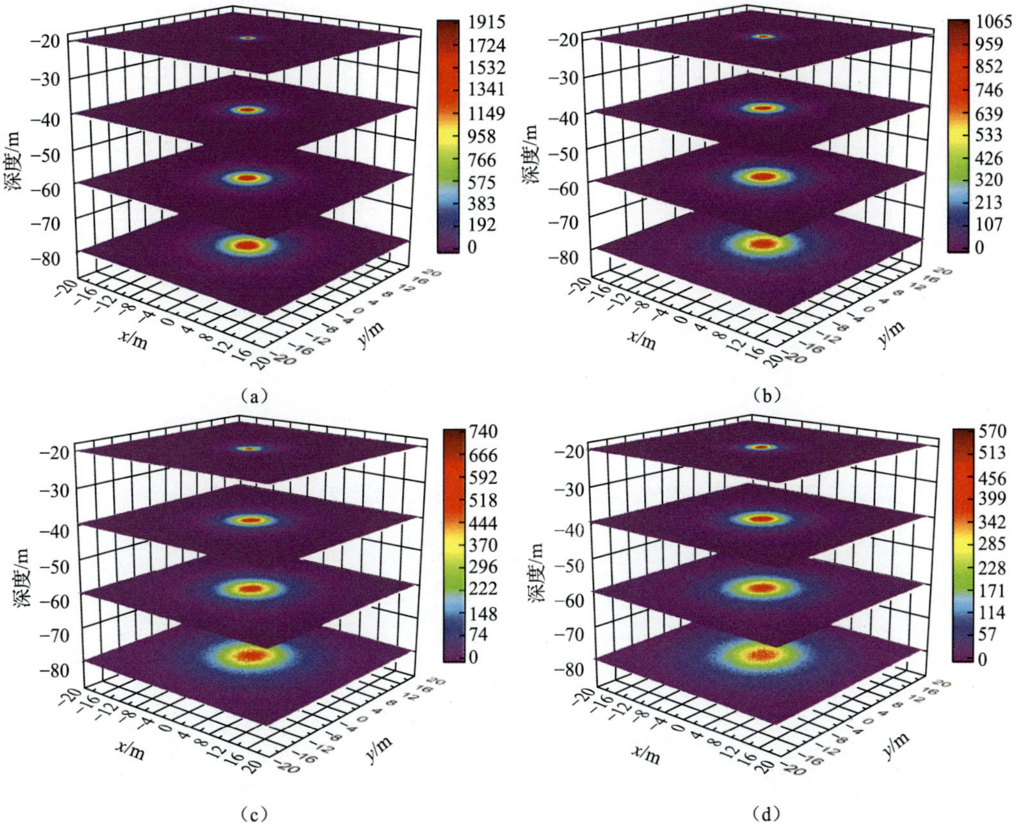

附图 1　在不同水深下，经过波动海面到达光接收器的光强分布

注：在（a）、（b）、（c）和（d）中，风速分别设置为 3m/s、6m/s、9m/s 和 12m/s。用于蒙特卡罗仿真法生成的光子数为 10^6。

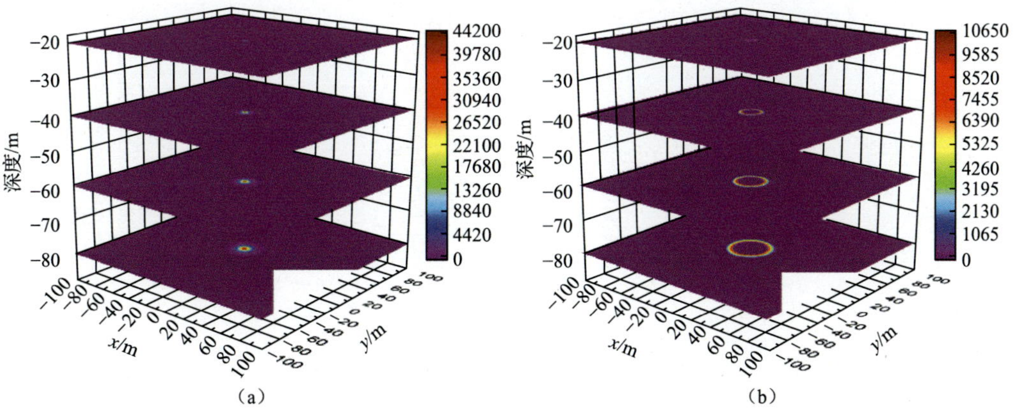

附图 2　在不同水深下，光信号通过波动海面后在接收器上的光强分布

注：卫星天顶角在（a）、（b）、（c）和（d）中分别设置为 0°、20°、40°和 60°。用于蒙特卡罗仿真的光子数为 10^6，风速为 6m/s。

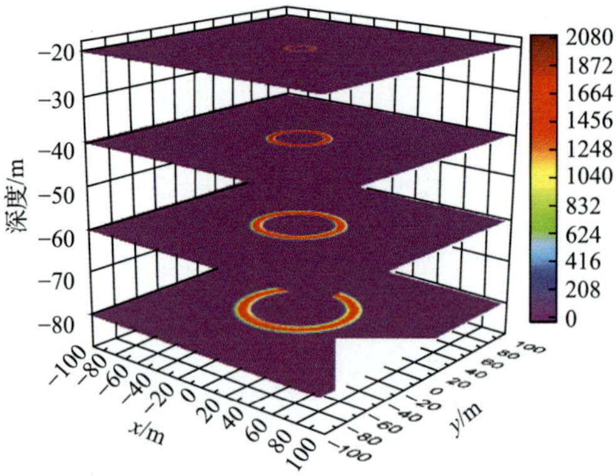

（c）

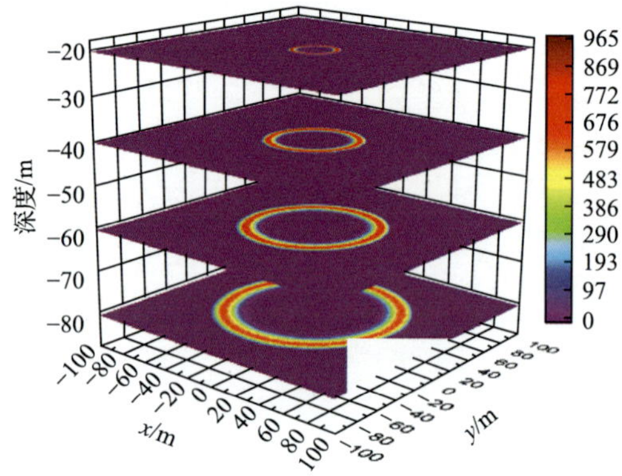

（d）

附图 2（续）

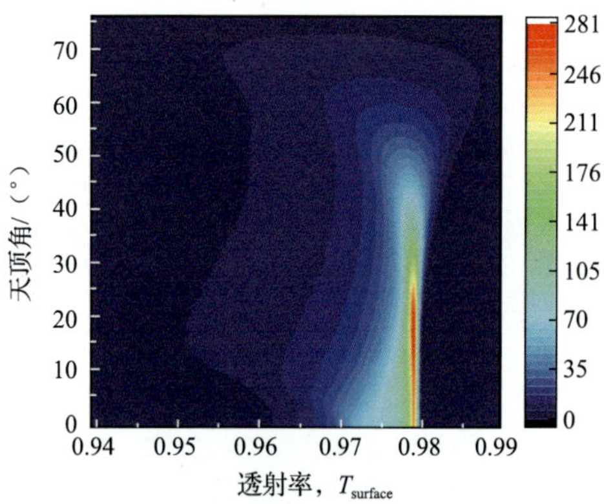

（a）风速3m/s

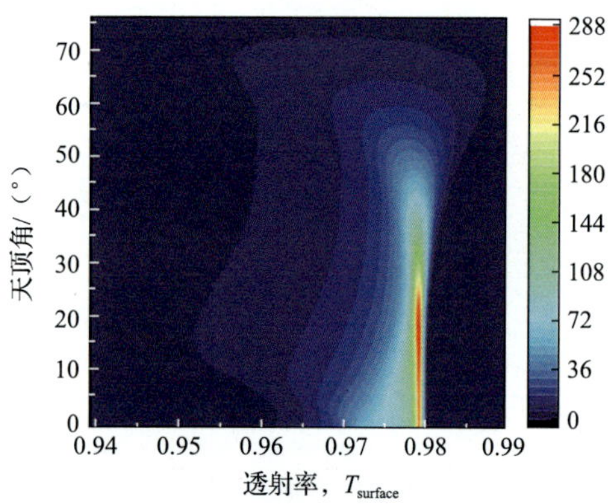

（b）风速6m/s

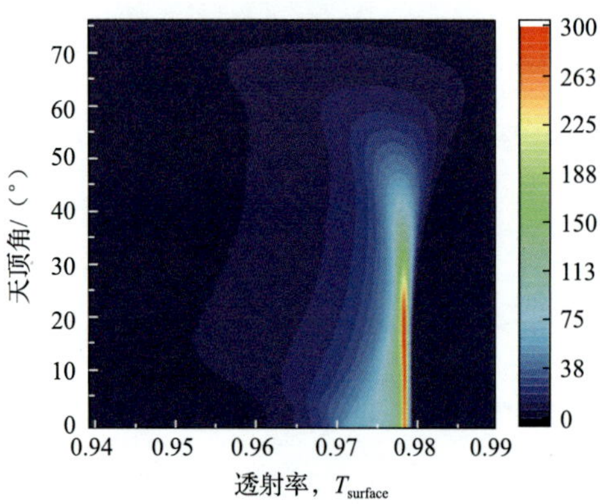

（c）风速9m/s

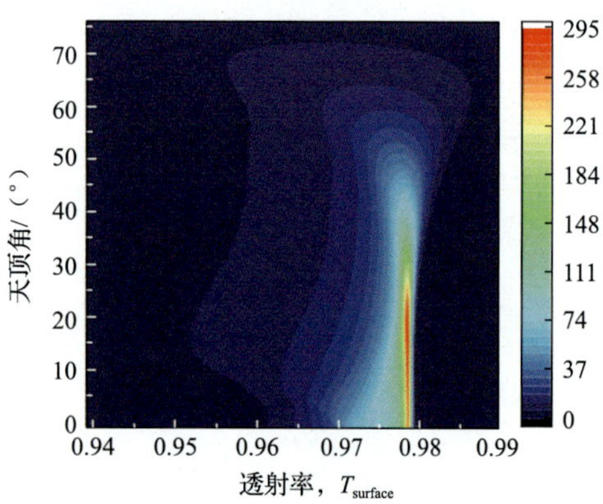

（d）风速12m/s

附图 3　在海面波纹影响下信道透过率的概率分布

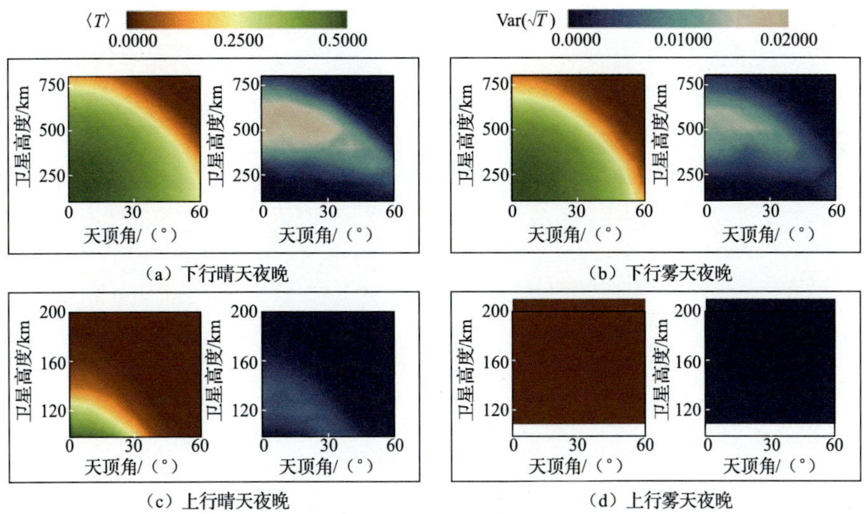

（a）下行晴天夜晚
（b）下行雾天夜晚
（c）上行晴天夜晚
（d）上行雾天夜晚

附图 4　透射率的统计

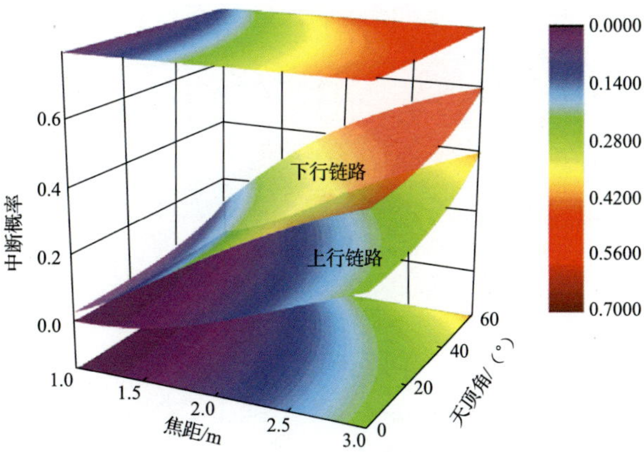

附图 5　中断概率、天顶角和焦距[46]

注：上（下）面是下行（上行）面的投影。

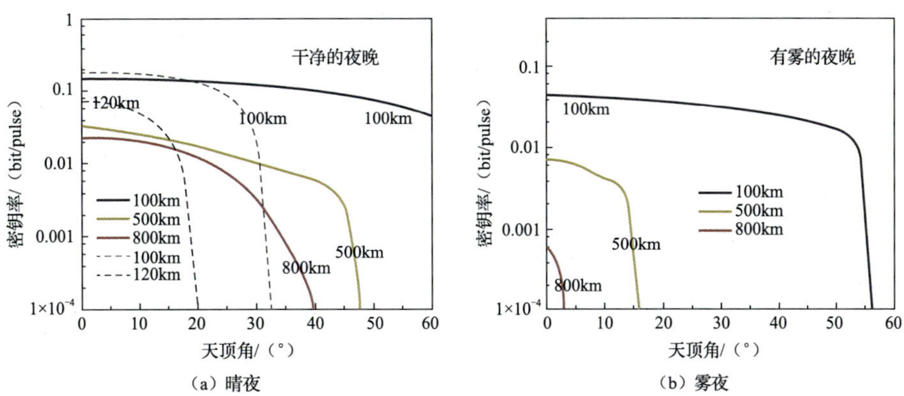

（a）晴夜
（b）雾夜

附图 6　密钥率的渐近分析[46]

注：实线和虚线分别表示下行链路和上行链路。

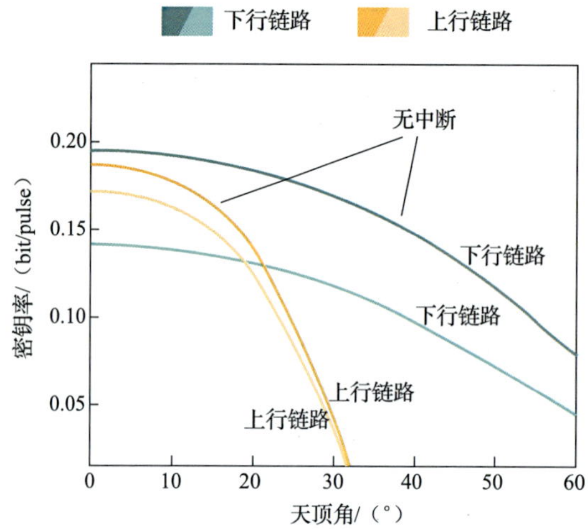

附图 7　在受到和不受到达角波动造成通信中断的晴朗夜晚的密钥率[46]

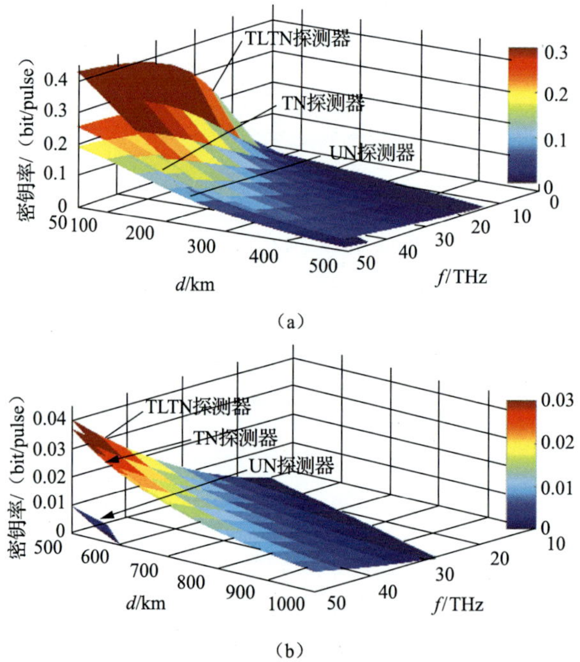

附图 8　对于 3 个不同的信任级别，可组合的有限码长 SKR 作为频率和传输距离的函数关系

注：（a）和（b）代表外差协议，（c）和（d）代表零差协议。仿真参数：$V_A = 10$，$\eta = 0.7$，$\beta = 0.98$，数据块大小 $N = 10^9$。

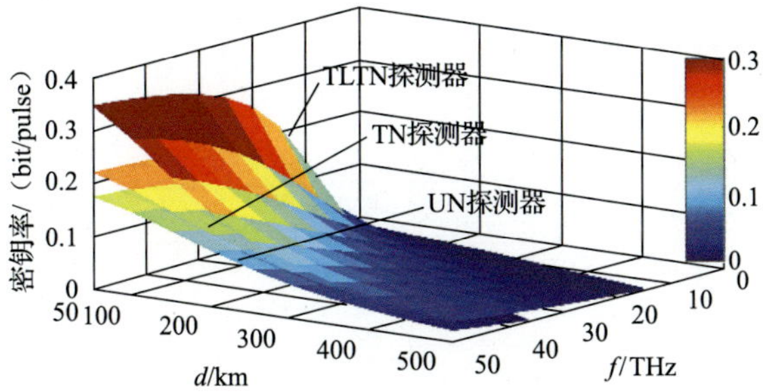

（c）

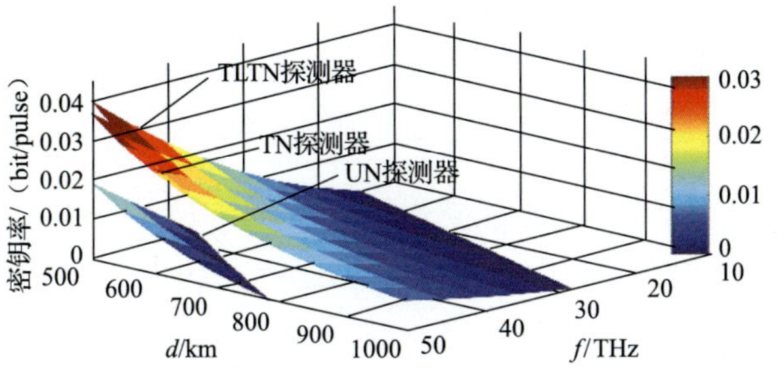

（d）

附图 8（续）

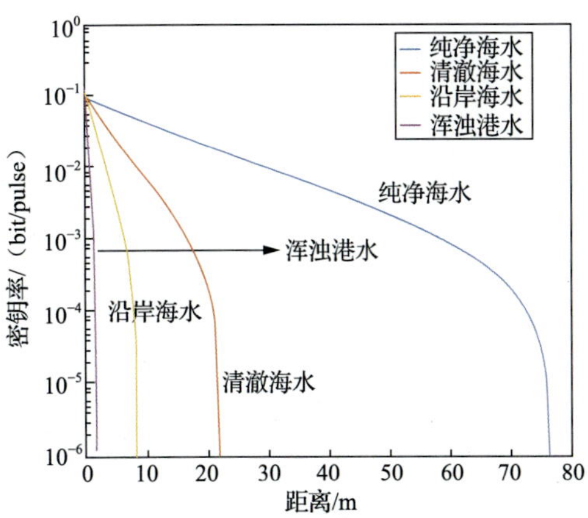

（a）零差检测

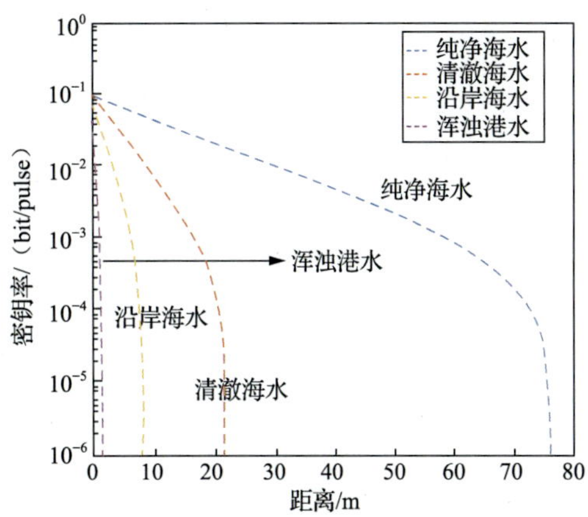

（b）外差检测

附图 9　四态协议下密钥率与传输距离之间的函数关系[53]

注：协商效率为 90%，检测效率为 0.6，电噪声 $\xi_{el}=0.01$，调制方差 $V_A=0.6$，过噪声 $\varepsilon=0.01$。

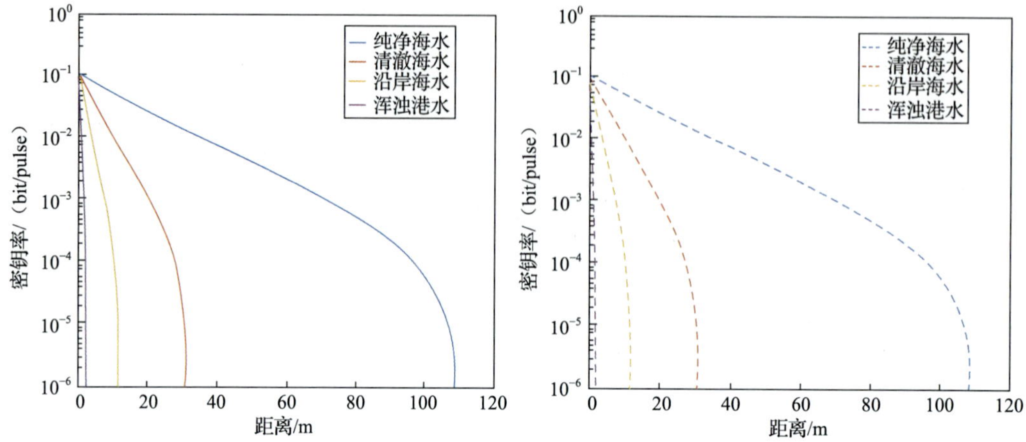

（a）零差检测　　（b）外差检测

附图 10　八态协议下密钥率与传输距离的函数关系[53]

注：协商效率为 90%，检测效率为 0.6，电噪声 $\xi_{el}=0.01$，调制方差 $V_A=0.6$，过噪声 $\varepsilon=0.01$。

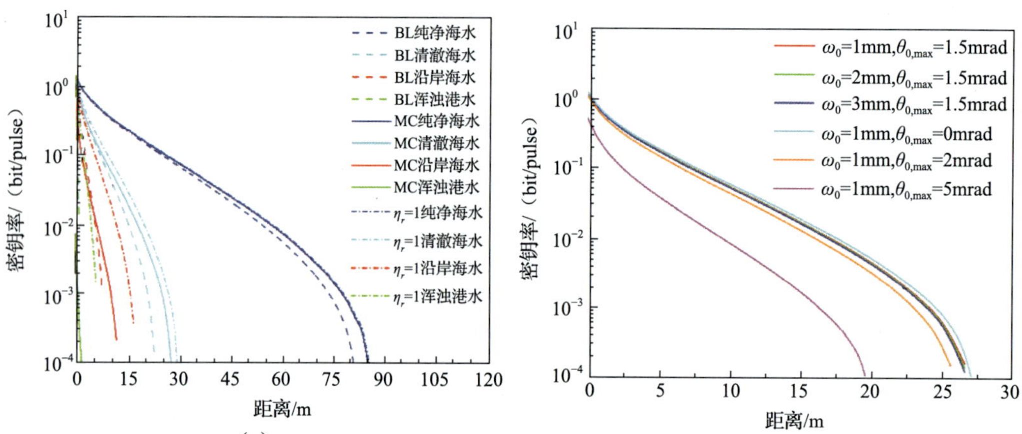

（a）　　（b）

附图 11　根据 Beer 定律和蒙特卡罗仿真计算的参数在不同类型海水下的密钥率[55]

注：（a）通过 Beer 定律和蒙特卡罗仿真得到 4 种海水类型下的密钥率。实线对应考虑接收参数的蒙特卡罗仿真得到的结果，虚线对应 Beer 定律得到的结果，点虚线对应不考虑接收器参数的蒙特卡罗仿真得到的结果。从左到右，曲线分别对应于浑浊港水情况、沿岸海水情况、清澈海水情况和纯净海水情况；（b）为不同光束宽度 W_{bw} 和最大初始发散角 $\theta_{0,max}$ 的密钥率。

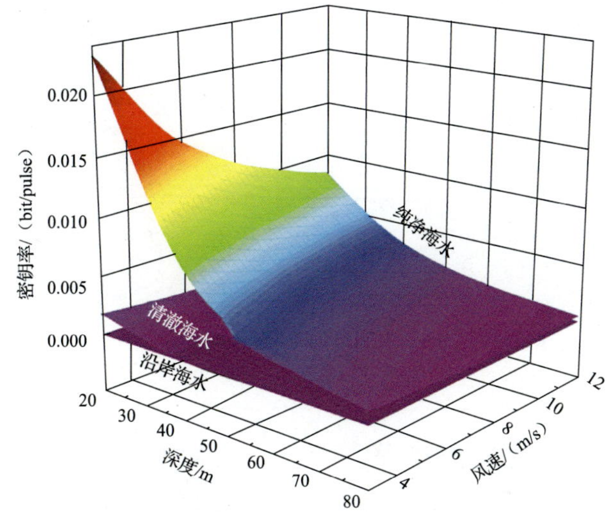

附图 12　在不同浑浊程度的海水中安全密钥率与风速和水深的关系[57]

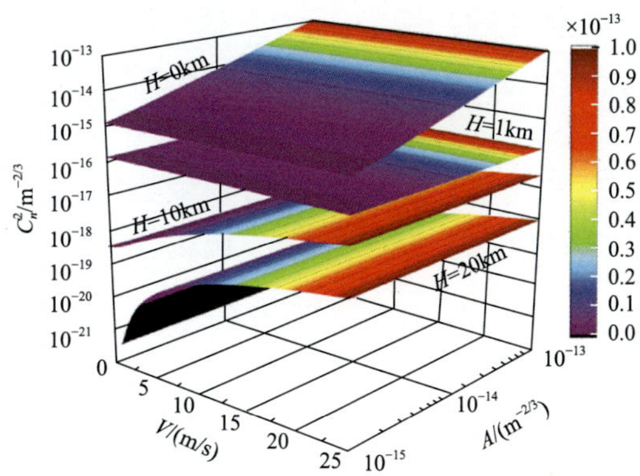

（a）

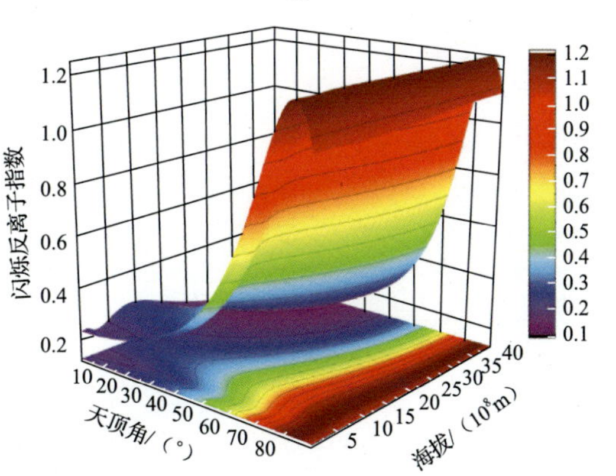

（b）

附图 13　不同高度层湍流效应与光传播参数关系

注：（a）在海拔 0km、1km、10km 和 20km 处，折射结构参数 C_n^2 与风速和标量 A 的关系。（b）卫星在海拔 200km 至 40000km 的范围内，闪烁指数与卫星天顶角的关系。

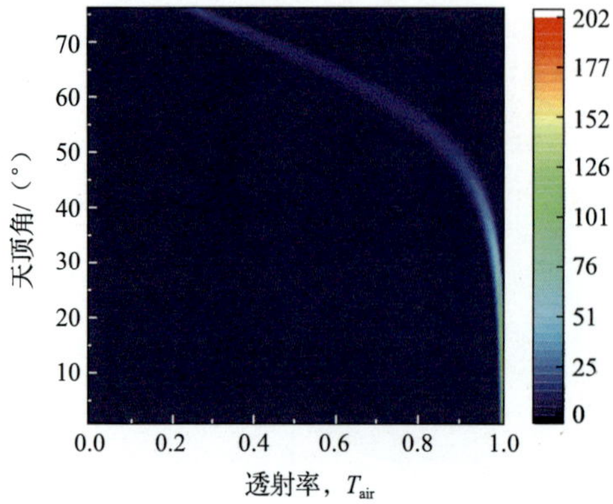

（a）近地轨道200km

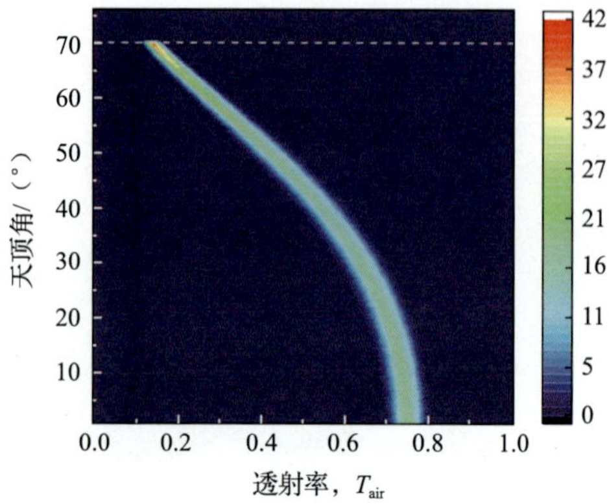

（b）近地轨道400km

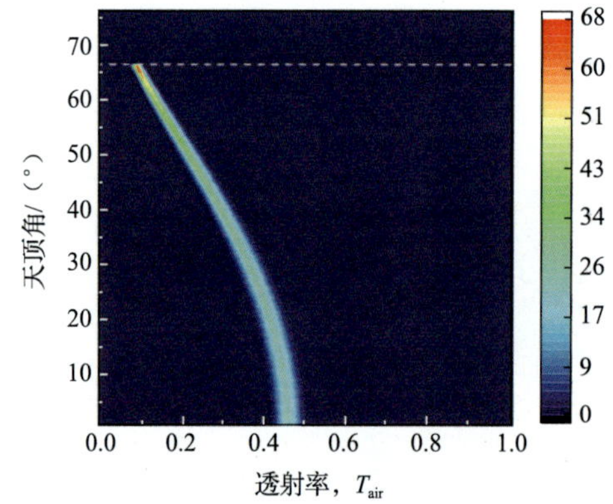

（c）近地轨道600km

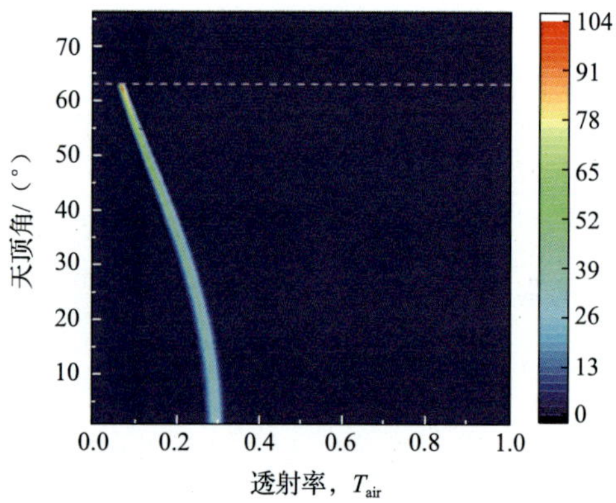

（d）近地轨道800km

附图 14　大气透射率概率密度分布与卫星天顶角的关系[58]

注：图中的虚线表示固定轨道上能达到的最大天顶角。

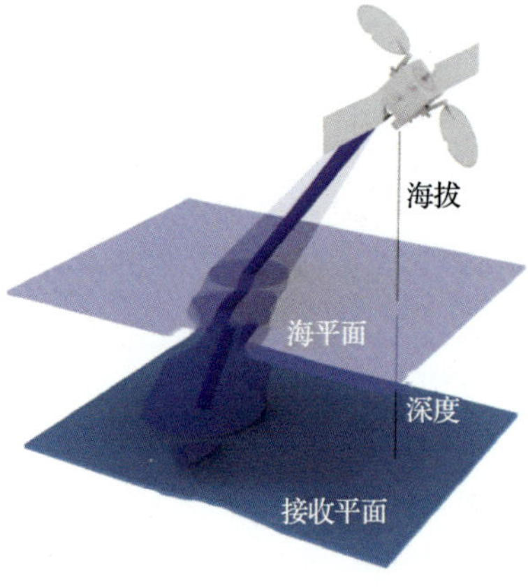

（a）光在真空下的卫星对潜量子信道理想模型

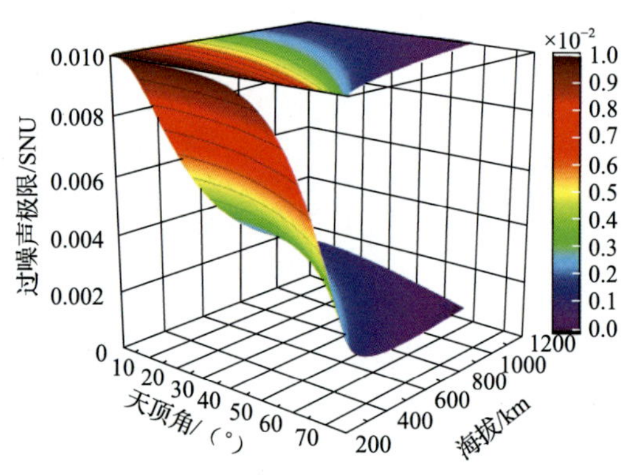

（b）过噪声极限随着卫星的海拔和天顶角的变化关系

附图 15　量子信道噪声影响示意图[58]

注：$\xi_0 = 0.01\text{SNU}$，$W_0 = 6\text{cm}$，$r_0 = 1\text{m}$，$R = 1.25\%$，$c = 0.166\text{m}^{-1}$ 和 $L_{fac} = 1$。

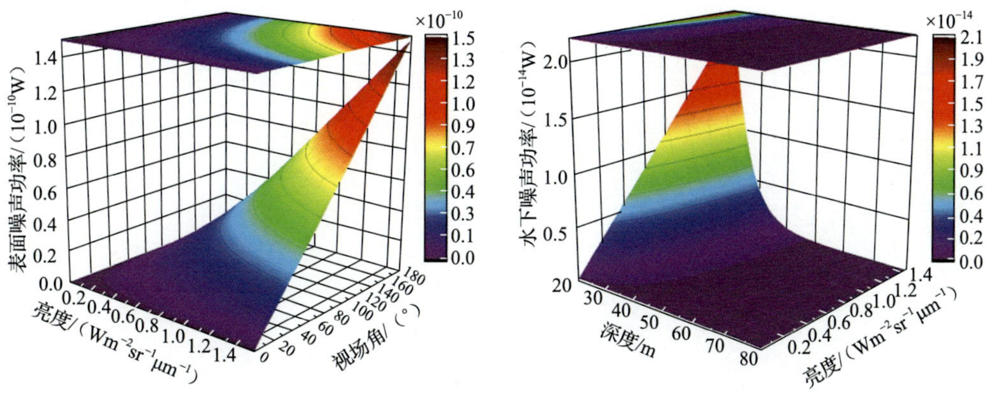

（c）虚拟海面接收器上背景噪声大小与亮度和视场角的关系　　（d）光在水下传播时背景噪声与水深和亮度的关系

附图 15（续）

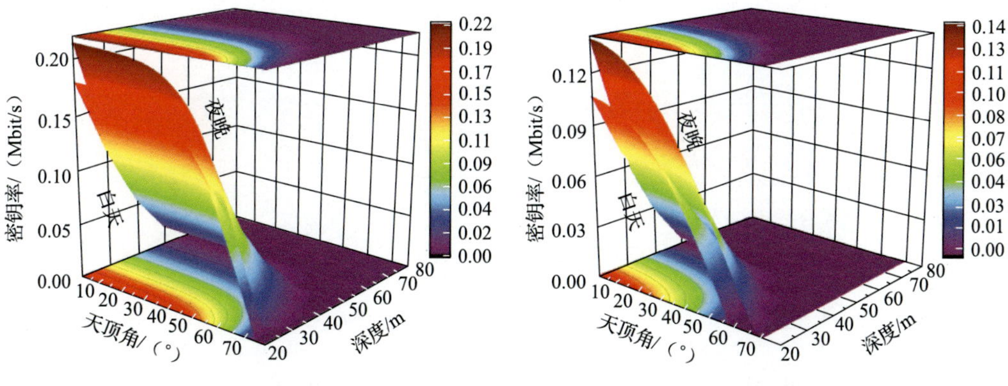

（a）卫星高度200km　　（b）卫星高度400km

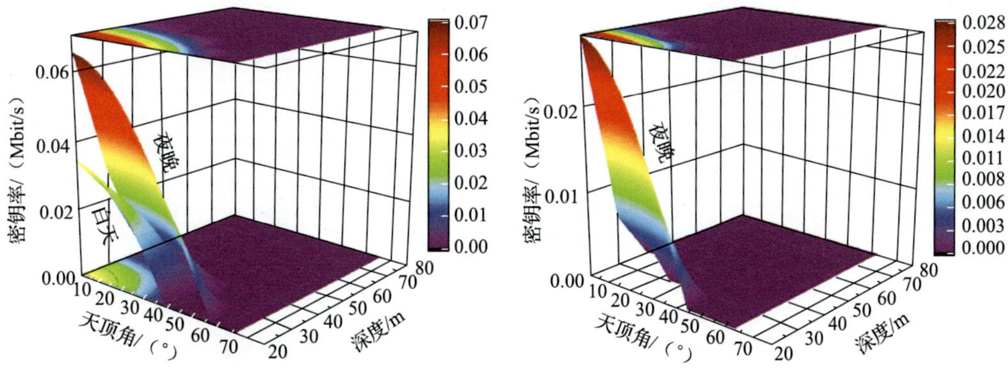

（c）卫星高度600km　　（d）卫星高度800km

附图 16　在不考虑海面波纹的影响时（此时风速 $v = 0\text{m/s}$，$\eta_{\text{deflection}} = 1$），卫星对潜 CVQKD 系统安全密钥率与卫星海拔和接收器深度的关系

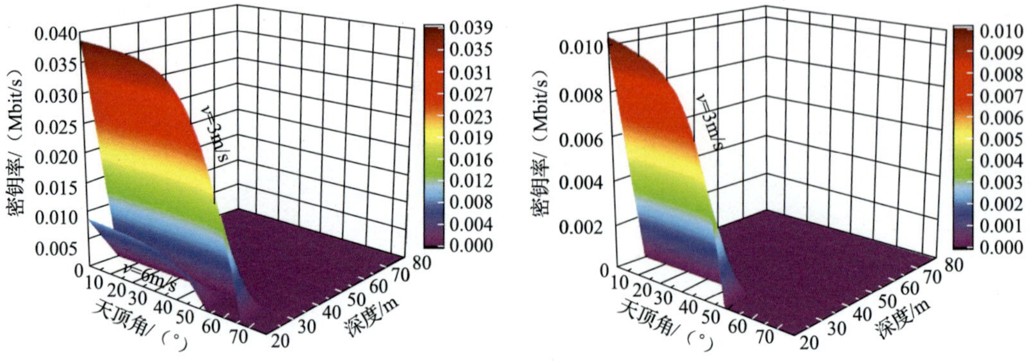

（a）夜晚　　　　（b）白天

附图 17　在近地轨道 200km 处卫星对潜 CVQKD 安全密钥率与风速和天顶角的关系

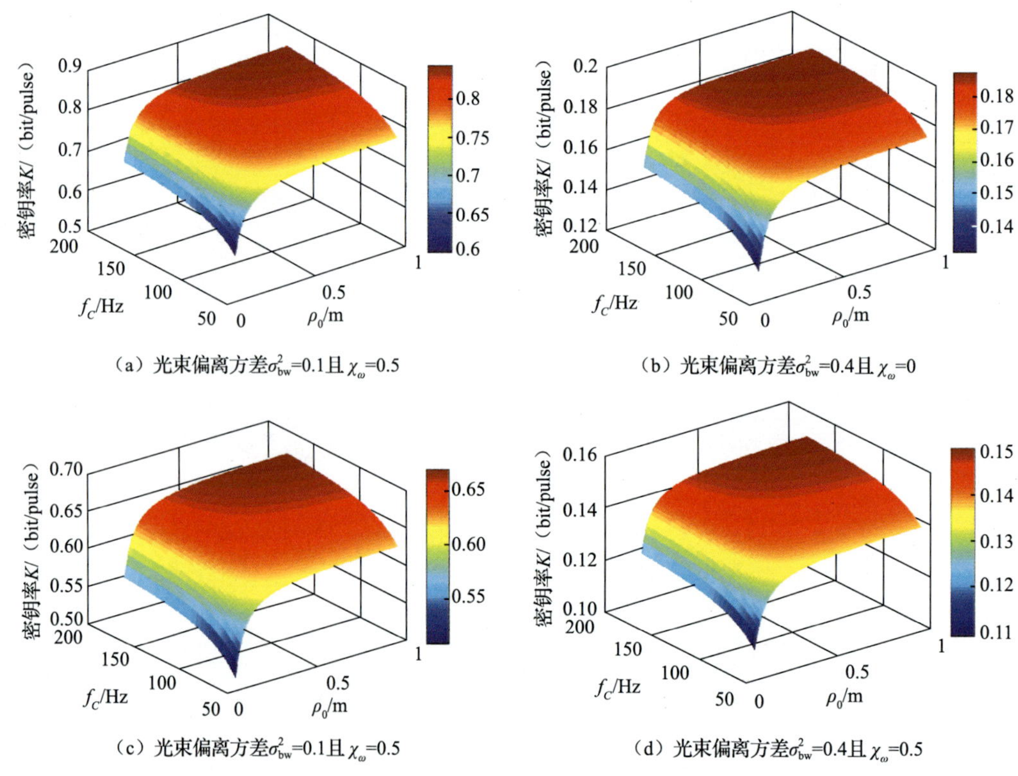

（a）光束偏离方差σ_{bw}^2=0.1且 χ_ω=0.5　　　　（b）光束偏离方差σ_{bw}^2=0.4且 χ_ω=0

（c）光束偏离方差σ_{bw}^2=0.1且 χ_ω=0.5　　　　（d）光束偏离方差σ_{bw}^2=0.4且 χ_ω=0.5

附图 18　自适应自由空间 CVQKD 方案密钥率与闭环控制带宽 f_C 及大气相干长度 ρ_0 的关系

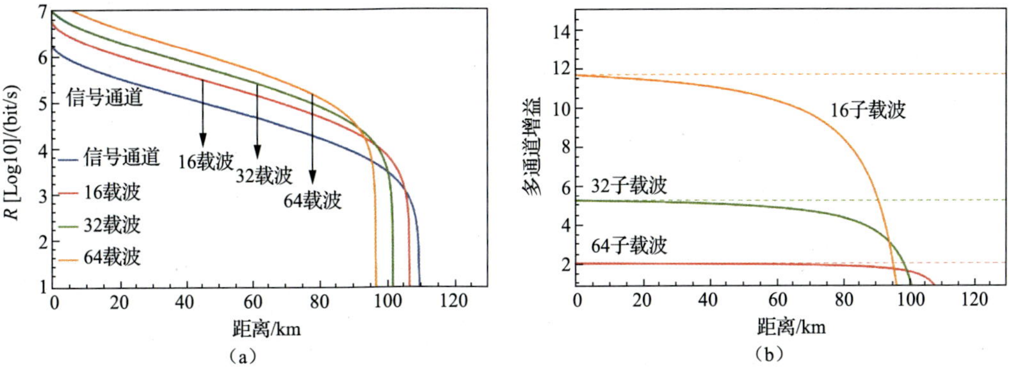

附图 19　不同载波下密钥比特率和多通道增益随传输距离的变化[84]

注：（a）基于 OFDM 的 CVQKD 在单通道、16 子载波、32 子载波和 64 子载波情况下，密钥比特率 R 作为传输距离的函数。此处，Alice 调制方差为 4，E 纠缠对方差 W_l=0.2，初始过噪声 ε_0 =0.01，协商效率 β =1，检测效率 η =0.7，探测器的电子噪声=0.01，重复频率 f_{rep} = 1MHz 。（b）系统的多通道增益。由下至上的曲线分别为基于 OFDM 的 CVQKD 系统的 16 子载波、32 子载波和 64 子载波。虚线起参考作用。